中国藝術研究院 学术文库

建筑文化与审美论集

崔勇 著

北京时代华文书局

图书在版编目（CIP）数据

建筑文化与审美论集 / 崔勇著 . -- 北京 : 北京时代华文书局 , 2024.7
（中国艺术研究院学术文库 / 王文章主编）
ISBN 978-7-5699-5150-9

Ⅰ . ①建… Ⅱ . ①崔… Ⅲ . ①建筑艺术－世界－文集②建筑美学－世界－文集 Ⅳ . ① TU-861 ② TU-80

中国国家版本馆 CIP 数据核字 (2024) 第 063916 号

JIANZHU WENHUA YU SHENMEI LUNJI

出 版 人：陈 涛
责任编辑：陈冬梅
装帧设计：程 慧 赵芝英
责任印制：刘 银 訾 敬

出版发行：北京时代华文书局 http://www.bjsdsj.com.cn
　　　　　北京市东城区安定门外大街 138 号皇城国际大厦 A 座 8 层
　　　　　邮编： 100011 电话： 010-64263661 64261528
印　　刷：三河市嘉科万达彩色印刷有限公司
开　　本：710 mm×1000 mm 1/16　　　　成品尺寸：170 mm×240 mm
印　　张：30　　　　　　　　　　　　　字　　数：444 千字
版　　次：2024 年 7 月第 1 版　　　　　印　　次：2024 年 7 月第 1 次印刷
定　　价：98.00 元

总　序

王文章

　　以宏阔的视野和多元的思考方式，通过学术探求，超越当代社会功利，承续传统人文精神，努力寻求新时代的文化价值和精神理想，是文化学者义不容辞的责任。多年以来，中国艺术研究院的学者们，正是以"推陈出新"学术使命的担当为己任，关注文化艺术发展实践，求真求实，尽可能地从揭示不同艺术门类的本体规律出发做深入的研究。正因此，中国艺术研究院学者们的学术成果，才具有了独特的价值。

　　中国艺术研究院在曲折的发展历程中，经历聚散沉浮，但秉持学术自省、求真求实和理论创新的纯粹学术精神，是其一以贯之的主体性追求。一代又一代的学者扎根中国艺术研究院这片学术沃土，以学术为立身之本，奉献出了《中国戏曲通史》《中国戏曲通论》《中国古代音乐史稿》《中国美术史》《中国舞蹈发展史》《中国话剧通史》《中国电影发展史》《中国建筑艺术史》《美学概论》等新中国奠基性的艺术史论著作。及至近年来的《中国民间美术全集》《中国当代电影发展史》《中国近代戏曲史》《中国少数民族戏曲剧种发展史》《中国音乐文物大系》《中华艺术通史》《中国先进文化论》《非物质文化遗产概论》《西部人文资源研究丛书》等一大批学术专著，都在学界产生了重要影响。近十多年来，中国艺术研究院的学者出版学术专著在千种以上，并发表了大量的学术论文。处于大变革时代的中国艺术研究院的学者们以自己的创造智慧，在时代的发展中，为我国当代的文化建设和学术发展做出了当之无愧的贡献。

为检阅、展示中国艺术研究院学者们研究成果的概貌，我院特编选出版"中国艺术研究院学术文库"丛书。入选作者均为我院在职的副研究员、研究员。虽然他们只是我院包括离退休学者和青年学者在内众多的研究人员中的一部分，也只是每人一本专著或自选集入编，但从整体上看，丛书基本可以从学术精神上体现中国艺术研究院作为一个学术群体的自觉人文追求和学术探索的锐气，也体现了不同学者的独立研究个性和理论品格。他们的研究内容包括戏曲、音乐、美术、舞蹈、话剧、影视、摄影、建筑艺术、红学、艺术设计、非物质文化遗产和文学等，几乎涵盖了文化艺术的所有门类，学者们或以新的观念与方法，对各门类艺术史论做了新的揭示与概括，或着眼现实，从不同的角度表达了对当前文化艺术发展趋向的敏锐观察与深刻洞见。丛书通过对我院近年来学术成果的检阅性、集中性展示，可以强烈感受到我院新时期以来的学术创新和学术探索，并看到我国艺术学理论前沿的许多重要成果，同时也可以代表性地勾勒出新世纪以来我国文化艺术发展及其理论研究的时代轨迹。

中国艺术研究院作为我国唯一的一所集艺术研究、艺术创作、艺术教育为一体的国家级综合性艺术学术机构，始终以学术精进为己任，以推动我国文化艺术和学术繁荣为职责。进入新世纪以来，中国艺术研究院改变了单一的艺术研究体制，逐步形成了艺术研究、艺术创作、艺术教育三足鼎立的发展格局，全院同志共同努力，力求把中国艺术研究院办成国内一流、世界知名的艺术研究中心、艺术教育中心和国际艺术交流中心。在这样的发展格局中，我院的学术研究始终保持着生机勃勃的活力，基础性的艺术史论研究和对策性、实用性研究并行不悖。我们看到，在一大批个人的优秀研究成果不断涌现的同时，我院正陆续出版的"中国艺术学大系""中国艺术学博导文库·中国艺术研究院卷"，正在编撰中的"中华文化观念通诠""昆曲艺术大典""中国京剧大典"等一系列集体研究成果，不仅展现出我院作为国家级艺术研究机构的学术自觉，也充分体现出我院领军国内艺术学地位的应有学术贡献。这套"中国艺术研究院学术文库"和拟编选的本套文库离退休著名学者著述部分，正是我院多年艺术学科建设和学术积累的一个集中性展示。

多年来，中国艺术研究院的几代学者积淀起一种自身的学术传统，那就是勇于理论创新，秉持学术自省和理论联系实际的一以贯之的纯粹学术精神。对此，我们既可以从我院老一辈著名学者如张庚、王朝闻、郭汉城、杨荫浏、冯其庸等先生的学术生涯中深切感受，也可以从我院更多的中青年学者中看到这一点。令人十分欣喜的一个现象是我院的学者们从不故步自封，不断着眼于当代文化艺术发展的新问题，不断及时把握相关艺术领域发现的新史料、新文献，不断吸收借鉴学术演进的新观念、新方法，从而不断推出既带有学术群体共性，又体现学者在不同学术领域和不同研究方向上深度理论开掘的独特性。

在构建艺术研究、艺术创作和艺术教育三足鼎立的发展格局基础上，中国艺术研究院的艺术家们，在中国画、油画、书法、篆刻、雕塑、陶艺、版画及当代艺术的创作和文学创作各个方面，都以体现深厚传统和时代特征的创造性，在广阔的题材领域取得了丰硕的成果，这些成果在反映社会生活的深度和广度及艺术探索的独创性等方面，都站在时代前沿的位置而起到对当代文学艺术创作的引领作用。无疑，我院在文学艺术创作领域的活跃，以及近十多年来在非物质文化遗产保护实践方面的开创性，都为我院的学术研究提供了更鲜活的对象和更开阔的视域。而在我院的艺术教育方面，作为被国务院学位委员会批准的全国首家艺术学一级学科单位，十多年来艺术教育长足发展，各专业在校学生已达近千人。教学不仅注重传授知识，注重培养学生认识问题和解决问题的能力，同时更注重治学境界的养成及人文和思想道德的涵养。研究生院教学相长的良好气氛，也进一步促进了我院学术研究思想的活跃。艺术创作、艺术教育与学术研究并行，三者在交融中互为促进，不断向新的高度登攀。

在新的发展时期，中国艺术研究院将不断完善发展的思路和目标，继续培养和汇聚中国一流的学者、艺术家队伍，不断深化改革，实施无漏洞管理和效益管理，努力做到全面协调可持续发展，坚持以人为本，坚持知识创新、学术创新和理论创新，尊重学者、艺术家的学术创新、艺术创新精神，充分调动、发挥他们的聪明才智，在艺术研究领域拿出更多科学的、具有独创性的、充满鲜活生命力和深刻概括力的研究成果；在艺术创作领域推出更多具有思想震撼力和艺术感染力、具有时代标志性和代表性的精品力作；同时，培养更多德才兼备的优秀青年人才，真正把中国艺术研究院办成全国一流、世界知名的艺术研究中心、艺术教育中心和国际艺术交流中心，为中华民族伟大复兴的中国梦的实现和促进我国艺术与学术的发展做出新的贡献。

2014年8月26日

目　录

自　序

　　1919年，朱启钤受徐世昌总统委托赴上海以北方代表的身份出席南北议和会议，途经南京时在江南图书馆发现宋代李明仲编制的手抄本中国古代建筑匠作专著《营造法式》后，顿生寻求全部营造史始末之念，而全部营造史之寻求，有贯通全部文化史并作一鸟瞰之必要，于是组建中国营造学社，并在中国营造学社成立大会上所作的《中国营造学社开会演词》中说道："研求营造学，非通全部文化史不可，而欲通文化史，非研求实质之营造不可。吾民族之文化进展，其一部分寄之于建筑。建筑于吾人生活最密切，自有建筑，而后有社会组织，而后有声名文物。其相辅以彰者，在在可以觇其时代，由此而文化进展之痕迹显焉。"[①]建筑是社会历史文化的载体，建筑融物质性与精神性于一体的文化实体是研究文化、历史及其思想的最真实的可靠依据。一定程度上可以说建筑是社会文化历史的活写真，反映一个时代的面貌，研究一个时代的建筑历史情状，能帮助人们去认识那个时代的文化历史内涵与审美意识。我的博士论文《中国营造学社研究：中国近代建筑学术思想流变》正是循迹先辈心路历程开启。

　　何以开启中国建筑文化与审美研究的新征程呢？基于先辈奠定的学术基础与传统，我以为作为历史的与美学的统一的中国建筑文化历史与审美研究

---

　　① 朱启钤：《中国营造学社开会演词》，《中国营造学社汇刊》1931年7月第一卷第一期，创刊号。

的视角就不失为一种重要途径。于是我重新阅读恩格斯要用"历史的观点与美学的观点"统一的最高标准来衡量艺术的历史价值与艺术价值有关论述而明白了"史学与美学"的含义。美学的观点即以艺术自身价值与特殊规律作为衡量标准与尺度；历史的观点即从特定的历史环境和条件加以考察，两者的统一即是"合规律、合目的统一"。恩格斯的这种唯物的历史与美学的统一观，既考虑到艺术作为历史现象的一般规律，又顾及艺术自身的特性与发展规律，并期待艺术应当"将较大的思想深度和意识到的历史内容，同莎士比亚剧作的情节的生动性和丰富性的完美结合"[①]，即历史的真实性、思想性和艺术的审美性融合为真善美统一的境界。只有把历史的逻辑与美学的规律结合起来才是完整的艺术史论观，因为人不仅按照物种的尺度，同时还会用人类自身的尺度来把握世界，即历史的与美学的统一规律。中国建筑文化历史与美学关系的情形亦然。

迄今为止的诸多中国建筑历史与理论著作基本上是从社会学角度侧重于用辩证唯物主义和历史唯物主义的观点，将建筑各个历史时期的发展过程和规律视为社会政治历史的派生物，而忽视了作为艺术之一种的建筑自身的规律和美学的规律，关注建筑伴随着原始社会、奴隶社会、封建社会发展而发展的建筑类型与技术及风格的变迁，而缺乏审美观照，致使诸多中国建筑史学论著几乎成了史料与考证资料的汇编，而不是融历史的与美学的规律统一的动态发展的建筑史。倘若我们将既往的中国建筑发展历程与审美历程结合起来观照，诉诸人以原始建筑混沌之美、秦汉建筑宏大之美、魏晋建筑超然之美、隋唐建筑壮丽之美、宋元建筑优雅之美、明清建筑境界之美、近现代建筑冲突与交融之美的历史感悟与审美感觉新视域，必然会有自古迄今的中国建筑文化与审美历程新感觉及对建筑文化历史新阐释与美的发现。

当人们徜徉于富丽堂皇的宫殿、流连于充溢人文情愫的江南园林、游历

---

① ［德］恩格斯：《恩格斯致斐·拉萨尔》，《马克思恩格斯选集》第四卷，人民出版社1977年版，第343页。

于笼天地于形内并挫万物于笔端气象万千的皇家园林、栖息于山重水复疑无路柳暗花明又一村的民居中的时候，常常会情不自禁地生发出由衷的感叹：中国古代建筑园林好美呀！但何以致美？又美在何处？则不是人人能一语道破的。倘若从人与现实的审美关系来看，就不难理喻了，因为美学是研究人与现实的审美关系中合规律与合目的统一的学问（这一现实包括自然与社会及艺术，因此而形成自然美、社会美、艺术美三大美学境域）。中国古代建筑园林之美就在于融建筑的情态、建筑的形态、建筑的生态于一体所形成的人为环境与自然环境谐和的气韵生动之境。

建筑情态是指人的审美情感心理在古建筑园林中的表露。中国是浓于伦理的"情感本体"的国度。"情生于性而道始于情"，"亲子、君兄、夫妇、朋友、五伦关系辐射交织而组成和构建种种社会情感作为本体所在"[1]。因而中国古代一切艺术形态无不蕴含浓郁的情感色彩，即便是偏于工程技艺的古典建筑园林也是理性与浪漫情感交织的产物。中国古典建筑园林中的情态是指哲匠们于其中所抱有的感性情感和审美情趣，并融情入景，以至他们莫不将情景交融作为处理艺术与现实关系的诗性智慧，画栋雕梁中匠心独运的艺术情怀、居室中伦理等级的家族血缘之情、街坊邻里间的礼尚往来之情、祭祀坛庙中拜天地时的虔诚之情、宫殿"非壮丽不足以重威"之豪情、园林建筑"纳千顷之汪洋，收四时之烂漫"之诗情画意、陵墓建筑视死事如生事"慎终追远"之亲情、民居建筑田园牧歌式的乡土之情、宗教建筑应天地神灵回响的超凡之情、绵延不绝的万里长城所包含的历史沧桑之情，如此等等的这一切都是哲匠们审美情感心理的凸现，中国古建筑园林所蕴含的万种风情莫不令人欢欣不已。这样的建筑情感有悲喜交集，也有宁静致远。悲者，阿房宫因楚人一炬，可怜焦土是也；喜者，欧阳修醉翁亭游山水之乐得之于心而寓之于酒是也；欢欣者，汤显祖《牡丹亭》中不到园林怎知春色如许是也；致远者，王之涣登鹳雀楼欲

---

① 李泽厚：《初读郭店竹简印象记要》，《世纪新梦》，安徽文艺出版社1998年版，第205页。

穷千里目更上一层楼是也。由此看来，苏珊·朗格说"艺术品是情感的形式，与人的理智、情感所具有的动态形式同构"①是不无道理的。

建筑形态指的是中国古典建筑园林在营造过程中刻意追求的"这种线、色的关系和组合，这些审美的感人的形式，称之为有意味的形式"②，与印欧建筑体系重视单体雕塑般垂直向上大异其趣，中国古典建筑园林作为整体艺术，重视的是造型与各个局部位置的合理安排以及内部结构的完整与和谐，以整体的气势在大地上作平面铺开，把空间意识转化为时间过程以及对周围环境的亲和，以至建筑园林的整体结构韵律在空间上形成统一与变化多端的变奏，在时间的进程中产生一种流动的美感，从而交织、构成浑然一体的含意深邃的富有民族精神的艺术形态。诉诸人的审美感触的是，中国古典建筑园林的内部构成与空间彼此"勾心斗角"（杜牧《阿房宫赋》）但又情同手足，外在的气象则是以殿堂、楼阁、聚落、亭榭、寺塔等形制与大自然相依恋，形与色构成与天地的回响。这样的艺术形态是中国先贤对天地精神的理解与形象把握，是具有具象与抽象、有限与无限统一为一整体的哲理意味的形态。在这里，情理相依、虚实相间、内外沟通、天人合一，遂成一幅浓缩了天地精华的天然图画。

建筑生态是指生态哲学观在建筑园林中活现，追求人为环境与自然环境融合的生存境界是中国古典建筑园林美学思想智慧的集中反映，也是中国先民们自然环境道德伦理涵养的鲜活表露，这一生存哲理同西方关涉人与自然分离的生存观念形成鲜明的比照。时空无涯，而人生有限，梁思成认为"不求原物长存之观念"是中国古代以木构为特色的建筑园林之所以生生不息的主要原因，因为中国古人安于新陈代谢之理，以自然生灭为定律，视建筑园

① [美]苏珊·朗格：《生命的形式》，《艺术问题》，滕守尧、朱疆源译，中国社会科学出版社1983年版，第43页。

② [英]克莱夫·贝尔：《艺术》，周金环、马钟元译，中国文联出版社1984年版，第4页。

林如被服，随时可以更换。建筑园林是承载与体会天地之道的容器，屋宇乃"阴阳之枢纽，人伦之轨模"。人们居住在上栋下宇、虚实相间的建筑园林中犹如置身阴阳际会的风水宝地，可以汲取天地之精华、感受四时之节律，天地人三才互参并融为一体而生生不已。在此，生命的真谛得以体验，即便是终归一死，也视死如归地托体向山阿。于是乎房屋的朝向、聚落的龙脉气场、陵墓的风水选址、建筑园林的因地制宜、都城的象天设邑等等，莫不是这种生态观的显现。中国古人禀赋着人为环境与自然环境和谐统一的生态环境观念在他们自以为是的居住环境中度过了几千年的文明，充溢着"与天地合其德""与日月合其明""与四时合其序"的无限美感。

中国古代建筑园林之美及其价值意义对于为当下全球物欲横流、精神失迷、家园失却所导致的建筑形态单一、建筑情态失却、建筑生态失衡的危难情状提供拯救与启蒙的双重效应。易朽的中国古代木构建筑不朽的艺术精神能为东西方面临的困惑提供文化与美学思想启示。

是为序。

第一编　建筑历史与理论

中国建筑考古二十年（1979—1999）述评

引　言

　　20世纪80年代中期，中国建筑考古研究所著名建筑考古学家杨鸿勋先生曾撰有《建筑考古三十年综述》[①]一文。这篇文章采用建筑历史学和考古学相结合的方法，充分利用从田野考古发现中所获得的材料，以遗址为基本线索，对1949年至1979年三十年来中国建筑遗址考古发掘和研究的主要收获与成就予以概括论述，对以后进一步深化建筑遗址考古发掘和建筑历史与理论的研究工作很有参考价值。

　　弹指一挥间，二十年已逝。中国建筑考古（包括古城市的发掘）研究工作又取得了前所未有的辉煌成就，其中最为显著的是，考古学家们自觉地运用聚落考古学的方法，结合我国的具体工作实践，展开了大规模的田野调查、发掘和研究，使中国建筑考古工作的业绩在前三十年的基础上又写出了新的历史篇章。

　　面对21世纪的来临，反思人类文化发展的渊源及变化历程，中国20世纪八九十年代文物考古工作的主题是：要在史前史、华夏文明起源与发展问

---

① 杨鸿勋：《建筑考古三十年综述》，《建筑考古学论文集》，文物出版社1987年版，第285—316页。

题、古代城市的产生与形成及发展、聚落遗址考古等方面的研究做出突破性的发现。本文的目的旨在以杨鸿勋《建筑考古三十年综述》一文为参照，并在此基础上结合自1979年至1999年二十年来《考古学报》《考古》《考古与文物》《文物》等主要期刊刊登的有关中国建筑考古挖掘的新发现，侧重聚落遗址与文明发展关系的角度，择其要者对20世纪八九十年代中国建筑考古业绩的新篇章予以概括性的论述，或许会挂一漏万，但期望能产生管窥之功。

需要说明的是：这里所说的文明是指与野蛮社会相对而言人类不断向前发展并由聚落遗址而辐射出来的社会状态，如由村落到城镇再到城市的聚落形态演变过程，切不可将这种意义上的文明与一般意义上的文化概念混为一谈。笔者之所以在此着眼于从聚落遗址与文明发展关系的角度论述1979—1999年中国建筑考古的新成就，这是因为诚如夏鼎在《新中国的考古发现和研究》前言中所说的：

这三十年来中国考古学的飞跃的进展，使研究世界古代文明史的学者们对于全球性的理论问题提出新看法或修改旧看法的时候都要把中国考古学的新成果考虑进去。[1]

一、遗址考古与中国古代建筑
——兼评杨鸿勋先生的《建筑考古三十年综述》一文

中国建筑史学科自20世纪初叶创立以来直至1949年之前这一阶段的研究工作，主要以地上遗存的古建筑为考察对象，而且研究的重点放在唐、宋以至明、清这一段时期。当时的研究，一旦涉及南北朝以前的建筑问题，则是

---

[1] 中国社会科学院考古研究所：《新中国的考古发现和研究·前言》，文物出版社1984年版，第3页。

以有关建筑文献考证为主,还没有科学地利用当时已发掘的考古学材料,建筑史学家也很少参与田野考古工作。1949年以来,在过去研究成果的基础上,建筑历史与理论的研究逐步与考古学相结合,开拓了建筑考古学的新课题,这标志着中国建筑历史与理论的研究进入了一个新的历史发展阶段,使得建筑历史与理论研究工作有了可靠的依托。

客观地说,1949—1979年三十年来,中国考古学得到了蓬勃的发展,无论是田野勘测工作,还是室内研究工作,都取得了重大的成绩。就建筑学科领域而言,尤为引人注目的是,对建筑遗址给予了特别的重视。1949—1979年三十年来对古代建筑遗址的勘察和发掘,在数量上和质量上都较以前有了不断的提高。所发掘的遗址,就时间而言,早自原始氏族社会,迟至封建社会晚期;从空间上讲,遍及全国各个地区;从类型上讲,从原始社会遗迹至封建社会城池、从原始穴居至封建宫廷的遗址,都获取了珍贵的材料。

中国古代建筑(包括民居和城市)遗址是研究社会的重要资料,它反映了古代社会生产和生活状况,具有墓葬和零星发现的考古文物所不能取代的价值。中国古代建筑由于特有的木结构形式决定了其历史存留的时间不可能太长,能见的建筑实物最早的也仅限于唐代,对于建筑史学的研究来说,唐代以前以至更远古时代的历史遗址的考古挖掘与发现对于探索中国古代建筑体系的形成和早期发展,无疑是非常有参考价值的。

正是在这种意义上,可以说杨鸿勋的《建筑考古三十年综述》一文闪烁着功不可没的历史光辉。但社会在前进,学科的发展也总是阶段性地步步逼近真理,随着考古学的不断深入发展,加之人们对意识到的历史深度和历史本身所蕴含的深度的契合需要从实践中得到进一步的证明与确认。因此,人们不难发现,单从对考古遗址和零星的考古文物的分析与研究所得出的结论难免一叶障目、失之片面,因为新的考古挖掘发现往往又将推翻原有的结论。事实上,这是由于遗留给我们的古代不同时期的历史文化遗址和考古所得的文物只不过是一堆不会说话的遗迹和遗物,尽管它们携带着丰富且宝贵的信息,然而,只有当人们从多角度、多方位的视野去进行整体性研究,才能真正解开古代人类文化行为的谜团，而且每一次对文化历史遗址考古的新发现都可能导致人们对历史予以进一步深入的认识，甚至不得不因此而重新改写历史，其原因就在这里。对于建筑考古来说尤其如此。因此，人们总觉得仅仅依靠所得的考古遗址探究中国古代建筑诸多的问题，每每会令人感到意犹未尽，应该还有更有效的方法直逼问题的实质。这就是以下将要论述到的聚落考古学将更有助于人们认识中国古代建筑本质与特征及文化内涵的意义之所在。

二、建筑与聚落考古的几个问题

聚落考古是以聚落遗址为单位进行田野考古操作和研究的一种方法。近几十年来，聚落考古是西方考古界较为热门的问题之一。20世纪50年代，中国建筑界学习苏联大面积考古揭露式发掘，并对半坡遗址做了卓有成效的研究。1984年张光直先生到北京大学讲学，第一次系统地向中国境内学术界介绍了聚落考古学的理论和方法，从而使这种风靡欧美的现代考古学说被我国学术界全面认识和接受。20世纪八九十年代，国内聚落考古学越来越受到普遍关注，中国考古学者，特别是建筑考古学工作者，逐渐自觉地运用聚落考古的方法，结合我国的具体工作实践，展开大规模的田野调查、发掘和研究，并取得了丰硕的成果。因此，在对中国历代建筑考古挖掘发现从聚落与文明发展关系的角度进行分析、研究之前，有必要借用有关学者对建筑与聚落考古几个相关问题的研究成果作为认识问题本质的背景知识。

（一）聚落考古学的性质与研究对象[①]

聚落一词最早来源于人文地理学，主要指人们将自己聚结成一个集合单位，并将自己与居住地周围环境和资源联系起来的时空组织方式或曰群落。

---

① 曹兵武：《聚落考古学的几个问题》，《考古》1994年第3期。

在某种意义上，聚落与生态学中植物"群落"一词具有对等性和相似性意义。生态学中的植物"群落"指的是一些植物在一定的生存条件下构成的一个总体，植物群落学就是揭示群落在结构、生态、动态、分类与分布等方面的特点与规律。不仅如此，植物群落学还有植物社会学之称。如果说群落是表现植物生活规律的最基本的单位和场所，那么聚落也应当是体现考古学文化功能与结构的理想的研究单位。人类学家对人类文化曾做过三个层面的界定：1.抽象的整体文化；2.社群文化；3.个体文化。聚落考古学主要研究的应当是社群文化。在这种意义上，聚落考古学的提出，是为了在考古学具体的实物资料的结构和社会学的社会生活单位的结构之间架起一座桥梁，从而为从考古学的实物材料来探讨社会生活、生产等行为的组织方式、规模以及发展变化的规律等提供系统的背景框架。因此，将社会学概念物质化或将考古资料按社会学的思维方式进行界定、分类与观察，将是聚落考古学理论建构与付诸实践的关键。

（二）单个聚落形态和内部结构的关系[1]

考古学所研究的聚落实际上虽然也是指遗址，但是是聚落遗址，而且一个考古学遗址不一定就是一个聚落遗址。换句话说，不能把考古调查中发现的一个个遗址直接说成是一个个聚落遗址，进而论述某种聚落形态或聚落之间的关系等等，否则，就不可能得到正确的认识。在一般情况下，单个聚落形态的研究至少包括三个方面：一是整体形状；二是聚落内部各种遗迹的形态；三是聚落布局或聚落内部各种遗迹相互联系的方式。其中影响整体形状的主要有两个因素：一是地理位置和地形；二是社会组织。一般来说，聚落内部的遗址有许多种，不同聚落内部遗址也有很大的差别。在相同的自然环境条件下，往往因为文化传统、居住者的家庭状况和建筑技术水平等方面的差异，使得住宅的形态各不相同。因此，对各种遗迹的性质和功能基本确定

---

① 严文明：《聚落考古与史前社会研究》，《文物》1997年第6期。

以后，再来谈聚落布局和聚落内部各种遗迹的联系方式就有了比较可靠的基础。假如不是对各种遗迹进行具体分析，并且把它们联系起来从布局和内涵等方面分析它们之间的关系，这样的结论是令人难以置信的。

（三）聚落分布和聚落之间的关系[①]

在单个聚落研究的基础上就可以进一步研究各个聚落分布的规律及相互关系。一般来说，聚落分布往往受制于自然环境，同时也与文化传统、经济和社会生产发展水平有密切的关系。从史前的聚落遗址看来，人们不难发现，在多数情况下，山前的聚落遗址呈条带或弧形分布；小河旁的聚落遗址有时呈条带状分布，若是小支流较多，则呈葡萄式分布；至于平原地区的聚落遗址，有时呈点状分布，有时则聚集成若干群落。最早的农业聚落遗址多在山前平地或沼泽地带，后来逐渐向河湖岸边和平原推进，遗址的规模逐渐扩大。不同经济文化发展阶段的聚落遗址的数量、分布状况和具体形态都会有相当的差别。不仅如此，研究聚落遗址之间的关系，还要注意确定各聚落的年代。只有同一时期的聚落才能发生这样或那样的影响以及交流关系，或者结成集团，或者有统治与被统治、征服与被征服等诸如此类的关系。与此同时，聚落间的社会关系需要予以着重研究。比如，在新石器时代，各聚落之间不但在经济上是自给自足、相对独立，因而也是基本平等的，而且在社会关系上也是如此。到了新石器晚期，社会关系发生明显的贫富分化和社会地位的分化，在聚落之间则出现了中心聚落与一般聚落之分。注意到了这个问题，在研究中就不会盲从。

（四）聚落形态的历史演变[②]

中国幅员辽阔，地形复杂，不同地区的聚落形态和发展途径也不完全相同，只有同时把握时间和空间这两个坐标，才能理清聚落发展演变的线索。

---

① 严文明：《聚落考古与史前社会研究》，《文物》1997年第6期。
② 同上。

聚落考古学的最大优势就是可以对置于历史长河中的不同阶段加以比较考察，找出聚落遗址发展的轨迹和规律性。比如，在旧石器时代，由于采集和狩猎经济的限制，人们不可能结成很大的集团，所以，聚落的规模较小；而新石器时代是伴随着农业的发明而来到的，农业在整个经济中的比重也很有限，所以，此时的聚落仍然多洞穴或露天遗址，但聚落的规模明显扩大，地方差别也更分明。大致说来，北方的聚落大于南方的聚落。北方多地穴式窝棚，南方多平地而起的干栏式房屋。新石器末期至铜石并用时代，各地聚落都发生了明显的分化，不但有中心聚落和一般聚落之分，在中心聚落中又有较高级的房子和较一般的房子之分。同时，各地相继建起许多土城和石头城，把聚落之间的分化又向前推进了一步。从史前聚落考古的挖掘发现看来，我国史前聚落从凝聚式统一体到向心式联合体再到主从式结构，从平等的聚落到初级中心聚落再到城市性聚落的发展轨迹是清楚的，不同地区的特点也很明显，从而为史前社会历史的研究提供了一个深厚而可靠的基础。

（五）聚落与生态环境的关系[1]

人与环境的关系是一个恒久存在的重大问题，人的生物性特点是相对于社会性特点的另一个重要的方面。在传统的考古学的理论框架中，并不能为这个方面提供应有的位置。环境考古学的提出，表明了考古学家在古代时空范围内探索这些问题的愿望和思考，而在聚落考古学中，环境考古学的课题将同样被深化，这不但是因为聚落的各个层次的单位都可以含有环境的因子在内，而且也由于聚落一词的本意就是指在社会性与生态性特点的共同作用下所成就的人类生产、生活的空间单位。社会性与生物性对于人类是不可分割的，聚落考古学的各单位层次，同样可以作为环境考古学提取、分析资料与信息时的操作框架。这样，环境考古学将摆脱文化发展与环境演变仅只放在大时空中做纵向比附的简单化弊病。因此，张光直先生说："聚落研究对

---

① 曹兵武：《聚落考古学的几个问题》，《考古》1994年第3期。

人类和自然环境之间关系的研究提供了一个尖锐的焦点"，^①其含义是非常深刻的。

（六）聚落遗址的情态与形态关系

这里所指的情态是指聚落遗址往往既渗透着大众的民俗民情——田园乡土之情与家族血缘之情及邻里交往之情，又有不同礼制的文化层次。形态是指聚落遗址在空间形象上内与外、虚与实、动与静、繁与简的辩证转化关系——宫殿的建造与民居的构建及宗庙的设置均潜存着不同要求。如果说聚落的形态受制于阴阳相济的天理、聚落情态受制于和谐相处的人情的话，那么，聚落遗址情态与形态的关系就是正确地处理这种情与理的关系。从聚落考古的角度来看中国古代聚落遗址，这种处理情与理的关系的情状几乎无处不存在。

在弄清了聚落及与之相关的几个问题之后，我们就可以从聚落遗址与文明发展关系的角度对20世纪八九十年代的中国建筑考古新成就予以观照与综述。

三、史前聚落与文明

对史前聚落（含古城址）的研究是探讨文明起源这一重大课题的很好的切入点，同时也对中国远古时期建筑的产生、发展、演变乃至建筑技术等相关问题的研究有深远的意义。为此，1996年8月上旬，由《文物》月刊编辑部发起组织的"史前城址与聚落考古学术研讨会"在辽宁省绥中县召开。^②通过这次研讨会，人们深刻地认识到：

20世纪80年代到90年代，中国考古学者逐渐自觉地运用聚落考古的方法并结合我国具体的工作实践，展开大规模的田野调查、发掘和研究，取得

---

① 张光直：《谈聚落形态考古》，《考古学专题六讲》，文物出版社1986年版，第74页。
② 李力：《"史前城址与聚落考古学术研讨会"综述》，《文物》1996年第11期。

了丰硕的成果。首先是在广泛调查的基础上进行了深入的解剖，如通过对姜寨、北首岭、大地湾甲址、良渚的发掘，特别当明确改进了分期研究之后，在探索当时的社会性质和社会组织方面取得了明显的突破。其次是填补了若干时期和地域上的空白，除中原地区之外，在整个黄河流域、长江流域和辽河流域以及少数民族地区等地都有许多新的聚落遗址发现。

从考古调查和发掘来看，作为史前聚落之一种的史前城址遗留有自原始聚落演变而来的某些特征：如城的选址和走向多随自然地貌而定，而且能有效地利用山势与河流；城的平面往往多呈圆形、椭圆形乃至圆角方形、不规则形、方形；城垣多夯土堆筑，有的城垣并不封闭；等等。城的面积为几万、十几万甚至二三十万平方米，湖北石家河古城更大到百万平方米以上。其中不乏构筑规模、技术水平已达相当高者。推测其成因，或有地域、或有组织结构方面的原因。特别要说明的是，这些城址多半不是孤立存在的，在它们的周围或大或小、或多或少、或远或近都还分布着一些聚落遗址，这些遗址和古城址显然存在着某种内在的必然联系。

具体而言，20世纪70年代末至90年代中国史前聚落考古较有影响的有皖北大汶口文化晚期聚落遗址群的初步考察、[1]案板遗址仰韶时期大型房址的发掘——陕西扶风案板遗址第六次发掘纪要、[2]临潼姜寨史前聚落遗址考古发掘[3]等等。其中影响极大且成就斐然的要数姜寨聚落考古发掘。为便于更明确地了解史前聚落遗址与文明发展的关系，这里不妨以史前聚落考古的重要成果临潼姜寨史前聚落遗址发掘作为典型对之予以详细说明。

姜寨聚落遗址的考古始于1972年，至1979年，前后进行了十一次挖掘，总计发掘面积14,850平方米。姜寨聚落遗址计有房址120多座、灶坑300多

---

① 中国社会科学院考古研究所安徽工作队：《皖北大汶口文化晚期聚落遗址群的初步考察》，《考古》1996年第9期。

② 西北大学文博学院考古专业：《案板遗址仰韶时期大型房址的发掘》，《文物》1996年第6期。

③ 西安半坡博物馆、临潼县文化馆：《临潼姜寨遗址第四十一次发掘纪要》，《文物》1979年第4期。

个、窖穴400多个、土炕墓300多座、瓮棺葬240多座、壕沟2条、陶窑4座、圈栏3座及柱洞数千个，出土遗物达一万多件。综合地层情况和各种遗迹的叠压或打破关系以及各类遗物的特征，可以看出此聚落遗址包含不同的文化遗存期，即可以将其分为五期。

姜寨聚落遗址位于关中平原的中心骊山脚下，临、渭之畔，土地肥沃，山水宜人，且有温暖的气候，具有远古先民进行原始农耕及狩猎、捕鱼生活的良好环境。姜寨聚落遗址所在的原始地貌系东北高西南低，经过第一期文化先民们的长期开垦、定居、反复建设，使原来的缓坡形地貌变为周围高中间低的浅盆地；第二至第五期先民们在已有的一米多厚的堆积上继续居住，堆积总厚度达三四米。

这里发现的新石器时代五期文化遗存的地层叠压及各种遗迹的打破关系，为了解关中地区原始文化的发展序列提供了依据。从发现的实际资料来看，这里新石器时代中晚期的原始文化发展序列是：仰韶文化半坡类型—史家类型—庙底沟类型—半坡晚期类型及客省庄第二期文化。第一至第四期之间延续发展时间较长，第四、五期之间当有间断性的缺环，这是姜寨聚落遗址的主要收获之一。

第一期文化遗存中，由大批房屋建筑基址、壕沟、墓地及广场等重要遗迹所构成的基本完整的原始村落布局，为研究仰韶文化早期的社会性质、社会组织、生产和生活情景以及家庭、婚姻制度等都提供了宝贵的资料，具有相当重要的意义。这是姜寨聚落遗址发掘的主要收获之二。

姜寨聚落遗址各期的重要遗迹如房屋、地窖及墓葬等，特征都比较明显，时间较早的比较原始，较晚的比较进步，如房屋营造技术有地穴到半地穴乃至地面上起筑，直至分间房屋的出现；窖穴由容积较小到较大等，可以清楚地看出我国原始社会仰韶文化各种技术缓慢而连续的发展过程。一万多件各时期重要的文化遗物，如大批的石器、骨器及陶器，尤其是别致美观的彩陶等都是我们远古祖先智慧的结晶。这些实物为我们研究建筑史、工具史、制陶史、工艺美术史等提供了重要的资料，而陶器上的刻画符号为我们研究我国汉字的起源和发展提供了证据。这是姜寨聚落遗址发掘主要收获之三。

四、夏、商、周时期聚落与文明

夏、商、周三代被史学界称为青铜时代，中国有文字记载的信史发端于此，因此在中国早期历史上是关键性的一个阶段。这段历史的历史遗迹考古工作向来为人们所重视。20世纪八九十年代的夏、商、周三代聚落考古值得注意的有河南偃师二里头二号宫殿遗址、[①]郑州商代城内宫殿遗址区第一次发掘报告、[②]偃师商城的初步勘探和发掘、[③]1984年春偃师尸乡沟商城宫殿遗址发掘简报、[④]扶风召陈西周建筑群基址发掘简报、[⑤]偃师商城第Ⅱ号建筑群遗址发掘简报[⑥]等等。现以偃师商城第Ⅱ号建筑群遗址发掘作为代表对夏、商、周三代的聚落遗址与文明发展的关系予以说明。

1991—1992年度和1993—1994年度偃师商城第Ⅱ号建筑群遗址（j2）的发掘，是继偃师商城第Ⅰ号建筑群遗址（j1），即宫殿区的第四号宫殿基址、第五号宫殿基址大规模发掘之后，商城内又一次大面积的连续性揭露。通过四个季度的发掘，第一次向人们展示了偃师商城非宫殿性质大型建筑群体的严谨布局、宏大规模和雄伟气势，为商代社会诸领域的研究增添了许多新的素材，尤其是进一步丰富了我们对偃师商城作为一个大规模城址性质的认识。通过发掘，人们对偃师商城的认识可以归结为以下几点：

---

① 中国社会科学院考古研究所二里头队：《河南偃师二里头二号宫殿遗址》，《考古》1983年第3期。

② 河南省文物研究所：《郑州商代城内宫殿遗址区第一次发掘报告》，《文物》1983年第4期。

③ 中国社会科学院考古研究所洛阳汉魏故城工作队：《偃师商城的初步勘探和发掘》，《考古》1984年第6期。

④ 中国社会科学院考古研究所河南二队：《1984年春偃师尸乡沟商城宫殿遗址发掘简报》，《考古》1985年第4期。

⑤ 陕西周原考古队：《扶风召陈西周建筑群基址发掘简报》，《文物》1981年第3期。

⑥ 中国社会科学院考古研究所河南第二工作队：《偃师商城第Ⅱ号建筑群遗址发掘简报》，《考古》1995年第11期。

1.第Ⅱ号建筑群遗址内的诸多大型建筑夯土基址，作为单个的个体而言，由下至上叠压的三层建筑遗迹，一方面具有相似性，另一方面又有所不同。无论是下层建筑，还是中、上层建筑，其建筑风格皆为地面起台式，夯筑基础，木骨墙体。单体结构为长方形，四面起墙，墙外有廊，廊檐下有檐柱，台基四周用明道浅沟排水，室内有固定的设施。其中各层建筑台基的位置、排水沟的位置以及室内固定设施的位置在各层几乎没有发生变化。不同点在于作为室内固定的设施，下层建筑遗留下的遗迹为室内中部有两排并行的大柱洞，在每排大柱洞的两侧又各有一排小的浅柱洞；同时，在室内近四面墙的地方，沿墙皆有一排小的浅柱洞。这些小柱洞的直径均8—10厘米左右，深度5—10厘米左右，沿墙小柱洞距墙的距离与中部大柱洞和两侧小柱洞的距离十分相近。由此可见，台基中部的两排大柱洞是室内墙的木骨，有的柱子可能同时承担屋顶的重量，其两侧的小柱洞与四面墙内侧的小柱洞一样，支撑起室内放置物品的设施，这些设施顺墙架设，以墙为依托，以小柱洞内的柱子作为支点之一。与下层建筑不同，中、上层建筑的室内遗迹由下层的柱洞变为两道纵向的墙槽，但这两道墙槽的位置恰好与下层建筑室内的两排大柱洞位置重合。尽管有的台基墙槽内或槽侧置有石片，但可以推断这两道墙应当不太高，可能是支撑室内两道墙槽的位置与中层建筑墙槽的位置一致。总之，上、中、下三层建筑的这些相似性表明，从早期到晚期，三层建筑的功用没有发生大的变化。

2.第Ⅱ号建筑群遗址作为一个整体，其外有宽近3米的围墙环绕包围，与外界隔开，足见其封闭性极强，分布于其内的诸多大型建筑排列整齐，结构紧凑。三层建筑之中的各层，尤其是下层和中层建筑，同层的单体建筑结构、布局、相互间距皆惊人地相似，这种状况表明，由下层到中层及中层到上层建筑的变化，绝非是房屋损坏后的个别修缮，而是在整个遗址原有的基础上，按照原有的规模、布局和结构重新翻建。另一方面，在已发掘的3,400平方米范围内，无论是在下层建筑的使用时期，还是在中层建筑或上层建筑的使用时期，整个遗址围墙范围以内皆干干净净，整洁异常，无零乱杂物散落或堆积，也无用火痕迹，这预示着第Ⅱ号建筑群遗址绝非当时人活动频繁和集中之所，也非普通人能够进入和使用。遗址内踩踏的路土相对较薄、较纯净，也说明了这一点。再者，第Ⅱ号建筑群遗址位于商城西南隅，和宫殿区（第Ⅰ号建筑群遗址）同处地势较高的南部地带，其东北部距宫殿区不足百米，足见其与宫室密切。由以上诸方面分析比较，我们有理由相信第Ⅱ号建筑群遗址绝非一般的建筑群体，而是带有极浓厚的专用色彩和封闭色彩，应该是当时国家最高级别的仓储之所。换个角度讲，能拥有和控制如此大规模的专属库所，可以想见其所有者的权势之大、地位之高，这些建筑与附近规模庞大的宫殿群建筑及外部高大坚固的城垣相映衬、相匹配。将这些因素综合起来考虑，偃师商城无疑为王都之所在。

3.关于第Ⅱ号建筑群遗址的年代问题。第Ⅱ号建筑群遗址的三层建筑遗迹，由上面的分析推断，也可看作早、中、晚三个时期的建筑。加上发现的早期遗迹和打破的上层夯土、路土的灰坑以及叠压在其上的地层堆积，从理论上可划分出五个时间段，然而直接与三个时期建筑关系密切的遗物出土甚少，绝大多数是些零星散碎的残陶片，极难判断其时代特征，这给各期建筑的准确使用年代断定带来极大困难。叠压上层建筑的地层以及开口于该层下且打破上层（或中层）建筑夯土基址残迹和路土的灰坑内出土较多的陶片，这些陶片多数质地粗糙，以夹砂灰陶为主，纹饰以粗绳纹和中绳纹居多。无论从器物形态、质地、纹饰，还是从器物群组合上看，都具有浓厚的郑州二里冈上层文化时期器物的特征，其年代也应相当于郑州二里冈上层文化时期。因此可以确认第Ⅱ号建筑群遗址的废弃时间，应不晚于郑州二里冈上层文化时期。

五、春秋、战国、秦汉时期聚落与文明

与其他各历史时期的聚落遗址考古发现相比较，20世纪八九十年代中国春秋、战国、秦汉时期的聚落遗址考古发掘尤其多，其中较有代表性的有凤

翔马家庄春秋秦一号建筑遗址、[①]湖北宜城楚皇城勘查发掘、[②]秦都咸阳第三号宫殿建筑遗址发掘、[③]秦都雍城钻探发掘、[④]秦东陵一、二号陵园的发掘、[⑤]战国中山王陵及兆域图的出土发现、[⑥]阿房宫区域的汉代建筑的发现、[⑦]汉长安城未央宫第二号建筑遗址的发掘、[⑧]汉甘泉宫遗址的勘查发掘、[⑨]汉长安城桂宫第二号建筑遗址的发掘、[⑩]汉长安城未央宫第四号建筑遗址的发掘、[⑪]崇安汉城北岗二号建筑遗址的发掘、[⑫]楚都纪南城的勘查与发掘[⑬]等等。这里仅以其中的几处最有影响的聚落遗址考古发掘予以概述（这里必须说明的是：影响极大的战国中山王陵及兆域图的出土发现已有杨鸿勋先生在《建筑考古三十年综述》一文中的详细论述，在此就不再赘述了）。

（一）湖北宜城楚皇城

楚皇城遗址东去汉水六公里，北溯襄樊，南望荆州。这里为一高岗，城址位于高岗东部阶地的边沿。自古以来就闻名的白起引水灌鄢的百里长渠一

---

① 陕西省雍城考古队：《凤翔马家庄春秋秦一号建筑遗址第一次发掘简报》，《考古与文物》1982年第5期。

② 楚皇城考古发掘队：《湖北宜城楚皇城勘查简报》，《考古》1980年第2期。

③ 咸阳市文管会、咸阳市博物馆、咸阳地区文管会：《秦都咸阳第三号宫殿建筑遗址发掘简报》，《考古与文物》1980年第2期。

④ 陕西省雍城考古队：《秦都雍城钻探试掘简报》，《考古与文物》1985年第2期。

⑤ 陕西省考古研究所、临潼县文物管理委员会：《秦东陵第一、二号陵园勘查记》，《考古与文物》1987年第4期，1990年第4期。

⑥ 杨鸿勋：《战国中山王陵及兆域图研究》，《考古学报》1980年第1期。

⑦ 李家翰：《阿房宫区域内的一个汉代建筑遗址》，《考古与文物》1980年第1期。

⑧ 中国社会科学院考古研究所汉城工作队：《汉长安城未央宫第二号遗址发掘简报》，《考古》1992年第8期。

⑨ 姚生民：《汉甘泉宫遗址勘查记》，《考古与文物》1980年第2期。

⑩ 中日联合考古队：《汉长安城桂宫二号建筑遗址发掘简报》，《考古》1999年第1期。

⑪ 中国社会科学院考古研究所汉城工作队：《汉长安城未央宫第四号建筑遗址发掘简报》，《考古》1993年第11期。

⑫ 福建省博物馆、厦门大学人类学系：《崇安汉城北岗二号建筑遗址》，《文物》1992年第8期。

⑬ 湖北省博物馆：《楚都纪南城的勘查与发掘》（上下），《考古学报》1982年第3、4期。

直通达城西。楚皇城内现保存的古代遗迹不少，诸如紫金城、烽火台、散金坡、跑马堤、金银冢，而最为重要的还是至今依然保存着的城垣。

楚皇城中部偏东北地坪较为高起，其余均为平地。城周有比较完整的城垣，城垣全为土筑，至今巍然。现存城墙宽24—30米、高2—4米不等。除东城墙蜿蜒不甚齐整外，整个城址平面略呈矩形，方向约为20°。城内面积2.2平方千米。城垣周长6,420米，东南西北分别长2,000米、1,500米、1,840米、1,080米。

根据有关历史记载，宜城楚皇城是春秋时鄢的都邑所在地，后来并于楚。楚昭王避吴难曾一度迁都于此，故称鄢郢。鄢地秦汉时属南郡，汉惠帝三年（前192）更名为宜城。楚皇城亦即宜城故城，又称故襄城。从楚至两汉，楚皇城一直是一个经济中心，这里设有宏大的军事设施，如烽火台，出土了数量可观的箭镞和其他兵器，说明这里曾经是一个兵家争战的重要目标。皇城遗址文化层堆积之厚，出土文物丰富，可见延续时间较长，亦可见它所处的历史地理作用是至关重要的。

（二）秦都雍城

秦都雍城位于今凤翔县城之南，雍水河之北。据《史记·秦本纪》记载，从德公元年至献公二年的290年间，这里一直是秦国的政治、经济、军事的中心。经过20位国君的经营，秦国一跃成为春秋五霸之一，为后来秦始皇统一全国奠定了牢固的基础。作为当时的都市，雍城建立了大批的建筑，其中包括城垣、宫殿、陵园等，构成了一个完整的聚落场所。

经过对雍城的勘探得知，整个城址平面呈不规则的方形。方向北偏西14°，东西长3,300米（以南垣计算），南北长3,200米（以西垣计算），面积约1,056万平方米。

雍城众多的宫殿，精美的铜质建筑构件以及规模宏大的陵园，反映了秦统治阶级生活的奢侈，也表明了当时秦国建筑技术的进步和社会经济的繁荣发达。《史记·秦本纪》曰："戎王闻穆公贤，使由余观秦，公示以宫室积聚。

由余曰：使鬼为之，则劳神矣；使人为之，亦苦民矣。"①这并非纯属夸张之辞。

特别值得注意的是：马家庄三号建筑遗址规模之大，保存之完善，是岐山凤雏遗址和马家庄一号等先秦建筑所不能比拟的。它的发现，对于研究先秦宫殿、宗庙制度具有重要意义。

（三）秦东陵一、二号陵园的发掘

1986年春，陕西省考古研究所对临潼县韩峪乡范家村的夯土遗址进行了钻探，发现是一处大型的帝王陵园，即秦东陵一号陵园。秦东陵一号陵园发现后引起了多方面的关注。为进一步了解情况，1986年9月后，陕西省考古研究所又组成勘察队有目的有计划地开展对整个东陵区的范围、规模及陵园的建置布局的调查钻探工作，并相继查得二号与三号陵园。现对一号与二号陵园的勘察情况简述如下：

一号陵园位于临潼县骊山西麓的坂原上，西距秦芷阳城遗址约1.5公里。地势东高西低，前濒灞河，后依骊山，海拔557米。平面呈长方形，东西长4,000米，南北宽1,800米，面积72万平方米。一号陵园围绕主墓配有隍壕、陪葬坑、陪葬墓、王路及附属建筑设施。二号陵园位于一号陵园东北方向三华里骊山西麓坂原上。陵园东西长500米，南北宽300米，面积约15万平方米，海拔700米左右。二号陵园南北面以天然壕沟作屏障；东面有一不规整的天然壕沟经人工修茸为陵园东界；西界为一天然断崖。二号陵园与一号陵园明显的不同之处是：二号陵园内有"中"字形大墓一座和"甲"字形大墓三座。

秦东陵一、二号陵园的规格很高，应当于秦国称王以后某一秦王和王后的陵园，或者说可能是秦昭王或庄襄王的陵园。秦东陵一号和二号陵园的发现，填补了先秦王公陵墓的一段缺环，使春秋早期以至秦始皇时期秦国陵园形成了体系，不仅为今后的保护和发掘工作提供了可靠的依据，同时，也为研究我国古代帝王陵寝制度提供了重要的资料。

---

① （汉）司马迁：《史记·秦本纪》，百衲本《二十五史》第一卷，浙江古籍出版社1998年版，第21页。

（四）崇安汉城北岗二号建筑遗址

北岗二号建筑遗址位于福建崇安县兴田乡汉城村故城东门外北侧名为北岗的高丘上。该遗址东邻北岗一号建筑遗址，相距仅9米，西侧即为汉城城墙和壕沟。二号遗址的东廊庑与一号遗址的西围墙平行，方向为15°。一号遗址西围墙的前后3个门道都通向二号建筑遗址，二号遗址东廊北端的廊墙也与一号遗址北围墙相连接。二号遗址是一座面积约600平方米的建筑遗址，出土了大量的建筑材料和一批陶、铁、铜器等汉代遗物。

北岗二号建筑遗址与一号建筑遗址同为崇安汉城的附属建筑，时代应属西汉前期。北岗二号建筑遗址的台基与中原地区用土在平地层层夯筑而起的高台不同，是利用原生的山丘，将山顶铲平、周围部分挖低形成的，所以台基不见夯土层，根据发掘和钻探的情况看，台基顶面是露天的，台面上原有一层人工铺成的卵石。台南面利用原生的岩石地貌，仅稍加修凿。这种建筑方式与城址中的大型宫殿修建的方法完全一致，充分显示了中国古人习以为常的直观性生态意识。近长方形的露天台基是该遗址的主体部分，廊庑、殿堂仅为附属建筑。它们均不是居住建筑，而是一个供公共活动的社会文化场所。从所处的位置和建筑结构考察，此遗址应为坛。《史记·齐太公世家》："鲁将盟，曹沫以匕首劫桓公于坛上。"[①]中原的祭坛多以祭祀坑来印证，而此遗址周围无祭祀坑发现。从福建地区从未发现商、周、秦汉时代的祭祀坑及祀牢牲的情况看，或许闽越人的祀俗与中原不尽相同。

六、隋、唐时期聚落与文明

20世纪八九十年代，隋、唐时期的聚落遗址考古发现也有多处，如辽宁

---

① （汉）司马迁：《史记·齐太公世家》，百衲本《二十五史》第一卷，浙江古籍出版社1998年版，第121页。

沈阳市石台子高句丽山城第一次发掘、①渤海上京龙泉府宫殿建筑复原、②唐翠微宫遗址考古调查发掘、③1987年隋唐东都城的发掘、④唐长安大明宫含元殿复原研究、⑤唐大明宫含元殿遗址1995—1996年发掘、⑥隋仁寿宫唐九成宫37号殿址⑦等等。

（一）隋唐东都城

隋唐东都城的发掘最引人注目的有两点：

1．九洲池廊房建筑

廊房建筑位于宫城的西北角，九洲池的西南侧。廊房建筑呈东西向，南北两排并列（南边编号为F1，北边编号为F2），其间以砖砌甬相连。这两座并列的廊房建筑之间，自西向东有四条砖铺甬道将二者联系在一起。四条甬道的长度及结构基本相同，长约4.25米，宽约1.3米，中间有三行东西向砖平铺一层，两边各镶砌一行南北向横立砖。甬道中部高于两侧，呈弧形。自西向东每两条甬道之间的距离分别为10.3米、10.2米、6.37米。最东端的一条甬道在其中部有东西向水道残迹，水道南北两壁各镶砌东西向横立砖，中间底部铺一行长方形大砖构成流水槽，宽0.37米，深0.03米。根据文献资料记载，环绕九洲池建有多座庭院，这一建筑遗迹的发现，为人们进一步研究九洲池及其周围的建筑布局提供了新的资料。

① 辽宁省文物考古研究所：《辽宁沈阳市石台子高句丽山城第一次发掘简报》，《考古》1998年第10期。

② 张铁宁：《渤海上京龙泉府宫殿建筑复原》，《文物》1994年第6期。

③ 李健超、魏光、赵容：《唐翠微宫遗址考古调查简报》，《考古与文物》1991年第6期。

④ 中国社会科学院考古研究所洛阳唐队：《1987年隋唐东都城发掘简报》，《考古》1989年第5期。

⑤ 杨鸿勋：《唐长安大明宫含元殿复原研究报告》（上），《建筑学报》1998年第9、10期。

⑥ 中国社会科学院考古研究所西安唐城工作队：《唐大明宫含元殿遗址1995—1996年发掘报告》，《考古学报》1997年第3期。

⑦ 中国社会科学院考古研究所西安唐城工作队：《隋仁寿宫唐九成宫37号殿址的发掘》，《考古》1995年第12期。

2．东城南墙

东城南墙是夯土城墙，距地表深约0.9—1.05米。城垣系用红褐色土夯打而成，土质纯净坚硬，夯层清晰，共残存43层。上部每层含少量卵石及东周绳纹陶片，下部15层，每层夯土面上均平铺卵石一层，以墙基底部一层卵石最密集且平整，但又限于外侧2.5米的一段，夯打异常坚硬，向南稍次。夯层厚6—22厘米，一般厚12厘米。夯窝直径5厘米，深1.5厘米。墙体残高4.1米，墙基深0.9米。东城墙的发掘，完善了人们对东城形制和范围的了解，同时也证明了日本平城京宫城的建筑格局确系仿唐东都洛阳城的建制。

（二）渤海上京龙泉府宫殿

渤海上京龙泉府遗址位于今黑龙江省宁安市东京城镇西约3公里处，是唐代渤海国的五京之一。从遗址来看，上京的形制和布局以及出土的砖瓦纹饰等都深受唐长安的影响。它的平面呈长方形，城墙南4,586米、北4,946米、东3,358.5米、西3,406米，周长16.3千米，面积约16.1平方千米，由外城、皇城和宫城组成。

宫城位于城的北部居中，南临皇城。皇城与宫城同宽为1,045米，并共用东西城墙，皇城与宫城的南北总长为1,390米，其中皇城南北长447—454米。宫城南北各设一门，南门外即是与皇城相隔的东西横街。宫城墙用玄武石砌成，地下有深2米的石砌基础，基宽6—8米，地上墙宽3.5米。宫城内分中、东、西、北四区，以院墙相隔，东、西、北为内苑和仓库，中间是宫殿区。宫殿区东西长620米、南北宽720米，面积约0.45平方千米，在南北中轴线上排列着宫城门和5座宫殿，分外朝和内廷两部分。

据《新唐书》记载，渤海国曾"数遣诸生诣京师太学，习识古今制度，至是遂为海东盛国，地有五京，十五府，六十二州"[①]。这些遣唐使带回的

---

① （宋）欧阳修、宋祁：《新唐书·地理志》，百衲本《二十五史》第四卷，浙江古籍出版社1998年版，第447页。

大唐制度对上京城的规划可能产生了更为直接的影响，这也使人们不难理解尽管渤海距离唐京师长安数千里之遥，上京城却成功地仿效了唐代长安的形制，成为我国东北地区所建立的地方政权渤海国的都城，为中国古代建筑史的研究提供了极其宝贵的资料。

（三）唐大明宫含元殿遗址

含元殿作为一建筑群体，包括殿堂、两阁、飞廊、天台、殿前广场和龙尾道。1995—1996年考古发掘除殿前广场揭露了一部分外，其余部分做了全面的揭露。此外，根据勘测需要，对前已发掘的东朝堂北伸廊道部分也进行了重新揭露。

含元殿建筑群主次分明，层次丰富，其主次关系是通过位置的高低和中偏来表现的。最主要的建筑为殿堂，其位于中心最高处、自下而上的三层大台之上（其殿阶基为第三层大台）。其次为两阁，分别建在殿堂之东南和西南，高度大致与殿堂相同。连接殿堂与两阁的飞廊建在第二层大台上面。大台之南的平地是殿前广场，自平地逐层上三台登殿的阶道，为龙尾道。

在1995—1996年含元殿遗址发掘过程中，含元殿是否由麟德殿改拆而成也得以澄清。观德殿作为三公九卿临射之场所，又称为射殿。唐代观德殿的位置是清楚的，位于太极宫之北的内苑内，出太极宫北门——玄武门，即到达观德殿。《类编长安志》卷二也明确记有："内苑自玄武门外北至重玄门一里，东西与宫城齐。观德殿在玄武门外。"[①]含元殿位于长安城北偏东，距玄武门东西约2,300米，从位置上看，含元殿不可能是唐麟德殿改拆而成的。又据《册府元龟》卷110记载："总章元年十月癸丑，文武官献食贺破高丽，帝御玄武门之观德殿宴百官，设九部乐，极欢而罢。"[②]这就是说含元殿建成后观德殿仍在使用。

---

① （元）骆天骧：《类编长安志》卷二，三秦出版社2006年版，第63页。
② （宋）王钦若编修：《册府元龟》卷110，凤凰出版社2013年版。

从遗址的地层堆积来看，确实存有早于含元殿的文化层和遗址，但都是一些使用时间不长的临时性建筑遗迹。含元殿建造之前，这里曾是内苑，有一些一般性建筑是可能的，但这些小型建筑对含元殿的总体规划不会有重要的影响。

（四）隋仁寿宫唐九成宫37号殿址

该殿址1989—1994年由中国社会科学院考古研究所在陕西麟游县城全部揭露。殿址位于隋、唐时期的离宫仁寿宫及九成宫中部偏东，坐北朝南，东西42.62米，南北31.72米，面阔9间，进深6间，殿身中间设一面阔5间、进深2间的内殿；殿阶基内用纯净黄土夯筑，四壁用石材包砌，阶基下四周设散水；南壁设登殿的分作三部分的踏道，中部石阶为专供皇帝使用的"壁"；西、北、东壁各设2条与6条回廊相接的踏道。

据发掘及文献记载，开皇十三年（593），隋文帝下诏在岐州之北营造仁寿宫作为避暑胜地。隋文帝先后六次来仁寿宫，晚年他将年号"开皇"改为"仁寿"。仁寿四年（604），隋文帝死于该宫，接着隋炀帝继皇位也是在仁寿宫。隋代灭亡后，仁寿宫随之废弃。唐代初年，唐太宗下诏以隋仁寿宫为基础，经修缮并增建禁苑、武库、官署，将其改名为九成宫。唐太宗曾五次到九成宫避暑。唐高宗即位后，曾于永徽二年（651）将九成宫改为万年宫，乾封二年（667）又恢复称九成宫。唐高宗八次来九成宫避暑，并于咸亨二年（671）在九成宫增建了太子新宫。

隋仁寿宫唐九成宫37号殿址初建于隋，毁于唐开成元年（836）的一场洪水。隋仁寿宫唐九成宫37号殿址的发掘，不仅填补了中国建筑史上隋代宫殿建筑的空白，对复原隋代建筑也有重要参考价值。其保存相当完整，柱础大都置于原位，榫卯、腰铁固定等细部做法也十分清晰，为中国目前保存最完整的隋唐皇家宫殿建筑基址之一。

七、宋、金、元时期聚落与文明

宋、金、元时期的聚落遗址考古发现可以说是1949年后三十年建筑考古的一个薄弱环节，但在20世纪八九十年代的建筑考古实践中则有了大的改观，如河南洛阳市唐宫中路宋代大型殿址的发掘、①江苏扬州宋三城的勘探与试掘、②四川都江堰市青城山宋代建福宫遗址的试掘发现、③北宋东京内城的初步勘探与测试发现、④黑龙江克东县金代蒲峪路故城的发掘⑤等等，都是前所未有的历史新发现和贡献。

（一）扬州宋三城

扬州宋三城由三个互不相连而又关系密切的城圈组成，自北而南分别为堡城、夹城和大城，其分布范围大体与扬州唐城相同，北迄今蜀岗之上的西河湾—尹家庄一线，南至今扬州市南运河北岸，南北全长5,600米，总体平面布局略呈"双口"状。

宋大城　宋大城位于蜀岗以下今扬州市区，约当唐代罗城的东南部分。勘查证明宋大城呈南北向的长方形，南北长2,900米，东西宽2,200米。经历年破坏，宋大城四垣除西北城角外，地面均无遗迹，但四周城壕依旧保存着。

堡城　堡城位于今扬州市西北2公里的蜀岗之上，亦称"堡寨城"，南宋末又改称"宝佑城"。它是由唐代的子城改筑而成，城内面积约1.6平方千米。钻探与试掘证明堡城的西、南城垣及北城垣的大部分都沿用了唐代子城城垣，经修葺增筑而成。堡城南墙西起观音山，向东偏北至董家庄东南，全长1,300米，以蜀岗自然形成的断崖及唐子城南垣为基础。

夹城　夹城位于堡城与宋大城之间，即今董家庄一带。今四周城壕依旧存

---

① 中国社会科学院考古研究所洛阳唐城队：《河南洛阳市唐宫中路宋代大型殿址的发掘》，《考古》1999年第3期。

② 扬州城考古队：《江苏扬州宋三城的勘探与试掘》，《考古》1990年第7期。

③ 中国社会科学院考古研究所四川工作队、成都市文管会、都江堰市文物局：《四川都江堰市青城山宋代建福宫遗址试掘》，《考古》1993年第10期。

④ 开封宋城考古队：《北宋东京内城的初步勘探与测试》，《文物》1996年第5期。

⑤ 黑龙江省文物考古研究所：《黑龙江克东县金代蒲峪路故城发掘》，《考古》1987年第2期。

在，壕沟面宽达100米左右。夹城遗址高出附近地面1—3米，东、北、西三面墙外的坡势较陡峭，城址平面呈南北狭长的长方形，方向为北偏西6°。城墙走向与今存断崖相一致。

经钻探实测证明，扬州宋三城是适应历史情形的需要而数度增筑的结果。乾道、淳熙年间（1165—1175），主管扬州的郭棣认为蜀岗之上的汉唐故城"凭高临下，四面险固"，可据以防守来犯之金兵，所以又在蜀岗唐子城废城上修筑"堡寨城"（又名"堡城"），与作为州城的宋大城南北相对峙，不久又在其间构筑夹城，疏通两壕。这样，扬州宋城由一个城圈发展成三个城圈，宋三城基本形成，防御能力大为提高，远非北宋州城所能比拟。

（二）四川都江堰市青城山宋代建福宫

耸立于成都平原西缘岷江之畔的青城山，系邛崃山的余脉。这里四季幽翠宜人，为游览胜地，又是古今道教名山，在中国道教发展史上占有十分重要的地位。千百年来，这里遗留下众多文物古迹。史载，古代青城山曾是香火不绝、宫观林立，尤其是唐宋时期，更是登峰造极。建福宫乃青城山建筑最为庞大辉煌、闻名遐迩的道观之一。据传始建于唐代开元十八年（730），初名"丈人观"，南宋淳熙二年（1175）朝廷赐名"会庆建福宫"，建福宫由此得名。

据文献记载，建福宫在"丈人峰下"。现今青城山山门附近一带，通称建福宫，当为重建之今建福宫所在。古代建福宫的范围可能要大于此。近年来，在建福宫遗址以内的居民点，陆续因施工取土发现了若干建筑石构件以及其他古代遗物，还挖出了一段建筑台基的雕花石壁。都江堰市文物局和成都市文管会对此十分重视，做了考察和保护，并邀中国社会科学院考古研究所四川工作队，共同在1989年冬季再次进行实地勘查，初步认定这是一处具有历史价值的古代道教宫观建筑遗址。

道教是我国土著宗教，它是中国传统文化的重要组成部分。青城山建福宫遗址一号台基的试掘是首次对道教宫观遗址进行的科学发掘。根据实地考察并结合文献记载可知，建福宫规模较大。尽管到目前为止，遗址范围还未及勘查，但从周围环境分析，联系到古代有关描写来看，古代建福宫是依山势而建的，整体布局不一定是对称于中轴线的，在比较有限的山间沟壑处开辟出比较壮阔的建筑景观，较好地体现了道教建筑依据自然环境取势的特点，也反映了设计建造者的巧妙构思和聪明才智。

（三）黑龙江克东县金代蒲峪路故城

克东县金代古城北临乌裕尔河，西、北两面为乌裕尔河所环绕。古城周围地势非常低洼，常常受河水的侵袭。克东县古城平面呈椭圆形，东西长径1,100米，南北短径700米，周长2,850米。城墙由夯土筑成，夯土层厚8—13厘米。城墙底部宽29米，顶部宽1.5—3米，残高304米。城墙上每隔60—70米便有马面一处，全城共有马面40处。城墙外10米处有护城壕，现在大部分已淤平。古城只有南、北两座城门，城门破坏较严重，城门豁口已扩大到10米以上，城门外有半圆形瓮城，东西长35米，南北宽17米。城内东部较西部略为开阔些，在地表上可以见到许多建筑物的遗迹。古城东南约5公里处是两座突兀耸立的死火山，即二克山，成了古城四周一个重要的标志。

金代蒲峪路故城南门和城内官衙遗址的发掘，是我国考古工作者对金代城市的首次发掘，为研究金代城市提供了重要的实物资料。从勘测的过程中不难看出，无论是城门还是城内官衙遗址都可以明辨出宋代先进的建筑技术在金代的沿用，如减柱法、砌筑砖墙技术、"实内地"等。这无疑也说明了汉人的建筑技术与女真人生活习惯的相互融合，也可以说是汉人与女真人经济文化交流的明证。此外，还可以看出金代城市规划的一个显著特点，那就是将商业和手工业区融为一体的布局方式，这是宋代社会以前所不曾有过的新型聚落形态。

八、少数民族的聚落与文明

少数民族地区的建筑聚落遗址考古过去几乎成了被人遗忘的角落，20世纪八九十年代的建筑考古工作可以说是弥补了这项空缺。这里以叶赫古城调查记、新疆吉木萨尔北庭古城调查、西藏山南拉加里宫殿勘察报告、内蒙古白灵淖城圐圙北魏古城遗址调查与发掘等考古实例予以概述。

（一）叶赫古城[①]

叶赫是满族那拉氏的故乡。叶赫古城位于今吉林省梨树县叶赫乡境内，是吉林省重点文物保护单位。叶赫古城由东西两座故城组成，位于吉林省西南部，梨树县的南端，西北距四平市约28公里，南与辽宁省的昌图、西丰比邻。这里是大黑山脉的南端，寇河的上游，有一条支流由北向南注入寇河，河流两岸是不甚宽阔的冲积平原。

叶赫东西二城的建筑形状都近似椭圆形。两座内城都是选择高耸的台地或山丘上建城。西城仍存部分外城；至于东城，从《明史·李成梁麻贵列传》"城四重，攻之不下。用巨炮击之，碎其外部，遂拔二城"[②]及《清史稿·太祖本纪》"叶赫有二城，分军围之，堕其部，穴城，城摧，我军入城"[③]等史料看来，东城似亦应有内外城，只是外城已毁变为耕地。从出土的器物来看，东西城出土的瓷器残片纹饰基本相同，与辉发城出土瓷器的纹饰多为同一类型。东城还出土了印有"（大）明成化年制"的明代中期瓷器。建筑构件的纹饰、砖瓦的形制等，也基本是同一类型。从上述情况看，叶赫东西二城应同属明代的古城。

历经世事沧桑的叶赫古城是女真族后期叶赫部活动的历史见证，也是保存不多的女真族后期的古城之一，它对于研究叶赫部的历史乃至女真族后期的历史都具有一定的价值。

（二）新疆吉木萨尔北庭古城[④]

新疆吉木萨尔北庭古城坐落在天山北麓坡前地带与准噶尔盆地古尔班通

---

① 刘景文：《叶赫古城调查记》，《文物》1985年第4期。

② （清）张廷玉：《明史·李成梁麻贵列传》，百衲本《二十五史》第八卷，浙江古籍出版社1998年版，第625页。

③ （民国）赵尔巽主编：《清史稿·太祖本纪》，百衲本《二十五史》第九卷，浙江古籍出版社1998年版，第23页。

④ 中国社会科学院考古研究所新疆工作队：《新疆吉木萨尔北庭古城调查》，《考古》1982年第2期。

古特沙漠相接的平原上，南依天山，北望沙漠，扼守东西交通要道。古城东通奇台、木垒、哈密，西经阜康、乌鲁木齐可达伊犁河流域，往南越过天山，直达吐鲁番盆地，向北穿越沙漠至蒙古草原，与天山的高昌、交河两古城遥遥相对。这里水源丰足，土地肥沃，物产较丰富。唐北庭大都护府设在这里是与这种优越的地理环境分不开的。

北庭古城是内外两城，不是三重城。外城和内城的构筑方法有明显的不同。外城的城墙、马面、敌台、角楼和羊马城，基本上都是薄夯层，圆夯窝，坚硬结实；内城的城墙、马面、敌台和角楼都是厚夯层，平夯，无夯窝，比较松软。

北庭古城规模之宏大、规划之周详、防守之严密是与北庭大都护府的政治、军事地位及作为北疆地区的统治中心完全相符合的。

（三）西藏山南拉加里宫殿①

西藏山南法王拉加里宫殿是一处规模宏大的藏式宫殿建筑群。它背依开阔的平原，面临色曲河，是西藏目前保存不多的藏式结构古代宫殿建筑群之一。

拉加里宫殿是一系列建筑年代不同、功能各异的建筑物组成的群落，现存建筑及其遗存共由三大部分组成，大致可以分为早、中、晚三期。早期：旧宫"扎西群宗"；中期：新宫"甘丹拉孜"；晚期：夏宫。拉加里宫殿群落早、中、晚期的连续性发展是聚落文化形态发展在少数民族地区最明显的例证。

旧宫"扎西群宗"建筑在甘丹拉孜的西南方向约200米处，地势略低于新宫。南北长约100米，东西宽约70米，建筑面积约7,000平方米。新宫"甘丹拉孜"是拉加里王宫建筑的主体部分，规模宏大，南北长约120米，东西宽约130米，占地面积约15,600平方米。新宫所在地的位置高出旧宫约20米，建在海拔3,880米的高崖之上，北临河谷，与河面相对高差约50米，显得巍峨雄壮，气势磅礴。夏宫位于取松县城东北隅，原建筑包括宫殿围墙、林卡、王

---

① 西藏自治区文管会文物普查队：《西藏山南拉加里宫殿勘察报告》，《文物》1993年第2期。

宫浴池及宫殿等，建筑面积约5,000平方米。此外，还有作坊、仓库、马厩、工匠住所等一系列附属建筑分布于宫殿区的四周。

（四）内蒙古白灵淖城圐圙北魏古城[①]

城圐圙古城所在的地方，平地逐渐开阔，形成60余平方千米的沃壤，五金河的支流自东北向西南穿越古城流去，其分支把古城分裂为大小不等的四个区域。因古城依丘陵而建，平面略呈不规则的五边形，东西约1,300米，南北约1,100米。南北两城墙保存基本完好，西墙残存一部分，东墙绝大部分被破坏。

城圐圙古城地处大青山北麓的西端，控扼着山后草地到山前的孔道，是当时南来北往的重要咽喉，北魏王朝为防御突厥南侵，在此设城置守，是有十分重要的战略意义的。此外，这里出土的石磨盘、铁犁及牛羊骸骨等遗留文物，说明当时这一地方的经济形态是农牧兼备，且以游牧为主，但农业在这里也占有一定的地位。

写到这里，笔者深感：华夏文明虽然是以各民族性为前提的总体文明，但它的形成有着与西方文明不同的发展过程，这个过程是伴随华夏民族这个多民族共同体的形成而完成的。华夏各民族早期的文明发展都有一个自我存在的区域，但作为华夏文明的核心——华夏汉民族文明，它的萌生区域就在中原地区，由于它的文明发展较之同时期的其他区域的文明发展远为先进，所以，以汉民族为主体的中原文明也就成了华夏古代文明的摇篮，代表了整个华夏各民族文明特征的共性，以至于各民族文明发展虽然不失其地方性特质，但万变不离其宗，即便是地处边远地区的少数民族的聚落文明也不失华夏民族共性的整体性延续的特征。这是华夏各民族集体无意识的文化历史积淀，以上几处少数民族聚落遗址考古发掘的情状就是活生生的写照。

[①] 内蒙古文物工作队、包头市文物管理所：《内蒙古白灵淖城圐圙北魏古城遗址调查与试掘》，《考古》1984年第2期。

结束语

通过以上对华夏各民族从史前到宋元时期聚落遗址考古的概括综述，我们不难看到这样一个事实：当人们通过聚落遗址考古的发掘追溯到那远古的史前史和源远流长的古代历史时空时，我们发现华夏民族文明的形成是一种不同于西方断裂性文明的连续性文明，这种文明类型的显著特征是人类与生物之间的连续，是地与天之间的连续，是人类文化与自然规律之间的连续，而且整体性和人与自然之间的互动性是其内在的要义。正是这种连续性文明的产生才没有导致生态平衡的破坏而能够在连续下来的时空环境中实现生存的可能。[①]并且，从中我们既可以看到村落—集镇—城市三种不同聚落形态相互制约的关系，也可以看到一种社会关系的空间体现和时间维度在"天人合一"的观念制约下连绵不绝的发展变化过程，更可以看出，中国古代聚落遗址所体现的情态与形态及生态的共生关系及由此折射出的物质与精神及生态文明的光辉。

因此，当中国古代先民们的"天人合一"观念形成之后，华夏民族文明发展的史迹无不带有鲜明的特色，那就是华夏聚落遗址的文明可以说是一种人与自然和谐共处的生态文明的最恒久的活现。观念制约文明行为，文明行为形成文化特色，文化特色产生生命力，最终立于世界民族之林。今天，在全球范围内，人们莫不关心人类文明可持续发展的问题，从华夏民族聚落与文明发展连续性的历程中，聚落的大小、方位、高低次序及组织结构等方面都隐喻着华夏文明"生生之谓易"的生存之道，从中可以获取许多谋生的教益。

同时，我们也应该注意到华夏聚落遗址的这种生态文明也有其明显的不足之处，那就是超稳定的历史循环性和自我封闭的小国寡民式的农业生态以及安土乐天的生活情趣。这可以说是一种原生态的生态文明，但不是科学意

---

① 张光直：《中国青铜时代》，生活·读书·新知三联书店1983年版，第493页。

义上的现代生态文明，因而也就不是一种人类理想意义上的生态文明。因为中国古代先辈们所信仰的"天人合一"生存观念的核心是人与人之间的绝对均衡和人对自然的顺从与依赖，而现代生态文明则是要在科学的意义上协调人与自然之间的关系，追求人与自然和谐共生、对话的新境界。这在本质意义上是有明显的区别的。如何实现华夏民族传统的原生态文明向现代科学化的生态文明转型与过渡，这仍然是一个有待于用全新的文化观对其予以整合性思考的时代课题。

这种全新的文化观是什么呢？在这里，笔者不妨借用文化哲学家李鹏程先生的话来回答，并以此作为本篇综述的结束语：

> 这种新的文化观既反对单纯的自然主义，又反对单纯的人文主义，而以人与世界的共同存在的合法性为依据，建构人与自然的和谐。当然，这种和谐既不是构成以人为中心的世界图景，使自然服从于人；也不是构成以自然为中心的世界图景，使人'复归''消融'于自然，使人摈弃人类文化历史过程中的全部文明成果。
>
> ……可以说这就是通过对近代以来的'人''物'分裂的文化观念的最终批判所追求的一种新的文化前景，即和谐论的文化辩证法。[1]

（原载《同济大学学报（社会科学版）》2001年第4期）

---

[1] 李鹏程：《当代文化哲学沉思》，人民出版社1994年版，第155、158页。

朱启钤与中国营造学社

图1-1 朱启钤影像（1872—
1964）（朱启钤《蠖园文
存》，文海出版社1936年紫江
朱氏刊）

一、朱启钤生平简介

朱启钤，原名朱启伦，字桂辛，晚年号蠖
公，祖籍贵州开阳。1872年，朱启钤生于河南信
阳，3岁时，因父丧而寄居在湖南长沙外祖父家。
1889年，17岁的朱启钤与驻英国、法国、比利时
参赞陈菘生（曾国藩二女婿）的过继女陈光玑成
婚。19岁时，朱启钤随姨夫瞿鸿机到四川，并作
为瞿鸿机的幕僚代理阅读宗卷及料理有关事务，
从此开始了他的宦途生涯。瞿鸿机任职期满离开
四川后，朱启钤则留在四川继续任职。1896年，
朱启钤负责修凿云阳大荡子新滩工程施工事务，
从此与工程实业结下了难解之缘，工程事务管理实践才能初现端倪。

1900年后，朱启钤由于机警与聪慧及实绩过人，先后历任京师大学堂译
学馆监督、京师内城与外城巡警厅厅丞、东三省蒙古事务局督办、津浦铁路
北段总办等职。瞿鸿机任军机大臣时，朱启钤是瞿鸿机的得力助手。1904
年，经徐世昌举荐，朱启钤到天津筹办一所劳动教养性质的游民习艺所。任
职期间，常常走街串巷，了解北京城市市政状况，并对比五朝帝都市政布局

的历史脉络，朱启钤谋划安全消防布局，并开创了北京警察统揽市政基础建设的制度，致力于市政事务。

1907年，瞿鸿机被弹劾革职后，朱启钤辞职离位，却又被时任东三省总督的徐世昌委以重任，负责贯穿南北大动脉的津浦铁路的修筑工程，奠定了实业基础。

北洋军阀期间，朱启钤先后担任交通总长、代理国务总理、内阁内务总长等要职。1915年，袁世凯复辟帝制，朱启钤曾一度参与其内政，并担任大典筹备处处长。袁世凯垮台后，朱启钤因此而被通缉。1918年后，历任晚清、北洋、民国三朝要员的朱启钤再也无心于在政界游历，决意退出政治舞台而沉于实业。正阳门的改造、天安门广场千步廊的拆迁、南北长安街、南北池子、拱形门的设计、社稷坛的修缮、中央公园（即中山公园）的兴建等工程项目的实施，就是在此期间完成的。

1919年，朱启钤受徐世昌总统之托赴上海以北方代表的资格出席南北议和会议途经南京期间，在江南图书馆发现手抄本中国古建筑专著宋李明仲《营造法式》。朱启钤如获至宝，于是组织人力和物力对之予以校对，于1925年付梓刊行，遂萌发成立专门研究机构研究《营造法式》并探究中国建筑文化来龙去脉的念头。

1930年的阳春三月，朱启钤在通融了政治、文化、实业、教育、金融各界人士的基础上正式成立了中国营造学社，自任社长，纠集国内外达能贤士，用现代科学测绘技术与中国传统的朴学相结合的方法致力于作为国学之一的中国古代建筑的研究与创新发掘，并设立法式部和文献部，确立了"研求营造学，非通全部文化史不可，而欲通文化史，非研求实质之营造不可"[①]的治学指导思想，制定了《中国营造学社研究计划书》。随着梁思成和刘敦桢从国外学成归来参与中国营造学社的事业并分别担任法式部和文献部主任之

---

① 朱启钤：《中国营造学社开会演词》，《中国营造学社汇刊》1930年7月第一卷第一期。

后，中国营造学社的研究遂显生机。至1945年，中国营造学社同仁们汇集遍及大江南北的古建筑测绘成果，结合历史文献先后出版了《中国营造学社汇刊》《清营造则例》《中国建筑史》《中国建筑设计图集》等重要著作，奠定了中国建筑史学的基础，成为一个辉煌的里程碑。

此外，朱启钤在文物收集与整理、创办北戴河公益事业、兴办山东中兴工矿企业等文化实业方面所取得的成就无疑也为中国近代民族文化事业增添了光彩。

因此，中华人民共和国成立后，朱启钤备受周恩来总理的厚待，兼任中央文史馆顾问研究员，当选全国第二、第三届政协委员。1964年，朱启钤溘然长逝，但他"以视实斋所谓古人之学通于事物者"[①]，而不令国学成绝学的热衷弘扬中国文化事业的伟绩，后人当永志不忘。

翻开中国近代学术思想史的史页，我们会发现一个很奇特的文化现象，那就是对一些于中国近代学术思想有极大贡献的较复杂的历史人物，由于社会政治历史原因而被学术界置之高阁，以致悬而不论，致使对他们在历史上的学术思想贡献不能予以客观、公正的历史评价。朱启钤就是一个典型的实例。由于朱启钤历任晚清、北洋、民国三朝政府的官僚要员，拥有广泛而又复杂的中外社会关系，而且曾经为袁世凯的复辟帝制做过一些事与愿违的事。长时期以来，学术界将朱启钤置之度外，甚至视之为反动的政客而忽视其在中国近代学术文化事业上的历史贡献。这样做的结果，导致许多学术研究问题被历史的尘埃所遮蔽而无法澄清。今天，社会科学与民主的文化氛围日益昌明，许多被社会政治历史所误解的历史人物得以重新认识与评价。如思想家陈独秀、学术大师胡适之等，在学术界对他们的历史贡献与历史地位都得到客观的评价与应有的尊重。面对朱启钤这样一位对中国古建筑研究卓有贡献的开创性的学术研究先驱者，我们也应当予以重新审视与评价。

[①] 瞿兑之：《社长朱桂辛先生周甲寿序》，《中国营造学社汇刊》1932年9月第三卷第三期。

二、发现《营造法式》

1.《营造法式》被发现

1919年，朱启钤受徐世昌总统的委托，赴上海以北方代表的资格出席南北议和会议。就在这次赴上海途经南京时，朱启钤在江南图书馆发现了手抄本宋李明仲《营造法式》一书。于是通过江苏省严震省长，将该书借出委托商务印书馆影印出版，以传后世。这就是被后人称之为丁本的《营造法式》。但由于丁本《营造法式》经屡次辗转传抄，错漏难免。朱启钤认为这样珍贵的古籍一定要尽可能使之更为完善，因此委托版本专家陶湘及傅增湘、罗振玉、祝书元、郭葆昌、吴昌绶、吕铸、章钰、陶珙、陶祖毅、阚铎等搜集各家传本译注并校对。为此"时阅七载，稿经十易"[①]，于1925年付梓刊行。丁本《营造法式》经陶湘校对、装帧并刊布之后，致使朱启钤"自得李氏此书，而启钤治营造学之趣味乃愈增，希望愈大，发现亦愈多"[②]。于是便有了组建专门研究中国古代建筑的私人机构营造学社的愿望。"众里寻她千百度，蓦然回首，那人却在，灯火阑珊处"[③]，这不是偶然又是什么？其必然性则是因为朱启钤作为晚清、北洋、民国时期的政府官员不仅掌管过许多与建筑工程相关的实业，而且对中国古代建筑始终有着浓厚的兴趣和热爱。鉴于此，罗哲文也说《营造法式》的被发现，"可以说是历史选择了朱启钤先生，也可以说是朱启钤先生选择了历史。也是历史必然与偶然统一的结果"[④]。

朱启钤与陶湘使"陶本"《营造法式》刊行后，瞿兑之发现《营造法式》

---

① 陶湘：《李明仲营造法式》，转引自林洙：《叩开鲁班的大门——中国营造学社史略》，中国建筑工业出版社1995年版，第41页。

② 朱启钤：《中国营造学社开会演词》，《中国营造学社汇刊》1931年7月第一卷第一期。

③ （宋）辛弃疾：《青玉案》曰："东风夜放花千树，更吹落，星如雨。宝马雕车香满路。凤箫声动、玉壶光转，一夜鱼龙舞。　　蛾儿雪柳黄金缕、笑语盈盈暗香去。众里寻他千百度，蓦然回首，那人却在，灯火阑珊处。"

④ 崔勇：《中国营造学社研究》，东南大学出版社2004年版，第277页。

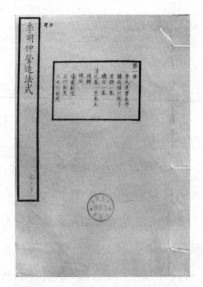 

图1-2　陶本宋·李明仲《营造　　　图1-3　陶本《营造法式》所刊
法式》封面　　　　　　　　　　　李明仲像

有六大有价值的学术要点，即"疏举故书义训，通以今释，由名物之演嬗，得古今之会通，一也；北宋故书，多有不传于今者，本编所引，颇有佚文异说足资考据，二也；凡一物之制作，必究宣其形式、尺度程序，咸使可寻，由此得与今制相较，而得其同异，三也；所用工材，虽无由得其价值，而良窳贵贱，固可约略而得，四也；程功之限，雇役之制，般运之价，并得当时社会经济状况，五也；华纹形体若拂菻师子频伽化生之类，得睹当时外族文化影响，六也。"①瞿兑之的见解引起了当时营造学社同仁们的重视，于是，研究工作自此开启。

2.《营造法式》的版本源流与要目

论及《营造法式》的被发现，对其版本的沿革和李诫应该要有一个说明。这样便于读者对《营造法式》的版本源流及其编修者李诫有一个总括的

---

① 瞿兑之：《李明仲八百二十周忌之纪念》，《中国营造学社汇刊》1930年7月第一卷第一期。

了解，由此也可以感悟后来的中国营造学社的同仁们为什么不惜一切致力于《营造法式》的研究与弘扬的原因之所在。需要申明的是，由于笔者无力搜集相关的考证史料，对《营造法式》的版本源流的介绍基本上援用了林洙《叩开鲁班的大门——中国营造学社史略》一著中的论述。在此，笔者要对林洙及其辛勤的研究成果给予的启示致以特别谢忱！同时，笔者也结合一些文献资料，就《营造法式》版本源流问题尝试着做一些补充说明，也算是在这个问题上多少做了一些力所能及的工作吧。

今天看来，在中国建筑历史上，《营造法式》是北宋官订的有关中国古代建筑设计、施工的专业书籍。它略似今天的建筑设计手册与规范。从学术研究的角度来看，《营造法式》是中国历代古籍中最完善的一部建筑技术专著，是研究中国古代建筑必不可少的参考文献。

李诫，字明仲，是北宋的建筑学家，出生年月不详，卒于宋徽宗大观四年（1110），系河南郑州管城县（今河南省新郑市）人。李诫出生于官宦之家，宋神宗元丰八年（1085），他荫官郊社斋郎，后任曹州济阴（今山东菏泽市）县尉。从哲宗元祐七年（1092）以承奉郎而为将作监供职，前后达13年之久。历任将作监主簿、监丞、少监和将作监。将作是古代隶属于工部的土建设计施工机构。李诫在任将作13年期间，负责主持过大量的新建与重修的工程，包括王邸、宫殿、辟雍、府廨、太庙等不同类型的建筑，这使得李诫在实践中积累了非常丰富的建筑技术知识和经验。建筑是他一生中最主要的工作。绍圣四年（1097），李诫奉旨针对当时建筑工程中存在的严重浪费和贪污现象，制定有关建筑工程的工料定额，重新编修《营造法式》。在李诫编修《营造法式》之前，将作监已奉诏编修《营造法式》一书，于元祐七年（1092）成书。徽宗崇宁二年（1103），《营造法式》颁行。李诫博学多才，不仅在工程的规划、组织、管理等方面有丰富的经验，而且精书法、善绘画、喜著书。除《营造法式》之外，还著有《续山海经》10卷、《续同姓同名录》2卷、《马经》3卷、《六博经》3卷、《古篆说文》10卷等，可见其学识非同一般。故李诫因《营造法式》这部中国建筑史上的经典文献而受到国内外建筑学界的瞩目。

李诚所编修的《营造法式》，全书共有三十四卷。各卷的编排是：

第一、二卷是"总释"。

第三卷为壕寨制度和石作制度。"壕寨"指的是土石方工程；"石作"指的是台基、台阶、柱础、石栏杆等。

第四、五卷是大木作制度，如梁、柱、斗栱、椽等。

第六至十一卷为小木作制度，包括门、窗、栏杆、龛、经卷书架等的做法。

第十二、十三卷包括瓦作和泥作制度。

第十四卷是彩画作制度。

第十五卷是砖作和窑作制度。

第十六至二十五卷是诸作"功限"，即各工种的劳动定额。

第二十六至二十八卷是诸作"料例"，规定了各作按构件的等第大小所需的材料限量。

第二十九至三十四卷是诸作图样，在各卷之首又有看详一卷、目录一卷。

崇宁二年（1103），李诚曾上书言："窃缘上件《法式》，系营造制度、工限等，关防功料，最为切要，内外皆合通行。臣今欲乞用小字镂版，依海行敕令颁降，取进止。"正月十八日，三省同奉圣旨：依奏。[①]于是刊刻颁行。这是《营造法式》最早的版本。北宋末年，金人入侵汴京。忽经一炬，宋室故物荡然无存。之后的20年就有重刊的需要了。绍兴十五年（1145），平江军府事提举王唤将《营造法式》重行刊刻。宋代仅有崇宁、绍兴这两个版本。

---

① 梁思成：《梁思成全集》第七卷，中国建筑工业出版社2001年版，第5页。

目前我们所知道明代流传的《营造法式》抄本有四种："一是《永乐大典》本；二是范氏天一阁本；三是唐顺之《稗编》抄本；四是明末清初钱谦益绛云楼抄本及陶宗仪《说郛》著录。钱氏绛云楼《法式》有二，其中抄本转手述古堂钱曾，另存一梁溪故家钱本。顺治七年（1650）绛云楼大火，楼书皆毁，后人再也没有见到梁溪故家的钱本。"①

清代流传的《营造法式》抄本较多，有天一阁抄本（即明抄本）、述古堂抄本（即绛云楼本）、丁丙八千卷抄本、陈氏带经堂抄本、瞿氏铁琴铜剑楼抄本、陆氏皕宋楼抄本、蒋氏密韵楼抄本，还有杨墨林刻本及山西杨氏刻丛书本。杨墨林刻本及山西杨氏刻本均未见流传。天一阁本进呈朝廷，其中缺三十一卷，由《永乐大典》本补全，即后来的四库本。清初述古堂抄本，即后来钱曾得自钱谦益的明抄本，是由绍兴本抄下来的。其后张金吾购买到述古堂的影写本。道光年间，张蓉镜又影抄张金吾抄本，丁丙八千卷楼藏本，据说即张蓉镜的抄本，但未最后确证。根据谢国桢考证，清代民间流传的这些抄本都是由绍兴本影抄下来的，大都影自钱氏、张氏的抄本。1907年江南图书馆成立，收购了丁氏嘉惠堂（即八千卷楼）藏书为馆藏基础。1919年朱启钤在江南图书馆发现的《营造法式》是丁丙的抄本。在朱启钤的努力下，不久就由商务印书馆影印出版，这便是丁本《营造法式》。

1921年，朱启钤因公赴欧洲，"见其一艺一术皆备图案，而新旧营建悉有专书，益矍然于明仲此作，为营国筑室不易之成规。还国以来，搜集公私传本，重校付梓"②。于是乎，在朱启钤领导下，由陶湘与傅增湘、罗振玉、郭世五、阚铎、吴昌绶、吕铸、章钰、陶珙、陶洙、陶祖毅等人，以四库文渊阁、文津阁、文溯阁三阁藏本及蒋氏密韵楼本和"丁本"互相勘校，又与老工匠核实对照。所以大木作、彩画作都是重为绘画。在陶湘等人校勘过程

---

① 林洙：《叩开鲁班的大门——中国营造学社史略》，中国建筑工业出版社1995年版，第42页。
② 朱启钤：《重刊营造法式后序》，（宋）李诫：《营造法式》，商务印书馆1933年版，第1页。

中，又从内阁大库散出的废纸堆中发现了宋本残页（第八卷首页之前半）。因此，书的行款字体均仿宋刊本，并在书后加以附录，集录诸家记载及题跋，陶湘还在"法式识语"中对《营造法式》的版本流传做了详细的考订，并参阅了大量的历史文献。陶湘刻书素以装帧考究，校勘精良，且纸、墨、行款、装订务求尽善尽美而闻名。"陶本"的刊行也是如此。因此，"陶本"的《营造法式》刊行之后，在当时曾引起国内外建筑学术界的极大关注。

1926年，陶湘受聘于故宫图书馆，主持故宫殿本图书编订工作，并于1932年在故宫殿本书库发现抄本《营造法式》，版面格式与宋本残页相同，卷后有平江府重刊的字样，与绍兴的许多抄本相同。此外，还有钱尊王之印（述古堂主人）。估计这个抄本若非述古堂原本，亦是直接影抄自述古堂，抄工亦较其他本工整。这是一项重要的发现。故宫殿本发现之后，由中国营造学社刘敦桢、梁思成、谢国桢、单士元等人，以"陶本"为基础，与《永乐大典》本、丁本、四库文津阁本、故宫殿本相校，又有所校正。其中最主要的一项就是各本（包括"陶本"）在第四卷"大木作制度"中"造栱之制有五"，但各本中仅有其四，究其全遗漏了"五曰慢栱"一条四十六个字，唯有"故宫本"这一条独存。"陶本"和其他各本的一个最大的缺憾得以补偿。《营造法式》的校勘在朱启钤领导下，陶湘等人做了大量的工作；在"故宫本"发现之后，中国营造学社的研究人员又再一次进行了细致的校勘。后来中国营造学社梁思成、刘敦桢的研究工作，都是以那一次校勘的成果为依据的。

三、创建中国营造学社

1．1925年初创"营造学会"

事实上，中国营造学社的成立不是一蹴而就的事，其过程经历了一个苦心积累的酝酿、准备、筹措。这一过程中的学术动机与学术思想特征都是值得我们予以深入研究的。关于这一点，笔者采访杨永生的时候，他说过："朱启钤先生在南京发现《营造法式》是1919年，从1919年到1925年这一段时间，至今无人去研究。其实研究朱启钤先生这一段时间的学术思想动态是非常有意义，也是非常有价值的。"①在笔者看来，《营造法式》被发现之后，不仅1919年至1925年间，学术界几乎无人去关注，即便是1925年至1929年间，也没有人去细察其间的蛛丝马迹。而实际上，从1919年至1929年间，正是中国营造学社成立之前的一个非常值得引以为重的精心准备阶段，可谓有"十年磨一剑"之辛苦遭逢。

《营造法式》被发现后，朱启钤一方面组织陶湘等版本专家对《营造法式》进行校勘，另一方面，他于"辛酉（1921）二月出使法国，代表徐公（徐世昌）接受巴黎大学博士学位，并游历英、意、比、德、美、日六国"②。在这次远涉欧美的旅途中，朱启钤"见其一艺一技皆备图案，而新旧营建悉有专书，益矍然于明仲此作，为营国筑室不易之成规"③。《营造法式》虽然是在1925年正式刊行，但在1923年就已经校勘完备、大功告成。于是，朱启钤决定脱离政界而闭门读书，并开始组织人力整理研究资料，从事营造学的研究。1925年，陶本《营造法式》问世后，在国内外学术界引起了极大的反响。这对朱启钤无疑是一个极大的促进。朱启钤认为："盖自太古以来，早吸收外来民族之文化结晶，直至近代而未已也。凡建筑本身，及其附丽之物，殆无一处不足见多数殊源之风格。混融变幻以构成之也。远古不敢遽谈，试观汉以后之来自匈奴西域者；魏晋以后之来自佛教者；唐以后之来自波斯大食者；元明以后之来自南洋者；明季以后之来自远西者。其风范格律，显然可寻者。"④他对东西方建筑关系已有觉察。于是，1925年，朱启钤私自成立了"营造学会"⑤，与阚铎、瞿兑之等共同搜集中国古代营造散佚史

① 崔勇：《中国营造学社研究》，东南大学出版社2004年版，第248页。
② 《朱启钤自撰年谱》，《蠖公纪事——朱启钤先生生平纪实》，中国文史出版社1991年版，第6页。
③ 朱启钤：《重刊营造法式后序》，（宋）李诫：《营造法式》，商务印书馆1933年版。
④ 朱启钤：《中国营造学社开会演词》，《中国营造学社汇刊》1930年7月第一卷第一期。
⑤ 《朱启钤自撰年谱》，《蠖公纪事——朱启钤先生生平纪实》，中国文史出版社1991年版，第6页。

书、图籍。同时，朱启钤还组织同仁们制作了一些古建筑模型，撰写了《哲匠录》《漆书》等论著，自此也已经开始辑录。由此可见，朱启钤私自建立"营造学会"，并非失意政客在社会上谋取功名，而是他长期对中国古代建筑悉心研究与兴趣所致。"营造学会"的建立，是中国营造学社创办经过中一个有力的前奏。

2．1930年创建中国营造学社

为了扩大"营造学会"的影响并推动学术研究的进程，1928年，朱启钤在当时的中央公园举办了一次展览会，展出了历年来所收集、制作的书籍、图纸、古建筑模型等。据林洙的有关研究介绍，为此，朱启钤出售了他多年来收藏的历史文物及一批珍贵的丝绸，集资达14万元，竟至负债累累。[①]但这次展览会引起了社会各界对中国古建筑研究的普遍关注。中华教育文化基金会也予以高度重视，并表示愿意拨款援助研究工作。

这时，朱启钤以前政界旧友周贻春提示朱启钤可以正式上书给中华教育文化基金会申请补助。1929年6月3日，朱启钤特撰《致中华教育文化基金董事会函》，其曰："敬启者夙闻：贵会对于科学文化极力提倡，甚深佩仰，鄙人研究中国营造学已二十余年。近因环境关系，无力完成，尚拟继续进行，甚愿贵会格外设法予以协助，兹特以研究计划之大概送请察及。如荷同意，不胜感幸。……营造学实包括美术、科学及文化三者，而文化委员会实负有扶持发育之使命。鄙人昌明绝学，阐扬国光，慨念世界之大同，重违同仁之公意，用特具函贵会，商请协助。预计完成中国营造学之专门著述，期以五年，此五年中，其前三年经费年约需万八千元，后二年，或须稍增。如荷赞同，拟照下列各条为工作进行之程序。"[②]同年11月19日，中华教育文化基金董事会给朱启钤复函，其中写道："迳复者：准十一月十日台函称拟自十九年一月起开始研究中国营造学，同时依照所编预算按季支用补助费，拟请准由本年度补助费内开支移居及设备等项费用，并附

---

① 林洙：《叩开鲁班的大门——中国营造学社史略》，中国建筑工业出版社1995年版，第15页。
② 《社事纪要》，《中国营造学社汇刊》1930年7月第一卷第一期。

修正预算及临时开支预算各一份,等因,俱经领悉。查研究处所及设备,为从事研究所必须,执事于工作之进行、款项之支配,筹画周详,实深佩慰。所有请将临时开支由本年度补助费内支付一节,敝会可表赞同。"①

自此,"营造学会"有了中华教育文化基金会应允每年拨款一万五千元的补助。朱启钤感叹地说:"中国之营造学,在历史上,在美术上,皆有历劫不磨之价值。启钤自刊行宋李明仲《营造法式》,而海内同志,始有致力之途辙。年来东西学者,项背相望,发皇国粹,靡然从风。方今世界大同,物质演进,兹事体大,非依科学的眼光,作有系统之研究,不能与世界学术名家公开讨论。启钤无似,年事日增,深惧文物沦胥,传述渐替,爰发起中国营造学社,纠合同志若而人,相与商略义例,分别部居,庶几绝学大昌,群材致用。……辗近以来,兵戈不戢,遗物摧毁,匠师笃老,薪火不传。吾人析疑问奇,已感竭蹶。若再濡滞,不逮数年,阙失弥甚。曩因会典及工部做法,有法无图,鸠集师匠,效梓人传之画堵,积成卷轴。正拟增辑图史,广征文献。又与二三同志,闭门冥索,致力虽劬,程功尚尠。劫运无常,吾为此惧。亟欲唤起并世贤哲,共同讨究。或以智识,相为灌输;或以财物,资其发展。就此巍然独存之文物,作精确之标本。又不难推陈出新,衍绎成书,以贡献于世界。"②从这里可以看出,朱启钤研究中国营造学的决心和志向更远大了,他又有了新的运筹帷幄之念。

笔者在搜集资料过程中发现,目前学术界关于中国营造学社成立的时间主要有两种说法。第一种说法是中国营造学社成立于1929年,持这种说法的是陈明达③和陶宗震④。第二种说法是中国营造学社成立于1930年,持这种说

---

① 《社事纪要》,《中国营造学社汇刊》1930年7月第一卷第一期。
② 朱启钤:《中国营造学社缘起》,《中国营造学社汇刊》1930年7月第一卷第一期。
③ 参见《中国大百科全书:建筑 园林 城市规划》,中国大百科全书出版社1988年版,第256页。
④ 参见陶宗震:《继往开来 温故知新——纪念中国营造学社成立六十周年》,《华中建筑》1990年第2期。

法的是林洙①和朱海北②。根据史料的真实记载，陈明达和陶宗震的回忆与史实有出入，第二种说法是符合事实的。理由有三：其一，朱启钤在自撰年谱中写有，民国十九年（1930）"僦居北平，组织中国营造学社，得中华教育文化基金会之补助，纠集同志从事研究"③。其二，同年11月19日，中华教育文化基金会给朱启钤复函，其中写道："迳复者：准十一月十日台函称拟自十九年一月起开始研究中国营造学，同时依照所编预算按季支用补助费，拟请准由本年度补助费内开支移居及设备等项费用。"④其三，朱启钤在中国营造学社成立大会上的演讲中说："今日本社，假初春胜日，与同志诸君一相晤聚。荷蒙联袂偕临，宠幸何极。溯本社成立以及经过情形，与今后从事旨趣，有应举为诸君告者。"⑤朱启钤的这篇演讲词发表于民国十九年三月十六日，即1930年3月16日。此一年、月、日当是中国营造学社成立之准确时间。特别是，倘若没有中华教育文化基金会的经济补助和社会各界人士的关怀，中国营造学社是难以自持的。原"营造学会"就因此而无法维持。所以，笔者认为以朱启钤的演讲词为发端，中国营造学社于1930年3月16日正式成立，办公地点临时设在北平珠宝子胡同七号。此乃真相。

四、朱启钤领导下的中国营造学社的历史功绩

1．起始的文献整理工作

中国营造学社一成立，有了经济保障的朱启钤消除了过去因势单力薄难以维持"营造学会"的苦楚，即刻设置文献部，请阚铎为文献部主任，瞿兑

---

① 参见林洙：《叩开鲁班的大门——中国营造学社史略》，中国建筑工业出版社1995年版。
② 朱海北：《中国营造学社简史》，《古建园林技术》1999年第4期。朱海北系朱启钤之子，现已故。
③ 《朱启钤自撰年谱》，《蠖公纪事——朱启钤先生生平纪实》，中国文史出版社1991年版，第7页。
④ 《社事纪要》，《中国营造学社汇刊》1930年7月第一卷第一期。
⑤ 朱启钤：《中国营造学社开会演词》，《中国营造学社汇刊》1930年7月第一卷第一期。

之、刘南策辅助之。同时，朱启钤还制订了起初的五年研究计划报中华教育文化基金会备案。其要目是："第一年工作：整理故籍，拟定表式；第二年工作：审订已有图释之名词；第三年工作：制图撰说；第四年工作：分科编纂；第五年工作：编成正式全稿。"①从这一五年研究计划的要目中，我们不难看出，在朱启钤的领导下，中国营造学社起初的学术研究比较侧重文献的收集与整理，继续保持了"营造学会"时期注重文献考证的晚清朴学特色，还未意识到对古建筑进行实地考察与测绘的重要。这样的研究特色一直沿袭到1932年刘敦桢加盟之后才有所改善。故不少人认为这一期间的学术成就不显著。自1930年至1937年，文献部做了如下研究工作：

（1）编纂"营造词汇"。编纂"营造词汇"的目的是为了便于不熟悉中国古代建筑的读者认读与识别古建筑。这项研究工作主要由国学功底甚厚的阚铎、刘南策、宋麟徵及有志于研究中国古代建筑的日本建筑师荒木清三来具体操作。

（2）再次校订《营造法式》。这一工作的重复，主要是因为1932年陶湘在故宫本库发现了《营造法式》抄本，同仁们不得不再次对之予以详细的校订，以求完善。

（3）收集整理营造算例。这项研究主要是基于民间许多不成文的营造则例，为统一规范，朱启钤决意通过搜集整理，使在大木做法、小木做法、土作做法、瓦作做法、石作做法、桥作做法、琉璃瓦料作做法等方面的则例统一为"营造算例"。梁思成加盟后的第一件研究工作就是整理与研究营造算例，并完成《清式营造则例》。

（4）收集整理出版重要的古代建筑典籍。如《园冶》《梓人遗制》《工段营造录》《明代营造史料》《同治重修圆明园史料》《中国建筑设计资料参考图集》10册等。

---

① 《社事纪要》，《中国营造学社汇刊》1930年7月第一卷第一期。

（5）编辑《哲匠录》。中国古代历史上，工匠们创造了辉煌的建筑成就，但向来不为人所关注。朱启钤觉得有必要为那些无名英雄留下雄迹芳踪。于是，朱启钤指定梁启雄、刘汝霖协助他从事这项整理工作。所以，《中国营造学社汇刊》自第三卷至第六卷均有《哲匠录》一栏对自古以来的工匠进行专门的辑录。

（6）保护收集珍贵的建筑文物历史记载。明清时期，有关样式雷的资料和图样散失严重。基于此，朱启钤特向中美庚款基金会申请获得一笔专款购得样式雷的资料及图样，并对之进行了系统的整理与研究，以便于后人的研究。

2．调查与测绘华北地区的古建筑

1931年，梁思成应邀正式来到中国营造学社。在研究营造算例及《清工部工程做法则例》的过程中，梁思成觉得对中国古代建筑的研究不能止于古籍整理的层面上，应当用现代科技的方法与手段对建筑实物进行调查与测绘。基于此，梁思成特向朱启钤提出了两项建议：其一是必须开展田野调查与测绘工作；其二是要由清代建筑向上沿波讨源，唯此才能探索出作为东方三大体系之一的中国建筑体系脉络。朱启钤听取了梁思成的学术建议，也认识到"须先为中国营造史，辟一较可循寻之途径，使漫无归束之零星材料得一整比之方，否则终无下手处也"[1]，"物质演进，兹事体大，非依科学的眼光，作有系统之研究"[2]。由此可见，作为社长的朱启钤不但善于接受新的科学思想与方法，而且也很重视专业人才的学术主张。

华北地区地处中原，是中华民族文化重要的发源地。于是，中国营造学社同仁们在梁思成和刘敦桢的率领下，从1932年起到1937年日本入侵之前，在华北地区137个县市，调查了古建筑堂房舍1,823座，详细测绘的建筑有206

---

① 朱启钤：《中国营造学社开会演词》，《中国营造学社汇刊》1930年7月第一卷第一期。

② 朱启钤：《中国营造学社缘起》，《中国营造学社汇刊》1930年7月第一卷第一期。

组，完成了测绘图1,898张。[1]中国营造学社同仁们循着历史的足迹跋山涉水、历尽艰辛，基本上摸清了中国建筑自辽代至清代的轨迹，积累了丰富的第一手研究资料，为中国建筑史学研究打下了坚实的基础。中国建筑历史上一些影响很大的古建筑遗构，如独乐寺、佛光寺、赵州桥、应县木塔、嵩岳寺塔等，都是在这一阶段所发现与测绘的。这是中国营造学社学术研究成就最为辉煌的时期，在国际上引起了极大反响。

3.《中国营造学社汇刊》第一至六卷的学术成就

建筑刊物的发行是建筑学术思想发展的一个显著标志。20世纪二三十年代，在欧美各国，有关建筑的刊物已经是充塞于书肆。其中最为著名的是英国的The Builder（建筑）和美国的American Builder and Building Age（美国建筑界）。前者是一种周刊，已有90余年的历史，在英国建筑刊物中是资格最老的杂志，内容以建筑图样为主。后者也有50多年的历史，属月刊，内容则以家庭布置与小住宅设计图样并重。然而，相比之下，中国的建筑界到1930年止，还没有一份属于中国人自己的建筑刊物。研究中国古代建筑，没有一个学术阵地是难行的。于是，对中国营造学社来说，创办《中国营造学社汇刊》势在必行。

《中国营造学社汇刊》正式创刊于1930年7月。其宗旨是要"研究中国固有之建筑术，协助创造将来之新建筑"[2]"编译古今东西营造论著及其轶闻，以科学方法整理文字，汇通东西学说，藉增世人营造之智源"[3]。《中国营造学社汇刊》起初为不定期刊物。第一、二卷主要是刊登一些国学先生研究整理历代建筑工程方面的古籍文献。从1932年的第三卷开始改为季刊，并以登载同仁们详细建筑实例调查报告为主，同时也发表了部分翻译文章。

因此在第三、四两卷中刊有蓟县独乐寺、宝坻三大寺殿、北京智化寺、

---

① 林洙：《叩开鲁班的大门——中国营造学社史略》，中国建筑工业出版社1995年版，第94页。

② 朱海北：《中国营造学社简史》，《古建园林技术》1999年第4期。

③ 朱启钤：《中国营造学社缘起》，《中国营造学社汇刊》1930年7月第一卷第一期。

图1-4 《中国营造学社汇刊》创刊号封面（1932年）

大同古建筑等详细报告和全部实测图以及初步分析材料等。尤其是梁思成1932年3月发表在《中国营造学社汇刊》第三卷第二期上的《蓟县独乐寺观音阁山门考》一文，这是中国人自己写的第一篇古建筑调查报告，引起了国际学术界的震惊。后来，由于工作进展很快，调查报告积累日益增多，已非期刊所能容纳。于是，自第五卷起，正式改版定名为《中国营造学社汇刊》，只刊登调查简报纪要，至于详细的调查报告、测绘图样以及专题研究报告，则另出专刊，并确定专刊第一册为

《塔》专著（其他专著请参见崔勇《中国营造学社研究》附录：中国营造学社出版图书目录）。

1937年6月，正当《中国营造学社汇刊》出至第六卷第四期专刊时，因抗日战争的爆发，北平沦陷，中国营造学社的工作不得不停下来，《中国营造学社汇刊》也因之不得不暂时停刊。至此，《中国营造学社汇刊》出刊六卷，共计21期，各类文章125篇。

《中国营造学社汇刊》无疑是中国营造学社同仁们学术思想的集中反映，不仅继承了中国传统的治学方法，也吸收了西方现代科技思想与测绘方法，从而有力地证明了中国人的学术研究能力与水平。它的刊行不仅在国内学术界产生了极大的影响，在国际学术界也有很大的反响。欧美不少国家争相转载《中国营造学社汇刊》的学术研究文章。李约瑟博士在他的《中国科学技术史》中，曾评价《中国营造学社汇刊》是"一种包含了极为丰富的（学术）资料的杂志，是任何一个想要透过这个学科表面，洞察（其本质）所必不可缺少的"[1]。

---

① 转引自刘致平：《忆"中国营造学社"》，《华中建筑》1993年第4期。

五、朱启钤组建中国营造学社的动因

关于朱启钤组建中国营造学社的动因，笔者结合相关史料做如下辨析：

1. 崇尚实学的求实精神

如果我们将1930年中国营造学社的正式成立作为朱启钤从事中国古代建筑研究的起点，并以此进行回顾的话，就会发现，自青年时代起，朱启钤多年主管建筑工程工作，是促使他从事中国古代建筑研究的重要动因。除了这个主要的动因之外，还有一个重要因素也深深地影响了朱启钤，促成他从主持建筑工程，以至发展到从事研究中国古代建筑的工作。朱启钤身受清末实学思想的影响，一贯注重实学，轻视辞章和考据。他幼年接受了较好的旧式教育，有深厚的传统国学基础。他平时也多喜爱读古诗文，但却重视工程技术等方面的实物工作，轻视辞章之学，以为务虚不如务实实在。在朱启钤看来，只有工程技术等实际的应用学科，才真正有裨实用，吟风弄月无补于社会。正因为朱启钤注重实学，轻视辞章，才使得他退出政坛后，没有像北洋政府高官那样去以诗词曲自遣，附庸风雅，而是以极大的热情投入实实在在的实用之中国传统绝学——营造学研究之中。

同时，朱启钤也轻视清代对古代名物考据之学，认为那"训诂之儒，徒骛架空之论"[①]，与现实距离相差甚远。正因为如此，所以朱启钤在从事中国古代建筑研究时，并非单纯地沿袭清代乾嘉以来就文献考证古代名物的老路，而是积极倡导新学，注重实际调查，并引进现代科学测绘的研究方法，从而成为中国古代建筑研究现代范式的主要奠基人之一。当然，朱启钤也并不是全盘否定乾嘉学者的考据之学，他的学术思想也显然受到了乾嘉学术思想的影响，他反对的只是脱离实际调查的考据而已。因为清人曾对宫室建筑制度和古代名物进行过考据，经近年来考古发掘的检验，大体上是符合实际

---

① 《梓人遗制书后》，刊《蠖园文存》卷下。

情况的。因此，中国营造学社成立伊始，朱启钤率领同仁们所做的重要研究工作仍然是文献考证与名词释义。

2．弘扬国学的爱国之心

朱启钤虽然祖籍是贵州紫江，但他实际上是在湖南长大的，终生未到过贵州。湖南在中国近代史上是知识分子群集的省份。朱启钤受此影响很大，再加上传统的儒家文化教育，他有着强烈的爱国思想。抗战时期，他居住在北京，在日本侵略者的威逼面前，保持了民族气节，不与日本人同流合污。这种爱国之心一旦表现在学术研究上，就促成朱启钤发扬中国营造绝学，使我国学者中国古代建筑研究水平居于世界领先地位的社会责任心。因此，1919年，朱启钤在南京发现手抄本宋李明仲《营造法式》时，他揽古抚今地深感"惜也积习轻艺，士夫弗讲，仅赖工师私相授受，书阙有间，识者憾焉。自欧风东渐，国人趋尚西式，弃旧制若土苴，乃欧美人来游中土者，睹宫阙之轮奂，惊栋宇之翚飞，翻群起研究以求所谓东方式者。如飞瓦复檐，科斗藻井诸制以为其结构，奇丽迥出西法之上，竞相则仿"[1]。面对西方人开始研究中国建筑的局面，中国人自己应感到自惭形秽。中国自古是文明之故都，其文化历史源远流长，在世界上别具一格。出于爱国之心，朱启钤认为自己有弘扬中国古代营造学的责任，"夫以数千年之专门绝学，乃至不能为外人道，不惟匠氏之羞，抑亦士夫之责也"[2]。朱启钤就是怀着这种借文物而怀想古代文明的心情，开始了搜集整理营造学文献资料的工作，并先后组建了"营造学会"和中国营造学社，呼吁"世有同好者，倘于斯篇之外，旁求博采，补所未备，参互考证，俾一线绝学发扬光大，尤所欣慕焉"[3]。

从以上的论述中，我们不难看出，朱启钤之所以在退出政坛后从事中国

---

① 朱启钤：《石印〈营造法式〉序》，《蠖公纪事——朱启钤先生生平纪实》，中国文史出版社1991年版，第19页。

② 同上。

③ 同上，第20页。

古代建筑的研究，是他多年主管工程建筑经历的一种延续，而他的崇尚实学的思想和强烈的爱国之心，又是促成这种转变的两个重要因素。这均与朱启钤终生怀抱实业救国的信念是一脉相承的。

图1-5 朱启钤1930年为中国营造学社创立纪念所书对联

六、朱启钤对中国建筑史学的历史贡献

启钤虽然非常热衷于中国古代建筑及文化学术事业，并且有丰富的工程事务管理的经验与才能，但他毕竟对建筑专业本身并不熟悉。组建中国营造学社，身为社长的朱启钤的主要工作是组织管理和筹集资金以及广交社会文化人士的参与，而不是具体的建筑研究工作。因此，本文对朱启钤于中国古代建筑研究的历史贡献将从以下诸方面来予以具体论述：

1. 缜密的学术研究组织路线

中国营造学社在多方鼎力相助下而得以成立之后，朱启钤基于过去组建"营造学会"的经验教训，倍感要进行深入的研究，"非依科学的眼光，作有系统之研究，不能与世界学术名家公开讨论。启钤无似，年事日增，深惧文物沦胥，传述渐替，爰发起中国营造学社，纠合同志若而人，相与商略义例，分别部居，庶几绝学大昌，群材致用"[1]。不仅如此，朱启钤还认识到"中国营造学社者，全人类之学术，非吾一民族所私有"[2]。为便于研究工作顺利开展，朱启钤在以下四个方面进行了精心的安排：其一是在物力上筹集中华教育文化基金会的赞助资金与中英庚款的到位；其二是在组织机构上做了统

---

① 朱启钤：《中国营造学社缘起》，《中国营造学社汇刊》1930年7月第一卷第一期。

② 朱启钤：《中国营造学社开会演词》，《中国营造学社汇刊》1930年7月第一卷第一期。

筹安排，设立了内外有别的职能部门；其三是引进人力资源（如邀请梁思成和刘敦桢加入中国营造学社，分别执掌法式部及文献部主任，同时广泛聘请社会各界文化名士共同参与中国营造学社的研究事业）；其四是加强与已对中国建筑研究卓有成效的日本学术界进行学术交流（如邀请伊东忠太到中国营造学社进行学术讲座，同时吸收日本学者松奇雄鹤与桥川时雄成为社员共同参与建筑词汇编纂工作）。朱启钤这一系列的举措足见其非凡的组织管理才能和远见卓识的策略思想。由此，朱启钤与梁思成、刘敦桢构成三足鼎立的稳健的学术研究组织机体，相互之间取长补短、齐心协力，勇猛精进，开启了筚路蓝缕的中国古代建筑研究的学术征程。这在中国近代学术史长廊上是叹为观止的学术景观。

2. 严谨的学术研究指导思想

李诫《营造法式》的被发现，对于版本学家来说也许只在书斋里又增添了一本珍贵的藏书，但对于中国古代建筑研究有素的朱启钤来说，却有着更深层的意义。在朱启钤看来，中国古代"工艺经诀之书，非涉俚鄙，即苦艰深。良由学力不同，遂滋隔阂。李明仲以淹雅之材，身任将作，乃兴造作工匠，详悉讲究，勒为法式。一洗道器分途，重士轻工之锢习。今宜将李书读法用法，先事研穷，务使学者融会贯通，再博采图籍，编成工科实用之书"[1]。很显然，朱启钤已经意识到要研究中国古代建筑非明了《营造法式》的用法、做法不可，因为"学者先明读法，析以数理，自当迎刃而解"[2]。自此以后，朱启钤组织中国营造学社同仁们以《营造法式》作为对中国古代建筑研究的入门，同时编纂古建筑名词术语、考证历代算例与营造则例、汇集中国古代历史上被人忽视的哲匠录。特别是自梁思成和刘敦桢加盟中国营造学社之后，朱启钤觉得如虎添翼，充分发挥了梁思成和刘敦桢学贯中西的学识与才能，积极开展了田野调查和测绘制图及对中国建筑史学的全面、系

---

① 朱启钤：《中国营造学社缘起》，《中国营造学社汇刊》1930年7月第一卷第一期。
② 朱启钤：《重刊营造法式后序》，（宋）李诫：《营造法式》，商务印书馆1933年版。

统的研究。文献考证与实地考察是朱启钤始终坚持的学术研究指导思想，其汇聚并吸纳东西学术研究思想之精华的兼容并收之度，即便是今天也令人仰慕。正是有了正确的学术研究指导思想，中国营造学社同仁们通过对华北和西南地区的历史文物古迹的广泛调查与测绘，从而对中国几千年的建筑历史遗构基本上有了较清晰的认识与了解，也基本上掌握了自北魏至清代的建筑实物资料，为后期对中国建筑历史予以整体研究奠定了扎实的基础。

3. 高瞻远瞩的学术研究文化视野

在制定创办中国营造学社宗旨中，朱启钤明确地指出："本社命名之初，本拟为中国建筑学社。顾以建筑本身，虽为吾人所欲研究者，最重要之一端，然若专限于建筑本身，则其于全部文化之关系，仍不能彰显，故打破此范围，而名以营造学社。则凡属实质的艺术，无不包括，由是以言。凡彩绘、雕塑、染织、髹漆、铸冶、抟埴，一切考工之事，皆本社所有之事。推而极之，凡信仰、传说、仪文、乐歌，一切无形之思想背景，属于民俗学家之事，亦皆本社所应旁搜远绍者。"[1]从这里可以看出，朱启钤认为建筑研究的文化视野不能局限于孤立的建筑本身，而是要广开思路，拓宽视域，视建筑为人类文化事业之一部分，营造比建筑更富有深邃的哲理，故"研求营造学，非通全部文化史不可，而欲通文化史，非研求实质之营造不可"[2]。而且，为扩大中国营造学社的学术研究影响，将中国营造学思想推向世界，朱启钤于1930年2月17日因中外人士纷纷索取中国营造学社研究成果和校勘书籍，决定发行不定期学术研究汇刊，并取名为《中国营造学社汇刊》，目的是为了"以见李（明仲）书之流播欧美，中国营造发皇之影响，而社事影响亦附及之"[3]。朱启钤所做的这一切，均基于他对中国建筑的文化认同，那就是

---

① 朱启钤：《中国营造学社开会演词》，《中国营造学社汇刊》1930年7月第一卷第一期。
② 朱启钤：《中国营造学社缘起》，《中国营造学社汇刊》1930年7月第一卷第一期。
③ 《社事纪要》，《中国营造学社汇刊》1930年12月第一卷第二期。

建筑是民族文化的结晶，也是民族文化的象征。"吾民族之文化进展，其一部分寄之于建筑。建筑于吾人生活最密切，自有建筑，而后有社会组织，而后有声名文物。其相辅以彰者，在在可以觇其时代，由此而文化进展之痕迹显焉。"①这便是朱启钤的过人之智。

4．对中国建筑体系研究的整体观照

朱启钤经过多年的悉心研究，逐渐形成了对中国建筑整体观照的看法，他认为中国建筑不外乎两大流派，"黄河以北土厚水深，质性坚凝，大率因土为屋，由穴居进而为今日之砖石建筑。……长江流域上古洪水为灾，地势卑湿，人民多栖息于木树之上，由巢居进而为今日之楼榭建筑"②。朱启钤这种整体观照的看法酿就了对华北与西南地区进行调查的路线。

中国建筑体系问题，最早是由伊东忠太在其《中国建筑史》中提出来的。他认为中国建筑体系是有别于欧洲建筑的东方三大体系（中国系、印度系、回教系）中最雄视世界者。③在此基础上，伊东忠太构建了中国建筑体系的历史脉络，并抢先写就了《中国建筑史》。由于受伊东忠太的这种体系思想的影响，后来，林徽因也提出了中国建筑体系问题的构想，其曰："中国建筑为东方建筑最显著的独立系统，渊源深远，而演进程序简纯，历代继承，线索不紊，……较其他两系——印度及亚拉伯（回教建筑）——享寿特长，通行地面特广，而艺术又独臻于最高成熟点。即在世界东西各建筑派系中，相较起来，也是个极特殊的直贯系统。"④但此时，中国营造学社因忙于古建筑测绘，还无暇也无条件编写中国建筑史。1944年，中国营造学社在调查与测绘了华北地区古建筑基础上，又完成了对西南地区古建筑的调查与测绘，积累了

---

① 朱启钤：《中国营造学社开会演词》，《中国营造学社汇刊》1930年7月第一卷第一期。

② 朱启钤：《石印〈营造法式〉序》，《蠖公纪事——朱启钤先生生平纪实》，中国文史出版社1991年版，第19页。

③ ［日］伊东忠太：《中国建筑史》，陈清泉译补，商务印书馆1998年版，第6页。

④ 林徽因：《论中国建筑之几个特征》，《中国营造学社汇刊》1932年3月第三卷第一期。

丰厚的史料，并基本上弄清了自汉代至清代古建筑的历史脉络，同时也基本上掌握了自北魏至清代的建筑实物资料，编写中国建筑史的准备工作已就绪。这时，中国营造学社因经济拮据已无法开展田野调查研究工作，因而有时间整理调查研究资料，加之中央博物院和国立编译馆之邀请，梁思成才真正开始了编写中国建筑史，并于1944年、1946年在中国营造学社同仁齐心协力的协助下，先后完成了《中国建筑史》和《图像中国建筑史》的编著。这不仅了却了梁思成多年来想编写中国建筑史的夙愿，也是中国现代建筑史学体系建立的标志。

七、朱启钤其他方面的历史贡献

朱启钤的历史贡献除创建中国营造学社、组织中国营造学社同仁们研究与发扬光大中国建筑文化事业外，由于他的爱国主义的热诚和对中国传统文化的深厚底蕴，在其他方面也有独到的历史贡献。关于这方面的论述林洙《叩开鲁班的大门——中国营造学社史略》中有详论，无须赘述。笔者在此只根据《蠖公纪事——朱启钤先生生平纪实》一书中的材料，做一些扼要提示。

1. 文物收集与整理

从朱启钤编著的《存素堂丝绣录》和《存素堂文物账目》二书来看，他不愧为地道的收藏家与文物鉴赏家，他苦心积累收集了铜瓷器、漆器、木器、竹器、银器、锦绣、书画碑帖、古墨、石章、古装饰等大量珍贵的文物，由此可见我国灿烂的古文化宝藏。抗战时期，为了这些文化宝藏不被日本人所掠夺，他不惜生命予以保护。

2. 改建北平城市交通及中央公园

朱启钤在清末任内外城巡警厅丞时，袁世凯特赐给他一把银镐（现存于清华大学建筑学院资料室），拆去旧城墙上的第一块砖，由此而改建了正阳门，打通东西长安街，开放南北长街、南北池子，修筑环城铁路，改社稷坛为中央公园。

3. 创办北戴河公益事业

1918年，朱启钤有感于外国人以宗教名义在北戴河肆意侵占中国的海滨领域，并且插手中国的民事纠纷，决定创办地方自治公益会并亲自担任会长。自此，在朱启钤统一领导下，建立北戴河疗养区，并由中国人自己管制，捍卫了民族尊严。

4. 兴办山东中兴煤矿企业

1917年，朱启钤脱离政界之后，一方面潜心研究中国传统的国学（包括古建筑），另一方面决意从事实业救国的工作。于是接手经营创办于1899年的山东中兴煤矿公司，并身任董事长。中兴煤矿公司是旧中国唯一由中国人自己经办的采矿业，不仅抵制了日本人在煤矿业界的骄横之气，同时也为中国近代民族企业增了光。

鉴于以上诸多贡献，1998年4月18日，为弘扬朱启钤爱国主义、热衷公益事业、开拓中国建筑研究的先河、发扬并保护民族文化的精神，以教育后人，经中共中央办公厅及国务院办公厅批准，由朱启钤海内外亲友集资修建蠖公亭。[①]朱启钤的一生，"以视实斋所谓古人之学通于事物者"[②]，后人当永不忘怀朱启钤在中国近代文化史上所做出的历史贡献。

（原载《中国文化遗产》2006年第5期）

---

① 参见戴复东：《是亭似堂，石材筑构，高风亮骨，不落俗臼——朱启钤先生纪念亭——蠖公亭创作小记》，《建筑学报》1999年第10期。

② 瞿兑之：《社长朱桂辛先生周甲寿序》，《中国营造学社汇刊》1932年9月第三卷第三期。

中国营造学社的学术精神及历史地位

中国现代学术在其发生发展过程中形成了多方面的传统，包括学术独立的传统、科学考据的传统、广为吸纳外域经验而又不忘本民族历史地位的传统，以及既重视现代学术分类又重视通学通识和学者情怀的传统；他们之中的第一流人物，知识建构固然博大精深，其闪现着时代理性之光的学术著作，开辟意义和精神的价值，亦足可以作为现代学术的经典之作而当之无愧。

——刘梦溪《中国现代学术要略》

图1-6　中国营造学社
法式部主任梁思成

一、反思传统与回应西学所构成的学术精神

"学术史并非脱离社会思潮、文化走向而独存的主观意志的产物，而是植根于社会历史的深厚土壤之中并受社会思潮、文化走向所制约的意识形态。因此，从它的发展、变化中，自然可以体察到它所回应的各个历史时期文化走向及其发展、变化的历史线索。"[①]20

图1-7　中国营造学社
文献部主任刘敦桢

---

① 卢钟锋：《中国传统学术史·导伦》，河南人民出版社1998年版，第21—22页。

世纪90年代以来，中国的学术界学术史研究迅猛、蓬勃兴起，从而形成了一股声势浩大的文化思潮。中国学术史研究在20世纪90年代的勃发，决非某些学人的一时心血来潮，也并不会昙花一现，其中蕴含着深刻的历史文化传统因素，也有着紧迫的现实学术文化需求。对其历史渊源和现实背景做一分析，可谓是中国传统学术思想研究的历史回应。探讨和认识这一文化现象背后蕴含的学术精神，可以给我们以诸多方面的思想启示。诚如有学者所指出的：第一，它是对长久以来的中国传统学术，尤其是对近现代以来的中国学术道路、学术建树的全面总结，蕴含着在20世纪末对21世纪的新学术状况、新学术高峰的期盼与期待；第二，它透露出中国的知识分子在几十年的风风雨雨中走过了曲曲折折的学术道路之后，对自己社会角色、社会地位的重新认识，对自己所从事的学术工作的重新估价，对学术本身的地位、价值，对学术本质的进一步思考和确认，表明了一种可贵的学术自觉；第三，它反映出在整个世界学术走向一体化、中国学术与世界学术的交流日趋频繁的历史背景下，中国的学术发展日益成为全人类共同的精神财富；第四，它体现了某些学科的综合化发展趋势，避免学科分类过细过专、流于琐碎的局限，吸收和运用古今中外的一切有效的研究方法、灵活多样的研究手段，使中国学术史研究从研究方法、学科划分，到操作技术、科学成果，都达到一个崭新的水平；第五，近年的学术史研究，对近现代学术史的另一半，即过去由于种种非学术原因而有意无意被忽略了的，或在一定的政治背景下不准研究的一大批对中国学术做出了重大贡献的学者，给予了必要的关注。这表明在新世纪到来的时候，中国学术界开始对20世纪的学术历史进行整体、全面的反思，还历史以本来的真面目。①

正是基于当下中国学术界的这一历史趋势，笔者以为，在研究中国营造学社学术思想发展历程的基础上，进一步探究其学术精神，承接先辈们未竟

---

① 参见左鹏军：《90年代学术史研究勃兴的文化学思考》，《学术月刊》1998年第7期。

之业，迎接新世纪中国建筑史学研究的复兴，应是当务之急。学术精神是寓见于学术成就及学术研究活动中所以一贯之的精神品格。综观中国营造学社学术思想的心路历程，我们可以将其学术精神概括如下：

（一）对中国传统学术思想的继承与革新精神

"五四"新文化运动之后，中国学术界的主流不再标举"中学为体，西学为用"的学术主张，而是日益昌明"即中即西之学"。①"即中即西之学"在本质上是立足于中外的客观现实，同时也是根基于中国传统学术文化的创造，是在汲取西学的同时，对中国传统学术加以改造的学术思想革新。它从根本上改变了中学自身运行的方向和轨迹，从而由传统走向近代，并使之通过接纳新知扬弃旧学而获得新生。这构成了中国近代"求变革、倡导开放"②文化学术精神的两大特征。尽管时代的趋势是如此，但学术传统的存在是必不可少的。它是一个社会的文化历史遗产，是人类过去所创造的种种制度、信仰、价值观念和行为方式等构成的文化链。有了传统才使代与代之间、一个历史阶段与另一个历史阶段之间保持了某种连续性和同一性，构成一个社会创造与再创造自己学术文化的内在秩序和精神意向。正如有学者所指出的那样，传统是学术思想得以进行"合理反思的经验之积累"③。正是在这种意义上，笔者认为，中国营造学社虽然是以研究中国古代建筑文化为自己的历史使命，但绝不是固守固有的文化传统，而是想通过对中国古代传统建筑文化的研究，努力寻找出一条创新的道路来，从而构成了中国营造学社同仁们对中国传统学术思想的继承与革新精神。因此，尽管历受了欧风美雨浸润的梁思成还是坚持认为："艺术创造不能完全脱离以往的传统基础而独立"④，"一切时代趋势是历史因果，似乎含着不可免的因素。幸而同在这时代中，

---

① 王先明：《近代新学：中国传统学术文化的嬗变与重构》，商务印书馆2000年版，第208页。
② 高瑞泉：《中国近代精神传统论纲》，《哲学研究》1991年第11期。
③ ［美］希尔斯：《论传统》，傅铿、吕乐译，上海人民出版社1991年版，第270页。
④ 梁思成：《为什么研究中国建筑》，《中国营造学社汇刊》1944年10月第七卷第一期。

我国也产生了民族文化的自觉，搜集实物，考证过往，已是现代的治学精神，在传统的血液中另求新的发展，也成为今日应有的努力。中国建筑既是延续了两千余年的一种工程技术，本身已造成一个艺术系统，许多建筑物便是我们文化的表现，艺术的大宗遗产。除非我们不知尊重这古国灿烂文化，如果有复兴国家的决心，对我国历代文物加以认真整理及保护时，我们便不能忽略中国建筑的研究"①。并且自信"已有科学技术的建筑师增加了本国的学识及趣味，他们的创造力量自然会在不自觉中雄厚起来"②。古人曰："穷则变，变则通。"中国古代建筑发展到清代已日趋繁靡，必须要有一场建筑革新运动的发生。学贯中西的中国营造学社同仁们研究中国古代建筑并非重蹈覆辙，而是要探索出一条中西汇通的建筑之路，创造出合乎时宜的富有中国特色的建筑。正是在这种意义上，吴良镛说中国营造学社的学术精神是"旧根基、新思想、新方法"③。其深刻的道理就在于此。

（二）对西方现代学术思想兼收并容的进取精神

鲁迅有感于中国传统学人闭关锁国的痼疾，而对外来学术文化思想采取拿来主义的态度："没有拿来的，人不能成为新人，没有拿来的，文艺不能成为新文艺。"④中国营造学社发生、发展的过程，正值"西学东渐"、中西文化冲突与交融的近代学术转型的历史时期。在这样的历史时期，"传统的旧建筑体系必然走向衰落，来自西方的新建筑体系则代表着建筑发展的新潮流。中国建筑要走向近代化、现代化，必须突破长期滞留于传统体系的封闭形态，必须接受外来新体系建筑的冲击。这种碰撞、冲击是必要的，是有利于推动和加速中国建筑走向近代化、现代化的进程的。"⑤面对西学对中国文化学术

① 梁思成：《为什么研究中国建筑》，《中国营造学社汇刊》1944年10月第七卷第一期。
② 同上。
③ 吴良镛：《发扬光大中国营造学社所开创的中国建筑研究事业》，《建筑学报》1990年第12期。
④ 鲁迅：《拿来主义》，《鲁迅杂文全集》，河南人民出版社1994年版，第813页。
⑤ 侯幼彬：《文化碰撞与"中西建筑交融"》，《华中建筑》1988年第3期。

的冲击与影响，是走全盘西化之路，还是拒西学于门外？中国营造学社同仁们的态度明显的是采取了鲁迅式的拿来主义态度。无论是在国外周游与学习过的朱启钤、在美国宾西法尼亚大学接受了西方现代建筑教育的梁思成、在日本东京高等工业学校建筑科深造的刘敦桢、在美国美术学院学习过舞台美术的林徽因，还是当时尚不曾出过国的刘致平、陈明达、莫宗江、罗哲文，他们均有对西方现代学术思想一律采取兼收并容的积极进取的精神境界。这一点在梁思成身上体现得尤为突出。中国传统学术研究讲究励精图治而读万卷书，于文献考证见博大之精神，这不失为一种必备的学术研究品格。但随着近代西学的引进，梁思成日益感到中国传统学术研究方法与现代科学方法有明显的相悖之处。在梁思成看来，"艺术之鉴赏，就造型美术言，尤须重'见'。读跋千篇，不如得原画一瞥，义固至显。秉斯旨以研究建筑，始庶几得其门径。……读者虽读破万卷，于建筑物之真正印象，绝不能有所得。……造型美术之研究，尤重斯旨，故研究古建筑，非作遗物之实地调查测绘不可"①。梁思成在这里就是力举学习西方近代科学实证主义的研究方法，并将其运用于中国营造学社的具体研究中与传统的文献考证方法相结合，从而大大地提高了中国营造学社的学术研究工作效率，使中国营造学社在短短的15年间，学术研究成就迅速赶上并超过了日本建筑学术界所达到的研究水平。

（三）科学精神与人文精神的有机结合

英国学者斯诺曾说过："我曾有过许多日子白天和科学家一同工作，晚上又和作家同仁们一起度过。情况完全是这样。……我经常往返其间这两个团体，我感到它们的智能可以互相媲美，种族相同，社会出身差别不大，收入也相近，但是几乎完全没有相互交往，无论是在智力、道德或心理状态方

---

① 梁思成：《蓟县独乐寺观音阁山门考》，《梁思成文集》卷一，中国建筑工业出版社1982年版，第39页。

面都很少共同性。"①从这里可以看出，斯诺极力反对文理科老死不相往来的单向度的学术研究人格，并呼吁这双边的学术研究人员要彼此靠近，在相互取长补短的学术境界中将学术研究不断推向前进。近代以降，中国学术界的文、理之间每每以"隔行如隔山"的遁词束缚了各自的手脚，从而走上一条畸形发展的学术研究道路。其实，在学术研究中，科学理性有其极限，人文浪漫也有其边际。倘若能够做到一方面科学理性向人文学科渗透，另一方面又能够使人文精神向科学理性融入，就可能使学术研究成果既渗透着科学的人文精神，又不乏人文化了的科学精神，从而走向科技人文相结合的新的学术研究境界。②对于建筑学科来说，重视科学精神与人文精神有机结合尤其重要。因为建筑学科是项涉及"建筑理论与建筑历史之间、建筑的物质形态与精神意蕴之间、建筑技术与建筑艺术之间、建筑科学与人文科学之间、建筑专业人员与建筑非专业人员之间、建筑创作实践与建筑受用和欣赏者之间、建筑实践与自然环境之间架起审美中介的桥梁，并以此使这些相对应的两极之间产生交融与对话"③。唯有在多重的文化视野中来关注建筑，才能有更合乎情理的学术研究结果。就此而言，中国营造学社同仁们没有一个不是我们后学之人的学习榜样。梁思成1947年在清华大学曾做过《理工与人文》的讲演，呼吁中国建筑教育要注重"理工与人文结合"，以免使建筑人才成为"半个人的世界"。当时的中国学术界还没有交叉学科之说，梁思成及其中国营造学社同仁们就能以身作则，实在是有先见之明。在他们的身心里，既灌注着丰厚的传统文化底蕴和激扬文字的人文气息，又洋溢着浓郁的现代科学精神。这对我们今天诸多偏科偏食的后学来说，其学术精神也是值得我们景仰的。

---

① ［英］斯诺：《两种文化》，纪树立译，生活·读书·新知三联书店1994年版，第2页。
② 参见肖峰：《科学精神与人文精神》，中国人民大学出版社1994年版，第282页。
③ 崔勇：《建筑评论的本质、方式及价值评价意义》，《建筑》1999年第6期。

（四）文化民族主义的爱国主义精神

爱国主义对中国营造学社来说，不是一句空洞的政治革命口号，而是其学术精神的一种表现。这样的一种爱国主义主要是历受近代中国文化民族主义思想的影响而致。近代中国文化民族主义思想的核心是主张以固有文化为主体，发展民族新文化，其中包括重视宣传中国历史文化以培养国人的爱国之心。因此，弘扬民族精神、提倡民族自尊、继承优秀的民族文化传统、复兴中国文化等，就成了近代社会文化思潮主旋律。近代中国的这种"文化民族主义是中国文化在受到西方文化冲击而面临岌岌可危的情势下崛起的，其鼓吹者又多是些学贯中西的志士仁人，这便决定了不仅中西文化是它思考的中心问题，而且其取向固然反对醉心欧化，却并非守旧者的深闭固拒，而是在艰苦的思索中，日益自觉地揭示出了独立发展民族新文化的时代课题"[①]。正是在这种意义上，中国营造学社同仁们决心要改变外国人先发研究与著述中国建筑史的现状，要自己研究中国建筑史学，自己写中国建筑史。他们在战争年代不与日伪妥协而奋力抢测岌岌可危的文物建筑，并转移至西南后方艰难地潜心于学术研究之中，为的就是要用学术研究的成就来捍卫民族的尊严，以便实现科学文化救国的崇高历史使命，从而在中国近代史上谱写了一曲苦难与风流的爱国主义赞歌。

二、从中国建筑史研究到东方建筑研究的历史延伸

（一）中国现代建筑史学体系的建立

1990年3月，在纪念中国营造学社创建60周年的日子里，戴念慈将中国营造学所创造的历史丰功伟绩概括为五大点，其曰："首先它把中国传统建筑用现代科学的方法进行整理研究，在十几年的时间里，编写了大量质量高的资

---

① 郑师渠：《近代中国的文化民族主义》，《历史研究》1995年第5期。

料和文章，这是第一大功绩；第二大功绩就是培养了一批研究中国传统建筑的人才，这批人才现在还是研究中国传统建筑的骨干中坚分子；第三个功绩是中国营造学社治学方式方法的影响深远，这方式就是从测绘入手来研究中国古建筑的发展过程和规律；第四个功绩就是把中国的传统建筑学传播到外国去；第五个功绩就是对文化遗产的保护，在中国营造学社时代写出了多篇关于保护古建筑的文章。"[1]但是，戴念慈却忘掉了总结中国营造学社所创造的一个最大的历史功绩，那就是开创了中国人自己研究中国建筑史学问题的先河，并建立了中国现代建筑史学体系，从而奠定了中国营造学社所创造的学术研究成就在中国近代建筑史上继往开来的历史地位。

关于中国建筑体系问题，最早是由伊东忠太在其《中国建筑史》中提出来的。他认为中国建筑体系是有别于欧洲建筑的东方三大体系（中国系、印度系、回教系）中最雄视世界者。[2]在此基础上，伊东忠太构建了中国建筑体系的历史脉络，并抢先写就了《中国建筑史》。由于受伊东忠太的这种体系思想的影响，后来，林徽因也提出了中国建筑体系问题的构想，其曰："中国建筑为东方建筑最显著的独立系统，渊源深远，而演进程序简纯，历代继承，线索不紊，……较其他两系——印度及亚拉伯（回教建筑）——享寿特长，通行地面特广，而艺术又独臻于最高成熟点。即在世界东西各建筑派系中，相较起来，也是个极特殊的直贯系统。"[3]但此时，中国营造学社因忙于古建筑测绘，还无暇也无条件编写中国建筑史。1944年，中国营造学社在调查与测绘了华北地区古建筑的基础上，又完成了对西南地区古建筑的调查与测绘，积累了丰厚的史料，并基本上弄清了自汉代至清代古建筑的历史脉络，同时也基本上掌握了自北魏至清代的建筑实物资料，编写中国建筑史的准备

① 戴念慈：《中国营造学社的五大功绩》，《古建园林技术》1990年第2期。
② ［日］伊东忠太：《中国建筑史》，陈清泉译补，商务印书馆1998年版，第6页。
③ 林徽因：《论中国建筑之几个特征》，《中国营造学社汇刊》1932年3月第三卷第一期。

工作已就绪。这时，中国营造学社因经济拮据已无法开展田野调查研究工作，因而有时间整理调查研究资料，加之中央博物院和国立编译馆之邀请，梁思成才真正开始了编写中国建筑史，并于1944年、1946年在中国营造学社同仁齐心协力的协助下，先后完成了《中国建筑史》和《图像中国建筑史》的编著。这不仅了却了梁思成多年来想编写中国建筑史的夙愿，也是中国现代建筑史学体系建立的标志。王世仁将此称为中国建筑史学研究发展的一个历史界标，并因其历史视角和研究方法之高超，认为是当时世界上知识量最大最精的一部中国建筑史。①

中国传统史学的编修通常采用"寓论于史"的实证方法，并体现为三种主要的史书编纂体裁，即编年体、纪传体及纪事本末体（简称修史"三体"），其特征是详于史而略于论。20世纪初，由"西学东渐"所带来的文化冲击波及中国史学研究领域，产生了近代章节体的形式。这种章节体的学术史特点是：注重以章节为纲，并按照问题分章立节，以论说史，以史证论，史论结合。20世纪30年代以后，中国传统的史学编修的"三体"式方法基本上为近代章节体所取代。这期间，虽然也偶有以"学案"为名目的修史形式出现，但已经不是史学编修的主导方向。梁启超的《清代学术概论》和《中国近代三百年学术史》可谓是近代按章节、问题来论述学术史问题的典范，从而因其"新史学"声誉影响了一代学人。

应该说，梁思成的《中国建筑史》和《图像中国建筑史》是在深受伊东忠太的东洋建筑体系思想和梁启超近代章节体学术史编修方法影响下而编著的。因此在著述中有着浓郁的近代特色，但又不乏对传统史学著述方法的继承与创新。如，梁思成在具体的著述过程中基本上是按传统的编年体来构架全书的历史发展脉络，但又将每一历史时期的建筑典范作品以图例的方式点缀在历史的脉络上，并每每不乏史论相融之处。诉诸人耳目的是，"以时代

---

① 王世仁：《历史界标与地方色彩——评梁思成著〈中国建筑史〉》，《全国新书目》1999年第4期。

（王朝）为经，以类型、实物、细部为纬，其用意就在于指明何朝何代的界标为何物，有何特征，显示出了何种技术和艺术，以及何种社会意义，'界'和'标'一目了然"①。至此，我们当明白王世仁将梁思成《中国建筑史》称之为历史的界标的深刻含义，同时也又一次感到梁思成在学术研究上的确是不仅时时注意中西结合，而且善于创新，出手不凡。不仅如此，在《中国建筑史》和《图像中国建筑史》中还闪烁着思想智慧的光芒。现概述如下：

1. 视建筑为文化的建筑史学观

早在中国营造学社创办伊始，朱启钤就认为"要研究中国营造学，非通人类全部文化史不可"。梁思成将这一学术思想也贯穿到了《中国建筑史》之中。在梁思成看来，"建筑之规模、形体、工程、艺术之嬗递演变，乃其民族特殊文化兴衰潮汐之映影；一国一族之建筑适反鉴其物质精神，继往开来之面貌。今日之治古史者，常赖其建筑之遗迹或记载以测其文化，其故因此。盖建筑活动与民族文化之动向实相牵连，互为因果者也"②。正是因为视建筑为文化的建筑史学观，所以梁思成对建筑有独到的理解，他没有像西方学者那样将建筑称为"石头写成的史书"，而是用英文表述为"历史的界标"（Historical Landmark）。在笔者看来，这里的"界"即社会文化历史，"标"即具体建筑作品。"界"靠"标"来体现其时代风貌；"标"因"界"而显示出丰富的文化内涵。用这样的文化史观去看待建筑，建筑就成了社会文化历史变迁的见证。因此，"帝都"历经元、明、清三代的文化历史洗礼，在梁思成眼界中的景象是："元之大都为南北较长东西较短之近正方形。在城之西部，在中轴线上建宫城；宫城西侧太液池为内苑。宫城之东、西、北三面为市廛民居。京城街衢广阔，十字交错如棋盘，而于城之正中立鼓楼焉。城中规模气象，读马可波罗记可得其大概。明之北京，将元城北部约三分之一废除，

---

① 王世仁：《历史界标与地方色彩——评梁思成著〈中国建筑史〉》，《全国新书目》1999年第4期。
② 梁思成：《中国建筑史》，百花文艺出版社1998年版，第11页。

而展其南约里许，使成南北较短之近正方形，使皇城之前驰道加长，遂增进其庄严气象。及嘉靖增筑外城，而成凸字形之轮廓，并将城之全部砖甃。城中街衢冲要之处，多立转角楼牌坊等，而直城门诸大街，以城楼为其对景，在城市设计上均为杰作。"①这样的阐述，既是针对建筑，也是指向文化历史的演变。梁思成不仅对建筑单体及城市设计持文化历史观看待，对整个中国几千年的建筑历史发展也是持如是观，因为中国建筑"数千年来无遽变之迹，渗杂之象，一贯以其独特纯粹之木构系统，随我民族足迹所至，树立文化表志，都会边疆，无论其为一郡之雄，或一村之僻，其大小建置，或为我国人民居处之所托，或为我政治、宗教、国防、经济之所系，上自文化精神之重，下至服饰、车马、工艺、器用之细，无不与之息息相关"②。在《图像中国建筑史》中，梁思成将中国木构建筑发展脉络分为文化"豪劲时期"（约850—1050）、"醇和时期"（约1000—1400）、"勒直时期"（约1400—1912）；又将中国佛塔的历史演变分为"古拙时期"（约500—900）、"繁丽时期"（约1000—1300）、"杂变时期"（1280—1912）。从这里我们不难看出，梁思成是在对各个历史时期的文化特征有了充分把握之后，再将建筑置于文化的视野中予以论述，认为建筑是一定历史时期文化发展的必然产物，同时也是文化历史的表征。

2．视建筑为艺术的美学观

梁思成的个性特征是充满艺术气质的。早年在清华大学读书的时候，梁思成就显现出了在音乐、美术、文史等方面的才华。在美国宾夕法尼亚大学建筑系接受西方的现代建筑教育时，由于担任梁思成的"建筑设计导师斯敦凡尔特教授曾获巴黎奖在巴黎美术学院深造"③，在很大程度上对梁思成也以

---

① 梁思成：《中国建筑史》，百花文艺出版社1998年版，第335—336页。

② 同上，第11页。

③ 陈植：《缅怀思成兄》，杨永生编：《建筑百家回忆录》，中国建筑工业出版社2000年版。

很深的艺术气质影响。在梁思成学术思想观念当中，艺术不仅仅是音乐、文学、美术等，而且建筑也不失为一种特殊的艺术。在他看来，"中国建筑之个性乃即我民族之性格，即我艺术及思想特殊之一部，非但在其结构本身之材质方法而已"[①]。通过对建筑这样的艺术进行研究，"可以培养美感，用此驾驭材料，不论是木材、石块、化学混合物，或钢铁，都同样的可能创造有特殊富于风格趣味的建筑"[②]。因此，梁思成始终认为中国建筑无论是工程结构还是艺术造型，都表现出中国人的智慧和艺术创造性，是非常值得深入研究的重要课题。为此，梁思成呼吁建筑同仁们，"如何发扬光大我民族建筑技艺之特点，在以往都是无名匠师不自觉的贡献，今后却要成近代建筑师的责任了"[③]。在编写《图像中国建筑史》的过程中，梁思成比照弗莱切尔的《比较建筑史》中精美的建筑插图，要求当时的助手莫宗江为之配建筑插图的水平须达到世界级水准。翻开《图像中国建筑史》，我们不难发现，除感到文字叙述简约得体之美感外，其张张建筑制图和摄制作品也的确是给人以艺术美的享受。这种建筑史学著作本身就是一个艺术化的文本。1947年，梁思成应邀赴美国普林斯顿大学讲学，讲学的题目是"唐宋雕塑"和"建筑发现"。回国后，梁思成萌发了要写一部中国艺术史的念头，其中包括中国建筑史和中国雕塑史。这部中国艺术史就是我们今天所看到的《中国雕塑史》和《图像中国建筑史》。正因为如此重视建筑的艺术特性，所以，梁思成在东北大学和清华大学建筑系任教期间，在他所设置的建筑学专业课程中，艺术课程的比重是很大的。对于建筑从业人员来说，艺术的修养是不可或缺的。没有多方面的艺术素养为底蕴，是很难在建筑设计中真正有所创造的。研究《中国建筑史》和《图像中国建筑史》中所孕育的建筑艺术观对今天仍不无裨益。

---

① 梁思成：《中国建筑史》，百花文艺出版社1998年版，第11—13页。
② 梁思成：《为什么要研究中国建筑》，《中国营造学社汇刊》1944年10月第七卷第一期。
③ 同上。

3．现代科技与文献考证相结合的研究方法

中国古代由于科学技术落后导致物质生活水平极其低下。这在根本上是由于中国古代对科学意识淡薄所致。近代随着西方科学技术的引进，国人们才意识到要走科学救国的道路来改变落后的面貌。于是"五四"新文化运动力举"科学与民主"两面大旗。自此之后，直到20世纪40年代，科学主义成为影响极大的一股社会思潮。这种科学主义认为科学是种求真的研究方法和文化精神，宇宙万物的所有方面都可以通过科学求证方法来加以认识，以致形成科学万能的唯科学主义极端的倾向。[①]与此同时，中国国学研究也因受西方科学主义思想影响，由原来注重"经世致用"的求实之学日益趋向求真，而且考据学的方法仍然是从事国学研究的看家本领。但有人却注意到，"考据学虽在考据方法上发展了某些与西方科学归纳相类似的形式，有知识主义的倾向，但它注定不能走出经学的范式，不能成为真正的科学方法"[②]。当时，中国营造学社同仁研究中国建筑史学面临的就是这样一种令人困惑的学术情状。何以理解科学？何以用恰当的方法研究中国建筑史学问题？这是不能不首先要解决的问题。对此，罗哲文的看法是：当时中国营造学社同仁们所理解的"所谓的科学不是指具体的自然科学中的数理化，而是指一种科学精神，这种科学精神的实质就是实事求是的精神，这也是受当时实证主义哲学思想影响的结果"[③]。因此，中国营造学社同仁们就本着这种科学精神从书斋中走向田野对古建筑进行调查、测绘，同时也不放弃对传统的文献考证方法活学活用。之所以这样，原因就在于要实地了解中国几千年的木结构建筑历史发展轨迹，是件不可能的事。能见到的最早的古建筑也仅限于唐代。对在此之前的古建筑只能依据历史文献来进行研究。这是由中国建筑本身的特征

---

① 参见［美］郭颖颐：《中国现代思想中的唯科学主义（1900—1950）》，江苏人民出版社1998年版，第1页。

② 夏锦乾：《从求实到求真——试论中国学术现代转型的起点》，《学术月刊》1998年第9期。

③ 崔勇：《中国营造学社研究》，东南大学出版社2004年版，第277页。

所决定的相应的研究方法。唯有以历史文献与实际调查、测绘相结合的研究方法才能揭示出中国建筑历史发展的规律。笔者认为，中国营造学社同仁们正是在学术困惑中选择了正确的治学路线和真正科学的研究方法，才有了杰出的研究成就，并写出了高水平的中国建筑史学论著。欧洲人和日本人后来之所以在中国建筑研究问题上不能与中国人相提并论，原因就在于他们不可能在文献整理与研究上超越中国营造学社同仁们。由此可见方法论于建筑研究之重要性。

4.中国建筑史学内容的特色

中国古代建筑不同于西方建筑的特征是不以单体见长，而是以彼此联结组成一整体并与天地秩序相依恋而显风采。这样的风采也就决定了中国建筑史学研究内容的特色。因此，梁思成认为在研究中国建筑史学过程中必须要注意到两个因素："有属于实物结构技术上之取法及发展者，有缘于环境思想之趋向者。对此种种特征，治建筑史者必先事把握，加以理解，始不至淆乱一系建筑自身优劣之准绳，不惑于他时他族建筑与我之异同。治中国建筑史者对此着意，对中国建筑物始能有正确之观点，不作偏激之毁誉。"[1]在此基础上，梁思成将中国建筑史学研究内容的特色概括如下：1.属于结构取法及发展方面之特征，有以下可注意者四点：以木料为主要构材、历用构架制之结构原则、以斗栱为结构之关键，并为度量单位、外部轮廓之特异（翼展之屋顶部分、崇厚阶基之衬托、前面玲珑木质之屋身、院落之组织、彩色之施用、绝对均称与绝对自由之两种平面布局、用石方法之失败）；2.属于环境思想方面，与其他建筑之历史背景迥然不同者，至少有以下可注意者四：不求原物长存之观念，建筑活动受道德观念之制裁，着重布置之规制，建筑之术、师徒传授而不重书籍。[2]不仅如此，梁思成还认为要了解中国建筑史学研

---

① 梁思成：《中国建筑史》，百花文艺出版社1998年版，第13页。
② 参见梁思成：《中国建筑史》，百花文艺出版社1998年版，第13—21页。

究内容的特色，还得懂得中国建筑的两部文法（《营造法式》《清工部工程做法则例》），否则，"研究中国建筑史而不懂这套规程，就如同研究英国文学而不懂英文文法一样"①。所以，特定的内容与相应的科学研究方法须相符。

此外，从中国营造学社同仁们的学术研究实绩来看，笔者认为他们在研究过程中还注意到借鉴历史学、文学、文献学、版本学、考古学、地理学、社会学、方志学、文物保护学等相关学科有价值的学术思想与方法，在多维的文化视野中对中国古代建筑予以观照，从中国营造学社的学术组织机构与建置来看，参与研究工作的成员不单单是建筑专业人员，还有许多知名的自然科学家和人文学者。这样做的结果，既加强了建筑学科自身的研究深广度，同时也突出了建筑学科体系的独立性，从而使中国营造学社的研究工作及实绩在当时的学术界反响极大，几乎成了人人都关心的问题。之所以会如此，这是因为从广义上来讲，建筑不仅是本身的问题，也是一个"建筑社会学"问题，诚如费孝通所言：建筑由于"针对人的需要，人自己创造一个环境，在其中居住，就与社会环境发生了关系"②。

（二）中国现代建筑史学体系的评析

历史创见的价值就在于开拓了前所未有的业绩。梁思成编著的《中国建筑史》和《图像中国建筑史》在继承中国传统史书编纂方法的基础上，又融合西方的新知新学，从建筑史学观念到科学的研究方法以及对文献与实物资料的有机整合，完整地梳理了中国建筑从史前至明清时期的历史发展脉络，构建了一部完整的史论结合的中国现代建筑史学体系。笔者以为此乃因新文化运动所致的新国学变革的产物，是中国近代建筑史上的一个里程碑。

面对这样的一个中国现代建筑史学体系，国内外学术界的评价莫衷一

① 梁思成著，费慰梅编，梁从诫译：《图像中国建筑史》，百花文艺出版社2001年版，第93页。
② 崔勇：《中国营造学社研究》，东南大学出版社2004年版，第295页。

是。有的认为是对中国建筑历史的一次极富价值意义的总结、①是中国人自己编写的一部完整的建筑史学名著、②是进行国际文化学术交流的必读书目；③也有的认为是一部史料即史学与现实有些脱离的中国建筑史学著作、④是一部只是停留在史料汇编的有关中国建筑史学阶段性的研究成果；⑤还有的认为这是一个固守民族固有文化传统和信奉西方古典主义的具有矛盾性与悲剧性的建筑史论体系。⑥这些评价尽管各执一端，但在总体上都持肯定的态度。

笔者以为用今天的眼光来看待中国营造学社同仁们所创立的中国现代建筑史学体系有其历史局限性，以建筑考古为例，诚如有学者所言："严格地说，真正的建筑考古学在当时的中国营造学社是不存在的，因为建筑考古学是一门科学。……说中国营造学社的调查、考证是建筑考古学的初级阶段，也是不对的。从建筑考古学的角度来看，考古是基础，发掘是核心，但挖掘又不等于建筑考古学。……中国营造学社在当时没能将建筑与考古结合起来进行互补性的研究，这是中国营造学社在考证古建筑中的历史遗憾。中国营造学社当时的考证研究与日本人相比，是有明显的差距的。日本建筑学研究者每年都要到野外从事田野考古调查，不亲临现场，是难得古建筑的精髓的。中国营造学社对建筑考古学的运用未能达到科学化的程度，不懂得运用建筑考古学，就难以研究建筑史学本质问题。"⑦另外，中国营造学社同仁们受当时史料即史学派观念的影响，在研究过程中比较注重对史料的汇集，而

---

① 参见萧默：《重读梁思成先生〈中国建筑史〉感怀》，《古建园林技术》1999年第1期。

② 参见梁思成：《中国建筑史·前言》，台湾明文书局1981年版。

③ 参见梁思成著，费慰梅编，梁从诫译：《图像中国建筑史·前言》，百花文艺出版社2001年版。

④ 参见刘托：《营造学社与中国近代建筑史学》，洪铁城主编：《建筑文化思潮》，同济大学出版社1990年版。

⑤ 参见杨鸿勋：《中国建筑史学的现实意义及其研究的新阶段》，《建筑学报》1993年第12期。

⑥ 赵辰：《"民族主义"与"古典主义"——梁思成建筑理论体系的矛盾性与悲剧性之分析》，见2000年7月《广州—澳门中国近代建筑史国际研讨会论文集》。

⑦ 崔勇：《中国营造学社研究》，东南大学出版社2004年版，第241页。

未能在此基础上予以理论上的升华。理论研究是中国营造学社同仁们的一个薄弱环节，这也的确是事实。然而对历史问题应该持历史的态度，历史存在的客观对象是唯一的，对这一唯一客观存在的对象予以研究则是可以多种多样的，而且每一时代的历史考究与阐释都是对历史问题进行研究的推进，克罗齐说"一切的文化历史都是当代史"，其道理就在这里。就此而言，中国营造学社同仁们所创立的中国现代建筑史学体系的历史价值是可贵的。

不仅如此，中国现代建筑史学体系的建立并非一朝一夕之能事，唯有本着追求科学的精神和历经磨难的意志及众心所向，方可为之。中外学术界之所以将中国营造学社在中国近代建筑史上所取得的学术研究成就定位于里程碑式的历史总结，笔者认为，在学术思想意义上来说，指的就是中国营造学社所酿就的中国现代建筑史学体系而言。今天看来，中国营造学社同仁们所建立的中国现代建筑史学体系仍然有其历史参考价值作用，这样的建筑史学体系在国际上具有世界性意义，在域内是中国建筑史学研究转向东方建筑体系研究的学术思想前提与学术基础准备。正是在这种意义上，有学者认为中国建筑史研究须进一步向前推进，由见木而见林，由局部到整体，由中国建筑史学研究趋向东方建筑研究，乃至世界建筑史学研究。[1]由此，我们可以顺理成章地步入高瞻远瞩的东方建筑研究的语境。

（三）郭湖生东方建筑研究的再次提出

近代的弘一法师说过："文艺当以人传，而不以艺传人。"其用意是指艺术的传承要由人来传递，目的是保持艺术的代代沿袭，而不是在艺术的传递过程中主要以炫耀传人为目的，以致忽视艺术本身的内在历史联系。其实建筑学术思想研究的传承也是如此。

笔者在这里之所以不能不提及郭湖生再次提出东方建筑研究问题，是因为据东南大学建筑系教授潘谷西介绍，20世纪50年代末期，为了研究东方建

---

① 陈薇：《天籁疑难辨，历史谁可分——90年代中国建筑史研究谈》，《建筑师》1996年第69期。

筑，刘敦桢开设了《印度建筑史》讲座，还准备招收印度建筑史研究方向的研究生，同时又将对中国古代建筑有较深造诣的郭湖生从西安调来东南大学专门研究东方建筑。[①]对此，郭湖生也谈道："士能师1956年12月被遴选为中国科学院技术学部委员。是年他招收副博士研究生。当时我在西安建筑工程学院工作，乃报名应试，于1956年12月录取。1957年2月，士能师信中告诉我，江苏省高教部申请，拟调我做他的助手。"1959年1月9日，"士能师率中国文化代表团一行三人访问印度回来后，1959年秋，即开设《印度建筑史》讲座，招收印度建筑史研究生"。[②]遗憾的是，刘敦桢当时东方建筑研究学术思路因中印关系紧张而中断了。

谈到学术思想何以传承的问题，冯友兰曾有一个很有意思的提法：是"照着讲"，还是"接着讲"？冯友兰的意思是说，哲学史家是"照着讲"，例如康德是怎样讲的，朱熹是怎样讲的，你就照着讲，把康德、朱熹介绍给大家。但是哲学家不同。哲学家不能限于"照着讲"，他要反映新的时代精神，他要有所发展，有所创新，冯友兰将此叫作"接着讲"。例如，康德讲到哪里，后面的人就要接下去讲，朱熹讲到哪里，后面的人也要接下去讲。[③]

冯友兰的提法对于我们今天研究中国建筑史学来说仍然很有启发意义。所不同的是，面对学术思想的传承问题，笔者以为，既要"照着讲"，又要"接着讲"。"照着讲"是为了继承优良的学术思想传统；"接着讲"是为了在传统学术思想的基础上推陈出新。正是在这种意义上，笔者仔细研读过林洙女士《叩开鲁班的大门——中国营造学社史略》一书中的一段文字，其曰："对中国建筑史研究的展拓，已故的建筑学家刘敦桢先生在1959年即开始倡导研究东方建筑，并多次谈到开展东方建筑研究的必要性。由于种种原因，

---

① 参见崔勇：《中国营造学社研究》，东南大学出版社2004年版，第283页。

② 郭湖生：《忆士能师》，《建筑师》1997年第77期。

③ 参见叶朗：《从朱光潜"接着讲"——纪念朱光潜、宗白华诞辰一百周年》，《胸中之竹：走向现代之中国美学》，安徽教育出版社1998年版，第255页。

这一研究被搁置起来。现在郭湖生先生追随先师开辟的道路，并从理论上做了深层的探讨与提高，对当前中建史的研究，实有无穷的意义。从1944年梁思成发表《为什么学习中国建筑》到郭湖生发表《我们为什么要研究东方建筑》整整半个世纪过去了。郭文的发表，标志着我国中建史的研究已进入了第三个新的阶段。"①中国建筑史学应该"接着讲"下去。

很显然，第三个阶段是相对于第一阶段中国营造学社的辉煌成就和第二阶段中华人民共和国成立之后刘敦桢主编的《中国古代建筑史》为标志而言的。但第三个阶段的具体内涵是什么呢？笔者认为就是在中国建筑基础上向东方建筑研究延伸。"我们所指的东方建筑的目的是把原有的范围扩大到周边文化的关系圈里，从历史实际出发，进行影响、比较研究，希望将中国营造学社的发展路线延续下去。……中国是一个大国，东方范围以内的国家都与中国有过来往，作为一个文化大国，中国对东方建筑学术文化的发展有很重要的历史作用，因此研究中国建筑文化和东方建筑文化是中国建筑史学不可推卸的历史责任。2000年10月在深圳召开的东亚建筑会议的目的也在于此。要搞好东方建筑研究，必须建立学术上的组织，以便国内外不同学术行业的人进行交流与研讨。目前最迫切需要的是派遣留学生到国外去进行访问、交流、学习，在取得经验和成就后回国进行具体而深入的研究。客观地说，国内现有的几本研究东方建筑的学术专著还比较粗浅，日本和韩国也还没有较具体深入的研究。一个不可否认的事实是，东方的许多国家对各自本身的建筑渊源关系都不是很清楚。比如日本建筑受中国唐代建筑影响，是什么时候开始影响的呢？为什么会受到影响的呢？影响的过程及其结果又如何呢？"②中国建筑史学研究须由中心转向边缘，关注整个东方建筑历史渊源关系。

关于东方建筑研究目前所取得的实绩，在拜访东南大学建筑系教授潘谷

---

① 林洙：《叩开鲁班的大门——中国营造学社史略》，中国建筑工业出版社1995年版，第128页。

② 崔勇：《中国营造学社研究》，东南大学出版社2004年版，第290—291页。

西时也得到了确切的消息。20世纪80年代中，在郭湖生指导下，当时在读的张十庆、杨昌鸣、常青等几位博士研究生所撰写的博士论文，其研究的深广度不局限于中国建筑，而是顾及周边东南亚、日本及西域等地区的建筑与中国建筑的历史渊源关系，弥补了以往研究的不足。[①]

鉴于此，季羡林认为："西方形而上学的分析已经快走到穷途末路了，它的对立面东方的寻求整体的综合，必将取而代之。这是一部人类文化发展史给我的启迪。以分析为基础的西方文化也将随之衰微，代之而起的必然是以综合为基础的东方文化。这种取代在21世纪中就将看出分晓。这是不以人们的主观愿望为转移的社会发展的客观规律。"[②]

言已至此，笔者会情不自禁地想起马克思和恩格斯曾经说过的话："由于世界市场的开拓，一切国家的生产和消费都成为世界性的；物质的生产是如此，精神的生产也是如此，各民族的精神产品成了公共的财产；民族片面性和局限性日益成为不可能，于是由许多种民族的和地方的文学形成了一种世界的文学。"[③]文学是这样，建筑何尝不也是这样？

由此我们还可以发现一个很有趣的历史现象：中国的建筑史学研究由近

[①] 当笔者问及东方建筑研究的实绩时，潘谷西说："20世纪50年代初期，刘敦桢先生从国外访问回来后，觉得中国建筑史的研究范围不能局限于中国，这样的研究面太窄，从而提出应研究印度等地区的东方建筑。于是特派吕国刚先去南京大学学习外语，然后去印度等东南亚国家学习与考察建筑。由于中印边境自卫反击战的爆发，关于东方建筑研究的工作就只好停了下来。1964年，吕国刚因研究室解散而去了江苏设计院。自此，东南大学关于东方建筑研究就暂告一个段落。后来，一直到了20世纪80年代，刘敦桢、杨廷宝、童寯等先生都先后去世了，郭湖生先生才有可能再次提出东方建筑的问题。东南大学现在的建筑研究所是当年南京分室的延续。郭湖生先生为了系统地研究东方建筑，特别招收了一批博士研究生来进行专项研究。如常青研究西域建筑与华夏文明的关系、张十庆研究中日建筑的关系、杨昌鸣研究东南亚建筑。当时这三位博士研究生的研究成果都已经以专著的形式正式出版。常青的《西域文明与华夏建筑的历史变迁》由湖南教育出版社出版（1992）；杨昌鸣和张十庆对东南亚建筑与中日建筑比较的研究成果1992年由天津大学以《东方建筑研究》为名分上下两册出版。"（崔勇：《中国营造学社研究》，东南大学出版社2004年版，第283页。）

[②] 季羡林：《再谈东方文化》，《东方文化与现代化》，时事出版社1992年版，第21页。

[③] [德] 马克思、恩格斯：《共产党宣言》，《马克思恩格斯选集》第一卷，人民出版社1977年版，第255页。

代欧洲人和日本人关注东方艺术研究而发端，随后，又由中国营造学社将中国古代建筑研究导向辉煌，到20世纪90年代再由郭湖生提出东方建筑研究。这看起来似乎是一种历史现象的重复，但在学术思想发展与延伸的本质意义上却是不可同日而语的。马克思说过，历史的发展往往会有某种"惊人的相似"之处，但在实质意义上却并非是简单的重复。近代意义上由欧洲人和日本人提出的东方建筑研究，因中国近代半殖民地半封建社会历史环境的制约，中国人自己的中国建筑研究是处于被动状态下而进行的。这种被动状态，有学者称之为"后发外生型"状态，[①]即倍受外来力量的抨击或刺激情形下不得不应答的文化被动状态。而郭湖生提出东方建筑研究的学术思想发展趋势则是积极的、主动的。我们只需稍加分析则不难发现，近代欧洲人关注东方的艺术历史是因为好奇或搜取财宝；日本人考察东方艺术是为了探索日本文化之源从而达到其文化殖民的目的；而当时中国营造学社同仁们研究中国古代建筑是为了保护和弘扬民族文化，不让这一绝学失传。相形之下，作为第三代学人的郭湖生提出东方建筑研究则富有更深的历史内涵。这种内涵是高屋建瓴的，从学术思想发展史意义上来看，即是"研究东方建筑是当中国建筑研究到一定阶段时必然要提出的问题。这样做，既是为了进一步理解自身，也是为了更全面地认识世界……我们的目的是，建立崭新的、如实的东方建筑文化史体系，借以充实、补充现代的世界史。"[②]

（原载《建筑师》2003年第1期）

---

① 参见孙立平：《后发外生型现代化模式剖析》，《中国社会科学》1991年第2期。
② 郭湖生：《我们为什么要研究东方建筑》，《建筑师》1992年第47期。

论 20 世纪中国建筑史学

引 言

伫立在世纪之交的门槛上，每每回首20世纪中国建筑史学研究发展风风雨雨的进程的时候，我总是会情不自禁地想起马克思和恩格斯在《共产党宣言》中曾经说过的话："由于世界市场的开拓，一切国家的生产和消费都成为世界性的；物质的生产是如此，精神的生产也是如此，各民族的精神产品成了公共的财产；民族片面性和局限性日益成为不可能，于是由许多种民族的和地方的文学形成了一种世界的文学。"①文学是这样，建筑何尝不也是这样？久而久之，我便在心目中不知不觉地逐渐形成了这么一个概念——"20世纪中国建筑史学"。这并不单单是为了把目前建筑学界存在着的"近代建筑历史""现代建筑历史""当代建筑历史"的研究格局加以打通，也不只是研究领域的扩大，而是想把20世纪中国建筑史学研究作为一个不可分割的有机整体来进行把握。

中国的传统建筑自古迄今由于特定的文化历史环境制约，在世界建筑历史上是自成一体保存得最为古老、完整的一个独特的体系，但世界建筑历史

---

① [德] 马克思、恩格斯：《共产党宣言》，《马克思恩格斯选集》第一卷，人民出版社1977年版，第255页。

的发展变迁业已证明，20世纪任何一个国家的建筑不再是在各自封闭的文化环境里自生自灭的自足体了。任何一个遥远的国度里所发生的建筑现象，或多或少地总要影响到别国的建筑发展，并使之在世界建筑的总体格局中的位置发生哪怕是最微小的变化，甚至在我们对这些建筑现象一无所知的情况下也是如此。当某一国家的建筑纳入世界建筑的大系统之后便获得了一种系统质，这种系统质不是由单一的实体本身而是由多种异质实体之间的关系来决定的。

因此，正是在这种意义上，我在这里所指称的"20世纪中国建筑史学"，不是单一地就中国建筑史学而言，而是指由19世纪末20世纪初开始的至今仍在继续的一个中国建筑史学的历史进程，一个由古代向现代转变、过渡并不断趋向深入、完善的历史进程，一个由中国建筑史学走向并汇入世界建筑历史范畴总体格局的历史进程，一个在古今东西方文化的大碰撞、交流中逐渐形成现代民族自主意识的历史进程，一个通过建筑艺术形象来折射并表现古老中华民族及其灵魂在新旧嬗变的大时代中获得新生并崛起的历史进程。质而言之，"20世纪中国建筑史学"指的是在20世纪世界建筑史学意义上的中国建筑史学。为便于对20世纪中国建筑史学研究进行整体观照，我想从以下几个方面来加以论述。

一、历史哲学——关于中国建筑历史分期的辨析

历史分期从来都是历史哲学的重要范畴之一，建筑史的分期也同样涉及建筑史学理论的根本问题。运用什么样的分期观念来进行历史分期，这本身就决定了对历史的一种态势，而且影响这一态势的进一步发展。换句话说，历史的分期既是某种相关研究的结果，也是新的相关研究的起点。因而，对于从事建筑史学的学者来说，有关建筑历史分期及其历史时期转变性质的观念理应看作至关重要的研究环节。从实际的情形来看，以往的历史分期由于所持的历史演变观念起主导作用，主要有以下几种情况：线性演化论、循环

论以及螺旋式进化论、形态变化论、"代的体验"论。

　　线性演化论是深受达尔文进化论思想影响的一种历史分期观念与方法。这种历史分期观念与方法认为，任何一种历史演变都是并行于时间演进的过程，呈现为一种持续的、线性的轨迹。它发轫于最简单的形式，趋向于最复杂的结果。于是它依据时序逐个地探讨，或根据某一种时序的细微变化，逐渐地修正、阐明历史序列的相关性。然而，韦勒克却批评道："历史是无法完全用达尔文那种生物进化的理论来加以推演的。因为历史是一种文化的结晶。"①历史的复杂性远远在生物的事实之上。进化论的线性演进观念正是以远离历史的本相为代价的，所以，进化的观念如今似乎是有些销声匿迹了。

　　循环论以及螺旋式进化论，这是以瓦萨里和黑格尔为代表的一种历史分期观念与方法。瓦萨里将人类的历史分为婴儿期、青少年期、成年期；黑格尔的循环论更引人注目，他摒弃了那种生物学的隐喻以及直线延续的观念，把历史的进程置于人类历史螺旋式运动和辩证的基础上加以考察，而且用正、反、合的方法把世界历史描绘成象征、古典、浪漫等三大阶段。然而，这种历史分期观念与方法的症结在于，黑格尔的确比以往任何人都更充分地展示了历史的全景式发展过程，但他的理念的最终结果实际上是给历史的演化强加了一个封闭的圆弧。于是，历史本身的复杂性在他这里被简单化，甚至历史本身被宗教和哲学这些更接近抽象理性的活动所替代，从而失去了历史本身的丰富性。

　　形态变化论的历史分期观念与方法，这是由斯宾格勒提出的。他在《西方的没落》一书中认为，在世界历史长河中有8种自成体系的伟大文化，即埃及文化、巴比伦文化、印度文化、中国文化、希腊罗马文化、墨西哥的玛雅文化、西亚和北非的伊斯兰教文化、西欧文化。每一种文化最初都是以青春的活力蓬勃兴起的，并且在其根生土长的地方茁壮成长，繁荣昌盛，然后走

---

　　①　[美]韦勒克：《批评的诸种概念》，丁泓、余徽译，四川文艺出版社1988年版，第57页。

向枯萎、凋落，最终完成它的生命周期。在斯宾格勒看来，这8种文化中的前7种都已死亡或僵化，西欧文化也正在劫难逃。按照斯宾格勒的见解，既没有世界史，也没有统一的历史发展线索，只有一系列互不关联的、单独的文化统一体。像有生命的机体一样，机体的生命可分为上升、繁荣和下降、瓦解两个时期，历史的发展形态从来就是这样。显然，斯宾格勒的历史哲学观是站不住脚的。某些历史发展形态的确有其惊人的相似之处，但不可能在本质上雷同，这正如孔子所说"逝者如斯夫，不舍昼夜"。

"代的体验"论，是德国史学家平德的历史分期观念与方法。平德认为，要理解历史的本质必须注意所谓"同代的非同代性"。这种"同代的非同代性"意义实质是指只有被体验过的时间才是唯一真实的历史时间，不同时代的人必定是生活在具有质的差异的主观年代的时空里。在这种意义上，所谓的"代"总是某种问题的统一却又不可能终结的统一。平德在这里试图以消解纯时间性的时期概念，从而倡导更能说明问题的观念史的相应的范畴，以期对所有决定某一特殊历史情境的因素予以综合把握，以更充分地反映历史特定发展阶段的深度程度。这样可以纠正传统历史分期研究的被动性。不过，平德的理论并不是无可挑剔的，其核心概念"代"令人质疑。"代"应如何界定？又怎样产生？平德都无法回答。他实际上把"代"归结为一种主观的设定，而不是由普遍的体验或其他社会文化因素所造就的，以至于"后现代""后后现代""新生代"之类的称谓令人如入穷途末路，给逼得陷入不得不"透支"时期观念的尴尬境地。

二、文化整体性——20世纪中国建筑史学的概念

正是为了避免陷于上述的尴尬境地，我觉得用世纪性的整体观来看待历史的进程更符合历史发展变化的轨迹。因为客观发生的历史与对历史的研究毕竟是不能等同的。研究就是一种选择、取舍、整理、组合、归纳和总结。任何历史的研究都得依据一定的历史哲学观念，依据一定的参照系统和一定

的价值标准，采取一定的方法。建筑史学的研究也是这样。因此，提出"20世纪中国建筑史学"这一概念，首先意味着要将中国建筑史学从以往社会政治史的简单比附中独立出来，把中国建筑史学自身发生、发展的阶段性的完整性作为研究的主要对象。这一点将带来一系列问题的重新调整（问题的提法、问题的位置、问题的意义等等）。诸如，在"20世纪中国建筑史学"这个概念中蕴含着一个重要的基本特征，即显著的"整体意识"。这是一个宏观的时空尺度——世界历史的尺度，从而把我们的研究对象中国建筑史学置于两个大背景之中：一个是纵向的两千多年的中国古代建筑历史发展的文化背景；另一个是横向的20世纪世界建筑历史发展的总体格局。这样，我们就可以在纵横交错的广阔的文化视野中，观照20世纪中国建筑史学研究所达到的深广度。

不仅如此，20世纪中国建筑史学这一概念还意味着打破建筑理论、建筑历史、建筑评论各自为政的局面，使之成为一个整体。因为没有建筑理论和建筑历史的建筑评论、没有建筑评论和建筑历史的建筑理论以及没有建筑评论和建筑理论的建筑历史，都是不可思议的。唯有三者和谐共存，才能以一种齐头并进的态势将建筑学科推向前进。应该说，以往的中国建筑史学研究，建筑理论、建筑历史、建筑评论都以独树一帜的姿态取得了长足的进展，但糅为一体的互参性研究则鲜有其事，以致建筑史观、史评、史法至今难得一见。

此外，我所指称的"20世纪中国建筑史学"的概念中还渗透着"历史感""现实感""未来感"的历史情感，而且，这三者之间是以"现实感"为轴心将"历史感""未来感"联为一整体的。关于"历史感"和"未来感"，本文在后面将会论述到，此处从略。这里我只就"现实感"问题做一解释。克罗齐在《历史学的理论与实际》一书中说过："普通以过去的事实为历史事实，却不知过去事实须经过今我思想的活动，即将过去涌现于现在当中，而后才有存在的意义。所谓历史的现在，就是超越时间，就是包括过去、现在、未来的永远的现在。所以有生命的历史都是现在的，失却现在即过去的历史，都不过是无生命的形骸而已。"①克罗齐的这些思想和观念可以理解为：历史的过去实为现在之积；历史的将来实为现在之续；而一切的历史都是现实的历史。历史事件应该说就是人的生命存在的"现实"事件，但是，它们的"现实性"不是在人们述说它们或者在思想中"调动"它们显示出来的，而是对"过去的"的现实性思考，即对历史问题的"现实感"。

三、历史的足迹——20世纪中国建筑史学研究述评

中国建筑史学研究在古代几乎是无人问津的。近代对中国建筑史学进行研究也并不是始于中国人，而是发端于外国人。但那些外国人关于中国建筑史学的研究，由于文化的隔阂和材料所限以及有关中国古代建筑知识的贫乏，其研究结果却往往不得要领，甚至是风马牛不相及。近代外国人研究中国建筑史学较有成就的当推日本人伊东忠太。伊东忠太在他的《中国建筑史》一著中认识到："彼谓中国建筑千篇一律者误也。实际中国建筑，最多变化。只始见之人，不知其变化耳。"②伊东忠太的这一识别的确是很有见地。

中国人自己开始对中国建筑史学进行研究肇始于1930年成立的中国营造学社。中国营造学社在中国建筑史学研究方面的成就借用陈明达先生在《中国大百科全书：建筑 园林 城市规划》中的话来说，可以概括为以下几点：一是调查、测绘并研究了大量的古代建筑实例；二是较细致地研究了宋代《营造法式》和清代《清工部工程做法则例》这两部中国古代建筑典籍，为后人的研究开辟了道路，也为中国建筑史学研究建立了一定的史料基础；三是培养了一批中国古代建筑史学研究的人才。③同时，我们也要看到中国营造学社在中国建筑史学研究过程中所流露出来的不足之处。首先是将史学观等

① [意] 贝奈戴托·克罗齐：《历史学的理论和实际》，傅任敢译，商务印书馆1997年版。
② [日] 伊东忠太：《中国建筑史》，陈清泉译补，商务印书馆1998年版，第10页。
③ 《中国大百科全书：建筑 园林 城市规划》，中国大百科全书出版社1988年版，第586页。

同于史料学；其次是使建筑史学研究与现实脱节；第三是过于强调考证导致陷于史料的细枝末节中而难以自拔，结果不能对所考订、发掘的问题进行理性梳理。这些不足对后来的中国建筑史学研究影响很大。

中国人自己最早撰写的中国建筑史学著作是乐嘉藻写就的线装本《中国建筑史》（写于20世纪30年代），这在当时的建筑史学界因其首创性的历史功绩而产生了广泛的社会影响。由于影响所及，以至梁思成先生如获至宝地对之大嚼了一番，结果却使梁思成大倒胃口地说："此书的著者，既不知建筑，又不知史，著成多篇无系统的散文，而名之曰建筑史。诚如先生自己所虑，'招外人之讥笑'。"①今天看来，梁思成的言辞是有过激之虞。历史还是客观地告诉了人们这样一个事实：正因为乐嘉藻的线装本《中国建筑史》，使中国人自此有了自己的建筑史专著，一改外国建筑史垄断中国建筑史学界的局面。乐嘉藻可谓是中国建筑史学的先驱，是中国建筑学科建设的拓荒者与探路人。

1945年梁思成在中国营造学社调查研究的基础上写有《中国建筑史》一著。这可以说是中国营造学社在中国建筑史学研究方面的一个里程碑，代表了中国营造学社同仁们在中国建筑史学研究初期阶段的治学路线、观点和方法。几乎是同时，梁思成还写了一本《图释中国建筑史》（1984年在美国正式刊行），向国外介绍中国古代建筑的辉煌成就，引发了国际学术界对中国建筑的关注，从而使之成为西方人研究中国建筑的必读书目。

20世纪50年代，为迎接中华人民共和国成立10周年，国家建工部发动并协调全国各高校和科研机构的中国建筑史学研究的力量，组成中国建筑史编辑委员会，准备编写中国古代、近代和1949年后十年"三史"。于1960年先行出版了《中国建筑简史》第一册、《中国古代建筑简史》第二册、《中国近代建筑简史》和《建筑十年简史》。此后，中国古代建筑史部分几经修改以至八易

---

① 梁思成：《读乐嘉藻〈中国建筑史〉辟谬》，《大公报》1934年3月3日第12版，《文艺副刊》1934年第64期。

其稿或曰十易其稿，终至20世纪80年代初期才得以出版。这便是刘敦桢主编的《中国古代建筑史》①。此书可以作为中国建筑史学研究继中国营造学社之后第二阶段的里程碑。就研究的方法论与编史基本体例和内容来说，第二阶段可谓第一阶段的延续和充实，增加了社会背景的叙述，并且丰富了对建筑实例的评价。

20世纪80年代初期，尚有潘谷西主编的《中国建筑史》②一著在建筑院校颇为畅行。这部著作与刘敦桢主编的《中国古代建筑史》的不同之处是，打破了以往编年史的惯例，先从总体上对中国几千年的建筑发展历史予以概括性的论述，然后以建筑类型为构架思路对中国古代建筑予以介绍，同时，还对建筑设计、构造、材料、技术等方面的问题予以介绍。这在治史方法上是一个明显的进步，且论述简明扼要，通晓易懂，便于实践参考，备受莘莘学子欢迎。但存在的问题依然是对历史史料描述有余，而论述不足。

20世纪80年代初期，还有一本有关中国建筑史学的研究成果，那就是李允鉌写的《华夏意匠》③一著，可谓是一本关于中国建筑史学的力作。对此，龙非了（龙庆忠）在《华夏意匠》的序言中曾经评论道："这是一本新体裁新方法的著作。本书最可贵之处，是在用现代建筑的观点和理论分析中国古典建筑设计问题，并希望能够较为系统地全面地解决对中国古典建筑的认识和评价问题。允鉌先生在本书中尽量引用中外古今有关文献论述以供讨论。"有关中国建筑史学的史观、史法、史评，在此已初现端倪。

20世纪末期出版了一部萧默主编的《中国建筑艺术史》④。这部中国建筑史学的最新著作与以往的几部中国建筑史学著作的一个明显不同之处是：它除了顾及众多的少数民族建筑是构成整个华夏建筑艺术群星灿烂的风采不可

---

① 刘敦桢主编：《中国古代建筑史》，中国建筑工业出版社1984年版。

② 潘谷西主编：《中国建筑史》，中国建筑工业出版社1986年版。

③ 李允鉌：《华夏意匠》，香港广角镜出版社1982年版。

④ 萧默主编：《中国建筑艺术史》，文物出版社1999年版。

或缺的文化因素外，比以往的建筑史教材在材料和新颖感上更为丰富了，还特辟"建筑的理性之光"一章进行专门论述。这在中国建筑史学研究的历程中可谓是迈出了可贵的一步。但我觉得若从学科本身长远发展的角度来看，这一步迈得尚欠深沉和自如。因为"建筑的理性之光"一章无意中成了游离于整个建筑艺术史长廊之外的孤篇，未能渗透于建筑史的论述之中，它似乎只是一些有关建筑理论研究的论文集结，以至历史与逻辑辩证统一的论说力度还是不足。在深层意义上，诉诸人的感觉仍然是"述而不作"，于中国建筑史学研究并无质的突破和飞跃。

2000年8月22—23日，中国建筑学会、建筑史学分会第四次年会在浙江省龙游县召开，年会的主题是重新思考与构建中国特色的科学建筑史学。围绕这一主题，与会同仁们对中国建筑史学的史观、史法等方面的问题进行了讨论。这是中国建筑史学研究迈向21世纪的一个标志，它的意义正如中国建筑史学会会长杨鸿勋先生在主题发言中所说的那样，"要进一步加强国内外的交流与合作，为21世纪人类生存环境的合理建设而做出贡献"。这与国际建筑史学界关注建筑与人类文化环境关系的研究趋向是一致的。

在中国建筑学会、建筑史学分会第四次年会上，据刘叙杰教授介绍，目前傅熹年、潘谷西、郭黛姮、刘叙杰等诸位先生正在编写五卷本中国建筑史，以期诉诸人们以更为厚实的历史纵深感。其实际情形如何，因为还看不到文本，我们不能妄加评论，只能是让我们拭目以待，期望着"数风流人物还看今朝"。

四、观念与方法——20世纪中国建筑史学的特质

我一向认为，对历史的理解不应是编年性质的，而应当是观念性质的，即观念性的历史。历史的经历不等于对历史的体验。所谓观念性的历史，实际上是一种对文化的时间意识。之所以说这是人对文化的一种时间性观念，就是由于任何人都不能自外于历史而通观上百万年的人类历史。所以，历史

虽然是人类的经历，但对每一个个人来说，绝大部分并非实际经历而只是一种体验之后的文化观念认同。观念的历史的每一次变革，都为人们提供一种"新的"历史图景。这就是说，同样的几千年时间的过程中的人类事实，可以被做出不同的文化阐释。正是在这种意义上，历史研究的这项工作是永无止境的，而这项工作的对象，则是那唯一存在于那些确定的时间年代中的文化实在。

一旦对历史持这样的观念，历史在人们的眼界中就是动态的，而不是静态的。对此，中国建筑学会、建筑史学分会会长杨鸿勋在《重建中国特色的科学建筑史学的构想》一文中说过："由于对学科缺乏全面的认识，过去动员全国力量编写的《中国古代建筑史》还只不过是一本静态的史料汇编，还远没有达到阐述与社会历史以及地理环境密切关联的建筑发展演变的动态的史书的要求。"①这就是说，我们对20世纪中国建筑史学的本质还有待于从历史的观念上做进一步确认。这也就是王贵祥在《关于建筑史学研究的几点思考》②一文中所说的中国建筑史学仍然处于文献考证和文物考证阶段，应向对建筑予以阐释的阶段深入地研究。阐释就得有观念作为依托，而观念决定了相应的方法。

因而，同样也是出于从观念的历史的角度考虑问题，王贵祥在中国建筑学会、建筑史学分会第四次年会上又撰有《关于建筑史学研究方法论刍议》③一文。在该文中，王贵祥教授根据中国建筑史学研究的现状，参照当代西方哲学、语言学、历史学中的方法论学说，尝试将中国建筑史学的研究，包括通史、断代史以及各种不同类型建筑的建筑形式、建筑技术、建筑艺术与建筑空间形式的发展历史研究，在方法论方面大致做如下划分：历史主义的研

---

① 杨鸿勋：《重建中国特色的科学建筑史学的构想》，《建筑学报》1993年第12期。
② 王贵祥：《关于建筑史学研究的几点思考》，《建筑师》1996年第69期。
③ 王贵祥：《关于中国建筑史学研究方法论刍议》，2000年8月中国建筑史学第四次年会论文。

究——注重总结性、讲求事物发展的连续性和规律性；考古学式的研究——注重描述性的东西、注重事物的片断与局部及细节；谱系学式的研究——注重描述与阐释性、注重事物的断裂与分叉及变异；解释学式的研究——注重符号性与分析性、注重内在结构与文化关联及象征意义。中国的建筑史学研究用文献考证和文物考古方法进行深究，这仍然是要坚持的，因为这是进行深入研究所必不可少的基础。但对建筑进行文化阐释也迫在眉睫。因而，王贵祥教授的方法论探讨对中国建筑史学研究很有启发。

五、描述与阐释——20 世纪中国建筑史学的情怀

这是从历史话语和历史意识的角度对20世纪中国建筑史学进行反思。关于这个问题，建筑史学界以往关注得比较少。正因为关注得比较少，所以现存的一些中国建筑史学研究成果总让人觉得只是一堆史料的汇编，于历史于现实的终极关怀则显得无关痛痒，缺乏博大精深的历史使命感与深刻的反思，从而难以激发起人们任重道远的历史情怀和灵魂的震撼与启迪。至于司马迁所谓的"究天人之际，通古今之变"的历史极致，就更难得一见。事实上，采取什么样的话语对历史进行叙说则往往反映了研究者具有什么样的历史意识和历史感，即历史情怀。历史本身所蕴含的深刻度与人们意识到的历史深度不是一回事。对历史进行描述、予以阐释则反映了两种不同的历史情怀，展示出两种不同层面的历史研究深度——前者是浅尝辄止的表象叙述，后者是求实创新的深刻挖掘。"言为心声"，"语言是思维的直接现实"。坦率地说，我们的中国建筑史学研究长久以来一直停留在对历史表象的描述阶段，对历史的深刻寓意予以阐释则只能说是刚刚有了些觉察，但仍然还没有真正实质性的行动。

正是在这种意义上，陈志华在《关于建筑史的研究和教学的随想》一文中呼吁要培养人们的历史意识和历史感。他说："历史意识诉诸头脑的思考，是理性的；而用心灵去感受，将它转化为情感的，那便是历史感了。用心灵

感受历史，需要博大的胸襟、深远的眼光、沉郁的感情，需要对一切创造者的尊敬和热爱以及对人类命运真切的关怀。'前不见古人，后不见来者，念天地之悠悠，独怆然而涕下'，便是历史感的最动人的表现。建筑史是科学，科学需要冷静的理性思考，但是，没有激情也是研究不好历史的。历史的主角毕竟是活生生的人。"①不诉之以理，不动之以情，中国建筑史学何以能履行其历史使命呢？

写到这里，我又一次想起了中国营造学社。20世纪20年代也好，30年代也好，40年代也好，都是中国社会最为动荡不安的历史时期，并不是最适合学术生长的环境。可是当时的学术研究就是有一种不可阻挡的势头。熟悉中国营造学社历史变迁的人都知道，任凭战乱频繁、百般磨难、危机四伏，在中国的西南一隅，仍然洋溢着浓厚的学术气氛。究竟是什么因素给了这一代学人如此坚忍顽强的力量，激励他们义无反顾地测绘、研究中国古代建筑？在我看来，这归根结底除了学术本身的内在因素——"自由之精神，独立之意志"（陈寅恪语）在起着必要的张力作用外，同时，中国营造学社同仁们对中华民族的文化历史所怀有的特殊情怀所起的内在驱动作用也是不可否认的。这诚如梁启超在《论中国学术思想变迁之大势》中所言："学术思想之在一国，犹人之有精神也……故欲觇其国文野强弱之程度如何，必于学术思想焉求之。"②这是一个民族得以存活的力量和光芒。所以，朱启钤曾在《中国营造学社开会演词》中情不自禁地感叹道："中国营造学社者，全人类之学术，非吾一民族所私有。"③纵观20世纪中国建筑史学研究的所作所为，无不凸现出了这种历史情怀。

---

① 陈志华：《关于建筑史的研究和教学的随想》，《建筑师》1996年第69期。

② 梁启超：《饮冰室合集》第3卷，中华书局1936年版。

③ 朱启钤：《中国营造学社开会演词》，《中国营造学社汇刊》1930年7月第一卷第一期。

六、全球化语境——展望 21 世纪的中国建筑史学

"20世纪中国建筑史学"蕴含了通往21世纪的建筑历史的一种信念、一种眼光，这也是对未来感所孕育的一种胸怀。这种信念、眼光、胸怀，就是全球化的文化视野和全人类的历史使命。中国的建筑史学研究者凭借这样的一种视野和使命加入世界建筑历史发展的洪流，从而使中国建筑史学变成一门充满未来感的学科。在一个以世界建筑历史为尺度的广阔文化视野里，共同的崇高目标既可能引起苛刻的淘汰，又可以唤起最强烈的追求。任何苟且、停滞、安于现状的表露都是滑稽可笑的。你争我赶的生存方式和日新月异的建筑景观，才是人类通过创造所换来的最美好的人生境界。全球化历史趋势逼着每一个民族拿出当代属于自己的最好的东西来，不管你曾经有多么辉煌的历史。而如何拿出当代属于自己的最好的东西来，这就是21世纪中国建筑史学所面临的艰辛而又光荣的任务。为此，我以为必须坚持、坚信两个基本要点及一个人类共同的原则，即全球化的文化视野和民族性的精神及共生原则。

就全球化的视野而言，全球化既是一种客观事实，也是一种发展趋势，无论承认与否，它都无情地影响着世界建筑历史的进程，无疑也影响着中国建筑的历史进程。就民族性的精神而言，即便是到今天，我依然坚持认为：民族形式是民族固有文化诚于中形于外的反映，越是民族的，就越是世界的。这不是老生常谈，而是由各民族文化的本质特征所决定的。既要有全球化的文化视野，又不乏民族的特色，这两者之间不矛盾，而是相辅相成的。

共生原则的首创者是日本建筑大师黑川纪章，他这一原则的提出对人类建筑文化是一大历史性的贡献。共生原则包含许多方面的范畴，在这里，我不妨将黑川纪章共生原则的主要思想观点概括如下："共生哲学包含许多不同的范畴：历史和现在的共生、传统和最新技术的共生、部分和整体的共生、自然和人的共生、不同文化的共生、艺术和科学的共生以及地域性和普遍性的共生。共生哲学也包含新陈代谢和变生的思想，其目的在于否定西方文化二

元论和二项对立论。共生哲学追求时间和空间的共生。"①

结束语

20世纪走完了，21世纪走来了。在这一世纪转换之际，梁启超在20世纪初撰写的《清代学术概论》中总结晚清学术得失的警世之言又响彻在我的耳际。《清代学术概论》的宗旨在于："其一，可见我国民确富有'学问的本能'，我国文化史确有研究价值，即一代而已见其概。故我辈虽当一面尽量吸收外来之新文化，一面仍万不可妄自菲薄，蔑弃其遗产。其二，对于先辈之'学者的人格'，可以生一种观感。所谓'学者的人格'者，为学问而学问，断不以学问供学问以外之手段。故其性耿介，其志专一。虽若不周于世用，然每一时代文化之进展，必赖有此等人。其三，可以知学问之价值，在善疑，在求真，在创获。所谓研究精神者，归著于此点。不问其所疑、所求、所创者在何部分，亦不问其所得之巨细，要之经一番研究，即有一番贡献，必如是始能谓之增加遗产。对于本国之遗产当有然，对于全世界人类之遗产亦当有然。其四，将现在学风与前辈学风相比照，令吾曹可以发现自己种种缺点。知现代学问上笼统、影响、凌乱、肤浅等等恶现象，实我辈所造成。此等现象，非彻底改造，则学问永无独立之望，且生心害政，其流且及于学问社会以外。吾辈欲为将来之学术界造福耶？抑造罪耶？不可不取鉴前代得失以自策厉。"②言已至此，我觉得对20世纪中国建筑史学研究的回顾与反思亦然。于是，我也就拾梁任公之牙慧而将此作为本文的结束语吧。

（原载《建筑学报》2001年第6期）

---

① 郑时龄、薛玲编译：《黑川纪章》，中国建筑工业出版社1997年版，第215页。
② 梁启超：《梁启超史学论著四种》，岳麓书社1998年版，第98—99页。

中国建筑史学研究的学术回顾与反思

引 言

迄今为止，中国建筑史学研讨会已经先后举办过三次，其研究的进程如何呢？借用王贵祥先生的话来概而言之：中国建筑史学的研究已经经历了第一阶段的文献考证和第二阶段的实物考古，目前正步入对建筑自身进行文化诠释的第三阶段。[①]但客观地讲，这第三阶段的诠释工作由于种种主客观原因尚未真正地开展起来。正因为如此，中国建筑史学研究还存在许多有待深究之处，甚至可以说尚处于前科学阶段，最为明显的例证是，现有的几本通用中国建筑史教材，仅有史料和史实罗列，但无史观和史论。这种情状诚如在中国建筑史学第一次年会上杨鸿勋先生所言："我们目前的建筑史学成果还只是一部史料汇编，它距离一部活生生发展、演变的史书相去甚远。"[②]何以至此？我以为，这是因为对建筑史学本身研究不力所造成的后果。换句话说，我们的建筑史学研究还没有形成自成体系的史观、史论、史法及史评，正如有的学者所指出的，国内至今"还没有一篇讨论中国建筑史的史学、史观、

[①] 王贵祥：《关于建筑史学研究的几点思考》，《建筑师》1996年第69期。

[②] 杨鸿勋：《中国建筑史学的现实意义及其研究的新阶段》，《建筑学报》1993年第12期。

史法的文章"①, 以至于中国建筑史学研究往往徒增许多史料, 却难以在充分的史观与史论的理性基础上对建筑历史现象给予真切的阐释, 从而向深广度拓展。

看来, 在进一步挖掘、深化建筑史料的基础上, 加强中国建筑史学的史论、史观、史法的研究, 势在必行。否则, 我们的中国建筑史学研究将仍然沉湎于考证所获的沾沾自喜的迷惑中难以自拔与反省。借此中国建筑学会、建筑史学分会第四次年会的机会, ②我想就中国建筑史学自身的研究讨论几个问题: 一、中国建筑史学研究的学术回顾, 二、中国建筑史学研究的实质内涵, 三、中国建筑史学研究观念与方法, 四、建筑史料与建筑史学的关系, 五、中国建筑史学研究史评的意义。这些问题, 由于我的资力和能力所限, 还不可能思考得很成熟, 在这里提出来的目的在于抛砖引玉, 从而激发同仁们的关注和深入探讨。

一、中国建筑史学研究的学术回顾

我在这里之所以指称为对中国建筑史学的学术回顾, 而不是说对中国建筑史学研究的历史回顾, 旨在通过论述而区别于一般意义上的历史描述, 以期通过回顾与反思, 洞察其间的学术思想流变, 避免表象地重复老生常谈的话题, 以至达到直逼问题实质的目的。

建筑在中国古代历来被视为工匠之事, 因而中国建筑史学研究在古代几乎是无人问津的。即便是到了近代对中国建筑史学进行研究也并不是始于中国人, 而是发端于欧洲人和东洋人。如英国人钱伯斯的《中国的建筑设计》、瑞士的西仁关于北京城墙和城门的研究、德国的伯尔希曼对中国古代建筑和

---

① 陈志华:《读〈明、清建筑二论〉》,《北窗集》, 中国建筑工业出版社1993年版, 第240页。

② 中国建筑学会、建筑史学分会第四次年会于2000年8月21—23日在浙江龙游县召开。

园林的研究、英国著名的建筑史学家弗来契尔在其名著《建筑史》中屡屡论及中国古代建筑、日本人关野贞《支那建筑史》中有关中国古代建筑文献和实物的考证等。但这些外国人关于中国古代建筑的研究，由于文化的隔阂和材料所限以及对有关中国古代建筑知识的贫乏，其研究结果往往是不得要领，甚至是风马牛不相及的。我认为，近代外国人研究中国建筑史学较有成就的当推日本人伊东忠太。他在《中国建筑史》一著中针对欧洲人的偏见而能够认识到："彼谓中国建筑千篇一律者误也。实际中国建筑，最多变化。只始见之人，不知其变化耳。"①伊东忠太的这一比欧洲人远胜一筹的识别的确是很有见地，但他的研究像关野贞一样也因过于拘泥于考证而未能真正领会中国古代建筑之精髓。

翻开20世纪的中国历史宗卷，我们不难发现，中国人自己开始对中国建筑史学进行研究肇始于1930年成立的中国营造学社，迄今已有70年的历史。回顾中国营造学社在中国建筑史学研究方面的成就，借用中国营造学社当事人陈明达先生的话，可以概括为以下几点：一是调查、测绘并研究了大量的古代建筑实例；二是较细致地研究了宋代《营造法式》和清代《清工部工程做法则例》这两部中国古代建筑典籍，为后人的研究开辟了道路，也为中国建筑史学研究建立了一定的史料基础；三是培养了一批中国古代建筑史学研究的人才。②同时，我们也要看到，中国营造学社在中国建筑史学研究过程中所流露出来的不足之处：首先是将建筑史料等同于建筑史学；其次是使建筑史学研究与现实脱节；再次是过于强调考证导致陷于史料的烦琐细枝末节中而难以自拔，结果不能高瞻远瞩地鸟瞰建筑历史的动态发展。这些不足之处对后来的中国建筑史学研究都产生了一定的负效应。

中国人自己撰写的最早的中国建筑史学著作是乐嘉藻的线装本《中国建

---

① [日] 伊东忠太：《中国建筑史》，陈清泉译补，商务印书馆1998年版，第10页。
② 《中国大百科全书：建筑 园林 城市规划》，中国大百科全书出版社1988年版，第587页。

筑史》（写于20世纪30年代），这在当时国内外的建筑史学界影响很大。由于影响所及，以至梁思成先生如获至宝地对之大嚼了一番，结果却使梁思成大倒胃口地说："此书的著者，既不知建筑，又不知史，著成多篇无系统的散文，而名之曰建筑史。诚如先生自己所虑，'招外人之讥笑'。"①今天看来，梁思成当年因年轻气盛而发表的言论，多少是有些过激的。我倒觉得，对一本开拓性的论著，客观地说，它的首创意义是不可否认的。正是在这种意义上，历史还是客观地告诉了人们这样一个事实："乐嘉藻先生的线装本《中国建筑史》使中国人自此有了自己的建筑史专著，乐嘉藻先生可谓是中国建筑史学的先驱，是中国建筑学科建设的拓荒者与探路人。"这是杨鸿勋先生教导我时说过的话，此真可谓一语中的。

1945年梁思成在中国营造学社调查、研究的基础上也写就了与乐嘉藻所著同名的《中国建筑史》一书。这可以说是中国营造学社在中国建筑史学研究方面的一个里程碑式的成就，它代表了中国营造学社同仁们在中国建筑史学研究初期阶段的治学路线、观点和研究方法。几乎是同时，梁思成还写了一本《图释中国建筑史》（1984年在美国刊行），向国外介绍中国古代建筑的辉煌成就，引发了西方人对中国建筑的关注，从而使之成为西方人研究中国古建筑的必读书目，在国际学术界产生了广泛的影响。

20世纪50年代，为迎接中华人民共和国成立10周年，建设部发动并协调全国建筑史学力量，组成中国建筑史编辑委员会，准备编写古代、近代和1949年后十年"三史"。于1960年先出版了《中国建筑简史》第一册、《中国古代建筑简史》第二册、《中国近代建筑简史》。此后，中国古代建筑史部分几经修改以至八易其稿或曰十易其稿，终至20世纪80年代才出版，这便是刘敦桢主编的《中国古代建筑史》。此书可以作为中国建筑史学研究继中国营造学社

---

① 梁思成：《读乐嘉藻〈中国建筑史〉辟谬》，《大公报》1934年3月3日第12版，《文艺副刊》1934年第64期。

之后第二阶段的里程碑。就研究方法论与编史基本体例和内容来说，第二阶段可谓是第一阶段的延续和充实，增加了社会背景的叙述，并且丰富了建筑实例的评价。

20世纪80年代初期由潘谷西主编、四院校合编的《中国建筑史》一著在国内建筑高等院校颇为畅行。这部著作与刘敦桢主编的《中国古代建筑史》的不同之处是：打破了以往编年史的惯例，先从总体上对中国几千年的建筑发展历史予以概括性的论述，然后以建筑类型为构架思路对中国古代建筑按照类型分别予以介绍。这在研究中国建筑史方法上是一个明显的进步，而且论述简明扼要，通晓易懂，便于实践参考，备受莘莘学子欢迎。但存在的问题仍然是对史料整理、描述有余，而分析与论述不足，文化的阐释与挖掘也很不够。

20世纪80年代初期，还有一本有关中国建筑史学的研究成果，那就是李允鉌写的《华夏意匠》一著，这可以说是至今为止的一本关于中国建筑史学的力作。在该著中，李允鉌用现代的建筑理论与方法，对中国古典建筑进行了纵横比较的论述与概括。对此，龙非了在《华夏意匠》的序言中曾经评论道："这是一本新体裁新方法的著作。本书最可贵之处，是在用现代建筑的观点和理论分析中国古典建筑设计问题，并希望能够较为系统全面地解决对中国古典建筑的认识和评价问题。允鉌先生在本书中尽量引用中外古今有关文献论述以供讨论。"有关中国建筑史学的史观、史法、史评，在此已现端倪。

20世纪90年代末期，文物出版社出版了一部萧默主编的《中国建筑艺术史》。这部中国建筑史学的最新著作与以往的几部中国建筑史学著作的一个明显不同之处是：它除了顾及众多的少数民族建筑是构成整个华夏建筑艺术群星灿烂的风采不可或缺的文化因素外，比以往的建筑史学著作无论是在新材料的运用上，还是在著述思路的新颖感上，都更为丰富了。还特辟"建筑的理性之光"一章进行专门论述。这是中国建筑史学研究取得的最新进展，在中国建筑史学研究的历程中迈出了可贵的一步。但笔者觉得若从学科本身长远发展的角度来看，这一步迈得尚欠深沉和自如。因为"建筑的理性之光"一章无意中成了游离于整个建筑艺术史长廊之外的孤篇，未能渗透于建筑史的论述之中，它似乎只是一些有关建筑理论研究的论文集结，以至历史与逻辑辩证统一的论说力度还是不足。在深层意义上，诉诸人的感觉仍然是因"述而不作"而于中国建筑史学研究并无质的突破和飞跃。

在中国建筑学会、建筑史学分会第四次年会上，椐刘叙杰教授介绍，目前傅熹年、潘谷西、郭黛姮等诸位先生正在编写五卷本中国建筑史，以期诉诸人们以更为厚实的历史纵深感。其实际情形如何，因为还看不到文本，我们不能妄加评论，只能是让我们拭目以待，期待着"数风流人物，还看今朝"。

二、中国建筑史学研究的实质内涵

英国史学家杰弗里·巴勒克拉夫在其名作《当代史学主要趋势》一书中说过："对于在20世纪上半叶支配历史学家工作的基本原则提出怀疑的趋势，是当前历史研究中最重要的特征，对于历史研究未来的发展也许同样具有无可比拟的重要意义。"[①]怀疑的精神是推动探究的催化剂，杰弗里·巴勒克拉夫的话对于当代中国建筑史学研究仍然很有启发意义，因为种种迹象表明，中国建筑史学研究往往因置身于社会文化的盘根错节和史料的谜团中而难辨现象的本质，以致始终未能从社会政治文化的附庸中独立出来进行自我观照。因而人们对中国建筑史学研究的实质内涵一直没有澄清，这些问题的不能澄清，不仅直接影响到中国建筑史学研究的进程和深度，而且关系到许多与中国建筑史学相关的问题无法论说清楚。

从前面对中国建筑史学研究的学术回顾过程中，我们不难发现人们忽视了一个非常重要的事实，那就是人们在进行中国建筑史学研究时，往往使建

---

① [英] 杰弗里·巴勒克拉夫：《当代史学主要趋势》，杨豫译，上海译文出版社1987年版，第6页。

筑史学背负过多过重的社会责任，而对建筑史学本身则关心得并不充分。我持这样的怀疑态度，并非是否认社会文化环境对建筑历史的影响，而是要强调过犹不及，则反而导致对本体认识的失却。也就是说，以往的建筑史学研究过于重视外在他律的影响，而忽视建筑史学自身的自律作用，以至于"究竟什么是建筑史学""建筑史学的实质内涵是什么"这些至关重要的问题在建筑史学研究的过程中被人们忘却了。正因为人们忘却了对这些问题的追问，所以人们在实际的研究工作中只能是就事论事，停留在对建筑历史研究的表层做肤浅的描述，而对中国建筑史学深层的本质内涵则缺乏探究。这真有些"不识庐山真面目，只缘身在此山中"。按照这样的认识来对中国建筑史学进行研究，其结果将是："除尽可能地增添一些新发掘的文化考古发现之外，既不能还其历史本有的文化内涵作为参照，又不能从文化观念的层面上对建筑历史予以识别。参阅这样的建筑历史教材，在实质意义上更多的是因茫然而误读，因而不能汲取丰富的历史文化营养。"[1]

马克思主义认为，历史本身所蕴含的深度和人们意识到的历史深度的契合须在本质意义上加以澄清和识别。马克思的这一历史哲学思想告诫人们，历史本身蕴含的深意与人们认识历史的深度与否，从来就不是一回事。在我看来，这也是认识中国建筑史学本质问题的门径或切入口。中国自近代社会以来，人们对史学的认识（包括建筑史学在内）先后经历了两个阶段，即1919年以前的进化论阶段和1919年以后的马克思主义阶段。前者以康有为和梁启超为代表，后者以郭沫若和侯外庐为代表，从而形成了有别于中国古代史学注重朴学思想的中国近代讲究进化的新史学态势。这一态势的变化表明："传统史学的历史循环论必须向历史进化论转化，传统史学的史实描述必须向史实诠释型转化。"[2]遗憾的是，近代的先哲们意识到了传统的史学要有一个

---

① 崔勇：《关于建筑评论学的思考与构想》，《建筑》1999年第12期。
② 张岂之主编：《中国近代史学学术史》，中国社会科学出版社1996年版，第83页。

由循环描述向文化诠释的转化过程，但却没有真正实现这一转化，生物进化观无法取代社会进化观，因为社会进化比生物进化要复杂得多，以至我们今天还不得不重新思考这个问题：中国建筑史学的实质到底是什么？

其实历史的内涵就是文化思想内涵，因此历史上没有什么纯粹的事件，每一桩历史事件既是一种行为，又表现行为者的思想。史学研究的任务就在于发掘这些思想，一切历史研究的对象都必须是通过思想来加以说明。因而也可以说，建筑史学所要发现的对象，并不是单纯的建筑文化形态，而是其中所蕴含的思想。发现了那种思想也就是理解了承载这种思想的建筑文化形态的本质意义。建筑史学家如果知道发生了什么事，实际上他已经能够知道它何以会发生，因为他已掌握其中的思想本质。建筑史学研究的本质，确切地来说，不外乎是对人类思想活动物化表现的本质把握，透过现象看本质也就成了必然的门径。所以科林伍德说："凡是我们所着意称之为人文的一切，都是由于人类苦思苦想所致。"[1]这种思想的功能是史学的实质，这就是说历史思想总是反思性的，而且是对思想的行为进行反思，一切历史的思想都属于这种性质。所以，我觉得高介华在《为什么要研究中国建筑思想史》一文中说得非常切要，其曰："不熟谙建筑思想的历史就无法洞悉建筑的本质。对于建筑思想史研究的深度，可视为建筑史学科群成熟标志的重要环节。"[2]若以如此高的要求来审视中国建筑史学研究的现状，存在的问题和努力的方向自不待言。

三、中国建筑史学研究的观念与方法

澄清了建筑史学的本质问题还只是在理论上阐明了对建筑史学的重新认

① ［英］柯林武德：《历史的观念》，何兆武、张文杰译，商务印书馆1997年版，第28页。
② 高介华：《为什么要研究中国建筑思想史》，《建筑与文化论集》第三卷，华中理工大学出版社1996年版，第72页。

识问题，至于为什么要这样看待建筑史学的本质，又必然要牵涉到建筑史学研究的理论观念与方法论问题。需要说明的是，我在这里所指的建筑史学理论观念与方法不是指一般意义上的理论思想与方法，而是指在更高层的意义上要求研究者所必须具有的历史哲学观以及与之相应的方法论问题。史学研究的理论观念与方法是从事历史科学研究的人们历来所关注的问题，也是无法回避的问题。因为没有一定的理论观念指导，也就没有恰当的历史研究方法；而没有恰当的研究方法，就不成其为历史学科。一般历史科学如此，建筑史学也如此。

20世纪从80年代乃至90年代，围绕着中国建筑史学问题，方法论的讨论与运用在中国的建筑学术界一直是热门话题，从现代主义、后现代主义、解构主义到最时髦的后殖民主义、新历史主义、极少主义，几乎西方世界曾经流行过的方法都在中国的建筑界被遍尝过。结果却因为"没有较深厚的实证基础和学术素养"，各种热闹非凡的喧嚣，不过是"昙花一现，多雷电而少雨露，于史无补，思辩高寒，于世无缘"[①]。可见，研究中国建筑史学的根本问题还不是方法论问题，而是历史哲学观如何与方法论相结合的问题。

我一向认为，对历史的理解不应是编年性质的，而应当是观念性质的，即观念性的历史。所谓观念性的历史，实际上是一种对文化的时间意识，之所以如此，这是由于任何人都不能自外于历史而通观上百万年的人类历史。因而，历史虽然是人类的经历，但对每一个个人来说，绝大部分并非实际经历而是一种观念认同。观念的历史的每一次变革，都为人们提供一种新的思路和新的历史图景。这就是说，同样几千年时间的过程中的人类事实，可以被做出不同的文化阐释，因而历史研究的这项工作将是永无止境的，而这项工作的对象，则是那唯一存在于那些确定的年代中的文化实在。克罗齐说"一切的文化、历史都是当代的文化、历史"，其本质内涵也指的是这个意

---

① 常青：《世纪末的中国建筑史研究》，《建筑师》1996年第69期。

思，因而对历史持这样的观念。历史在人们的眼界中就是动态的历史，而不是静态的历史，展示的方法不是单一的，而是多种多样的。这一观念的改变，也就决定了相应的方法论的更新。

同样也是出于从观念的历史的角度考虑问题，王贵祥在中国建筑学会、建筑史学分会第四次年会上撰有《关于中国建筑史学研究方法论刍议》[1]一文。在该文中，王贵祥根据中国建筑史学研究的现状，参照当代西方哲学、语言学、历史学中的方法论学说，尝试将中国建筑史学的研究，包括通史、断代史以及各种不同类型建筑的建筑形式、建筑技术、建筑艺术与建筑空间形式的发展历史研究，在方法论方面大致做如下划分：历史主义的研究——注重总结性、讲求事物发展的连续性和规律性；考古学式的研究——注重描述性的东西、注重事物的片断与局部及细节；谱系学式的研究——注重描述与阐释性、注重事物的断裂与分叉及变异；解释学式的研究——注重符号性与分析性、注重内在结构与文化关联及象征意义。中国的建筑史学研究过去一直讲究用文献考证和文物考古互证的方法进行深究，这仍然是要坚持的，因为这是进行建筑史学基础性研究所必不可少的学术贮备。但对建筑历史在更宽广的文化视野中，用多种多样的研究方法进行文化阐释也迫在眉睫。因而，王贵祥的方法论探讨对中国建筑史学研究很有启发。但具体应采取什么方法，则因人因事而异。除了以上所列举的方法外，还有比较的方法、逻辑与历史统一的方法、分析与综合的方法，乃至新颖的计量史学方法、口述史方法、交叉学科方法（如社会学、文化学、人类学、心理学、系统论）等研究方法都可以拿来运用，如此才能达到"法无定法，乃为至法"的境界。

这里值得注意的是，在具体的研究过程中要正确处理观念与方法的关系，即观念的独立性与方法的独立性以及观念与方法的辩证统一性。具体而

---

① 王贵祥：《关于中国建筑史学研究方法论刍议》，2000年中国建筑学会、建筑史学分会第四次年会论文。

言，在具体的建筑史学研究过程中所采用的方法，应当是建筑史学研究者在构建思想体系时所提炼而成的，它的目的是为确立和论证建筑史学观念服务；同时，方法的形成又受到建筑史学研究者观念的制约和支配。也就是说，方法被观念所决定，但又对观念的形成、发展和变化有着重大的影响；方法与观念有一致性，方法又有独立性，两者是紧密相连的，但又可以在一定的情况下区别开来。由此可见，将观念与方法作为一个整体来直面建筑史学问题，才能触及问题的实质。

四、建筑史料与建筑史学的关系

历史学家傅斯年先生在20世纪三四十年代曾经说过"史料学就是史学"，从而成为当时史学界一个影响极大的史学流派，产生了很大的社会反响。不少人对此不明是非地趋之若鹜。其实，傅斯年先生当时提出这种说法是在特定历史时期的特殊话语，其真实内涵远胜于字面意义。

20世纪上半叶，中国的史学界深受西方实证主义思潮科学精神的影响，以为一切当以客观存在的科学为本。在这样的历史情形下，身为中央历史语言研究所所长的史学家傅斯年在《历史语言研究所工作之旨趣》一文中说："史学的对象是史料，不是文词，不是伦理，不是神学，并且不是社会学。史学的工作是整理史料，不是做艺术的建设，不是做疏通的事业，不是去扶持或推倒这个运动，或那个主义。"他在《史学方法导论》中又说："本所同仁之治史学，不以空论为学问，亦不以史观为急图，乃纯就史料以探史实也。史料有之，则可因钩稽有此知识，史料所无，则不敢臆测，亦不敢比附成式。"①很显然，傅斯年先生坚持"史料即史学"的观点，实际上是将对史料的搜集、整理、考订等具体研究史学的方法等同于史学本身，在这种观念的

---

① 傅斯年：《史学方法导论》，中国人民大学出版社2004年版，第2页。

指导下，又将此种方法视为建设科学史学的唯一途径。

客观地、历史地分析傅斯年先生"史料即史学"的观点，我觉得其中有其积极性的一面，也难免有消极的一面。就其积极的一面而言，傅斯年先生融合了西方科学的求证和中国传统的朴学考证方法，以此来客观地研究历史问题，解决历史疑难。这是对中国传统史学沉湎于故书堆述而不作的弊端的纠正与批判，使之更加完善。就其消极的一面而言，傅斯年先生将对史料的搜集、实例、考证这种从事研究的准备工作当成史学研究的本身，忽视了研究者透过史料总结历史经验和规律的理论提升，这样的史学也就很难说是真正把握了研究对象的科学了。这导致了许多学科研究者困惑于无力驾驭无尽的史料而难以自拔，史论也就不可能得出。此种影响遍及数代人，乃至今天仍然有许多学者还是因此而无以建树。

所以我们在借鉴傅斯年先生"史料即史学"的史学思想的时候，要有实事求是的科学态度，汲取其积极的一面，避免其消极的一面。事实上史料不可能完全等同于史学，如果说史学是要建筑一座大厦的话，那么史料则只是建筑这座大厦的砖瓦。建筑材料无论有多么重要，多么多，都不是建筑本身。史实的堆积和史料的考证，无论如何也是无法回避思想理论的。这一堆积的过程中，实际上也显露出了明显的史学观，即"史料即史学"观。史学有史学的义理，既不能用考据本身代替义理，也不能以考据的方式讲义理。只有通过思想，历史才能从一堆枯燥无生命的原材料中形成一个有血有肉的生命。只有透过物质的遗迹步入精神生活的堂奥，才能产生真正的史学。历史是由人来阐释的，而人是有思想灵魂的。

具体到建筑史学研究过程中，到底应该如何处理建筑史料与建筑史学之间的关系？为此，2000年10月2日，我曾专门请教过东南大学的郭湖生先生。他对我说过："建筑历史研究必须始于史料，没有史料，历史问题是叙述不清的，史论也无从谈起。建筑史学是根据建筑历史而建立起来的学说。我的看法依然是'论从史出，以史为纲'，离开了这个根本就难免于空谈。中国营造学社对待历史问题是采取互证的方法，文献考订与法式互释，从而得出研究结果。归根到底,'以史为纲,论从史出',这是中国建筑史学研究的治学方法,也是它的研究目的。"①郭湖生先生既是这样说的,也是这样做的。他的有关中国古代都城的系列研究和对东方建筑的历史评说,诉诸人的感觉是,既有充分的历史史料作为依托,又在这一基础上不乏建筑史学家深邃的理性分析与历史评价,实在堪称当代学人的一绝。

五、中国建筑史学研究史评的意义

我这里所谓的"史评"指的是建筑历史评论。对于这一研究中国建筑史学十分重要的问题,中国的建筑史学界以往是比较疏忽的。或许正是由于这种疏忽而导致了我们的建筑史学研究,不仅至今仍然停留在"述而不作""述而不论"的层面,而且在行文的过程中缺乏历史情感和笔法之美以及理论的提升,多做机械的史料整理和考据叙述而难以卒读。当然,在研究中国建筑史学的过程中,要求每个人都具有太史公那种"究天人之际,通古今之变,成一家之言"博大的历史情怀是难能的,令人人兼备孔子所说的"春秋笔法"也是不现实的。但我们应该努力追求较高的学术境界,因为文章毕竟是"经国之大业,不朽之盛事",对于建筑史学研究尤其如此。历史上的建筑是物态的史书,是一个时代历史文化的最好的见证。对建筑的评价也就是对历史的评价。因此,我在这里提出建筑历史评论问题和同仁们共同探讨。

简单地说,建筑历史评论是指按照一定的建筑史学理论、评论标准,对历史上的建筑作品和建筑现象进行分析和评价,是对建筑历史发展规律的探索和认识。这其中包含两个方面的含义:一是指建筑学中的一个分支学

---

① 崔勇:《东南大学建筑研究所郭湖生教授访谈录》,《中国营造学社研究》,同济大学2001年博士论文。

科——建筑历史评论；二是指在建筑史学研究过程中具体运用的建筑历史评论表达方法。

我认为，完整的建筑学应当包含建筑历史、建筑理论和建筑历史评论三个方面的内容。然而我们的建筑学研究长期以来一直较关注其中的建筑历史、建筑理论，而忽略建筑历史评论这一环节。事实上，建筑历史、建筑理论、建筑历史评论是相互不可或缺的。没有建筑理论与建筑历史评论的建筑历史、没有建筑历史与建筑历史评论的建筑理论以及没有建筑理论与建筑历史的建筑历史评论，都是不可思议的。关于建筑理论和建筑历史，我们的建筑学界已经有了很实在的研究成果。就建筑历史而言，本文前面所列举的那么多的建筑史学著作即是确证。就建筑理论而言，李允鉌的《华夏意匠》和侯幼彬的《中国建筑美学》就是很有代表性的建筑理论力作。对此，建筑学界的同仁们议论得比较多，我就不多赘述。我在这里只想谈谈建筑历史评论在中国建筑史学研究中的必要性问题。

众所周知，研究中国历史发展中的问题，只有平淡的历史叙述，而没有价值判断是不足为训的，也不是中国史学研究的实际情形。"千秋功罪，历史谁人评说"，这一语就道出了历史是要有人评论的。中国自有文字记载的历史开始，就有史学评论的传统。几乎任何一部历史著作的著述，在叙述的过程中无不烙下史学家评析的印记。从对传说中的三皇五帝的褒贬，到"六经"、诸子百家纵横之论、《史记》之绝唱、《文心雕龙》之史评，乃至唐代刘知几的史学评论专著《史通》和明人章学诚的《文史通义》等等，历代史学家的史学评论，可谓蔚为大观。不仅如此，中国历代史学家也同时是文学家、哲学家。文、史、哲不分家，这也是中国古代学人的特色，因而其历史著作往往能达到情理相融、诗意盎然的境界，让人们在这一境界中得到历史是非的明鉴、哲理思考的启迪、文学情性的熏陶。这些都是值得研究中国建筑史学的同仁们好好学习与研究的，以便于我们的学术事业的发扬光大。

长期以来，我们的建筑史学研究著作每每写得很晦涩，令人难懂、难读。这是学术上的失策，以致失去了人们的喜闻乐见。我们应该努力扭转这种局面，重视建筑历史评论的有效运用，或许能够改变这种状况。

写到这里，我想起了林徽因在《清式营造则例·绪论》和《平郊建筑杂录》中写的建筑历史评论文字。我读后的感觉是：不仅文字非常优雅，而且思想也很新颖，读来就有种美感从心中油然而出。林徽因研究中国古代建筑的风格在建筑史学界是别具一格的，她的建筑历史评论集真、善、美为一体，达到一种很有文化内涵的学术境界。不仅如此，我还觉得林徽因先生学贯中西、文理并融，有种率性而出的情感力量，其学术研究有股鲜活的人文气息灌注其中。这是我们建筑史学界大部分学者所缺乏的。对此，有学者认为林徽因"所写的学术报告独具一格，不仅有着严谨的科学性和技术性内容，而且总是以她那特有的奔放的热情，把她对祖国古代匠师和劳动者在建筑技术和艺术方面精湛的创造的敬佩和赞美，用诗一般的语言表达出来，使这些报告的许多段落读起来竟像是充满了诗情画意的散文作品"[1]，此言极是。我们可以此为楷模。

结　语

20世纪走完了，21世纪走来了。在这一世纪转换之际，梁启超在20世纪初撰写的《清代学术概论》中总结晚清学术得失的警世之言又响彻在我的耳际。《清代学术概论》的宗旨在于："其一，可见我国民确富有'学问的本能'，我国文化史确有研究价值，即一代而已见其概。故我辈虽当一面尽量吸收外来之新文化，一面仍万不可妄自菲薄，蔑弃其遗产。其二，对于先辈之'学者的人格'，可以生一种观感。所谓'学者的人格'者，为学问而学问，断不以学问供学问以外之手段。故其性耿介，其志专一。虽若不周于世用，然每一时代文化之进展，必赖有此等人。其三，可以知学问之价值，在善

---

① 梁从诫：《建筑家的眼睛　诗人的心灵》，《读书》1983年第2期。

疑，在求真，在创获。所谓研究精神者，归著于此点。不问其所疑、所求、所创者在何部分，亦不问其所得之巨细，要之经一番研究，即有一番贡献，必如是始能谓之增加遗产。对于本国之遗产当有然，对于全世界人类之遗产亦当有然。其四，将现在学风与前辈学风相比照，令吾曹可以发现自己种种缺点。知现代学问上笼统、影响、凌乱、肤浅等等恶现象，实我辈所造成。此等现象，非彻底改造，则学问永无独立之望，且生心害政，其流且及于学问社会以外。吾辈欲为将来之学术界造福耶？抑造罪耶？不可不取鉴前代得失以自策厉。"①言已至此，我觉得对中国建筑史学研究的回顾与反思亦然。于是，我也就拾梁任公之牙慧而将此作为本文的结束语吧。

（原载《华中建筑》2004年第6期）

---

① 梁启超：《梁启超史学论著四种》，岳麓书社1998年版，第98—99页。

冲突与交融的文化焦虑

——20世纪中国现代建筑史论研究发凡

学术盛衰，当以百年前后论升降焉。

——（清）阮　元

本课题研究的全称是《东西方文化影响的百年焦虑——20世纪中国现代建筑史论》，为什么要称之为百年焦虑，尤其是对"焦虑"一词的解释，在正式行文之前有必要作一导论。

历史学家金观涛说过："如果我们去考察一个民族世世代代活动组成的历史长河，就可以发现：虽然每一代人都有自己明确的目的，但在千百年的整体上却表现出某种盲目性。历史的规律就深藏在这种盲目性之中。揭示这种盲目性并让更多的人认识它，这就是一个历史学家的良心。"[1]扪心自问，中国古代封建社会如此漫长是因为超稳定的文化心理结构与亚细亚式的宗法社会制度所致，那么中国20世纪的建筑历史进程为何在落后挨打之后总是踌躇满志而被动局促呢？有学者认为这是因为中国作为后发外生型现代发展国家所难以避免的"错位和失衡"[2]所造成。我则认为是20世纪全球性的建筑文化

---

① 金观涛：《在历史的表象背后：对中国封建社会超稳定结构的探索·作者的话》，四川人民出版社1984年版。

② 孙立平：《后发外生型现代化模式剖析》，《中国社会科学》1991年第2期。

焦虑导致的必然结果。

我在这里所指称的"焦虑"不是通常意义上的"焦急",也不是生理与病理现象中呈现出来的焦灼不安的消极情状,而是指与人的潜意识系统有密切关系、关乎对"焦虑"的文化哲学意义理解。真实的"焦虑"是人的自我本能用以保存自我的一种标示,它是富有合理而有利的建设性意义的。这样的解释对于初次阅读到"焦虑的文化哲学意义"这样的字眼的读者来说,是颇为晦涩难懂的。我真正弄清楚"焦虑"的确切含义也是通过阅读了弗洛伊德的《精神分析引论》、布鲁姆的《影响的焦虑》及孙志文的《现代人的焦虑和希望》之后的事。

按照弗洛伊德的精神分析理论,作为人的特殊心理表现,"焦虑"大致可分为三种状态:第一,这种焦虑里头有一种普遍的忧虑,一种所谓"浮动着的"焦虑,易于附着在任何适当的思想之上,影响判断力,引起期望心,专等着自圆其说的机会,这种状态可称为期待的恐惧或焦虑的期望;与这种焦虑相反,还有第二种焦虑,在心灵内较有限制,常附着于一定的对象和情境之上;第三种是神经病式的焦虑,这是一种不解之谜,其焦虑与危险没有关系,因为真实的"焦虑"是对危险的一种反映,而神经病的焦虑则与危险几乎全无关系。[①]

布鲁姆系耶鲁大学的文艺学教授,是20世纪西方把弗洛伊德理论应用到文艺批评的代表性人物,他将弗洛伊德关于"焦虑"的思想理论引用于文化艺术研究领域,并在《影响的焦虑》一书中告诉人们:文化之间的相互影响是不以人的意志为转移的,其结果是因相互之间的误读而导致影响的焦虑,因为取前人和他人文化传统中的精华为己用会引起由于受恩惠而又得不到超越的焦虑感。[②]这样的"焦虑"是艺术生命循环中必然要出现的状态与意识,

---

① 参见 [奥] 弗洛伊德:《精神分析引论》,高觉敷译,商务印书馆1986年版,第318—321页。

② [美] 布鲁姆:《影响的焦虑·绪论》,徐文博译,生活·读书·新知三联书店1989年版。

是完全可以感觉到的，它不同于悲伤、哀痛、精神紧张的不愉快状态而具有潜在的进取意识。

孙志文在《现代人的焦虑和希望》中描述了20世纪的现代人由于疏离自然、社会、上帝之后，在迈向新的灵性境界中必然要步入无所适从的焦虑与危机境地。这种焦虑与危机会诉诸人以绝望之感，但绝望与虚妄有如希望，绝处会逢生，山穷水尽、一筹莫展的形势却正是希望之光最为辉煌的时刻。只要人们重新回归于自然与社会的本性，就能重获新生。因此现代人对自身的焦虑与危机形势进行反省并谋求新的精神境界是有责任者的首要任务。①

综合弗洛伊德、布鲁姆、孙志文的论述，在我看来，"焦虑"在20世纪的中国无疑是一个文化哲学命题，或者说"焦虑"成了20世纪中国的问题意识，它笼罩着20世纪中国文化的总体美感特征，犹如根源于中国传统文化中的忧患意识与民族危机感的"焦灼"，它会唤起人们觉醒之后奋起直追的紧迫感，以致20世纪的中国在门户大开之后被动地进入了一个充满危机和焦虑的时空境域。"落后是要挨打的！"这句话有如长鸣的警钟响彻于整个20世纪中国的广袤大地上，每每令人心焦而躁动不安。按照美学家周来祥教授的话来说，古典和谐的美感为近世冲突的美感所取代，而现代审美倾向尚不明确的焦虑尽在情理之中。②"启蒙与救亡相互促进的双重变奏"贯彻整个20世纪的中国现代思想文化运动的"焦虑"中。③这种"焦虑"的时代美感特征自然影响到建筑、文学、音乐、美术等艺术领域的发展状况。

美学是哲学的分支，黑格尔、丹纳、宗白华等中外文化艺术大家因之称其为艺术哲学。因此在本课题研究中将"焦虑"作为20世纪中国的美感特征并赋予哲学思考是自然而然的，再以这样的哲学思考审视20世纪中国现代建

---

① [德]孙志文：《现代人的焦虑和希望》，陈永禹译，生活·读书·新知三联书店1994年版。
② 周来祥：《古代的美 近代的美 现代的美》，东北师范大学出版社1996年版。
③ 李泽厚：《中国现代思想史论》，东方出版社1987年版，第3页。

筑的发展历程，便是本项研究刻意用功之处。

有人说20世纪的中国建筑时代是冲突与交融的时代，也有人说20世纪的中国建筑是寻找的时代，我更乐于说20世纪的中国建筑时代是为"焦虑"所覆盖的变异时代，因为20世纪的中国建筑始终处于一种在古今中西文化冲突与交融的波澜壮阔的历史情形下寻找目标而不得归属的焦虑状态——急功近利、无序的城市与建筑设计、文化与自然生态失衡以及对历史文脉的建设性破坏。这种状态直到今天仍然在持续之中，后殖民建筑正假借全球化的幌子在更深层更隐秘地影响着中国现代建筑的发展趋势即是确证。客观地说，中国的建筑在现代化的道路上奔波了一个世纪，但仍然没有追寻出民族建筑的清晰道路。当然，百年来中国现代建筑创造者在世纪"焦虑"的氛围中所显露出的焦灼不安的努力奋斗及其所取得的业绩是应该给予肯定的。这种"焦虑"状态是积极应世的，与20世纪的世界文化的"焦虑"状态是一致的。20世纪世界性的文化哲学命题之一就是在焦虑与危机中寻找家园并期望实现诗意的栖息。鲁迅透过几千年的中国历史读出"吃人"二字，我通过20世纪中国历史读出"焦虑"二字。所以我将课题命名为《东西方文化影响的百年焦虑——20世纪中国现代建筑史论》。

具体到中国现代建筑史研究过程中，我是以邹德侬教授的《中国现代建筑史》[①]为基础，再辅之以他的《中国现代建筑论集》[②]及正在研究撰写之中的《中国现代建筑艺术论》作为理论依据。一述一论，亦情（历史情怀）亦理（艺术哲理），就可以对中国现代建筑历史发展以及其中所包含的现代理性精神有所把握，再通过东西方两重文化视野来审视中国现代建筑，透视其中所蕴含的"焦虑"的哲学意义。这种意义既是世界的，又是地道的现代中国的。

20世纪的中国历史是在百年忧患与冲突及变化发展中度过的。我的研究

---

① 邹德侬：《中国现代建筑史》，天津科学技术出版社2001年版。

② 邹德侬：《中国现代建筑论集》，机械工业出版社2003年版。

也就在翻开1901年晚清政府签订的《辛丑条约》耻辱条文中开启"焦虑"的思考的心路历程，它将终止在1999年澳门回归结束殖民记忆的新世纪交接点上，以世界建筑协会大会颁布的《北京宣言》作为承上启下的开端。此外，我的研究不局限于20世纪中国现代建筑发展历程，还试图通过这一历程思考作为文化载体的建筑所肩负的现代性的东方哲学意义以及世界贡献。这不是什么夜郎自大，而是20世纪中国现代建筑的事实，因为不论其对世界现代建筑运动有多大的贡献，但它无疑是世界现代建筑运动的一个组成部分，患得患失自有其存在的意义。

这是一个始于一个问题意识（20世纪的时代"焦虑"）而终于更高的问题（21世纪中国建筑发展趋势问题）的追问过程。[1]为了这种追问，我的思考和论述将不局限于以往编年史研究方法来面对研究对象，而是以斯宾格勒式的历史形态学的价值取向将20世纪中国现代建筑史迹作为一个动态整体来予以文化哲学意义的探讨。在某种意义上"历史是为每一个人而存在，每一个人，及其整个的存在与意识，都是历史的一部分"[2]。因此在我的论述与探讨过程中，不以史料汇集与作品排列来演绎中国现代建筑的历史，而以作为历史形态的中国现代建筑发展中存在的现象与问题为对象，从立意到构思乃至行文都不拘于一般的建筑史学研究方式，始终以唯物的建筑史学观阐述意识到的历史形态。在这样的历史形态中发现问题并思考解决问题的方式方法，这是史学工作者的文化使命与历史责任。我觉得这是有效的建筑史学研究途径，因为客观存在的历史与人们能否意识到的历史是两回事，对于建筑史学研究来说，只有研究者真正意识到的历史才有意义。倘若没有历史意识与对历史形态中文化历史现象的深刻认识，再多的史料罗列只是汇编而已。建筑史学者乔云认为："建筑史学研究，是要在史实之中求史识。我们的先人在

---

① 王岳川：《20世纪西方哲性诗学》，北京大学出版社1999年版，第3页。
② ［德］斯宾格勒：《西方的没落》，陈晓林译，黑龙江教育出版社1988年版，第6页。

古代建筑中留下了无尽的宝藏。这些宝藏，蕴含在古代匠师们建造的建筑实体之中，构筑的空间之中，创作的境界之中。这些都有待我们去发掘、去认识。遗憾的是我们在这方面工作做得不够。譬如：中国古代建筑史的历史分期，依然是借用历史上的朝代，套用为古代建筑史的几个阶段。对中国古代建筑历史应如何分期，分为几个阶段，每个阶段的特点是什么，形成什么概念，用什么语言来表达，等等，仍然没有形成共识，更不用说建立体系了。此次编史也曾试图在古代建筑史分期上有所突破，终以史识不逮，未能实现，至于其他深层次的认识问题更是诸多。史实之中求史识，是建筑史学科的一个重大课题，有待今后探求。我们期待着新的建筑史学研究者，在新的世纪里为中国建筑史学，创出更为辉煌的成就。"①中国古代建筑史研究是这样，20世纪中国现代建筑史学研究也是如此。

建筑是文化的载体，记得多年前，王贵祥教授在一些学术会议上和论著中曾指出过，中国的建筑史学研究仍然处于文献考证和文物实证的第一个阶段，现在应该以一定的史学观步入对建筑史学问题予以文化阐释的第二个阶段。②艺术史学家贡布里奇也说过类似的话，他认为倘若没有持续不断地文化阐释行为就没有乐趣。这不仅仅是建筑史学观有否的问题，也是一个建筑史学研究方法论问题。因为中国传统史学重视史料并往往将史料视为史学的本体，③每每精于考证而不做学术总结并使之理论化，以形成"发达的史学，贫乏的史观"的思维定式与研究状况。④我辈应当在史学观念与方法论的实际运用中在汲取前辈学术精华基础上有所改进，以便与时俱进。本奈沃洛在谈到研究西方现代建筑观点与方法的时候说过："当人们谈论现代建筑的时候，大

① 乔匀：《编辑后语》，孙大章主编：《中国古代建筑史》第五卷清代建筑，中国建筑工业出版社2002年版。

② 王贵祥：《关于建筑史学研究的几点思考》，《建筑师》1996年第69期。

③ 傅斯年：《史学方法导论》，中国人民大学出版社2004年版。

④ 谭元亨：《中国文化史观》，广东高等教育出版社2002年版，第16页。

家必须记住一个事实，所谓现代建筑不仅仅是罗列新形式，其实也是一种思维的新方式，其结论也不都是可以预计的。也许我们的思维习惯和所用的术语，比我们要谈论的课题落后得太远了。因此，不要勉强把主题套入流行的方法论框架里似乎更为得策，宁可试着让方法去适应主题，试着从现代运动本身、从史料所暗示的潜在内容里去理解主题。这样做所冒的内在风险，会因为事件之中所包含的意义能够给人一种更为精确的理解，而有所补偿。"①研究西方现代建筑史是这样，研究20世纪中国现代建筑史也是如此。

鉴于此，本文试图在进阶第二阶段的建筑史学阐释中做些尝试性的努力，并围绕主题论述如下：导论——20世纪的建筑文化焦虑、20世纪中国现代建筑史研究发凡、20世纪中国现代建筑现代性的文化哲学思考、20世纪世界现代建筑运动与中国现代建筑互动、20世纪中国传统建筑观念的现代转型与发展变化、后现代语境中的中国现代建筑立场、全球化与后殖民界语境中的中国现代建筑态势、现代建筑在20世纪中国政治与经济生活中的命运、20世纪中国现代建筑借鉴外国现代建筑的教训、20世纪中国现代建筑大师及其经典作品解析、20世纪中国现代建筑研究学术思想流变、20世纪中国现代建筑设计思想变化历程、20世纪中国实验建筑师的存在及价值意义、20世纪中国现代建筑艺术一瞥、20世纪中外现代建筑师的文化间性及其影响、中国现代建筑理论与建筑历史及建筑评论关联境域、20世纪中国现代建筑教育境遇的文化反思、20世纪中国现代建筑非建筑现象剖析、20世纪中国港、澳地区的现代建筑解读、20世纪中国台湾地区的现代建筑发展透视、20世纪中国传统民居建筑的现代启示、20世纪中国城市住宅革命的历史反思、20世纪中国现代建筑保护与更新刍议、20世纪中国现代建筑史学研究学术检讨、余论——俱往矣，《北京宪章》指向未来等。

---

① ［意］L.本奈沃洛：《西方现代建筑史·前言》，邹德侬等译，天津科学技术出版社1996年版，第4页。

　　很显然这是建立在我个人认知意向之上的一种分析构架,它从客观存在的20世纪中国现代建筑发展史中整理出一系列问题与现象并加以分析与阐释。在这个意义上,现象本身就是由认知意向的组织力与客观存在问题之间相互形成的。认知意向的组织力使这些问题相互之间呈现出一种具有内部必然性的关联,并且在意义的层面上将它们提升到本质与主导地位。诚如有学者表明的:"现象既然是由认知意向组成的,而认知意向又总是从一个观点出发的,因此任何认知意向都能够看到由其他角度看不到的现象。从以上的体认出发,我们也可以这样说,作为一套社会科学的理论确实能够看到其他的社会学说看不到的现象,但同时它却不可能看到由其他的角度才能看得到的现象。"①我的言论也只是众多的见仁见智中的一种而已。

　　我们生活在一个改革开放的新时代,一个需要历史意识、全球意识和未来意识的新时代。鲁迅有感于20世纪中国文化的"焦虑"状态,面对惨淡人生境况,对中华民族中的劣根性而表露出"哀其不幸,怒其不争"的焦虑心态,并以解剖自己为例深刻地批判华夏民族所潜伏的奴婢性,先期以知识分子和农民的历史命运为题材创作了小说《彷徨》与《呐喊》以示精神拯救,后来又写下了大量笔力犀利、振聋发聩的杂文,它对敌人是不留情面的匕首,而对民众则是苦口的良药,但他最终却还是不得不说:"当我沉默的时候,我觉得充实;我将开口,同时感到空虚。"②焦灼不安的心境力透纸背。鲁迅的努力尚如此,不知道我的有关"建筑焦虑"问题的讨论对正在思考与探索中国现代建筑的人们会带来何种结果。我企盼着,并以海德格尔在《存在与时间》一著中的导论开场白作为本篇导论的结束语,其曰:

　　　当你们用"存在着"这个词的时候,显然你们早就很熟悉这究竟是什

---

①　[美]孙隆基:《中国文化的深层结构》,广西师范大学出版社2004年版,第3页。
②　鲁迅:《野草·题辞》,《鲁迅全集》第二卷,人民文学出版社1991年版,第163页。

么意思，不过，虽然我们也曾相信领会了它，现在却茫然失措了。"存在着"这个词究竟意指什么？我们今天对这个问题有答案了吗？不。所以现在要重新提出存在的这一意义问题。我们今天之所以茫然失措仅仅是因为不领会"存在"这个词吗？不。所以现在首先要重新唤起对这个问题的意义之领悟。本书的目的就是要具体地探讨"存在"意义的问题，而其初步目标则是把时间阐释为使对"存在"的任何一种一般性领悟得以可能的境域。针对这样一个目标，我们尚须对那包含在这样一种意图之中的、由这个意图所要求的诸项研究以及达到这一目标的道路做一导论性的说明。①

（原载《华中建筑》2008年第6期）

---

① ［德］海德格尔：《存在与时间·导论》，陈嘉映、王庆节译，生活·读书·新知三联书店1987年版。

第二编　建筑评论

反思与行动

——关于中国当代建筑评论的剖析

引 言

毋庸置疑，20世纪全世界各国艺术家和评论家的评论实绩可谓汗牛充栋、琳琅满目。正是在这种意义上，雷内·韦勒克称20世纪是批评的世纪。[①]之所以如此称谓是因为，一方面20世纪影响最大的哲学是分析哲学，它引发人们对社会和人生进行广泛的反思，使艺术家和评论家在哲学的层次上反思审美判断，研究审美判断的性质、特点和功能；另一方面受到美学极大影响，致使人们认识到，当艺术作品失去昔日的神圣和含义的唯一性时，阐释与评论成为文本的构成部分。人们已经不再怀疑评论实际上也是富有创造性的艺术文本，它的魅力并不亚于它的评论对象艺术作品。中国的情形也是如此。自十一届三中全会以来，无论是文学界、美术界、电影界、戏剧界，还是音乐界，各路艺术家和评论家极尽所能，在评论观念的更新、评论方法的改善、评论视野深广度的拓展等方面都做出了前所未有的丰功伟绩。其原因就在于艺术创作繁荣昌盛的局面和生长趋势为评论的实施提供了切实可行的前提和发展前景。相形之下，中国的建筑评论则显得有些"惊人的枯萎与沉

---

① ［美］韦勒克：《批评的诸种概念》，丁泓、余徽译，四川文艺出版社1988年版，第326页。

寂"（曾昭奋先生语）。而建筑的创作实绩与其他门类艺术相比较的实际状况则是有过之而无不及的。为什么建筑评论会出乎人们意料的不景气呢？对此，理论界的有关专家、学者和关心建筑评论的有识之士曾有过专门的探讨，并深谋远虑地呼唤建筑评论。[①]然而，真正意义上的建筑评论的身影至今难觅，至多是"犹抱琵琶半遮面"。中国当代的建筑评论究竟困惑在哪里？本文试图通过对中国当代建筑评论有关问题的剖析，以期待将建筑评论这个难产儿引导出来，让她在实践中健康成长，促进建筑的发展与繁荣，从而为实现建筑最终为人们所接受的目的做出应有的贡献。

一、建筑评论观念的更正

在对建筑艺术进行评价的评论实践中，我们不难发现，评论与批评这两个观念常常被人们互用。实际上，这两个观念有本质的区别，并分别有其特定的含义，不加以区别的替换和挪用产生的效果决然不同。如果单从语义的角度来看，评论与批评这两个观念是有意义区别的。评论在使用时一般是中性的，偶尔也会以赞同为主导方面；而批评在通常的情形下是以一种否定和贬斥为主导方面的评价。但是，如果将这两个观念具体运用于建筑评论的活动中，并且将建筑评论或建筑批评上升到学科的高度，则前者就不应该只是一种简单的以赞同或肯定为主导方面的评价活动，批评的成分也应当是题中应有之义；而后者也不应该只是一种单纯的否定性的言论，它同样应该兼有肯定性的判断。然而，实际的情形却不是这样，不少人在对建筑艺术进行评论的过程中，或是热衷于肯定，或偏于否定，最终因走极端而导致评价活动的失真。因此，对建筑艺术评价活动中的评论与批评予以辨析，并在此基础上进一步加以界定很有必要。

---

① 杨永生：《建筑呼唤评论》，《建筑师》1995年第67期。

　　一般来说，在无特殊背景和不特别强调褒贬倾向的情况下，建筑评论与建筑批评这两个概念在使用中其实质意义常常并无二致，它们都是表示评价者运用一定的建筑理论和建筑评价方法对建筑现象进行分析、推理、归纳、综合，最终形成某种评断。由于评价者的出发点不同，以及要表达或强调一定的褒贬倾向，着意强调评论与批评这两个概念在意义上的差异而特别使用其中某一概念，使这两个概念显然分别带有中性或者贬斥的性质特征。如有些建筑评判活动往往因迫于权威顾虑或鄙视不屑的不同感受而采取相应的或褒或贬的评判态度。又如在令人记忆犹新的政治运动中，建筑评判一度曾成为批判的同义语，人们已不能在正常的意义上使用建筑批评这一概念，因为一旦运用，莫不令人产生反感或恐惧的心理。在这种背景下，人们对建筑评论与建筑批评两者之间的含义在理解上相去甚远，甚至截然相反。

　　如果不考虑以上复杂的因素，那么建筑评论和建筑批评这两个概念都是可以使用的。但考虑到"批评"一词在现代汉语中，人们主要使用其第二个义项，即"专指对缺点和错误提出意见"，是与赞扬相对的一个概念。人们似乎忘却了批评的另一个义项——"指出优点"。加之过去政治运动滥用"批评"而造成的令人心有余悸的特殊心理，为了避免误解，使用"评论"的概念来界定建筑评论活动更有利于评论实践的实施。

　　经过以上对建筑艺术评价活动中的评论与批评概念的辨析与界定，我们应当怎样确认或界定建筑评论呢？在这里，笔者借用著名的建筑理论家罗小未先生的观念说明之，那就是，建筑评论应当是"一种判断、区别和评价，它可以是正面的，也可以是反面的，既可以表示赞成喜爱，也可以表示反对批评"[1]。

---

[1] 罗小未、张晨：《建筑评论》，《建筑学报》1989年第8期。

二、建筑评论素养的失调

读过雷内·韦勒克《批评的诸种概念》一书的人都不会忘记这么一段意味深长的言论："文学理论是对文学原理、文学范畴、文学标准的研究；而对具体的文学作品的研究，则要么是文学评论，要么是文学史。文学理论、文学史、文学评论三者紧密相连，以至很难想象没有文学评论和文学史怎能有文学理论？没有文学理论和文学史又怎能有文学评论？而没有文学理论和文学评论又怎能有文学史？"[1]雷内·韦勒克在这里谈的是文学评论及其与文学理论、文学史之间同步发展的相互协调的关系。然而，"东海西海，心理悠同；南学北学，术道未裂"（钱钟书《谈艺录·序》）。读罢雷内·韦勒克的文字对建筑评论同样是有启发意义的。反观中国当代建筑评论的景况，的的确确是存在因建筑理论的贫乏和对建筑历史的误读而导致建筑评论徒有其名的事实。建筑理论和建筑历史是建筑评论必不可少的素养，建筑理论的贫乏和建筑历史的误读必然导致建筑评论的苦味和不景气。这是由建筑理论与建筑历史以及建筑评论三者之间相互影响制约的关系所决定的。

改革开放以来的中国建筑业已达到历史上空前繁荣的程度，城乡建设面貌的大改变，接踵而至的建筑项目，如雨后春笋般拔地而起的高层建筑。这一切令国外建筑师莫不羡慕不已。然而，品读中国建筑业繁忙不迭、日新月异的盛景，人们也不难发现，这一冠冕堂皇的表象里面透露出"千篇一律""建设性的破坏""遗憾工程"等字眼。其原因实质上就在于中国当代建筑师们多半没有信守的建筑理论，盲目地模仿或抄袭西方现成建筑的结果。对此，香港建筑师李允鉌认为是因为建筑师们"设计任务多、心情好时，想搞理论、写文章而没有时间；设计任务少，有了时间，却没有好心情搞理

---

① [美]韦勒克：《批评的诸种概念》，丁泓、余徽译，四川文艺出版社1988年版，第8页。

论"①。笔者认为，道理并不这么简单。殊不知建筑师是对建筑体验最深、从事建筑理论研究最有实力的人物。柯布西耶的《走向新建筑》和文丘里的《建筑的复杂性和矛盾性》两部名著就是在忙里偷闲中凝结而成的。坦率地说，这里存在的恐怕有一个无可否认的事实，那就是中国的建筑师对建筑没有在总结创作经验的基础上上升到理论认识高度的习惯和自觉。有的只是甘心做墨守成规、仅凭经验而急功近利的匠人。无怪有人说中国建筑师只有经验，而没有超越经验的理论。理论的丧失，表露出来的行径只能是亦步亦趋。

追根溯源，这与中国古代建筑的历史传统不无关系。众所周知，中国古代几千年的建筑发展，存留的建筑理论书籍仅有《营造法式》《园冶》《清工部工程做法则例》等几部。即便是仅有的这几部建筑理论书籍，也多半在技术与形制层面上做文章，而在理论建树上则难觅其发人深省的要义。这与西方古希腊、罗马时代维特鲁威的《建筑十书》、文艺复兴时期帕拉迪奥的《建筑四书》和维尼奥拉的《五种柱式规范》在建筑理论研究上所达到的深度不可同日而语。可以说中国现当代建筑师们的建筑理论素养同样因"述而不作"而并不比古人高明多少，能见诸报端的一些所谓的建筑理论也无非是从中国古代先哲们那里抄袭而来的一些微言大义之词，或从西方舶来的一些食而不化的片言只语，以至于表面上似乎不乏新意且颇有深度。事实上这仅仅是毫无根由的片面深刻，距离理论形态上对建筑现象予以系统的研究与把握还相去甚远。

建筑理论是建筑实践的升华，建筑理论是建筑评论的出发点，建筑理论和建筑创作的同步发展才能让人感到踏实而又有新飞跃，同时也为建筑评论的开展提供现实基础和理性认识出发点。不习尚于思辨，加之无力于对实践经验的理性梳理，中国建筑理论至今默默不语尽在情理之中。这是可怕的危

---

① 曾昭奋：《繁荣与沉寂》，《世界建筑》1995年第2期。

机，因为一个没有理性思维支撑的民族建筑要真正在世界建筑之林独树一帜，不仅终难如愿以偿，甚至连现状也难以维持。因建筑理论的贫乏导致建筑创新的停滞不前和建筑评论的滞后已显现在人们的眼界中，这已经是胜于雄辩的事实。

建筑不是由建筑理论描绘而成的海市蜃楼，但是，没有建筑理论作为指导的建筑创作实践要想有新的突破则是难能的。中国当代建筑之所以难见真正的建筑大师的雄迹芳踪以及匠心独运的建筑精品，而更多的是千篇一律的东施效颦式的做作，这是因为建筑理论没有以理性的方式积淀在建筑师的审美意识中，因而无意识的合规律性、合目的性的建筑美景当然难以再现。

建筑理论的贫乏导致建筑评论的不景气是这样，建筑历史研究的实际情形对中国建筑评论的影响又如何呢？从学科发展的角度来看，中国建筑历史研究的发展大约经历了三个阶段：第一阶段可以称之为文献考古阶段；第二阶段是实物考古阶段；第三阶段是对建筑予以诠释的阶段。如果说前两个阶段主要着眼于建筑"是什么"的阶段，那么第三个阶段则是回答建筑"为什么"的阶段。[①]应该说在中国建筑历史第一、二阶段的研究中，大量的建筑测绘图录、建筑考察报告、关于建筑历史沿革的分析，并在教材中一一予以展示出来，生动而形象地展现中国建筑历史客观存在的物态演变形式，其历史功绩不可没。

然而，历史不可避讳，中国建筑历史第一、二阶段的研究虽然有权威的教材作为依托，但客观地说尚属于前科学阶段。第三阶段"为什么"的研究工作只能说才刚刚开始起步，对于建筑历史的文化含义与形式的意味以及历史沿革的内在成因等方面的探讨还一时难以得出系统的而令人信服的诠释。

---

① 王贵祥：《关于建筑史学研究的几点思考》，《建筑师》1996年第69期。

因而前两个阶段的建筑历史研究实际效果尚停留在前学科阶段，除尽可能地增添了一些新发掘的文化考古发现以外，既不能还其历史本有的文化内涵作为参照，又不能从文化观念的层面上对建筑历史予以识别。对此，著名的建筑考古学家杨鸿勋也认为："到目前为止，凭着现存古建筑实例，只能编写一部现存古建筑的史料汇编，而不可能完成一部真正阐明建筑发生、发展过程的史书。"[1]因为参阅这样的建筑历史教材在实质意义上更多的是因茫然而误读，因而不能汲取丰富的历史文化营养。"一切的文化、历史都是当代的文化、历史。"（克罗齐语）每一个时代的历史学家的当代论说构成人们从观念上识别历史的背景和线索的依据。正是在这种意义上，艺术史学家柯林伍德认为，除数学和科学外，历史是人们求知的第三条途径。因而中国当代建筑评论的历史境遇则不尽如人意，在这样的情况下，从事建筑评论活动是有些举步维艰的。

建筑是文化的载体，是"石头写成的历史"（雨果语）。然而，对这样的历史仅仅知道是什么还是不够的，因而马克思说"人们总是按照美学的和历史的规律"来创造文化历史的。如果我们对作为文化载体的建筑历史的文化内涵和内在美的规律不明不白，何以能在识别历史真伪的基础上"通古今之变"（司马迁语），继往而开来？中国当代建筑评论只能是在历史的交叉路口犹豫不决而不知所措。

看来，中国当代建筑评论以建筑理论为基础，以建筑历史为底蕴来深入地进行评价活动不是一蹴而就的事。"冰冻三尺，非一日之寒。"这里，让我们记取孙文先生的话"革命尚未成功，同志还须努力"，否则，横空出世无根基的建筑评论只能是于史无补、于世无益的信口雌黄。

---

[1] 杨鸿勋：《略论建筑考古学》，《建筑历史与理论》1997年第5期。

三、建筑评论实践的现状

中国当代建筑评论由于对评论观念本身的含糊，加之建筑理论的贫乏以及建筑历史因缺乏明鉴而误读，尽管建筑评论的园地里时而还会听到一些声音在表白，但实际上真正的建筑评论是缺席的。当然，笔者这里所指的评论的缺席并不是指在建筑评论这片园地里见不到建筑评论的踪迹，恰恰相反，贴着建筑评论标签的墨客貌合神离、言不由衷的言谈举止则不胜枚举。

海德格尔在谈到存在主义现象学本质还原的时候说过大意如下的话：真理的终极本质意义即"在"，在探索真理的过程中，对终极本质意义的暂时把握即"此在"，表露"此在"的方式与方法即"在者"。如果既没有对真理终极本质意义的感悟，又不能对其予以暂时性的把握，即便是在不停地言说与表白，在根本意义上是缺席者的虚拟声调。这种情形诚如鲁迅在《野草》中所描绘的那样，开口则"虚无"，沉默反倒"充实"。存在与虚无这一矛盾的迹象即便是中国当代建筑评论的现状，而好事者却又不乏其人，因而让人们耳闻目睹的每每是如下的一些表露：

1．导游式的臆说

有些建筑评论文章首先将被评论的建筑物喧宾夺主地假设为一个令人难以猜测的谜，然后，评论者扮演成善解谜者的角色来引导读者沿着通往谜底的路一步步地解说下去，直至谜底真相毕露，评论也就到此终结。似乎建筑大师只是一个造谜的专家，而建筑评论者只是一个破谜的高手。至于建筑物作为有意味的艺术形式本身所积淀的美的意蕴则不予启齿。评论者一厢情愿的臆说无异于品位不高的导游小姐将怪石林立和奇峰异出的自然溶洞解说成孙大圣花果山上的水帘洞。其实，用导游的方式进行建筑评论并不为过，因为建筑本身就是可居、可游的文化载体，关键的问题是不能主观臆说。倘若评论者真要进行导游式的评论，面对建筑须既能"入乎其内"，又能"出乎其外"。"入乎其内，故能写之；出乎其外，故

能观之。入乎其内，故有生气；出乎其外，故有高致。"（王国维《人间词话》）

2. 无端的捧杀与骂杀

"文革"作为一段难忘的记忆已载入史册，人们不是万不得已，一般是不会翻开这一伤感的史页的。因为特殊年代的特有话语不仅是对文化的摧残，也是对人格的毁灭。然而，笔者不可思议的是，浏览时下的一些建筑期刊时而会目击不少评论文章迫于权威和种种顾虑，会将某一种建筑冠以里程碑式的标志建筑，并极端地释放吹捧之能事。与之相反，又有一些评论文章对一些无所顾忌的建筑则肆无忌惮地加以贬斥，甚至是置于评判的死地。这种非此即彼的极端态度令人想起曾有过的狰狞的面孔，教人心有余悸。鲁迅先生曾说过，对于艺术作品的评论，应"好处说好，坏处说坏"才是真诚的评论。无端的捧杀与骂杀均是品性恶劣的表现，评论的意义等于零，甚或是负效应。因为捧杀与骂杀都是"杀"。

3. 注释式的介绍

注释式的品评是中国古代传统的评论方式之一，其考证得失、辩证去芜之精深，评论者的才、识、胆、力的凸显为后人艺术的品赏以及在此基础上的进一步研究，无疑是必要的借鉴，因而不少国学大师不无视此为学人的一种必备的本事。然而，现在不少评论文章对传统的注释式品评方法食而不化，专事从建筑功能、结构、形式的细枝末节予以锱铢必较的介绍，而较少从功能技术到环境意识乃至文化内涵的整体把握，建筑物被注释成一部毫无人情味的精密机器。如此评论建筑还有什么美可言。西方的解释学之所以引人关注在于其和中国传统的注释式评论一样重视阐释过程中对评论对象的生命体验。体验不等于经验，因而有质的区别。

4. 玄虚式的空论

鲁迅曾说过，对于艺术创作和评论，汲取古人的精华而推陈出新是一条路；采取外国人的良规而别开生面也是一条路。对所有的中外文化遗产应首

建筑文化与审美论集

先拿来，然后，或存放，或烧毁，或选用，文艺才可能是新文艺。①现在，有些建筑评论文章却不是采用鲁迅先生"拿来主义"的态度。要么借评论之机将"万物负阴抱阳充气以为和""实者以为利，虚者以为用"等之类的名言在建筑评论文章中予以演绎；要么将西方的"后现代主义""解构主义""新现实主义"之类的新名词予以尽情地发挥；更有甚者则是生造"移空间""心理模式识别"之类的生词，莫不令人感到莫名其妙。面对这种情状，回想起胡适之先生早就说过的"少谈点主义，多研究些问题"，真是有些令人记忆犹新。与其华而不实地坐而论道，倒不如实实在在地写出一些真感受和真见解来得更有意义。这正如诗人李白所言："两岸猿声啼不住，轻舟已过万重山。"

5. 乱点鸳鸯谱

本来点悟式的评论方法是中国古代诗话、词话、文评的常用方法，其特征是用极精练而又蕴藉的语言点评出艺术作品的关键之处，它的画龙点睛之笔法往往令人产生丰富的联想乃至顿悟的境界，闪现出明亮的思想智慧火花。司空图的《诗品》、严羽的《沧浪诗话》、王国维的《人间词话》因之而成为后人的典范。然而，我们的一些建筑评论文章在学习古人点悟式评论方法时不得要领，常常表现出牵强附会、张冠李戴的秉性。这不仅没有汲取其精华，倒习得不少糟粕。这样的情形在对一些建筑作品进行评选时表现得尤为明显。如此评论，既没有思想性的蕴藉，又没有艺术性的隽永，无异于乱点鸳鸯谱。

笔者不满足于中国当代建筑评论的现状，并冠之以缺席者的几种典型表现，这并不是对中国当代建筑评论实绩的全盘否定。对于一些功底深厚、学识渊博、出手不凡的论坛宿将，诸如陈志华先生充溢才智和历史情怀的评说、曾昭奋先生平中见奇而敢于针砭时弊的生花笔墨，还有一些意气风发、

---

① 鲁迅：《拿来主义》，《鲁迅杂文全集》，河南人民出版社1994年版。

128

勇于创新的中青年朋友充满锐气的神采。文品即人品。对这些对真善美境界的热衷者，笔者除了脱帽致意之外，无以表达敬意。遗憾的是，这种情状总是寥若晨星。

四、建筑评论的本质意义及建筑评论实施的策略

有道是："日暮乡关何处是？烟波江上使人愁。"[①]面对20世纪各类艺术的评论盛况以及21世纪的大门即将开启，中国当代建筑评论依然因缺席而自任放逐，这实在令人担忧。只有通过评论，学识才能进展，笔者认为建筑评论不能再沉默不语了。中国当代建筑评论不在沉默中爆发，就在沉默中灭亡。等待不是策略，心动不如行动。我们应当积极地开展建筑评论实践活动，从而激活建筑理论的探索，推进建筑历史研究的进程。因为建筑评论作为一种评价活动，相对于建筑历史和建筑理论来说最为活跃，而且它和建筑创作实践有着密切的关联，理所当然应当在当代建筑理论和建筑历史研究相对不尽如人意的情形下率先出击，为推动建筑创作真正繁荣而不是外强中干的境况做出不懈的努力。鉴于此，笔者认为在认同了建筑评论概念的基础上重新认识建筑评论的本质意义，是针对建筑评论不景气的状况而必须采取的有效策略。为此才能将建筑评论从放逐的境遇中拉回到其在现实中应有的地位中来。

建筑评论这一术语对于大多数人来说是既熟悉而又陌生的。熟悉是因为人们常常能见到，陌生是因为人们对其本质意义并不是众所周知的。应当如何妥当地理解呢？笔者以为建筑评论的本质意义在于通过主客观的契合，并以审美中介的方式对建筑现象予以价值评价，从而最终实现建筑为人们所接

---

① （唐）崔颢《黄鹤楼》："昔人已乘黄鹤去，此地空余黄鹤楼。黄鹤一去不复返，白云千载空悠悠。晴川历历汉阳树，芳草萋萋鹦鹉洲。日暮乡关何处是？烟波江上使人愁。"

受的目的。

这里所指的契合不是一般意义上的契合，而是指在从事建筑评论时，首先会因为主客体的交融、内外沟通，犹如物理学上的共振现象产生审美感应，也可以说是审美感受的契合。然而，对建筑评论来说仅仅有了这种审美感受的契合还是不够的。因为一般来说感受的契合还属于审美经验的范畴，不属于审美观念的范畴。因此，真正的建筑评论不能就此却步，而应当继续前行，要将审美的感受上升到审美的再创造的程度。换句话来说，建筑评论要对审美感受中最强烈的部分予以分析、提炼和条理化，最终达到观念的契合。不仅如此，由于建筑本身的复杂性和矛盾性、明确性和模糊性，同时也由于评论者主体意识和个性的丰富多彩，因而在建筑评论活动中，每一个评论者对同一建筑评论对象都有不同的契合点，每一个评论者不同时期对同一建筑和不同的建筑都会产生不同的契合。每一个评论者的一次又一次的契合，就是一次又一次的新发现。随着时间的推移，一代又一代的建筑评论家也因之而更替。正是在这种意义上，建筑评论之树常青，答案永无终结。诚如别林斯基所说的：评论是种"行动的美学"。

克罗齐说过："艺术的评判是审美的评判。"[①]建筑评论是区别于建筑历史和建筑理论相对独立的学科。不管人们是否意识到这一点，在西方已成为有目共睹的事实。中国的建筑评论虽然还未能形成气候，但认同这一事实则是必然的。因为西方建筑评论以中介的态势为建筑创作指点迷津，为建筑理论锦上添花，业已成为人们日常生活中不可或缺的向导。因而对建筑评论的本质意义除懂得其具有评论主体审美意识与客观对象切合之外，还要把握其作为审美中介的意义。这里的审美中介不是一般的无规定的中间联系，而是由两两相对走向统一的中间环节。如果将建筑评论的主题设定为A，将建筑评论主题的审美意识设定为T，将建筑评论的对象设定为S，将建筑评论之后的

---

① [意] 克罗齐：《美学原理》，朱光潜译，外国文学出版社1994年版。

反响设定为R。可以用以下公式表示：

$$S \rightleftarrows AT \rightleftarrows R^{①}$$

在这个公式中，AT是一个变量的中介因素，从S到R或从R到S均要经过中间环节AT来过渡。显然该公式中的三个环节是一个互律性的动态结构关系。基于这样的认识，作为审美中介的建筑评论可以在建筑理论与建筑历史之间、建筑的物质形式与精神意蕴之间、建筑技术与建筑艺术之间、建筑科学与人文科学之间、建筑专业人员与非专业人员之间、建筑创作实践与建筑受用和建筑欣赏之间、建筑实践与自然环境之间架起审美中介的桥梁，并以此使这些相对应的两极之间产生交融与对话，以期"一切都在中间环节融合，通过中介过渡到对方"（恩格斯语）。

有了主客体之间审美观念的契合，并懂得以审美中介的方式处理与建筑相关的关联域，这还不等于建筑评论得以实现，因为还存在一个价值认同与价值评价问题。

所谓价值，就其深层意义而言，是指主体与客体之间需要的关系。当客体满足了主体的需要时，客体对主体而言是有价值的；当客体不能满足主体的需要时，客体对主体而言是没有价值的；当客体尚未满足主体的需要，但却具有满足主体需要的可能时，客体对主体具有潜在的价值。就其表层而言，价值是客体满足了主体需要而产生的一种效果。当这一效果不是可能的而是现实的时，它与世界其他现象具有共同的特点，即它是外在的、表面的、多变的、丰富多彩的，而且是可以直接认识的。而产生这一效果的主客体之间的关系却是内在的、深藏的、不能直接认识的。价值评价主要不是对已有的这种效果这种现象的把握，而是对其深藏的作为产生这一效果的主客

---

① 劳承万：《审美中介论》，上海文艺出版社1986年版，第286页。

体关系的把握。①建筑的价值在于其功能、审美、意蕴等方面的关系是否满足人们的需要。

正是在这种意义上，可以说建筑的建成并不等于其建筑的价值实现。只有当建筑满足了人们的需要，其价值才能得以实现。因此，建筑评论如果把握了这样的关系，并在审美观念契合的基础上，找出主客体之间的价值关系，并以审美中介的方式予以揭示出来，评论的效应就能毕现，作为文化载体的建筑的价值也就可以披露在人们的眼前。

结束语

对中国当代建筑评论的剖析，笔者只能经过反思之后提出一个探索性的策略或思路，建筑评论盛况的到来还得依赖于众多的仁人志士的艰辛努力才能使之成为可见的事实。这恰如雷内·韦勒克所说："我们能为区分含义、解释上下文、廓清问题提供帮助，并可以建议做出种种区分，但我们却不能为未来立法。"②因为建筑评论本身就是对真理终极本质意义不断发现的创造性的活动。

（原载《同济大学博士生论文集》，上海科学技术出版社2000年版）

---

① 冯平：《评价论》，东方出版社1995年版，第31页。
② ［美］韦勒克：《批评的诸种概念》，丁泓、余徽译，四川文艺出版社1988年版，第43页。

建筑评论何为？

引　子

"在一贫乏的时代，诗人何为？"这是荷尔德林面对机械文明给人类带来的负效应——精神空虚的困惑而提出的疑问。诗性哲学家海德格尔回答说，诗人应当一如既往地"诗意栖息"。在后现代文化弥漫全球，导致人们普遍浮躁不安、缺乏深度思考的状况下，哲学何为？这是中国中青年文艺理论家王岳川博士的发问。著名哲学教授张世英的回答是："应该要有境界。这里说的'境界'不专指文学上所说的诗意的境界。我所说的境界既包括高境界，也包括低境界。它是每一个人都必然生活于其中的'时域'，也就是每一个人所拥有的自己的世界。一个人的过去，包括他个人的经历、思想、感情、欲望、爱好以至他的环境、出身等等，都积淀在他的这种'现在'之中，构成他现在的境界。"与此相仿，在中国当代建筑创作实践发展得如此热闹非凡、景象万千，建筑评论则显得相对有些枯萎与沉寂的历史情形下，建筑评论又该何为？这是建筑理论家杨永生1995年在《建筑师》第67期上发出的由衷的呼唤。杨永生先生的呼唤至今，关于建筑评论何为的言论时而可见，但总令人感到仍然是不尽如人意。笔者以为建筑评论恐怕是"有所不为，方能有所为"。于是便有了以下几点想法，也算是一家之言吧，以就教于方家。

一、从华而不实的空论回到常识的状态

目前的建筑评论界有两种非常明显的不良倾向，其一是断章取义地从国学的"经""史""子""集"中搜罗一些微言大义来显示其经典意识，说来说去，不外乎"天人合一""上栋下宇""万物负阴抱阳，充气以为和"之类的陈词滥调，以势吓人；其二是盲目地抄袭国外的一些食而不化的舶来品随意发挥，诸如"结构主义""解构主义""移空间"等等，以示标榜新潮。两者貌似博古通今、学贯中西，实则是浅尝辄止、华而不实的空论。这样的空论实际上形同虚设。

建筑评论应该成为一种人们能够普遍接受的活动，而不应该局限于某些特殊的知识领域或人物圈内孤芳自赏。建筑由于其物质性的特质确定了建筑评论的对象莫不是实实在在的载体，没有必要弄得深不可测。因而在进行建筑评论的过程中，所运用的知识和理论只有回到能让人可以理解的常识的状态才能给人以实在感。因为常识是世界上最明白易懂的东西，它能证实正确的判断和明辨真伪的能力是人所共有的。现实中的建筑问题很多，比如，建造过程中的建设性破坏导致建筑历史文脉断裂，建筑单体的美丽而造成建筑群体的丑陋，急功近利上马的建筑行为造成的自然生态的失衡和人文景观的消解，如此等等。建筑评论对这些切身的常识性问题不予以关注，却去做些无关痛痒的高谈阔论，实在是于史无补、于现实无益。

近来，评论界又有种自称为"第三种评论"的论调颇为时髦。持"第三种评论"者认为，评论应该是亦此亦彼，你中有我，我中有你的友好行为。其实这所谓的"第三种评论"仍然是一种毫无原则、不分是非的玄虚空论。因为"第三种评论"试图避免以往"二元论"非此即彼的弊端，从而在"此"与"彼"之间另辟出一种和事佬式的第三条道路。这无异于成了在不着天地的空中丧魂失魄的浮游物，而对一些司空见惯的常识性问题则视而不见，这实在是太不正常的状态。

二、从无关痛痒的争论转向问题的实质

建筑评论不是毫无责任的信口开河，而是要责无旁贷地对建筑实践中存在的具体问题予以分析，以便给建筑师指点迷津，为使用者化解疑团并使建筑能够心安理得地为人们所接受。因此，建筑评论者必须认识到，建筑评论不同于一般的喋喋不休的争论与争执，因为一般的争论与争执结局都是或输或赢或永远输赢难分，稍有间息，也只是某种虚假的停战。而建筑评论则不同，它总是要通过评论而解决一些实践问题，它要保证人们处于一种平和的和有序的状态下，使人们能以一种平静的和正当的方式去讨论一切不同的见解。

事实上，建筑存在的问题自始至终是围绕着建筑的实用功能、技术构造、审美情趣以及环境意识而生发的，而这些问题的解决与否直接牵涉到建筑是否能够满足人们所需要的价值意义。建筑评论就是要对与这些问题的相关问题予以剖析与解决。换言之，建筑评论的本质就是价值评价，建筑的价值意义体现在其在功能、结构、审美等方面的关系是否能够满足人们的需要。因此，建筑评论如果把握了功能、结构、审美等方面的价值关系，并予以揭示出来，作为文化载体的建筑的价值就能够展现在人们的眼前，建筑评论因价值问题得以解决，其实际效应也就显示出来了。

令人哭笑不得的是，有些评论者在进行建筑评论的过程中乐于奢谈大而无当的建筑文化论、建筑存在主义、建筑现象学之类的玄虚的论调，而对建筑中存在的实质性问题则存而不论，这真是得不偿失的做法。

建筑学博士后徐千里在他的有关建筑评论的博士后论文报告中谈道：在从事建筑评论的过程中要带着问题意识去进行解析，唯此才能够做到有的放矢。所谓问题意识，在笔者看来，它是指评论者在进行建筑评论的过程中对评论对象存在的问题予以质疑、分析，进而提出建设性的思路与解决问题的策略。这种问题意识与苛刻的挑剔不同，它是心怀善意地指正评论对象的不足，从而将评论对象引向深入。建筑评论文章不能老是给人以一种四平八稳

的印象，有时需要一些触及骨髓的尖锐言辞，因为建筑评论的力度不触及神髓，则难以引起人们的内心震撼。建筑评论中的问题意识能起到这种功效。

三、从单向度的独白步入对话的境界

翻阅报刊上的一些建筑评论文章，人们不难发现，不少文章不是盛气凌人的霸道，就是沾沾自喜的自娱自乐。前者故步自封，后者自以为是，所缺乏的是与他人平等对话的谦逊和严谨的高风亮节。评论者是否有严谨和谦逊的态度从事建筑评论工作，这决定了他是否有严以责己、宽以待人的品格和境界。"严谨"意味着在真理面前人人平等，"谦逊"意味着钦佩好学。倘若评论者目中无人，不能以钦佩好学的态度对待所评论的对象，那么他的所作所为只能是一纸纵情的轻浮之作。也就是说，评论者如果有往而无回，不能把评论的对象当作交流的对象，其结果是没有交流而成死水一潭，评论文章也因死水一潭而少洄流九转之形，失去了鼓荡澎湃之象。反之，评论者有交流，就像有活水，文章也因之流露出一股清新的气息。这正如古人所言："文以气为主，气有清浊"，"问渠那得清如许，为有源头活水来"。同样，评论者如果不能以严谨求实的态度来对待评论对象，就难以虔诚地与评论对象在同一轨道上逼近真理，评论与其评论的对象就变成了公说公有理、婆说婆有理的各自为政，交流与提高乃至碰撞出新的思想火花就成了一纸空文。

孔子曰："三人行，必有我师。"用对话的方式进行交流古已有之。西方自柏拉图的《柏拉图文艺对话集》就有了对话的传统；东方孔子的《论语》也开了用对话进行交流思想的先河。谁也不会否认，建筑是物质的，也是精神的；是技术的，也是艺术的；是科学的，也是人文的。它是涉及自然、社会、文化、历史、人生等多方面话题的客观存在物，建筑评论只有在多重对话的境界中将评论对象置于多维的文化视野中，才能澄清事实的真相。一言堂式的独白，往往会造成"不识庐山真面目，只缘身在此山中"的错觉感。因此，笔者认为，在建筑评论的活动中，步入对话的境界，就是步入一种相互吐纳、情景交融的境界。评论者在这种境界中，如果既能"入乎其内"，又能"出乎其外"，就能高瞻远瞩。诚如王国维所言："入乎其内，故能写之。出乎其外，故能观之。入乎其内，固有生气；出乎其外，固有高致。"

四、从被动寄生的阐释变为创造的发现

客观地说，中国的当代建筑评论仍然是经受着不公平的历史待遇。中国至今没有专门的建筑评论家，所见的一些建筑评论文章也是建筑圈内的建筑专业人士散兵游勇式的零星点缀。建筑评论研究与建筑理论研究和建筑历史研究相比较，也显得相对滞后。事实上，建筑评论是相对于建筑历史和建筑理论而独立存在的学科，没有建筑理论和建筑历史的建筑评论、没有建筑评论和建筑历史的建筑理论以及没有建筑评论和建筑理论的建筑历史，都是不可思议的。唯有三者的和谐共存，才能使建筑学得以稳健的发展。

西方著名的评论家韦勒克说过："20世纪是评论的世纪。"这是因为20世纪的评论破天荒地第一次与其评论的对象平分秋色，以一种并不亚于其评论对象的艺术魅力脱颖而出，评论从次生的产品变为创造性的艺术。这正如德国美学家赫伯特所说的："一种艺术的评论如果自身不是艺术，就没有权力留在艺术的领域里。"鉴于此，评论者对其评论的对象仅仅限于阐释的种种现象的缘由，这还是不够的，他必须在评论的过程中使自己的智慧得以激发，并将艺术的创造推向深入。换句话说，评论者不能限于对评论对象内涵的追问与揭示，而且要对评论对象的思想和感情进行开拓，以达到新的高度，给读者以新的启迪。

不仅如此，在建筑评论的过程中，还必须充分地发挥评论者的丰富的想象力，因为想象力不仅能够使抽象的思想活跃起来，而且也能够使评论所提出的一切观点具有生命力，它会像一道光，照亮了它所经历过的种种遮蔽。正是在这种意义上，郭沫若先生曾经说过："创作是发明的艺术，而评论则是发现的艺术。"这才是评论的实质。因而对于评论者来说，一件艺术品只不过

是一种新的创造过程的起点，他必须创造出一种新的艺术品，而且不能使旧的艺术品成为他的新的艺术品的标准。由此可见，评论要高于所评论的艺术品，因为评论与现实的距离比艺术品与现实的距离更高远。

五、从说明书式的介绍变为美的文本

建筑史学家王世仁在谈到中国古代建筑美学的时候说，建筑之美就在于理性与浪漫的交织。因此，一篇建筑评论文章既要有在评论对象基础上进行创造性发现的理性满足，又要在创造性的发现中有情感的升华。理性上的满足可以通过对评论对象的进一步认识，理解评论对象的更深一层的意蕴，接受评论对象的启迪，继而生发出新的创见。情感上的升华可以来自评论者自身因情景交融而按捺不住的倾吐，恰如刘勰所说的"因情而成文"。如果两者能够结合起来，就可以说，这篇建筑评论文章是篇美文。

有学者认为，文学评论是关于文学的文学。笔者认为，写建筑评论文章也应持如是观。与一般的随意议论不同，无论采取何种评论形式，建筑评论都是一种须见之于笔端的写作行为。不仅如此，评论者还必须意识到，任何写作行为都应遵循文责自负的原则。文章乃"经国之大业，不朽之盛事"，它在思想内涵上和艺术表现上均须有对美的追求与向往。因此，评论者若具有独特的洞察力、深邃的理性穿透力和别具一格的谋篇布局以及个性化的情感语言流露，就可以使评论文章成为令人喜闻乐见的美文。当然，评论之美不是评论的外在装饰，单纯的辞藻不能够造就评论之美。评论之美是评论者内心世界的印证，是评论家综合文化素养的外化，是其阅读空间的凝聚，是其运用语言过程中把握能指与所指之间关系度的能力的考验，是其洞察世界的眼光的展示。质而言之，评论之美是评论家的心灵美的再现。

中国古代历史上有许多建筑之所以闻名遐迩，往往与文人墨客的美文分不开，《兰亭集序》《岳阳楼记》《醉翁亭记》《滕王阁序》等都是最好的例证。读罢"落霞与孤鹜齐飞，秋水共长天一色""窗含西岭千秋雪，门泊东吴万里船""君到姑苏见，人家尽枕河"之类的文字，一种美感会令人油然而生。令人遗憾的是，时下耳闻目睹不少的建筑评论文章往往是仅仅限于对建筑设计的说明和技术经验介绍的文字表达，字里行间的遣词造句索然无味，加之又缺乏激情和思想的启迪，实在叫人难以卒读。这样的建筑评论文章距离艺术美感的要求相去甚远。这可以说是目前许多建筑评论文章的一个误区，或者说是一个通病。不及时治疗，则难以使我们的建筑评论文章产生一种充满灵性、健康而又活泼的美感，从而也会因此在建筑创作者和建筑接受者面前失去可读性。可读性失却了，建筑评论还有什么存在的价值和意义呢？

结　语

别林斯基说过："美是到处都存在的，人们缺乏的是发现美的目光。"建筑评论是行动的艺术，在行动的过程中可以发现美之所在。20世纪各门类艺术评论的业绩无不光彩耀目，建筑评论再也不能暗淡无光了。中国建筑评论的同仁们在进行建筑评论的时候，只要真正地回到常识的状态，从解决具体问题着手，并以平易近人的语调与他人进行对话与交流，"随心所欲而不逾矩"，就能使建筑评论成为言之有物的创造性的艺术，从而为建筑创造实践扶正去芜、提高人们的建筑鉴赏能力与欣赏水平而做出应有的贡献。

（原载《华中建筑》2000年第1期）

建筑学的完整畛域

——20世纪中国现代建筑历史与建筑理论及建筑评论的关联境域

坦率地说，当走完了20世纪中国现代建筑的历程，回顾百年来的患得患失的时候，我们却发现一个盲点：中国的建筑院校建筑历史与理论课程的设置中有建筑概论，而没有建筑理论；有西方建筑理论，而没有中国建筑理论；有建筑历史，而不重视建筑评论。即便是同济大学、天津大学等建筑学院开设了建筑历史与理论及评论课程，所占的课时与设计相比较，其比例也极其失衡。作为传道授业解惑的教师的方法也有问题，只讲年代的考证和工程构造技艺，建筑历史与理论及评论作为传播文史知识与思想智慧的文化功能没有阐释出来，对这样的课程，学生当然觉得是淡漠无趣的，只是到了要考试或攻读硕博时才会温习。真正意义上的有中国特色的建筑理论与评论体系无论在院校与科研机构，还是在建筑设计单位都是缺席的。这是个严重的问题，再也不能等闲视之。中国产生不了影响世界的建筑理论与设计大师与此有关。我们务必认识到，建筑理论与建筑历史及建筑评论是彼此关联的境域，缺一不可。

20世纪初自西学东渐以降，特别是70年代末中国实行改革开放以来，中国的建筑业已经达到了空前繁荣的程度，城乡建设面貌大为改变，接踵而至的建筑项目如雨后春笋般拔地而起，这一切令国外建筑师羡慕不已。然而品读中国建筑业繁忙不迭、日新月异的盛景，人们不难发现，这一盛景的表象里透露出千篇一律、建设性破坏、遗憾工程等字眼。其原因实质上就在于中国现代的建筑师多半没有信守的建筑理论，在万分焦虑的情形下，急功近利地盲目抄袭或模仿西方现成的建筑。对此，有学者认为是建筑师忙于设计任务无暇进行理论研究，我则不以为然。殊不知建筑师是建筑体验最深、从事建筑理论研究最有实力的人物。柯布西耶的《走向新建筑》、文丘里的《建筑的复杂性和矛盾性》两部名著就是在忙里偷闲中凝结而成的。恐怕这里存在一个无可否认的事实，那就是中国的建筑师对建筑没有在总结创作经验的基础上上升到理论认识高度的习惯和自觉意识，有的只是墨守成规并仅凭经验急功近利的匠意。无怪有人说中国建筑师只有经验，而没有超越经验的理念，理念的丧失，表露出的行径只能是亦步亦趋的模拟。[①]这无论是在中国还是在西方建筑史上都是不足为怪的。

追根溯源，这与中国古代建筑历史传承不无关系。众所周知，中国古代几千年的建筑发展，存留的建筑理论书籍仅有《营造法式》《清工部工程做法则例》《园冶》《营造法原》等，即便是这些书籍也多半在技术与形制层面作规范，而在理论建树上则难觅其发人深省之要义。这与西方古希腊、罗马时代的维特鲁维的《建筑十书》、文艺复兴时期帕拉蒂奥的《建筑四书》以及维尼奥拉的《建筑五柱式规范》在理论研究上所达到的深度不可同日而语。可以说中国现代建筑师的理论素养因述而不作比古人并不高明多少，能见诸报端的有些所谓的建筑理论也无非是从中国古代先哲那里抄袭来的一些微言大义，或是从西方舶来的一些食而不化的只言片语。表面上的煞有介事，距离在理论上对建筑现象与问题予以深究与把握还相去甚远。这是十足的教条主义学风的遗留，其害人害己误事的后果是可怕的，因为在没有对中国古代建筑理论进行系统研究与转换以及对西方建筑理论消化的基础上，拾人牙慧终难息事宁人。

建筑理论是建筑实践的升华，不习尚于思辨，加之建筑师无力于对实践

---

① 崔勇：《反思与行动——关于中国当代建筑评论的剖析》，李宇宏主编：《同济大学博士生论文集》，上海科学技术出版社1998年版。

经验的理性梳理，中国建筑理论至今默默不语尽在情理之中。这是潜在的危机，因为一个没有理性思维支撑的民族建筑要在世界建筑之林独树一帜，不仅是难以如愿以偿，甚至连现状也是难以维持的。建筑不是由建筑理论描绘成的海市蜃楼，但是没有建筑理论作为指导的建筑创作实践要有新的突破则是难能的。没有无意识的理性积淀在审美意识中，无意识而合目的的建筑美景难现。记得是在20世纪90年代初期，张钦楠先生在一次呼唤建筑评论到场的学术研讨会上，①深感中国建筑理论的沉寂而在《建筑学报》上撰文呼吁并期望于无声处倾听建筑理论的惊雷。十多年过去了，建筑理论研究以及对于实践的指导意义依然没有显著的成效，知向谁边？

建筑理论的贫乏导致建筑创作创新乏力，那么建筑历史与建筑评论的状况如何？

相对而言，中国建筑历史研究所取得的显著成就是有目共睹的，无论是中国古代建筑史、中国近代建筑史还是中国现当代建筑史均有里程碑式的著作问世，在此不必过多赘述。我只想申明两点：其一是中国的建筑历史研究有厚古薄今的倾向，20世纪之前之后的历史研究比例失衡，建筑史学家潘谷西先生说"这与中国人的传统习惯有关，以致从古代到近、现代再到当代的建筑史学研究的倾向是强—渐弱—弱"②；其二是中国的建筑历史研究要在文献与实物考证的基础上上升到理性反省与文化阐释的高度，并使之与现实结合起来，将会对整个建筑学科的发展带来质的飞跃，"若不是这样，中国建筑史的研究与教学就会变成既与现实情况脱离又毫无生气的自我封闭的死学问"③。我这里只就建筑评论不正常情状做些讨论。

我说过中国的真正意义上的建筑评论是缺席的，但不是指在建筑评论这

---

① 参见杨永生：《建筑呼唤评论》，《建筑师》1995年第3期。
② 参见崔勇：《中国营造学社研究》，东南大学出版社2004年版，第285页。
③ 同上。

片园地里见不到评论的踪迹，恰恰是一些贴着建筑评论的标签貌合神离、言不由衷的言谈举止及现象则是不胜枚举的。海德格尔在谈到存在主义现象学本质还原的时候说，真理的终极本质意义即"在"，在探索真理的过程中对终极本质意义的暂时把握即"此在"，表露"此在"的方式与方法即"在者"。如果既没有对真理终极本质意义的感悟，又不能对其予以暂时性的把握，即便是不停地言说与表白，在根本意义上仍然是缺席者的虚拟声调。这种情形诚如鲁迅在《野草》题辞中所描绘的，开口则"虚无"，闭口倒"充实"。存在与虚无这一矛盾的现象便是20世纪中国建筑评论的现状，我因之将此现状归结为导游式的臆说、无端的捧杀与骂杀、注释式的介绍、玄虚的空论、乱点鸳鸯谱等诸如此类，以示对此不满。当然这并不是对中国建筑评论实绩的全盘否定。对于功底深厚、出手不凡的评坛宿将，如陈志华充溢才智和历史情怀的评说，曾昭奋平中见奇、敢于针砭时弊的生花之笔墨，顾孟潮集科学精神与人文精神于一体的建筑文化评议，中青年评论家王明贤、史建笔力犀利并充满锐气的神采，对于真善美境界的热衷者，我除了脱帽致意，无以表达敬意。遗憾的是，这种情状总是寥若晨星般难得一见，倒是诸多不得要领的不正常的建筑评论每每令人难耐。因此我曾极力呼吁建筑评论应当从华而不实的空论回到常识状态、从无关痛痒的争论转向问题的实质、从单向度的独白步入对话的境界、从被动寄生状态变为创造发现、从说明书式的介绍变为美的文本，从而从解决具体问题着手，并以平易近人的语调与他人进行对话与交流，使建筑评论成为言之有物的创造发现，为建筑创作扶正去芜、提高人们的建筑修养和鉴赏水平而做出贡献。①

自20世纪30年代朱启钤、梁思成、刘敦桢等中国营造学社前辈开创中国建筑理论与历史研究以来，中国建筑历史研究方兴未艾，无论是中国古代建筑史、中国近代建筑史，还是中国现当代建筑史的研究，都可算得上是人才

---

① 崔勇：《建筑评论何为？》，《华中建筑》2000年第1期。

辈出，硕果累累，呈现出繁荣昌盛的景况。①相对而言，中国建筑理论与评论研究则显得有些沉寂与零散，而且缺乏理论总结与体系化探讨。

20世纪三四十年代，建筑史学家梁思成、林徽因两位学术大师提出过中国古代建筑诗性智慧表露的"建筑意"②的理论问题，其意犹未尽之处后学没有深入研究下去。对此侯幼彬在中国建筑美学相关研究中就意境的创造与生成问题有所发挥，但作为一种建筑理论建树尚有待于提炼。③20世纪上半叶国共两政府先后提出的"中国固有形式"与"民族形式"及"适用、经济、在可能条件下注意美观"的思想，只能说是政策口号，而不是建筑理论，因为对美的追求永远是建筑创作的一个艺术原理。1949年之后，各建筑院校的建筑概论也只是权宜之计，取代不了建筑理论。20世纪八九十年代中国建筑工业出版社翻译过一批外国建筑理论名著作为借鉴，④也只是实现了中国学人先睹为快的策略，而不是中国的建筑理论。20世纪在西方被称为艺术观念与艺术批评的年代，相形之下我们的理论与历史及评论是滞后的。

真正对建筑理论与建筑评论进行自觉的研究与探讨是近些年的事。刘先觉教授主编的《现代建筑理论：建筑结合人文科学自然科学与技术科学的新成就》⑤几乎囊括了所有的西方现代建筑理论观，诉诸人别开生面的感觉，对于渴望理论的中国建筑学人是有益补充，在学界没有中国建筑系统理论的

---

① 王贵祥：《方兴未艾的中国建筑史学研究》，《建筑师》1997年第69期。

② 梁思成、林徽因：《平郊建筑杂录》，《中国营造学社汇刊》1932年12月第三卷第四期。

③ 参见侯幼彬：《中国建筑美学》，黑龙江科学技术出版社1997年版，第259—274页。

④ 20世纪90年代初期，以汪坦为主编，罗小未、刘开济为副主编在中国建筑工业出版社出版了一套《建筑理论译丛》，其中包括《人文主义建筑学》《现代设计的先驱者》《建筑体验》《美国大城市的生长和衰亡》《建筑的意向》《现代建筑设计思想的演变：1750—1950》《建筑设计与人文科学》《建筑的复杂性与矛盾性》《建筑美学》《符号·象征与建筑》《建筑学的理论和历史》《形式的探索》《建筑环境的意义》等，反响很大。

⑤ 刘先觉主编：《现代建筑理论：建筑结合人文科学自然科学与技术科学的新成就》，中国建筑工业出版社1999年版。

情形下产生了广泛的影响。高介华主编的国家"十五"规划重点图书《中国建筑文化研究文库》^①中已有总结中国古代建筑理论的《中国建筑理论钩沉》《中国新建筑文化之理论建构》两本专著待出；吴良镛的论著《广义建筑学》^②阐述了将建筑与园林及城市规划融为一体的人居环境观；李允鉌的《华夏意匠》^③以现代建筑设计理论为基础对中国古典建筑设计原理予以理论总结与分析；侯幼彬的《中国建筑美学》^④对中国古代建筑理与礼及无形的意境的理论总结；王世仁关于中国古典建筑理性与浪漫交织的理论总结；^⑤张家骥的《中国建筑论》^⑥对中国古代建筑空间、类型、结构、环境、装饰陈设、建筑园林构造艺术等方面构建中国建筑论说；杨鸿勋对中国古代建筑有机与无机原理、人为环境与自然环境结合的营造哲理、古建园林借景理论以及一座城市即一座有机整体的建筑论等方面的总结；^⑦邹德侬教授的《理论万象的前瞻性整合——建筑理论框架的建构和中国特色的思想平台》；^⑧布正伟先生的建筑自在生成论；王其亨关于中国古代建筑风水论的系列文章^⑨都是很有意义的理论探讨。张钦楠的《特色取胜——建筑理论的探讨》^⑩的研究与探讨很有新意，诸如中国传统哲理对建筑的影响、中国古代城市建构特色、中国传统建筑的环境观、中国特色的建筑心理学和行为学、中国建筑的语言学与构筑特征、中国建筑的非物质性的意境美学、中国建筑的实践方式、中国传统用

---

① 高介华主编的《中国建筑文化研究文库》共31辑，2002年开始由湖北教育出版社陆续出版。

② 吴良镛：《广义建筑学》，清华大学出版社1989年版。

③ 李允鉌：《华夏意匠——中国古典建筑设计原理分析》，广角镜出版社1982年版。

④ 侯幼彬：《中国建筑美学》，黑龙江科学技术出版社1997年版。

⑤ 王世仁：《理性与浪漫的交织——中国建筑美学论文集》，中国建筑工业出版社1987年版。

⑥ 张家骥：《中国建筑论》，山西人民出版社2003年版。

⑦ 杨鸿勋：《木之魂 石之体——东西方文化的融合构成人为环境之圆满》，《华中建筑》2005年第1期。

⑧ 参见邹德侬：《中国现代建筑论集》，机械工业出版社2003年版，第384—390页。

⑨ 王其亨主编：《风水理论研究》，天津大学出版社1992年版。

⑩ 张钦楠：《特色取胜——建筑理论的探讨》，机械工业出版社2005年版。

贫资源建造高文明等理论，而且还提出要与西方以特色相比较。吴良镛院士在《广义建筑学》的基础上提出人居环境科学的理论，明确指出："人居环境科学就是围绕地区的开发、城乡发展及其诸多问题进行研究的学科群，它是连贯一切与人类居住环境的形成与发展有关的，包括自然科学、技术科学与人文科学的新的学科体系。"①建筑评论方面，国内仅有郑时龄的《建筑批评学》②，支文军、徐千里合著的《体验建筑——建筑批评与作品分析》③。两著的共同特点偏于西方批评介绍，对现实中的建筑评论则缺失。总而言之，中国的建筑论坛上仍然没有出现有中国特色的系统的建筑理论与评论。正是在这种意义上，吴良镛院士认为，中国建筑研究在通史与专论方面达到一定深广度后需要逐步地更为自觉地进入一个理论系统研究的新阶段，充分发挥中国传统史论相结合的建筑理论推进中国建筑研究的发展。④

　　建筑理论的贫乏与建筑历史的淡漠及建筑评论的缺席，何以改变这种现状？究天人之际，通古今之变，辨中外之异，构建中国建筑理论与评论体系，强化文化历史意识，是迫在眉睫的事。由此我想起了美学家叶朗论及关于建构中国现代美学理论体系的思路是值得我们的建筑理论建设借鉴的。叶朗教授认为，中国现代美学理论体系应该包括四个方面的内容：第一，传统美学和当代美学；第二，中国美学和西方美学的相互融合；第三，美学和诸多相邻学科的相互渗透；第四，理论美学和应用美学的相互推进，唯此方可综合成有中国特色的美学理论体系。⑤同时文艺理论家敏泽的关于中国传统艺术理论体系的探讨也是很有启发的。敏泽认为："由阴阳五行思想而产生的法自然的人与天调，是代表中国传统哲学和文化艺术的基础，是中国和东方型

---

① 吴良镛：《人居环境科学导论》，中国建筑工业出版社2001年版，第38页。

② 郑时龄：《建筑批评学》，中国建筑工业出版社2001年版。

③ 支文军、徐千里：《体验建筑——建筑批评与作品分析》，同济大学出版社2000年版。

④ 吴良镛：《关于中国古建筑理论研究的几个问题》，《建筑学报》1999年第4期。

⑤ 叶朗主编：《现代美学体系》，北京大学出版社1999年版，第15页。

综合思维模式的鲜明而完整的体现。它的核心在于强调师法自然基础上人与自然的和谐统一和一致，强调二者要水乳交融为一体，而不是分离和对抗。这同以征服自然和分析思维模式为特点的西方文化和艺术思想恰成鲜明的对照。二者相反相成，相济为用，二者的整合，表现着今后整个世界文明和艺术的客观而必然的趋势。"①

美国文艺理论与批评家韦勒克意味深长地说："文学理论是对文学原理、文学范畴、文学标准的研究；而对具体的文学作品的研究，则要么是文学评论，要么是文学史。文学理论、文学史、文学评论三者紧密相连，以至很难想象没有文学评论和文学史怎能有文学理论；没有文学理论和文学史又怎能有文学评论；而没有文学理论和文学评论又怎能有文学史。""我们必须重新回到建立一个文学理论、一个原则体系和一个价值理论的任务上来，它必须利用对具体的艺术作品所做的批评，并不断地求助于文学史的支持。但这三种学科现在是、将来仍然是各不相同的：文学史不能吞并也不能取代文学理论，文学理论甚至也不能梦想去吞并文学史。"②文学是这样，建筑历史与建筑理论及建筑评论之关联境域及其整合意义也是这样。中国建筑理论与建筑历史及建筑评论境域和而不同之时将是中国建筑立于世界之林之日。在没有形成系统建筑理论思想之际，借用边缘学科的已有成果推进建筑学发展是明智的抉择。

（原载《建筑史》第24辑，清华大学出版社2009年版）

---

① 敏泽：《中国传统艺术理论体系及东方艺术之美》，《文学遗产》1994年第3期。
② ［美］韦勒克：《批评的诸种概念》，丁泓、余徽译，四川文艺出版社1988年版，第8、28页。

建筑考古学的观念与方法及价值意义

——兼评建筑考古学家杨鸿勋新著《大明宫》

图2-1　杨鸿勋《大明宫》书影，科学出版社2013年版

建筑考古学家杨鸿勋继《建筑考古学论文集》①《宫殿考古通论》②之后，于2013年又出版新著《大明宫》③。三本论著出版跨越两个世纪，时间间隔均为八年，颇有八年磨一剑之隐喻。如果说《建筑考古学论文集》是建构建筑考古学的基础理论与方法论、《宫殿考古通论》是运用建筑考古学的观点与方法探讨数千年中国宫殿建筑历史渊源的话，那么《大明宫》则是运用建筑考古学观念与方法论针对中国古代建筑鼎盛时期唐代宫殿建筑大明宫及其建筑群落全方位地予以历史与美学统一的建筑史学观照。为了完成这一历史与美学统一的历史观照，揭示历史所淹没的大唐盛世时期经典宫苑建筑群落的真相，杨鸿勋历经坎坷并以凡人难以隐忍的

① 杨鸿勋：《建筑考古学论文集》，文物出版社1987年版。

② 杨鸿勋：《宫殿考古通论》，紫禁城出版社2001年版。

③ 杨鸿勋：《大明宫》，科学出版社2013年版。在漫长的具体研究过程中（1974—2013年），课题一直以《大明宫研究》为名目，科学出版社考虑到为便于雅俗共赏、社会与经济双重效益定名《大明宫》。

意志力耗时四十年才完成阶段性成果《大明宫研究》。①面对目前中国学术界急功近利的境况，其道德文章境界及其敬业精神令人敬佩！

大明宫位于唐长安北侧的龙首原，是唐长安城三座主要宫殿（大明宫、太极宫、兴庆宫）中规模最大的，其占地面积350公顷，是明清北京紫禁城的4.5倍，被誉为千宫之宫、东方圣殿。唐朝大明宫以其辉煌、壮丽的气势不仅成为盛唐时期的标志性建筑群落，而且成为中国建筑史上代表由汉代奠基并走向成熟时期建筑艺术与技术最高成就的一座划时代的里程碑式的建筑经典。唐朝都城长安大明宫的规划设计没有墨守成规，它不完全符合既定的传统式宫城规划格局与制度，而是根据具体的自然环境与人文环境实际境况而有所创新发展，成为中国建筑史上宫殿建筑群落成功的典范并作为后代宫殿建筑群落建构的楷模。大明宫按照自然天成的高低错落有致的地形地貌而因地制宜，没有把宫殿与御苑截然分开，而是类似离宫别院那样将前朝宫殿区融会贯通地过渡到后面的苑囿区，人为环境与自然环境相辅相成。

大明宫宫城由前朝和内庭两部分组成。前朝以朝会为主，内庭以居住和宴乐为主。大明宫的正门丹凤门以南是丹凤大街，以北是含元殿、宣政殿、紫宸殿、蓬莱殿、玄武殿等组成的南北中轴线，宫内的其他建筑也大都沿着

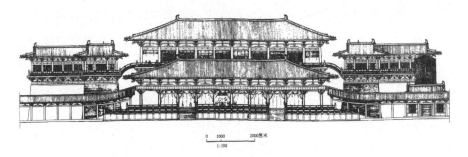

图2-2　杨鸿勋复原大明宫遗址麟德殿南立面图
（《宫殿考古通论》，紫禁城出版社2001年版）

---

① 杨鸿勋在《大明宫·序》中说道："我对大明宫的研究，从1973开始至今已经三十七年了，断断续续地工作，总是觉得还欠缺很多，书稿拿不出手。既然自然的规律不允许我再等三十七年，鉴于科学研究总是阶段性的。索性现在就告一段落吧。在急功近利、急于求成的不正学风正劲的情况下，作为学界的老骥竭尽绵薄之力有所抵制的表现，也只能到此为止了。"（科学出版社2013年版）

这条中轴线分布。中轴线的东西两侧还有一条南北纵向街道。含元殿、宣政殿、紫宸殿组成外朝、中朝、内朝的格局而成为后世典范。大明宫北部为御园区，建筑布局疏朗，形式多样。紫宸殿以北有太液池与蓬莱山及亭台楼阁。

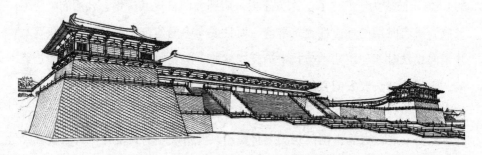

图2-3 杨鸿勋复原大明宫遗址含元殿透视图
（《宫殿考古通论》，紫禁城出版社2001年版）

气势恢宏壮美无比的唐代大明宫建筑群落随着历史的车轮灰飞烟灭了，但有关大明宫的研究一直是中国建筑学与历史考古学术界的重要课题。杨鸿勋根据中国社会科学院考古研究所已发表的大明宫总体探查和局部发掘报告或简报以及后来陆续发表的含元殿、麟德殿、丹凤门、太液池等遗址的发掘材料，借助这些初步材料探讨大明宫总体规划和景观以及几座宫殿建筑的原状，其中有关含元殿、麟德殿、三清殿、清思殿等四座宫殿的复原研究均已在《考古学报》《建筑学报》《建筑历史与理论》等期刊以及《建筑考古学论文集》与《宫殿考古通论》中发表过研究成果。在《大明宫》中主要探讨丹凤门、太液池、学士院、翰林院以及大明宫总体布局的再认识等相关问题。考古学者对历史建筑遗址与遗存的发掘可以指出哪里有什么，但难以回答这些历史建筑遗址或遗存是什么或为什么是这样的学术问题。而这正是基于普通考古学的建筑考古学的责任。面对这一些学术问题以及引发不同争议的课题的研究与探讨，杨鸿勋一以贯之地运用建筑考古学观念与方法从容面对，并取得了突破性学术成果。

何谓建筑考古学及其方法论？质言之即以历史遗址考古发掘材料为对象

的古建筑研究。中国建筑遗址与世界上许多砖、石体系的建筑不同的是原来大量的木构所造成的形体一般不复存在，绝无像埃及、希腊、罗马的上千年的古建筑遗存那样尽管残破还仍然伫立着列柱、梁、枋和墙体。这就极大地增加了中国建筑史学研究的难度。在西方建筑考古学的问题并不突出，而在中国则必须有特殊考古学分支学科建筑考古学作为建筑史学的坚实基础。建筑作为人类社会历史文化的载体，其遗址的考古学发掘和研究能提供的社会生活形态的材料，可见建筑考古学研究的价值意义是何等的重要。就中国建筑史学而言，前期阶段缺乏或者没有遗留下完整的古代建筑实物，唯有依靠建筑考古学才能获得文献所不能提供的实物材料。

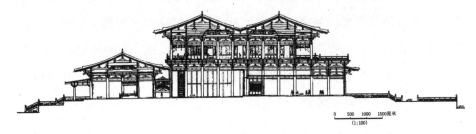

图2-4 杨鸿勋复原大明宫遗址麟德殿纵剖面图
（《宫殿考古通论》，紫禁城出版社2001年版）

中国建筑史学研究自学科形成以来的半个多世纪经历了初期以现存古建筑实物的测绘为主要工作的史料收集、整理与传统术语考订和初步研究工作的阶段，这为进一步开展建筑史学研究奠定了基础。但是中国古代建筑实物的保存时间是有限的，中国古代土木混合结构的建筑更不耐久。目前保存的完整木构建筑是晚唐时期所建的五台山佛光寺大殿，至今方逾千年。中国古代建筑发展重大的飞跃在隋、唐以前，若以土木结构为主导来说，中国古典建筑体系的奠定约在东汉时期。我们已往的有关中国古代建筑研究工作仅仅是建筑史学研究的一个基础而已，真正围绕中国建筑动态发展这一史学中心课题的研究还有待我们向着隋、唐以前建筑历史去努力开拓研究领域。客观地来看，隋、唐以后的建筑史料占有和建筑发展问题的研讨还远没有达到人们所期望的深广度。许多学者将继续从事这方面的工作。在漫长的古代社会唯有统治者所使用的建筑主要是宫殿才能代表当时的最高建筑艺术成就。然而遗留至今的宫殿只有明、清北京紫禁城和沈阳清初故宫，连明代初期和元代的宫殿都不复存在，何况更早的呢？所以到目前为止，凭着现存古建筑实例只能编写一部古建筑史料汇编，不可能完成一部真正阐明建筑发生、发展动态过程的史书。认识万年以上的建筑发展史主要还得依靠埋藏在地下的遗址材料。"建筑考古学"也正是为应建筑史学研究之需而诞生的。

对于历史的研究，无论是通过古籍文献还是古代遗迹、遗物，其目的都在于尽可能如实地去认识古代社会的各个不同的侧面。建筑史学要如实地阐明建筑本来的动态发展过程，首先要力求认识各历史时期建筑的原状。对于缺乏完整建筑遗存的早期建筑来说，科学地考察遗址是重要的途径，这也就是建筑考古学的重要任务之一。因此可以说复原研究是建筑考古学及其建筑史学研究的核心内容。在建筑考古的复原研究工作中有两点是需要特别强调的，一是复原的首要原则在于忠实于遗迹现象，另一点是古聚落、古城、古建筑的复原需要借助于必要的科学论证。关于第一点即要求建立严格的从遗迹出发的概念，决不可为了设计的"合理"而任意改变遗迹形状或数据。古代遗迹所反映的多是现代人知识范围以外的问题，这正是要求遵循客观存在的事实来进行探索的。如果现有的材料还不足以有所发现、有所认识或设想，则不论是对其功能性质、空间与体形，还是对其结构、构造与材料诸问题，都允许存疑，决不可为自圆其说或复原图案的美观而做违背遗迹现象的发挥。关于第二点即要求提高理论水平以及相关的社会学、历史学、民俗学、美学、地理学、文化学、人类学等知识储备，不应只是抱着史料的观点，而是要有历史的观点。一切科学研究都是理论的研究，从残存的片断去认识整体，从孤立的、静止的例证去认识运动的、演变的历史，科学假说是必不可少的。

当掌握了建筑学、土木工程学以及有关学科的知识并遵循工艺逻辑和历史逻辑予以思维加工时，它的原状就不是不可知的了。尽管古建筑遗迹现象是很有限的，但仍然可以依据建筑考古学观点与方法推知其基本状况，认识建筑遗迹的本质仅凭现存古建筑和借助文献的历史学方法研究古代建筑的演变是不能解决问题的，建筑考古学将促进建筑史学研究实质性发展。

《中国古代建筑史》是在中国营造学社研究的基础上并在中国营造学社老一辈建筑史学家刘敦桢、梁思成指导下完成的第一部完整的编年史，它代表了老一辈学者的治学观点和方法，因此可以说是标志中国建筑史学研究第一阶段国际水准的里程碑式的历史成就。但这部《中国古代建筑史》的历史局限性是：基于其唯物主义治学观点着重于现存古建筑实录，早期则偏重文献记载，较少涉及理论思维的发展演变亦即建筑历史动态演变的表述。该书即使就史料学来说也缺少宋、元以前的宫殿、坛庙等具有时代代表性的高级建筑实例。这是由于缺乏建筑考古学科学原则与技术训练及其所应具备的知识所造成的。杨鸿勋自1973年调入中国社会科学院考古研究所努力创建建筑考古学以来，在建筑遗迹现象科学考察的基础上所进行的典型古建筑复原研究为建筑史学的研究提供了比较可靠的实物形象史料，从而弥补了中国建筑史学探讨中的若干空白。诸如关于中国建筑的发生及其初始形态一直是建筑史学应该探讨而没有解决的问题，现在由于有了更多一些新石器时代建筑遗址的实物材料则可借以探讨这个问题并建立科学假说。因为科学研究是离不开推理和假说的，历史的研究也是以静态的史料为依据而进行动态的发展陈述，为此推理和假说是必不可少的。中国建筑的发生在黄河流域黄土地带提出以穴居为主导的学说，其发展可分为以下几个主要环节——穴居是从模拟自然洞窟的横穴开始的，其"建筑"的概念恰是从其对立面建立的，即建筑不是从材料的增筑（加法）而是从材料的削减（减法）开始的。这就是说"建筑"是从空间创造开始的。这一观点十分重要，它构成了中国古典建筑体系从空间出发的基础。作为建筑发展的第一个环节，先是在黄土断崖上横向掏挖，进一步发展为先在陡坡上铲出一个直立壁面，然后再于黄土直壁上横向掏挖横穴，再发展便是在平地上垂直掏挖口小膛大的袋形竖穴了。竖穴设置固定顶盖——"复"（屋），形成加、减法共同制造空间，并促成了深竖穴向直壁半穴居的转化。此时并发明了烧烤穴底、穴壁甚至顶盖表面的防潮、防雨水、防蛇鼠之类以及加固的工程做法。《诗经》所谓"陶复、陶穴"正是对当时仍在沿用的这一古老居住形式的描写。进一步演变便是穴越来越浅、屋越来越大，终于形成了彻底舍弃挖穴而完全采用加法构筑地面房屋了。这便完成了穴居发展从地下到地上这一序列的全过程。从西安半坡遗址材料来看，根据考古地层学及放射性碳14测定年代，由半地下到地上的时间仅用了300—400年。关于"黄帝合宫"的传说应是处于酋邦社会时期的酋长住房亦即宫殿雏形的式样，是探讨宫殿发生相当重要的材料。建筑考古学引用大地湾遗址F901及其前后的系列材料对这一"宫"型组合体建筑已做出科学的诠释。关于神农与黄帝时代祭祀建筑的传说，经过建筑考古学的研究也有重要突破。见于《淮南子·主术训》的"神农"时代的"明堂"和《史记·封禅书》的"黄帝时明堂"记载，经过建筑考古学研究已了解其复原状况，并得知大约在4000年前后这种"明堂"，即原始农业的祭祀建筑"社"，已随着稻作技术传到日本，而成为日本神社的祖型。面对这些古史传说材料，过去由于无法判别其真伪，长期以来的历代学者都无人问津。只有当建筑考古学建立并应用新石器时代遗址考古材料与传说古史相对照进行研究，才可能有所发现、有所收获。古史传说的原始社会时期的建筑情况只有靠考古学研究才能有所认识。现在已经发现的有：距今6000年前左右，原始母系氏族公社的聚落普遍具备居住、陶窑生产和墓葬三个区域的规划。居住区都有围壕围绕，住房作圜形布置，形成中央广场——这一规划正是团结向心的氏族原则的体现。面临广场，都设有公益性质的"大房子"，而且已发现"前堂后室"的布局。5000年前左右，母系向父系过渡时期的家族住房已创造出单元组合的公寓长屋。在距今4000年前左右，父系氏族公社时期已出现"二合""三合"的合院建筑群组。夯土版筑技术最早见于中原仰韶文化遗址。石灰的烧制和抹面使用以及土墼和泥坯砌块，最早都见于中原的龙山文化遗址。屋瓦最早见于西部地区的齐家文化遗存。又如作为中国第一个王朝的"夏"，至今由于缺乏直接证据而被"有一分材料说一分话"的考古学家所存疑。然而无论从文献还是考古学材料的蛛丝马迹来看，"夏"时代的存在是毋庸置疑的史实。二里头遗址F1、F2等宫殿的复原研究，已为《考工记·匠人》所记"夏后氏世室"——"前堂后室"充作"前朝后寝"的夏朝宫廷主殿以及另外的宫廷建筑提供了实证。殷商建筑考古学研究令人惊喜地发现，在商汤建国初期的都城——偃师尸乡商城遗址，在其主体宫城中已形成"前朝后寝"的建筑群。时至商中期，在主殿的右侧增建了社、稷、坛，并与左侧的大约是祖庙相对应，这显示了《考工记》所载周朝王宫"左祖右社"的布局，很可能创始于殷商。同时，殷商的社、稷遗迹表明它们都是干阑建筑，也就是当时象形文字（京）所描绘的形式，它正是"黄帝时明堂"的一脉相承。这是建筑考古学研究解决建筑史上的又一个重要问题。据安阳小屯殷墟的考古材料，首次揭示了苑囿楼阁以及"墓而不坟"的统治者陵墓上所建的享堂——甲骨文所谓的"宗"。周朝王宫前殿即《考工记》所载的"周人明堂"，关于它的形制问题，自汉朝以来群儒从文献到文献的争论，可谓聚讼千载莫衷一是。但通过考古学研究，目前已提出比较可信的复原方案，从而弥补了建筑史上的这一缺憾。东周列国的"高台榭、美宫室"，过去在建筑史上只能引用文献的描述，而没有具体的形象实例。现在经过建筑考古学的研究，已提出秦国咸阳北阪上"飞阁复道"相连的宫殿、中山国王陵上台榭式享堂等复原，而且完成了历史上最早的缩尺制图——1/500《兆域图》的破译。建筑考古学的研究还认定了河南省登封县告成镇东周"阳城"遗址最早的给水工程系统遗迹以及中国历史上最早的隋朝冷气设备的宫殿等等。一统天下的秦帝国在大咸阳规划中，著名的新朝宫前殿——"阿房"是建筑史上的重要一例，但因无详细记载，其形制一直是千古之谜。过去建筑史仅是以其土台遗迹的照片来略作表示，现在虽然尚未对遗址进行发掘，但通过建筑考古学对类似遗址材料的考察，已可初步对阿房前殿的设计做出设想。秦帝国标志"普天之下莫非王土"的东海"国门"——"碣石门"与"碣石宫"，是人为环境与自然环境相融合的一个杰作，建筑考古学也为建筑史提供了这一重要例证。这便首次揭示了中国大环境设计思想的体现。对于长期以来普遍认为"覆斗形"的秦始皇陵"封土"也揭示了它九层之台大享堂的本来面貌。汉长安的未央宫前殿已开始试掘，据此对其原状也做出了建筑考古学的初步推测。另外，建筑考古学还为建筑史提供了未央宫前殿和椒房殿、桂宫前殿、陵寝以及国家武库、太仓等实物史料。西汉末王莽执政时期，在首都长安南郊建造的明堂辟雍是建筑史上复古主义的杰作，建筑考古学也做出科学复原的成果。东汉首都洛阳南郊的明堂以及建筑史上最早的天文台——灵台，也都有了建筑考古学的科研成果。三国曹魏邺城的铜雀三台已取得初步发掘材料。著名的北魏洛阳永宁寺塔也已提出可信的复原论证。隋、唐时期重要的宫廷建筑，诸如隋仁寿宫（唐九成宫），唐长安大明宫含元殿、麟德殿等以及武则天为称帝做准备而在东都洛阳兴建的宫廷主殿——明堂（万象神宫、通天宫），都已完成了复原研究报告。隋朝首都大兴（唐长安）城的正南门——明德门，杨鸿勋也用建筑考古学的观念与方法发表了初步的复原结论。东都洛阳的南城门——定鼎门，也完成了考古发掘。这两座隋朝皇家建筑大师宇文恺主持设计建造的都城正门都保持着南北朝时期配有两阙的特征，是建筑史上的重要例证。通过建筑考古学研究，已纠正了普通考古学对隋朝大兴（唐长安）太子东宫范围的误断。唐长安青龙寺的复原研究为建筑史提供了密宗殿堂的实例。唐长安荐福寺小雁塔也完成了复原研究，现在建筑考古学也已提出了小雁塔原状的科研成果，填补了史料的不足。建筑史上最引中外学者注意而又一直没有专门研究并提出可信成果的两个疑难问题——大屋顶凹曲屋面的形成和斗栱的发生，也终于在建筑考古学的研究中得到解答。

在考察大明宫创建始末与兴废过程以及大明宫创建的根基仁寿宫（唐九成宫）历史渊源的基础上，杨鸿勋同样驾轻就熟地用建筑考古学的观念与方法对大明宫历史疑惑问题予以复原研究，并结合相关历史文献与遗址考古发掘材料进行考证、论证，生动地揭示并再现大明宫以及宫苑丰富的历史面貌。大明宫宏伟的宫城，含元殿、宣政殿、紫宸殿三大殿，麟德殿与三清殿的真相，壮丽的丹凤门以及宫苑官署、亭台楼阁、山池水榭等等无不生动形象地尽收眼底。

建筑考古学经过40余年的学科建设工作，基本奠定了学科的基础。经过

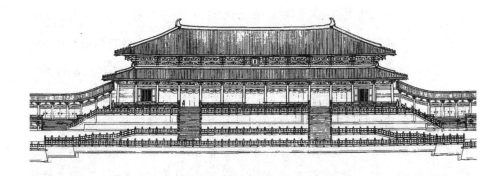

图2-5 杨鸿勋复原大明宫遗址含元殿正立面图
（《宫殿考古通论》，紫禁城出版社2001年版）

多年来在国内学术界的传播，已初步建立起建筑考古学的学科概念及其基本学术思想体系。相信在未来，建筑考古学必将随着科学、技术的发展而更加完善，它将进一步为建筑史学的研究提供更多、更加可信的久已湮没了的古代建筑实物史料，从而使中国建筑史学多些更充实丰满的内涵。

文化学者刘再复认为学术研究方法除了考证、论证之外，还有一种悟证的方法。这是一种无须思辨过程与逻辑论证过程能在瞬间道破事物的本质，从而对真理予以把握，通过悟证可以抵达考证与论证无法抵达的深处。①这种洞察事理并提升思维的直觉感悟是一种卓越的智慧。这种悟证的智慧方法在中国古代文化学术史中一直是延续并传承着的，从宋代严羽《沧浪诗话》论述玲珑剔透的"妙悟"，到近代王国维结合地上考古发掘与文献对照论证形成的"境界"，乃至现代陈寅恪"以诗证史"的《柳如是别传》及钱钟书"顿悟"式的《谈艺录》与《管锥篇》等研究实绩，莫不如是。读罢建筑考古学家杨鸿勋的新著《大明宫》，感觉亦然。

早在20世纪民国期间的文史学家顾颉刚就意识到："书籍不是学问，考证的功夫也不是学问，学问只是在事物上体会着，再在心思里裁断着的境界。"②

① 刘再复：《走向人生深处》，中信出版社2011年版，第229—230页。
② 顾颉刚：《中国近来学术思想界的变迁观》，《中国哲学》1984年第11辑。

胡适之和郭沫若不约而同地意识到学术研究考证、论证功夫之外尚须有"大胆设想、小心求证"的悟证方法及其禀赋。这种悟证"是一种极有生命驱动力的思维形态，它介于感性思维和抽象思维之间，穿透功能和原创功能都甚为可观。没有悟性点醒的材料是死材料，没有悟性化解的理论是空理论，悟性实际上是连接理论和材料的带有生命体验的心灵桥梁"[①]，也是迥异于西方的东方独有的醒悟智慧。这种东方独有的醒悟智慧在杨鸿勋的建筑史学研究中的运用显现得十分娴熟自如。杨鸿勋认为建筑史学研究必须具备两个条件：一是史料信息；一是思维处理的智能。[②]相对于同时代的建筑考古学探索的同仁，杨鸿勋迥不犹人之处是其聪颖与独具慧眼的设想。因此他能如数家珍地驾驭历史文献记载材料与历史遗址考古发掘报告提供的历史信息作为考证、论证前提，在此基础上赋予合理的创造性空间想象与建筑构成复原研究及通感性的灵性悟证。

通过对《大明宫》研究从观念到方法论及其运用的阐述，可见杨鸿勋之于中国建筑史学研究因其凭借考证、论证、悟证三足鼎立之态势构成融科学与人文精神于一体的建筑考古学观念与方法论体系从而成为中国建筑史学研究坚实科学研究的基础，并取得突出成就。这种基于中国土木构成建筑本质特征融考证、论证、悟证为一体的东方思维及其结果是西方关注作为东方代表的中国建筑研究无力企及的学术深广度的境地。这是毋庸置疑的史实。所以杨鸿勋几十年风雨兼程所建构的建筑考古学观念及其方法价值意义具有世界性学术蕴藉。

（原载《中国建筑图书评介报告》第一卷，天津大学出版社2017年版）

---

① 杨义：《感悟通论》，人民出版社2008年版，第197—198页。

② 杨鸿勋：《建筑考古学》，见《文物·古建·遗产——首届全国文物古建筑研究所所长培训班讲义》，北京燕山出版社2004年版。

第三编　建筑美学

中国古代建筑园林美学思想

导　言

  马克思在《政治经济学批判导言》中高屋建瓴地指出了人类掌握世界的方式有"理论的、艺术的、宗教的、实践—精神的"[①]等四种，建筑就是艺术掌握世界的方式之一。建筑艺术掌握世界的方式可理解为一种介于人类物质实践与思维认识、感性活动与理性活动之间的综合了实践活动的感性、具体、物质性与科学认识的理性、抽象、精神性特点的实践理性[②]掌握世界的方式。这种掌握世界的方式既具有科学精神又富有人文艺术形象，集中地反映了人对世界的审美关系——认识和改造世界的方式旨在体现在建筑园林空间组合与自然的和谐共处。恩格斯在《家庭、私有制和国家的起源》中说："根据唯物主义观点，历史中的决定性因素，归根结底是直接生活的生产和再生产，但是生产本身又有两种，一方面是生活资料，即食物、衣服、住房及为此所需的工具生产，另一方面是人类自身的生产，即种的繁衍。"[③]因此，

[①] 参见《马克思恩格斯选集》第二卷，人民出版社1972年版，第104页。

[②] 李泽厚：《中国古代思想史论》，安徽文艺出版社1994年版，第310页。

[③] ［德］恩格斯：《家庭、私有制和国家的起源·序言》，《马克思恩格斯选集》第四卷，人民出版社1977年版，第2页。

古往今来，大千世界，我们所使用的所看见的所创造的无一不具有人类建筑设计的印痕，无一不体现出人类自身的理性与情感的特征。人类由动物衍变成人而成为万物的灵长，就像古希腊哲人所说的人是万物的尺度，也正如马克思所讲的人不仅是按照种的尺度衡量世界，同时也按照自己的尺度与"美的规律来建造"①。这个美的规律就是人的设计美学思想的标志，对于中国古代建筑园林而言尤其如此。人类自诞生以来，世界各民族在他们所拥有的居住地实施设计建造过程中所涉及的建筑材质、造型、环境伦理，无不凸显其建筑美学思想。对此西方学者称之为建筑设计美学思想与艺术风格流变，中国则曰华夏古建筑园林审美匠意渊源。本文对中国古建筑园林设计美学思想提纲挈领的论述旨在阐释中国建筑设计美学思想价值，不失为当下全球建筑形态单一、情态失却、生态失衡的危难情状提供拯救与启蒙的双重效应。易朽的中国古代木构建筑，不朽的艺术精神，能为东西方面临的困惑提供建筑美学思想启示。

一、美学与中国古建筑园林美学

古今中外美学家从不同的角度给美学下过定义。老子说："信言不美，美言不信。"孔子认为："仁义礼智信即为美。"孟子说："充实之谓美。"朱光潜说："美是主观与客观统一的产物。"高尔泰说："美是自由的象征。"李泽厚认为："美是社会实践文化积淀之后人化自然的产物。"周来祥说："美就是古今中外自然、社会及艺术和谐呈现并表现为古典、近代、现当代形态。"黑格尔说："美是感性的理性显现。"狄德罗说："美在关系。"克罗齐说："美是艺术直觉的表现。"车尔尼雪夫斯基说："美是生活。"马克思说："美是人的本质力量

---

① 参见 [德] 马克思：《1844年经济学哲学手稿》，《马克思恩格斯全集》第四十二卷，人民出版社1953年版。

对象化的产物。"综上所述，美学是研究人与现实审美关系的学问（这里的现实包括自然、社会及艺术，因此而形成自然美、社会美、艺术美三大美学境域）。由于人与现实的审美关系在艺术的表现中尤其明显，所以美学研究的主要对象是艺术现象及其存在的问题，但美学又不是研究艺术领域中的一般问题，而是研究艺术中的哲理性问题。因此美学被黑格尔、谢林、丹纳称为艺术哲学，隶属于哲学的一个部门，中外学府一般都将美学设置在大学或科研机构的哲学系或哲学研究所。

确定了美学的概念及其主要研究对象之后，我们就可以明确地界定中国古代建筑园林美学。中国古代建筑园林美学是指有关建筑哲理与美感及其审美价值的学问。这里的哲理指的是"天人合一"的永恒之道；美感指的是中国古代建筑园林的形态与情态及生态的和谐共处的总体美感；审美价值指的是中国古代建筑园林美学诉诸人以物质与精神及生态文明共生的价值意义。中国建筑学术界有关中国古代建筑园林的形制、构造、材质、机理、法式等方面的研究居多，关于中国古代建筑园林设计美学思想研究则鲜见，这与学界具备建筑美学学养的学人不多有关，并非中国古代建筑园林缺乏美学思想，而是人们缺乏"发现美的眼光"和有深度的创建。中国古代建筑园林在世界建筑艺术史上独树一帜的美学思想与审美艺术特征缺乏系统深入的建筑美学理论阐释，建筑学界多半局限于法式、技艺、礼仪、史迹等形制类型的考证与描述，能见到的较有建树的有关中国古代建筑园林美学思想的研究成果主要有李允鉌的《华夏意匠——中国古典建筑设计原理分析》、王世仁的《理性与浪漫的交织：中国建筑美学论文集》、侯幼彬的《中国建筑美学》、陈从周的《说园》[1]、杨鸿勋的《江南园林论》[2]、张家骥的《中国造园论》[3]等

---

① 参见陈从周：《说园》，同济大学出版社1984年版。

② 参见杨鸿勋：《江南园林论》，中国建筑工业出版社2011年版。

③ 参见张家骥：《中国造园论》，陕西人民出版社1991年版。

论著。建筑学界之外的王振复、曹林娣两位文学教授从审美与文化的角度研究建筑美学与园林美学的专著《中国建筑的文化历程》①《中国园林文化》②也颇有见地。这些研究成果对中国古代建筑园林美学发展无疑具有极大的推进作用，但距离以成熟的建筑美学思想体系态势与世界建筑美学界形成平等对话的要求还相差甚远。一方面中国古代建筑园林实践活动决定其建筑园林美学建树仅凭坐而论道是行不通的；另一方面中国古代建筑园林实践证明没有理性的总结难以在世界建筑之林自立、自强。如何突破"道器分途"并系统深入地研究中国古代建筑园林设计美学思想与现实的需求当成为中国建筑学术界的当务之急。

二、作为万世一系的中国古代建筑园林道贯乾坤的道统

逻辑与哲学家金岳霖曾说过："每一文化都有它的最崇高的概念，最基本的原动力，中国思想中最崇高的概念似乎是道。"③这里所谓的"道"，既是指"天道、地道、人道"，也是指儒家之道、道家之道、释家之道。"各家所欲言而不能尽的道，国人对之油然而生景仰之心的道，万事万物所不得不由、不得不依的道，才是中国思想中最崇高的概念、最基本的原动力。"老子《道德经》有言："道生一，一生二，二生三，三生万物"，"天大，道大，地大，人亦大，域中有四大，而人居其一焉"。孔子《论语》说："朝闻道，夕可死焉"，人当"志于道，据于德，依于仁，游于艺"。为什么说"文章乃经国之大业，不朽之盛事"？这是因为世人崇尚"文以载道"。刘勰在文艺理论专著《文心雕龙》中首当其冲地指出文章之渊源在于原道——"道心惟微，神理设教"。老子认为"人法地，地法天，天法道，道法自然"，"法天象地""道法自

---

① 参见王振复：《中国建筑的文化历程》，上海人民出版社2000年版。
② 参见曹林娣：《中国园林文化》，中国建筑工业出版社2005年版。
③ 金岳霖：《论道》，商务印书馆1985年版。

然"是中国的艺术自律与营造法则。建筑学家梁思成说建筑之道"不着意于原物长存之观念。盖中国自始即未有如古埃及刻意求永久不灭之工程，欲以人工与自然物体竞久存之实，且既安于新陈代谢之理，以自然生灭为定律，视建筑且如被服舆马，时得而更换之；未尝患原物之久暂，无使其永不残破之野心"①。其意旨在说明中国古代先民们以上栋下宇之屋宇建筑载体体验永恒之道的意义，他们抱着体道、悟道的意念在自以为是的建筑园林中平心静气地度过了几千年的文明历史。因而《周易》曰："形而上者谓之道，形而下者谓之器。"在这样的道的境地中，建筑技艺是末，道是本体，建筑是器，道是根本。由此可见，道与器的关系是"本"与"体"的关系，因此道对器的统治是具有绝对权威的。这就是《中庸》中所强调的"道也者，不可须臾离也；可离，非道也"。道是贯彻乾坤的，世之所存，道之所在。庄子《庖丁解牛》曰："臣之所好道也，进乎技矣。"刘熙载《艺概》说："艺者，道之形也。"美学家宗白华总结古代建筑、园林、书画、音乐、文学、雕塑、戏曲等诸类艺术情状之后，在《中国艺术意境之诞生》中说："中国哲学是就生命本身体悟道的节奏，道具象于生活、礼乐制度。道尤表象于艺，灿烂的艺赋予道以形象和生命，道给予艺以深度和灵魂。"②因此司空图在《诗品》中说："与道俱往，着手成春。"作为物质与精神文化载体的中国古建筑园林始终贯彻的就是道贯乾坤的美学理念，并诉诸实践体验，因为"人道仿照天道、地道来做，探求人类生存的道理，不仅知道天地、寒暑，还把'天圆地方'的概念运用于建筑上"③。

中国古代建筑园林选择不同于西方的石头作为建筑材料也是基于遵循天、地、人之道统以及阴阳金木水火土相生相克之五行的观念所致。先民不重

---

① 梁思成：《中国建筑史》，百花文艺出版社1998年版，第18页。

② 宗白华：《艺境》，北京大学出版社1999年版，第148页。

③ 参见龙庆忠：《天道、地道、人道与建筑的关系》，《中国建筑与中华民族》，华南理工大学出版社1990年版，第11页。

视所营造的建筑园林与世长存，而在乎于器物之中体验"道"之永恒，将石材留给实用的地下殿堂及桥、城、阙、台等，石、木材料之选择非不能而不为也。

三、人为环境与自然环境有机结合的营造智慧

中国古代建筑园林建筑材质与审美文化意识及其空间布置均是有机的建筑构成，其建筑美学思想的真谛不仅在于建筑园林本身，更在于注重人为环境与自然环境的一体化，其中建筑园林创作的借景理念和技法远远超出造园学的意义，实际上揭示了人为环境与自然环境相融合的大环境设计美学思想。这一有机理论对于当前以及未来整个人类人居环境的自然生态化建设具有重要参考价值。尽管大自然开阔、生动、丰富，而建筑园林则更集中、概括、理想、富有情趣。中国古代建筑园林这一有机建筑设计美学思想为莱特所借鉴而创造现代新建筑，[1]莱特的有机建筑论注重建筑园林形态的雕塑性，中国古代建筑园林讲究空间环境意识。中国古代建筑园林"外师造化，中得心源"的景象即是"诗情画意"。这正是中国古代建筑园林美之所以比自然风景更加耐人寻味之处。中国古代建筑园林是可以身临其境的立体的画、凝固的诗，是人为环境与自然环境融合的诗情画意的人居空间，是具有实用价值的时空艺术，是天地间人的生命场所。中国古代建筑园林美学不仅贯彻维特鲁威《建筑十书》所谓"实用、坚固、美观"的建筑美学原则，而且视建筑园林为结合自然设计自然而然的结果——"虽由人作宛自天开"。中国古代建筑园林对世界建筑发展的启示很大程度上缘于建筑园林美学的人为环境与自然环境融合的思想。中国古代建筑园林作为造园手段不论是地标形势塑造、植物配置、动物点缀，还是建构经营以及诗情画意，都是按照顺应自然的自

---

[1]　[美] F·L·莱特：《建筑的未来》，翁致祥译，中国建筑工业出版社1992年版。

然美的法则融入以充满生活情趣的人文的情趣美。这正是根据天时与地利状况进行人类居住环境建设所需求的天、地、人一体的整体规划、设计思想。人为创造的环境与自然生态环境作为一个整体考虑是"生态化与人性化"的融合，这就是"天人合一"思想在建筑园林学的生动体现。

这一理念的外延则是与自然相结合的人居空间的大环境设计，在它的创作原理中导致大环境设计的关键就在于借景。借景是建筑园林景深的强化。中国建筑园林所谓借景就是借用的景象，即不属于建筑园林规划设计范围，即建筑园林之外的景观借用，将外在美景组织到园林景象中来。借景不只是强化景深的一种技法，而且是一个重要的原理，它把囿于既定范围之内的园林创作置之于建筑所在的环境及天时基础之上，充分利用环境及天时的一切有利因素，以增进园林艺术效果。这中间所包含的人为环境与自然环境相融合的整体观念是中国园林创作极其宝贵的根本思想，所以计成在其著作《园冶》中说："借景，园林之最要者也。"

四、城市、建筑、园林三位一体的广义建筑学

吴良镛在《广义建筑学》中明确地提出城市、建筑、园林整合一体的广义建筑学学说，将视野局限在某一方面求新、求异，虽言之有理、持之有故，难免片面肤浅之虞。广义建筑学就其学科内涵来说是通过城市设计的核心作用从观念和理论基础上把建筑学、地景学、城市规划学的要点整合为一。[①]融城市、建筑、景观为一体的广义建筑学自古一以贯之。科学家钱学森在《山水城市与建筑科学》中指明中国特色的建筑科学应有的发展方向是营造整体意义上的自然山水城市的建筑园林境界——"山重水复疑无路，柳暗花明又一村"。两位著名的科学家角度不一样，但大方向则是一致地指明中国

---

① 参见吴良镛：《中国建筑与城市文化》，昆仑出版社2009年版，第319页。

建筑园林的传统与未来——单体的建筑形态与情态及生态的整合以及整体意义上的自然山水城市规划与建筑及园林的统一。

《宅经》有言："夫宅者，乃阴阳之枢纽，人伦之规模。"中国古典美学的情景交融的意境在古代建筑园林中得到了独特的体现，因此美学家叶朗说"在一定意义上可以说，'意境'的内涵，在园林艺术中的显现，比较在其他艺术门类中的显现，要更为清晰，从而也更容易把握"[①]。《周易·系辞》曰："上古穴居而野处，后世圣人易之以宫室，上栋下宇，以待风雨，盖取大壮。""古往今来曰宇，上下四方曰宙"，"仰观宇宙之大，俯察品类之盛"，立象以见生命万象，达至"天人合一"的意境。中国古代建筑园林的亭台楼阁充分显示这种"天人合一"的时空境界美，故有欧阳修《醉翁亭记》"有亭翼然临于泉上者，醉翁亭也"，陈子昂《登幽州台》"前不见古人，后不见来者，念天地之悠悠，独怆然而涕下"，范仲淹《岳阳楼记》"衔远山，吞长江，浩浩荡荡，横崖无际"，王勃《滕王阁序》"落霞与孤鹜齐飞，秋水共长天一色"。计成《园冶》故曰"轩楹高爽，窗户虚邻，纳千顷之汪洋，收四时之烂漫"，即此建筑时空境界。

五、建筑模数与标准化及榫卯与超稳定的结构

中国古代建筑园林的木构架是采用结构学所谓铰接的榫卯节点，不同于西方现代钢结构和钢筋混凝土之框架结构的衔接。中国古代建筑园林采用的榫卯结构遇到水平荷载的风力，特别是地震横波甚至纵波的荷载时，由于铰接节点有松动的余地，可以使应力衰减，从而起到减震、抗震的作用。这在大量的地震灾难中，得到了验证。例如在20世纪日本关东大地震、阪神大地震以及中国唐山大地震和21世纪的台湾南投集集大地震、四川汶川大地震等

---

① 参见叶郎：《中国美学史大纲》，上海人民出版社1985年版，第439页。

灾难中，大量钢结构和钢筋混凝土结构的现代建筑破裂损坏和倒塌，而中国古老的木构架建筑尽管由于大地的抖动而屋瓦散落，但是建筑本身震撼的结果却是得以保全的。作为中国古典建筑体系的日本传统建筑所显示的这一抗震效果，启发了日本现代结构学专家们钻研现代深加工材料的框架结构按照榫卯交接的铰接原理，而创造了种种铰接节点的构造方式，从而提高了现代高楼的抗震性能。这是中国古典建筑体系的成就对世界建筑发展的又一项重要贡献。

中国古代建筑园林建构用小木条和木块组合的斗栱，作为柱身和楼层以及和屋盖梁架之间的过渡部件，是作为东方木构建筑代表中国建筑园林体系的外部特征。由于这一部件将工程与艺术有机地、巧妙地结合为一体，成为中国古代建筑园林功能与装饰统一的特征的代表性缩影。斗栱内涵的结构与构造的原理与意匠必将成为现代结构学改革创新的智慧源泉。

中国古代独特的科技思想意识与深厚的人文情怀在中国古代建筑园林美的建构中得以契合。

六、内外交融的空间学说与有机仿生构架体系

在中国古代所谓的"建筑"不仅仅是盖房子，同时更是空间环境的经营。按照西方传统，"建筑"这个实体被视为艺术门类的首位，即视建筑为如同雕刻一样的造型艺术，建筑创作是着眼于体形的塑造艺术，甚至主要是立面的经营、设置，考虑比例、权衡以及韵律感之类的因素。西方基于其机械论的线性思维，崇尚永恒的、凝固的美，故西方古典建筑体系以凝固的无机的石头作为主要建筑材料，营造理念也是无机的体形的塑造。大教堂建造精雕细刻，施工时间甚至长达百年。中国则不然，中国以有机的木材作为主要建材，其营造观念也是有机的、仿生的，中国古代建筑不追求一劳永逸的恒久保持，新陈代谢促使延年益寿的维修是常态。在建筑体形与空间的对立统一中，是以《老子》所谓"凿户牖以为室，当其无，有室之用""有（体

形）之以为利，无（空间）之以为用"为建筑美学原则。中国建筑的实用在于空间，空间及其空间环境的经营是第一性的。中国古代建筑园林着眼于空间环境的建筑行为造成的所谓的"建筑"则是建筑自身及室内外空间的有机结合，建筑园林围合的庭院空间也是"建筑"，而且在艺术（精神）和实用（物质）上与建筑实体共同作用于身临其境的人居环境。中国古代建筑园林的仿生有机建筑论形成人为环境与自然环境相融合的营造理念，进而形成天、地、人一体的精神与物质统一功能场效应的堪舆学——风水的理论。

《考工记》曰："天有时，地有气，材有美，工有巧。合此四者，然后可以为良。"中国古代建筑园林是有机构成的产物，这首先表现在建筑材料运用自如的木材上，没有任何一种天然或人造材质在建筑中对人的总体性能上比木材更适合，[①]物性与人的心性使之然也，土石材亦然。其次是表现在古建筑园林结构上——斗栱的组合与铰接的榫卯交接的梁架所形成的整体超稳定抗震结构。再次是表现在古建筑园林形体和空间艺术上，其有机构件表现在建筑组群之间内外空间的流动以及建筑与其所在环境的有机联系上顺应天地之道而自然生成。

大约250年前的英国首先掀起工业革命，促进了欧洲的工业化，从而引起城市化，使城市中心的地段寸土寸金，于是向建筑提出了往高空发展的社会需求，这是对西方传统建筑的极大挑战。按照西方承重墙支撑的建筑体系，由于自重太大，建造超高层很难实现。大约100年前，美国建筑工程师威廉·勒巴隆·詹尼著文声称，他之所以颠覆西方古典建筑承重墙体系，创造现代建筑材料的框架结构理论，是受到以中国为代表的东方建筑木构架体系原理的启发。人类第一座摩天楼在美国芝加哥拔地而起是依照中国仿生学的木构架建筑"墙倒屋不塌"的构造原理的结果，现代摩天楼的建筑成就是"中学为体，西学为用"的东西方建筑智慧融合的结晶。这是中国古代建筑

---

① 参见陈绥祥：《遮蔽的文明》，北京工艺美术出版社1992年版。

园林在世界结构学方面对世界的革命性贡献。

七、建筑的形态与情态及生态融合的审美境界

文化是文明形成、发展的过程，文明则是文化的结晶，世界各民族的文明形式盖因于此。著名史学家斯宾格勒总结人类文明发展历程时说，文化总是以历史形态的方式存于时空之中的，并以数理的自然秩序与人文的社会历史秩序两种方式各以其理地合成为整个世界人类文化历史形态，其中的差别，唯有具备能洞观世界的慧眼才能认辨清楚。[①]纵观中外人类艺术发展史，我们不难发现，人类艺术发展的历史形态历经了古代的平稳谐和、近代的冲突与对立、现代的分裂与矛盾等形态（有学者说未来艺术审美形态是辩证的和谐）。[②]这与美学家周来祥将古今中外美学发展历程分为古代和谐、近代冲突、现代辩证和谐阶段相印证。[③]这是由于人类社会所经历的农业文明、工业文明、后工业文明等历史形态所凸显出的历史必然的结果。中国文化在特殊的历史境地长久保持着农业文明时代的谐和的历史形态，这是由农业文明所属的大地文化[④]与超稳定社会结构[⑤]及实用理性文化心理积淀[⑥]所形成的思维惯性所决定的。直到晚清为止，中国古代建筑园林依然一如既往地保持形态、情态、生态和谐共处的历史态势，所以诉诸人以赋有"参天化育、气化谐和"独特审美意识的整体美感。[⑦]北京故宫、明十三陵、清东西陵、颐和

---

① 参见 [德] 斯宾格勒：《西方的没落》，陈晓林译，黑龙江教育出版社1988年版，第5—6页。

② 参见彭启华：《艺术论纲》，武汉出版社1994年版，第51—73页。

③ 参见周来祥：《古代的美 近代的美 现代的美》，东北师范大学出版社1996年版。

④ 罗哲文、王振复主编：《中国建筑文化大观》，北京大学出版社2001年版，第9—13页。

⑤ 参见金观涛：《在历史的表象背后——对中国封建社会超稳定结构的探索》，四川人民出版社1984年版。

⑥ 参见李泽厚：《试谈中国的智慧》，《中国古代思想史论》，安徽文艺出版社1994年版。

⑦ 参见于民：《气化谐和——中国古典审美意识的独特发展》，东北师范大学出版社1990年版。

园、明清江南水乡民居、江浙园林等古建筑园林遗构即为典范。所谓的生态美感是指生态哲学观在建筑园林中活现，追求人为环境与自然环境融合的生存境界是中国古代建筑园林美学思想智慧的集中反映，也是中国先民们自然环境道德伦理涵养的鲜活表露，这一生存哲理同西方关涉人与自然分离的生存观念形成鲜明的比照。情态美感是指审美情感心理在古建园林中的表露，中国是浓于伦理的"情感本体"的国度，"情生于性而道始于情"，"亲子、君兄、夫妇、朋友、五伦关系，辐射交织而组成和构建种种社会情感作为本体所在，强调培植人性情感的教育，以作为社会的根本"。[①]因而中国古代一切艺术形态无不蕴含浓郁的情感色彩，即便是偏于工程技艺的古建园林也是理性与浪漫的情感交织的产物。形态美感指的是中国古建园林在营造过程中刻意追求的"有意味的形式——线条、色彩以某种特殊的方式组成某种形式或形式间的关系，激起我们的审美情感"[②]。因此中国古建园林不仅仅是为营造而营造地造就一个个建筑实体与形式，也是在营造一种关系或场景，在这样的关系与场景之中，每一个环节都蕴含着文化意味，并使构造形式成为文化意味的结果。形态、情态、生态构成是三位一体的审美境界，[③]其文化核心依然是以道为统率。

八、中国古代建筑园林理性与浪漫交织的诗意美

中国还是一个诗性的国度，这里所说的诗性不仅是一般意义上的有关诗歌的诗意，在其深层意义上指的是中国古代先民生存诗性意识的表露，即诗性智慧的活现，其实质则是指人类在实践过程中主体与客体之间的交流与创造活动，其结果往往趋向一种认知与直觉一体的动态的或然性的境界。在这

---

① 李泽厚：《初读郭店竹简印象记要》，《世纪新梦》，安徽文艺出版社1998年版，第205页。
② ［英］克莱夫·贝尔：《艺术》，周金环、马钟元译，中国文联出版社1984年版，第4页。
③ 崔勇：《略论诗性智慧与中国古代建筑文化》，《华中建筑》2000年第4期。

样的境界中，人的感情与理性、人与自然、有限与无限、时间与空间得以合而为一，是盎然诗意的。维科指出人类第一个文化形态是诗性的文化，西方文化历史发展经历古代诗性文化、中世纪宗教文化、近代科学理性文化等几个不断超越的阶段。①相形之下，历来宗教意识淡薄、科技意识薄弱的中国，直到近代依然保持着亘古不变的诗性文化与诗性智慧，保持"上观天文以察时变，下观人文以化天下，是故知幽明之故"（《周易·系辞》）实用理性的农业文明。刘熙载《艺概》有言："诗者，持也，诗乃天体之心。"中国素有"天人合一""人化的自然""自然的人化"的思维定式，加之中国古代社会超稳定的政治与经济结构维系，这种诗性智慧得以绵延不绝，成为"诗无达诂"（董仲舒《春秋繁露·精华篇》）式的有别于西方断裂性文明的连续性文明。②中国古代建筑园林美学思想的诗性智慧③是变易与通达的，而绝不是僵化、封闭、死板的。以诗性智慧的角度审视之，我们可以将中国古代建筑园林概括为如下几点：情理交融的诗情画意、立象见意并执象而求的象外之意、有限与无限统一的直观感悟、虚实相间与审美结合的匠意（即老子所谓的实者以利虚者以用）、人为与自然环境融合的伦理意念、仰观俯察与心领神会通情达理的审美观照、礼乐相济与历律通融的宇宙意识（《乐记》："礼者，天下之序，乐者，天下之和。"）、融文学意味与音乐韵律于一体的诗性智慧的体悟（《论语》："兴于诗，止于礼，成于乐。"）。海德格尔所言人的实现"诗意地居住"的理想早在中国古代建筑园林实践中生成并体验过，因为"诗意地居住"的本质意义指的是："正是诗意首先使人进入大地，使人属于大地，并因此使人进入居住——充满劳绩，但人诗意地居住在此大地上"④，中国古代建筑园林之境则是活写真。

---

① 参见 [意] 维柯：《新科学》（上下册），朱光潜译，商务印书馆1997年版。
② 参见张光直：《中国青铜时代》，生活·读书·新知三联书店1983年版。
③ 参见刘士林：《中国诗性文化》，江苏人民出版社1999年版。
④ [德] 海德格尔：《诗·语言·思》，彭富春译，文化艺术出版社1991年版，第189页。

结　语

在回眸20世纪文化审美思想时，中外不少学者预言21世纪将是东方文明再发现的世纪。综观中西方建筑美学发展的历程，中国古代建筑园林形态与情态及生态融合为一体的审美形态的美学价值体现出对人与自然和谐共处的生存境遇的终极关怀——人类共同追求的物质文明与精神文明及生态文明统一的生存境界。依据马克思主义关于物质存在决定社会意识及社会意识反映物质存在的基本原理。物质文明不仅是各时代社会文明的基础，而且构成了社会文明的主体。特定的社会物质文明发展水平决定了相应的精神文明进化程度。人类精神文明则是支撑整个社会文明的精神支柱，"道者反之动也"，它将反作用于物质文明，成为促进各时代物质文明的巨大动力和推进器。维护生态文明既是人类精神文明重要组成部分，又是维系各时代物质文明的强大生命力和调控器。因此，面对20世纪以来人类面临的人情失却、生态失衡、形态单一的建筑困境，人类当重新反省物质与精神及生态三大文明共生的价值意义，重新寻找实现诗意栖息家园，为真正实现社会健康文明发展而肩负历史责任。中国古代建筑园林所蕴含的建筑美学思想及中国贤哲通过实践理性所感悟的生存智慧于世有益。文化社会学家司马云杰在论及中国古代社会文明时说，中国古代建筑园林作为文明的载体是富有终极关怀的美学蕴藉的绵延性文明，①它敬畏大自然，具有万物和谐与共的生态智慧，而能够在连续下来的宇宙框架中建构天地人之间的连续以及文化与自然连续的历史景观环境。

近代以来，人类反人类、反自然背道而驰的行径造成的结果是，人类因过激的行为将自己逼到导致自身本质力量异化的尴尬的困惑境地，重新寻找身心家园、返璞归真、寻求人与自然和谐共处的智慧生存之道成为全人类的共识。有学者将人类的艺术历程概括为原始艺术的天然型、古代艺术的典范

---

① 参见司马云杰：《绵延论——关于中国文化绵延之理的研究》，中国社会出版社2000年版。

型、近代艺术转轨型、现代艺术裂变型等历程，其未来的艺术形态将是回归自然与本性的回归型。这回归的指向与中国自古以来素尚的人与自然共生共荣的生存智慧相符。中国古代建筑园林设计出发点不仅讲究材质来之于自然本身，而且力求建筑物与自然景象融为一体，这就促成了人为环境与自然环境相融合的理念，这一理念的外延则是与自然相谐的人居空间内外环境设计美学思想，势必将成为拯救人类于危难的诺亚方舟。作为物质与精神双重载体的中国古代建筑园林之于文化复兴自信自强自立的意义自不待言。

（原载《中华书画家》2018年第4期）

北京"三山五园"建筑园林空间美学解析

引　言

北京西北郊香山、玉泉山一带，在金、元两代已经有人开始营建苑囿别墅。明代末年，在海淀出现了以清华园和芍园为代表的一批风景园林。到了清代，北京西北郊区内的大小园林已经发展到几十处，形成了以皇家离宫苑囿为中心的众星拱月的壮丽局面。其中的香山——静宜园、玉泉山——静明园、万寿山——清漪园、圆明园、畅春园，素称"三山五园"。"三山五园"不仅是清代皇家园林的代表性成果，一定意义上也全面反映了中国传统建筑园林发展到清代达到了很高水平。[①]

"三山五园"显示出的皇家园林建筑美学思想及其设计策略

清朝的康熙乾隆盛世是中国农业文明晚期社会经济、政治、文化发展的高潮阶段，因此而兴起了一个皇家造园的高潮。这个高潮奠定于康熙，完成于乾隆。从乾隆三年（1738）起而后的30余年当中，皇家新建、扩建的大小园林计1500余公顷。皇城内的御园有：三海（西苑）、建福宫花园、慈宁宫花

---

① 何重义、曾昭奋：《北京西郊的三山五园》，《古建园林技术》1992年第1、2期。

园、宁寿宫花园；离宫御苑有：畅春园、圆明园、承德避暑山庄；行宫御苑有：静宜园、静明园、熙春院、春熙园、乐善园、南苑行宫、汤泉行宫、钓鱼台行宫、滦阳行宫、盘山静寄山庄等。乾隆皇帝不仅亲自过问诸多重要的园林工程建构，甚至直接参与规划与实施相关事宜，他作为一个行家是把园林当作一种艺术创作看重，并身体力行于园林艺术创建过程之中。

乾隆盛世的皇家园林已经成为我国园林发展史上与江南私家园林南北并峙的高峰，其园林建筑美学思想充分体现在造园当中诸多方面。其一是"台榭参差金碧里，烟霞舒卷图画中"。北京西北郊区泉水充沛，西山参差逶迤，形成许多原始堤坝湖泊，有非常好的建造园林条件。至乾隆时期建成的"三山五园"，西面以香山静宜园为中心形成小西山东麓的风景区，东面为万泉河水系内的圆明园、畅春园等人工山水园林，之间系玉泉山静明园和万寿山清漪园。静宜园的宫廷区、玉泉山主峰、清漪园的宫廷区三者构成一条东西向的中轴线，再往东延伸交汇于圆明园与畅春园之间的南北轴线的中心点。这个轴线把"三山五园"之间的约20平方公里范围内的园林景观串联成为整体的园林集群。在这个集群中，西山层峦叠嶂成为园林的背景，其旷达的景深打破了园林的界域，同时"三山五园"之间互相借景、彼此成景达到彼此交融的境界。其二是"山无曲折不灵致，室无高下不致情"。乾隆盛世时期的皇家园林以建筑为主体，不论建筑呈密集式还是疏朗式布局，都是构成景的主体，建筑追求形式美的意念，将园林建筑的审美价值推到一个新的高度，同时亦是皇家气派的重要手段。因此为了获得山岳区经营建筑保持野趣效果，按照自然地貌尺度，仅在山脊和山峰的四个制高点上建本身体量较小的亭子，略加点染以显示其妙趣。万寿山的园林建筑则以密集式建筑布局来弥补，从而充实山形的先天缺陷。不仅如此，乾隆皇帝还十分注重建筑美与自然美的彼此糅合、烘托而相得益彰，即便是雍容华贵的皇家建筑亦不失朴实淡雅的文化气质。其三是"普天之下莫非王土，率土之滨莫非王臣"。利用形象布局通过人们审美的联想意识来表现天人感应和皇权至尊的观念，从而达到巩固其帝王统治地位的目的。颐和园万寿山上的佛香阁就是以上观念的典型代表。圆明园"九洲清晏",其九岛环列无非是禹贡九洲,象征国家的统一、政权集中,东面的福海象征东海,西北角上全园最高的土山"紫碧山房",从所处方位到以紫、碧为名的含义,就是代表昆仑山,整个园林无疑是宇宙范围的缩影。"笼天地于形内、挫万物于笔端""移天缩地在君怀"的王道乐土之气息充塞于天地之间。除以上具体形象抒怀帝王的胸襟之外,乾隆帝还更进一步求助于无限的抽象概念以及数字的时空含义,从而从数字概念中获得精神满足以及无限的充实。如皇帝亲题避暑山庄三十六景、七十二景是附会道教中的三十六洞天、七十二福地。乾隆将圆明园二十八景增为四十

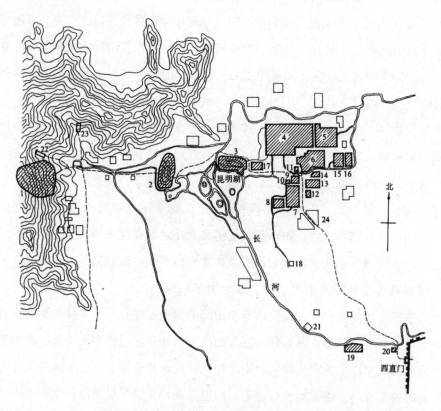

1.静宜园 2.静明园 3.清漪园 4.圆明园 5.长春园 6.绮春园 7.畅春园 8.西花园 9.蔚秀园 10.承泽园 11.翰林花园 12.集贤院 13.淑春园 14.朗润园 15.近春园 16.熙春园 17.自得园 18.泉宗庙 19.乐善园 20.倚虹园 21.万寿寺 22.碧云寺 23.卧佛寺 24.海淀镇

图3-1 乾隆时北京西北郊主要园林分布图
(周维权《中国古典园林史》,清华大学出版社1990年版)

景。五是五行、五德，八卦代表空间观念，圆明园四十景总括了宇宙一切。园林建筑中五花八门的各种景致还组成了复杂多样的象征寓意，如蓬莱三岛、仙山琼阁、方壶胜境；正大光明、坦坦荡荡、澹泊宁静、香远益清；夹镜鸣琴、武陵春色等等，力图对历史文化全面的继承，都伴随着一定的政治目的而构成皇家园林的意境核心。[①]

"三山五园"选址、地形改造、空间布局、景观搭配的具体举措

园址选择原则——山水相得益彰：自然山水所追求的是"聚气而使其不散"地围绕空间构造。自古北京西北郊"京师之玉泉汇而为西湖，引而为通惠河，由是达沽水直而放渤海，人但知其源出玉泉山，如志所云巨穴喷沸随地皆泉而已"。万寿山位于昆明湖的北侧，湖水从西北方玉泉山的玉河流向东南方的长河，最后注入渤海。这样的流势以山水学的观点看，能够满足地势的西北高、东南低的条件。北京的西郊既有山的走势，又有水的流动，山重水复、柳暗花明，而且均在清漪园一带汇集，再向东南方向流动，选地的西北方向有群山环绕，前面有湖泊水系，既符合山环水绕，又能形成良好的小气候环境。

地形改造原则——峰谷交错：颐和园在充分利用自然条件的同时，又对自然山水加以人工改造，从而获得较为理想的立地形式。清漪园地形改造的主要着眼点在于大规模的湖面扩张和对于山体的改造。首先对山水结构进行了总体的布局改造。为了让昆明湖位于万寿山之南，把原来的瓮山湖扩大了将近一倍，把挖湖的泥沙堆放在瓮山（万寿山）上。原有的西堤被取消，湖面扩大后的新堤命名为东堤。这样不仅满足了水利需求，更在造园的形态方面大有改观。改造前是山与水相对独立的状态，而改造后形成了山环水绕的

---

① 祝丹：《北京颐和园景观与"三山五园"的构成关系》，《大连民族学院学报》2013年第3期。

灵性特征。万寿山成为北面的靠山，而南面则是一望无际的广阔水面，达到背山临水的理想环境。

空间配置原则——中轴对称：以颐和园为中心，西侧的玉泉山静明园与东侧的圆明园、畅春园形成左右对称的分布形式。若以静明园为中心，西侧的香山静宜园与东侧的万寿山颐和园、圆明园、畅春园又呈左右对称分布形式。在颐和园内也随处可见左右对称分布的园林建筑景观。譬如，作为颐和园中标志性建筑的佛香阁位于万寿山的中心部位，以佛香阁为中心，左右分别设置铜阁，在其前排有排云殿建筑群。此外，万寿山后山的四大部洲等建筑也有严格的中轴线及左右对称的布局方式，不仅充分体现了中国古典建筑园林在空间配置与布局方面的整体考虑，更体现了儒家思想的中庸之道在园林中的表达。

景观搭配原则——主景升高：佛香阁不仅成为园内的主体建筑，更是"三山五园"一带的标志性建筑之一。造园之初，为了充实单调的万寿山景观，计划建设高达8层的塔。但是在建设过程中建造师认为北京西郊不适合建设太高的塔，于是皇帝命令把几乎建设好的塔拆除改建成4层高的佛香阁。高度适宜的佛香阁丰富了万寿山的景观轮廓线，很好地平衡了山体与建筑以及水域之间的比重协调关系，并且巧妙地把与其相邻的静明园、玉泉山借入园内。而玉泉山上玉峰塔又非常合理地平衡了西部的景观。一阁一塔不同的建筑形式、不同的位置、不同的高度构成了景观上主与从、借与被借的关系。学术界一般把玉峰塔单纯地解释为颐和园的借景，实际上是造园之初因为考虑平衡了颐和园与静明园两园的山水景观，佛香阁与玉峰塔才有今日的景象。

"三山五园"的景观互借关系：建设清漪园时，为了把西面的玉泉山与西山最大限度地借入园内，充分地考虑了湖岛的位置及堤的方向，高大的建筑物一概没有建设计划。这样从万寿山清漪园可以邻借玉泉山，还可以远借稍远的西山。为了把东侧的风景借入园内，在东南面没有修建外墙，这样从清漪园就可以看到圆明园、畅春园一带平地园中的稻田旖旎风光。与此同时，从"三山五园"中海拔高度最高的香山（高约575米）又可以俯借玉泉山（高约157米）及万寿山（高约105米）的等差景致。同样从玉泉山的静明园也可以邻借和俯借万寿山清漪园，还可以远借和俯借圆明园和畅春园。再者，从圆明园的福海及畅春园的园内也可以仰借万寿山佛香阁及西山山脉的伟岸态势。在"三山五园"的最西边的香山上设定视点场，可以眺望到玉泉山静明园、万寿山颐和园以及圆明园。此外，标志性很强的玉泉山、玉峰塔及昆明湖的水面也尽收眼底。在"三山五园"最东部的圆明园福海设定视点场，向西可以眺望以西山为背景的万寿山及玉泉山。

"三山五园"园林建筑的水系及通惠河水系的统筹安排

无山无水将不成其为山水园林之景致。为了充分利用香山的水源，从修建静宜园的乾隆十年（1745）开始，园艺建造师们就着手进行系统的修渠引水的工程，在乾隆二十二年（1757），全面完成了修建引水石渠，将北京西郊南股和北股泉水引到宫门外月河，又东流四王府广润庙，汇合樱桃沟泉水后，东流至玉泉山静明园内。如此一来，不仅妥善解决了静宜园内的用水问题，还将西山泉水与玉泉水汇合，从长河进京，解决了海淀园林和稻田灌溉用水以及京城供水问题。

乾隆时期，为解决与日俱增的宫苑供水和大运河上源通惠河的接济问题，园艺工匠们对北京西北郊的水系又进行了大规模的整治。具体措施是拦截储蓄西山、香山一带的大小山泉和濠涧水源，通过石渡槽导入玉泉湖，再经过玉河汇入昆明湖，同时结合园林建设来拓展昆明湖作为蓄水库，另外开凿高水湖和养水湖作为辅助水库，并安设相应的涵闸设施疏浚长河，开挖香山以东和东南的两条排水泄洪水道。经过一番整治之后，昆明湖的蓄水量大为增加，使得北京西郊形成了以玉泉山、昆明湖为主体的一套完整的并可以实施农业灌溉的水网系统。不仅如此，还创设了一条西直门直达玉泉山静明园的长达10余公里的皇家专用水上游览路线，水系井然有序。而按照皇帝的旨意实施北京西北郊落实灌溉、园林、交通统筹安排的正是样式雷所作所为。

金元以来，京西一带的山水已经成为北京西郊的风景名胜区。金海陵王迁都燕京后，最早建金山行宫于此。元代郭守敬为了引西山之水进城救济太液池（即今北海、中海、南海），把肖家河的水、玉泉山的水、昌平神山泉的水注入金水池（时名翁山泊、明时名金海，即今昆明湖），以提高水位。同时在昆明湖东岸绣绮桥修出水口，放水经南长河流入城内。清代自畅春园、圆明园等园建成后，园林需要大量用水，而金海还兼有供应城内三海及沟通大运河的慧通河等水系的用水职能，不可能截断上流水源以满足西郊诸园的用水之需。为了彻底解决这个问题，于乾隆十四年（1749）开始整治西郊水系，扩大金海（明以后称西湖）的库容量，将湖面向东北拓展直抵翁山（即今万寿山）之山麓、在湖东岸构筑大堤（东堤）以提高水位，经过整治后，

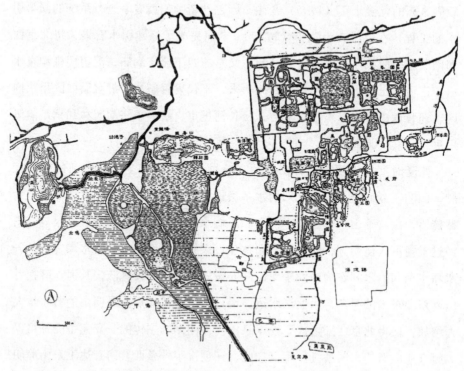

图3-2　清代中叶北京西郊（玉泉、万泉水系）园林分布示意图
（何重义、曾昭奋《圆明园与北京西郊园林水系》，《古建园林技术》1996年第1期）

西湖容量加大，西郊一带的山水全部泄入湖内，利用大小闸口调剂，可泄洪，也可灌溉农田，并通过东进的二龙闸放水供给圆明园三园用水。海淀一带皇家园林河湖水系也因此能经常保持稳定的水位。乾隆仿效汉武帝在长安昆明池操练水军之制，曾想定期在湖内操练水师，遂将西湖命名为昆明湖。圆明园地段上，泉眼很多，园内部分水源来自地下，但主要还是由玉泉山引水。玉泉山之水经流昆明湖，由昆明湖西岸二龙闸引出，过西马厂流入园内。

"三山五园"园林建筑之山系来龙去脉

香山是被称为太行八经和神京右臂的西山的一条支脉，以山顶的乳峰石上翻云吐雾类似香烟缭绕而称为香炉山，简称香山。也有人因满山杏树、十里杏香而称为香山。杨朔的《香山红叶》使之声名远扬。

玉泉山位于北京西郊，海淀镇以西3公里，是西山余脉，呈南北走向，纵深1,300米，东西最宽处450米。玉泉山有大小六个峰头，主峰海拔100米，高出地面50米。由于山东南坡有一眼玉泉，山以泉名，称为玉泉山。玉泉从山根涌出，潴而为湖，称为玉泉湖、玉河。

万寿山则是改固有的瓮山而得名，与玉泉、香山合称"三山"。

"三山五园"园林建筑之"五园"称谓及其特色的由来

康熙十九年（1680）开始修建玉泉山行宫，乾隆皇帝当年十二月二十日即驻跸玉泉山，经20年行宫建成后命名为澄心园。玉泉山澄心园在康熙三十一年（1692）奉旨更名为静明园。这是清代皇帝在北京建立的第一个行宫，是修建三山五园皇家园林群的开端。何以称澄心园为静明园？在乾隆帝诗词中有诸如"风物欣和畅，林泉果静明""山色静明不可孤，新称况是耐游娱""静明绝胜处，山秀水偏清"等，可见乾隆用静明二字来形容山色，概括了山水林泉风致。

畅春园是清代在北京西郊修建的第一座大型的皇家园林，从康熙帝这座避喧听政的御园开始，陆续修建了圆明园（包含圆明园、长春园、绮春园三园）、香山静宜园、玉泉山静明园，到乾隆中叶建成万寿山清漪园，横跨数十里的"三山五园"皇家园林集群的建设大功告成。海淀一带遂成为紫禁城外的又一个政治活动中心，对清代的历史产生了重要的影响。畅春园的水源是玉泉水和万泉河水。西水和南水分别流入丹棱沜，然后从西南部进水闸和船坞南边水闸流进园内。畅春园中花木配置具有地方特色和皇家园林的风格，园中最高耸挺拔的是苍松翠柏，栽植面积最为广阔的是荷花莲藕，品种最多最为贵重的是牡丹，最为珍奇又味道甘美的是葡萄。康熙帝驾崩后，雍正帝即位，胤禛的赐园是圆明园，他决定扩建圆明园，增建上朝听政等宫廷建筑，使之成为新的御园。恩佑寺的修建标志着畅春园全盛时代的结束，它不再是朝廷政务活动的中心，其御园的政治功能已经被圆明园所取代。乾隆四十二年（1777），孝圣皇太后去世仍将畅春园定为皇太后园。

万寿山清漪园是清代乾隆年间修建的一座著名皇家园林，是"三山五园"中最后完成的一座行宫式御苑。清漪园在咸丰年间被英法联军焚毁后，

图3-3 颐和园鸟瞰 清华大学建筑学院教授楼庆西摄影

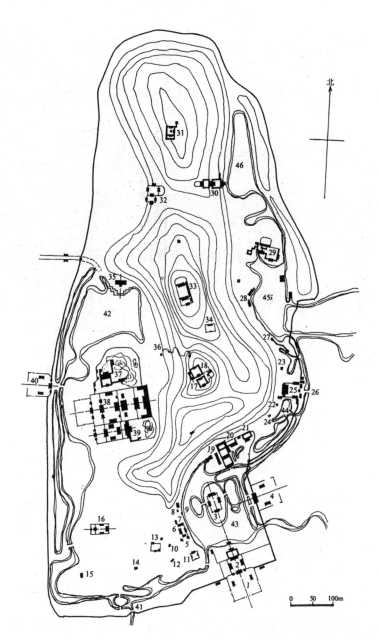

1.南宫门 2.廊然大公 3.芙蓉晴照 4.东宫门 5.双关帝庙 6.真武祠 7.竹炉山房 8.龙王庙 9.玉泉趵突
10.绣壁诗态 11.圣因综绘 12.福地幽居 13.华藏海 14.漱琼斋 15.溪田课耕 16.水月庵 17.香岩寺
18.玉峰塔影 19.翠云嘉荫 (华滋馆) 20.甄心斋 21.湛华堂 22.碧云深处 23.坚固林 24.裂帛湖光
25.含晖堂 26.小东门 27.写琴廊 28.镜影涵虚 29.风篁清听 30.书画舫 31.妙高寺 32.崇霭轩
33.峡雪琴音 34.从云室 35.含漪斋 36.采香云径 37.清凉禅窟 38.东岳庙 39.圣缘寺
40.西宫门 41.水城关 42.含漪湖 43.玉泉湖 44.裂帛湖 45.镜影湖 46.宝珠湖

图3-4 北京玉泉山静明园平面图
（周维权《中国古典园林史》，清华大学出版社1990年版）

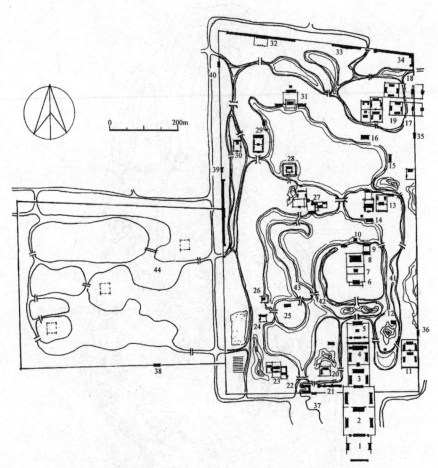

1.大宫门 2.九经三事殿 3.春晖堂 4.寿萱春永 5.云涯馆 6.瑞景轩 7.林香山翠 8.延爽楼 9.式古斋
10.鸢飞鱼跃亭 11.澹宁居 12.龙王庙 13.佩文斋 14.渊鉴斋 15.疏峰轩 16.太朴轩 17.恩慕寺
18.恩佑寺 19.清溪书屋 20.玩芳斋 21.买卖街 22.船坞 23.无逸斋 24.关帝庙 25.莲花岩
26.娘娘殿 27.凝春堂 28.蕊珠院 29.集凤轩 30.俯镜清流 31.观澜榭 32.天馥斋
33.雅玩斋 34.紫云堂 35.小东门 36.大东门 37.船坞门 38.西花园门
39.大西门 40.小西门 41.丁香堤 42.芝兰堤 43.桃花堤 44.西花园

图3-5 北京畅春园想象平面图
（孙大章《中国古代建筑史·清代建筑》，清华大学出版社1990年版）

在光绪年间又在废墟上修建成一座新的御园——颐和园，成为留传至今、保存
最完整的皇家御园。清漪园修建在万寿山和昆明湖的秀丽山水基址上，万寿山
原名叫瓮山，昆明湖原名瓮山泊。乾隆想仿照杭州西湖将北京的昆明湖建成一
座行宫园林。为了修建万寿山行宫，乾隆找到了两个借口：一是为其生母钮钴
禄氏皇太后庆祝六十大寿，在万寿山山麓修建一座大报恩延寿寺，二是兴建西

郊河湖水系的水利工程，其中就包括深挖扩展瓮山泊，使之成为一座能蓄能排的水库。清漪园是在自然山水基础上规划设计和建设的，完全可以自主地规划和建设，体现自己独特的造园指导思想和审美观念。为了把清漪园建成高水平的皇家苑囿，体现"普天之下莫非王土"的至高无上的地位，乾隆将江南园林中的心爱景观巧妙地仿造移植到园内来。他每次南巡都命随行画师描绘途中美景，携带回京仿造。正如清代诗人王闿运《圆明园词》所言："谁道江南风景佳，移天缩地在君怀。"清漪园的建成使京西名园形成以"三山五园"为中心的众星捧月式的硕大无比的园林集群。

昆明湖开拓后，知春亭岛和玉泉山主峰、香山宫廷区形成了一条东西向的中轴线，此线往东延伸汇于圆明园与畅春园之间南北轴线的中心点，它控

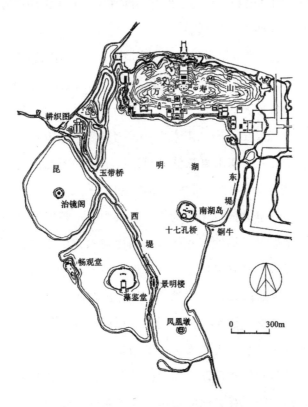

图3-6 北京万寿山颐和园（清漪园）平面图
（周维权《中国古典园林史》，清华大学出版社1990年版）

制着"三山五园"，成为园林整体集群的一条主脉。从玉泉山往东俯瞰，清漪园、圆明园、畅春园三园鼎足而成稳定均衡的分布状态，玉泉山、万寿山分别成为平地而起的圆明园和畅春园借景的主题景观。从居高临下的香山往东眺望，山峰上耸立的宝塔楼阁、山腰和平地洒落的楼台亭榭，波光粼粼的处处湖水，高低错落，层次分明，色彩鲜丽，辽阔壮观，这是一幅何等辉煌瑰丽的山水画卷。

在乾隆年间，"三山五园"基本建成之后，畅春园成为乾隆皇帝奉养皇太后的风水宝地。乾隆皇帝经常去那里向太后请安，顺便也在那里进餐视事。圆明园是御园，是他常年居住和上朝理政之地，那里有完善的宫廷区，可以和在紫禁城一样批阅奏折、召见臣工、举行庆典、上朝理政，相当于皇宫以外的第二个长年的办公和居住地。而香山静宜园、万寿山清漪园和玉泉山静明园则是游幸和驻跸的行宫。

清漪园的规模虽然不如圆明园大，论地位也只是圆明园的属园，但由于清漪园位置适中，夹在静明园与圆明园之间，在三山五园的总体关系上有明显的重要性。静明园则把昆明湖——万寿山作为远眺北京城的前景，万寿山——清漪园借玉泉山入园，玉泉塔景成为昆明湖、万寿山得景的重要因素。万寿山西段山脊上湖山真意就是因玉泉山恰好南北走向，两山的轴线相互垂直而相得益彰，这为园林总体构图增添了几分巧合。在"三山五园"中，香山——静宜园以山景为主，玉泉山——静明园是一座自然山水园，但也以泉水取胜。圆明园和畅春园的山与水，山不大，水不阔，没有彻底摆脱人工痕迹。唯独昆明湖——万寿山得天独厚，山高水阔，以东西宽1,100米、南北纵深1,930米的浩瀚水域托出东西长1,000米、高600米的青山，气势磅礴壮丽。这个优势和天生的格局正好弥补其他四个园林的不足。北京西郊从园林总体上来看，清漪园是"三山五园"中不可缺的重要成员，其园林及其建筑布局既照顾园内的布局，同时也考虑园林四邻关系的因借处置。佛香阁、智慧海的安排对内外错落有致景观都有举足轻重的空间效应。

"三山五园"园林建筑凸现丰富多彩的形式

"三山五园"中的园林建筑形式是丰富多彩的。从建筑类型来看,有殿、馆、斋、堂,以及楼、阁、亭、榭。从屋顶形式看,有歇山、硬山、庑殿、攒尖、盝顶、盔顶、单卷、双卷以至五卷,还有单檐、重檐等形式,单是亭子的平面就有圆、方、六角、八角、卍字、方胜形等。"三山五园"园林建筑以群体形式出现时,有两种基本情况,一种是有明显的中轴线的对称布局,如宫殿、宗教建筑等都显得庄严、规整,但是也有不少具有中轴线的建筑群往往用山水来打破、削弱轴线所造成的僵直和单调、呆板。"三山五园"园林建筑也有非对称的建筑形式,没有轴线的自由组合。总之,不同的组合用山水建筑、植物等诸多因素巧妙配合,从而形成庄严肃穆的宫殿、庙宇,朴素安宁的起居庭院,笔直平坦的买卖街市,质朴淡雅的村居,曲折幽深的园林,热闹的戏园和诗情画意的游赏空间。建筑内部则堆金积玉、锦上添花般毫无节制地装饰价值连城的奇珍异宝。"三山五园"中,特别是圆明园长春园中的西洋楼建筑,这是乾隆皇帝命令意大利画师郎世宁和法国传教士蒋友仁、王致诚设计建制的。它们基本上是模仿欧洲巴洛克和洛可可建筑形式,加上模仿西洋园林的喷泉,修剪成几何的树木等,与中国传统建筑园林决然不同。这是我国建筑史上首次在皇家园林中大规模仿建西洋建筑,这也是中外文化交流的例证。

清代建筑世家"样式雷"的园林建筑设计,遵循自然环境与人为环境有机融合的营造哲理,视建筑为"阴阳之枢纽、人伦之轨模",所设计的皇家园林无不充分显示了帝王才能力所能及的"移天缩地在君怀""普天之下莫非王土,率土之滨莫非王臣""纳千顷之汪洋,收四时之烂漫""因地制宜""激扬文字而指点江山"的非凡气概。

"颐和园""圆明园"园林建筑空间美学解析

颐和园地处北京西北郊,占地面积3.4平方公里,自古有瓮山、西湖、清漪园等自然景致。清代建筑世家"样式雷"利用原有的山水地形、地貌,大胆地进行整合改造,开挖水沟,疏通水系,使得园区水流绕山麓而转,变瓮山为万寿山、化西湖为昆明湖,再连接北麓开挖后湖,使得整个水系与山体形成山环水绕的有机整体,同时又自然分成万寿山东部宫室景区、万寿山前山前湖景区、万寿山后山后湖景区、昆明湖与南湖及后湖景区等四个部分。达成自然环境与人为环境融合的境地。咸丰年间,清漪园被英法联军毁坏之后,西太后借庆寿之机倡议修缮,以供其"颐养冲和",遂将整个园名更新为颐和园。明代园林家计成在《园冶》中说造园真谛即"巧于因借,精在体宜;虽由人作,宛自天开"。颐和园以昆明湖大面积"虚"的浩瀚湖面水景,环绕衬托万寿山小面积的"实"的山体建筑,再将远处西山的景色巧妙地借入园区。颐和园是以自然山水景致为主体、以人工造景为辅助综合而成的皇家园林,气势恢宏磅礴地呈现出山明水秀的自然生态美。

相形之下,占地354公顷的圆明园得在地势低洼的平地造园,不像颐和园、避暑山庄那样受自然山水条件限制,却给造园者的设计提供了很大的自由发挥想象的空间余地,同时也因无限制的空间范围而造成无所适从的茫然感觉。清代建筑世家"样式雷"却匠心独运地充分利用低洼多泉水的地质资源开凿出占全园一半以上面积的水域,聚而构成西面的后湖、东部的福海,散漫成为蜿蜒流畅的溪流,回环萦绕,将整个园区组成完整而错综复杂的水系。圆明园以水作为中心和主体,将全园分成40余处洲诸岛屿,各洲诸岛屿相应地设置汇聚古今中外文化精华的建筑、山石、树木、花草、禽兽等。

乾隆皇帝欣然题名为正大光明、勤政亲贤、九洲清晏、镂月开云、天然图画、碧桐书院、慈云普护、上下天光、杏花春馆、坦坦荡荡、茹古涵今、长春仙馆、万方安和、武陵春色、山高水长、月地云居、鸿慈永祜、汇芳书院、日天琳宇、澹泊宁静、映水兰香、水木明瑟、濂溪乐处、多稼如云、鱼跃鸢飞、北远山村、西峰秀色、四宜书屋、方壶胜境、澡身浴德、平湖秋月、蓬岛瑶台、接秀山房、别有洞天、夹镜鸣琴、涵虚朗鉴、廓然大公、坐石临流、曲院风荷、洞天深处等四十美景。此外尚有增建的近十处园林风景群,长春园、绮春园也分别修建了二三十处风姿别致的风景群。可惜这些巧夺天工的园林建筑景致均因八国联军火烧而成为废墟,圆明园美轮美奂的美景止于人们的念想中,成为断臂式的残缺美,留给人以历史忧伤的记忆。

"样式雷"无论是面对自然山水园林还是人工园林,均将自然山水与人工建筑巧妙而自然地结合起来,从而使建筑形态、建筑情态、建筑生态达成真、善、美融合统一的诗情画意的意境。这样的诗情画意的意境,诚如北京大学哲学系美学家叶郎教授在他的《中国美学史大纲》中所言:"中国古典美学的意境说,在园林艺术、园林美学中得到了独特的体现。在一定意义上可以说,"意境"的内涵,在园林艺术中的显现,比较在其他艺术门类中的显

图3-7 颐和园全景 中国建筑工业出版社张振光摄影

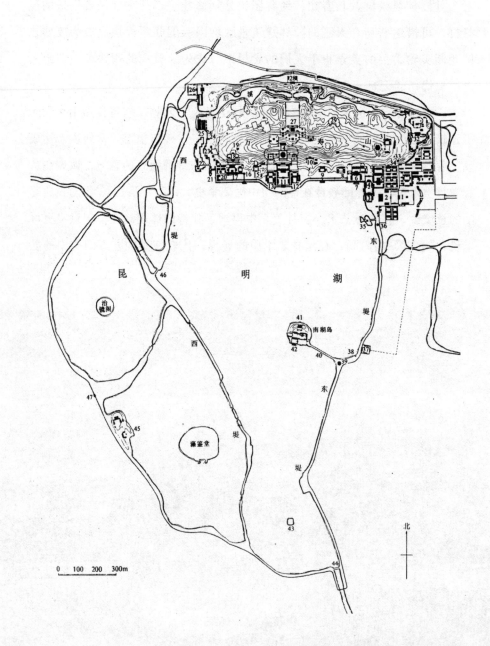

图3-8　北京万寿山颐和园（清漪园）平面图
（周维权《中国古典园林史》，清华大学出版社1990年版）

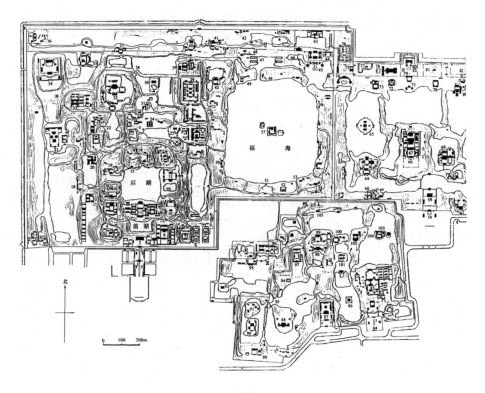

图3-9 清乾隆时期圆明园三园平面图
（周维权《中国古典园林史》，清华大学出版社1990年版）

现，要更为清晰，从而也更容易把握。"[①] "样式雷"设计的宫殿、园林、坛庙、府邸、陵寝等建筑莫不如此。

作为文化政治空间的"三山五园"园林建筑意蕴

自明代开始的北京西郊园林建筑多为仕宦的私人庄园别墅，但同时也是当时的北京城的休闲娱乐和文化空间，这与明代政治格局并无多少影响。然

---

① 叶郎：《中国美学史大纲》，上海人民出版社1985年版，第439页。

而，满清入关定都北京后，这一情形却有了很大改变。来自东北的满族人虽
然接收了汉式的文化和制度，但在生活方式上还是保留了游牧生活的传统习
惯。历代清帝均在西郊修造园林，驻跸听政。除了对江南山水和园林的向往
之外，避开宫廷的繁文缛节、深宫高墙，也是清代皇帝在京城西郊兴建园林
并在其中理政治国的重要原因。

康熙二十三年（1684）前后，康熙帝开始在原有的清华园基础上模仿
江南园林建造第一座皇家园林——畅春园，于康熙二十九年（1690）前后
完工。此后，康熙多在此驻跸听政，并病逝于园中的清溪书屋。雍正三年
（1725），雍正帝将圆明园升为离宫，长期驻跸听政，并对其进行大规模扩
建，命名了"圆明园二十八景"。乾隆帝即位后，开始大规模地扩建西郊园
林。他先于乾隆二年（1737）将圆明园二十八景扩建为四十景，又于乾隆十
年（1745）在香山修建静宜园，建成二十八景。乾隆十四年（1749），为向其
母祝寿，乾隆帝又在瓮山（改名万寿山）兴建清漪园，至1764年建成。乾隆
十五年（1750）扩建玉泉山静明园（1692年由澄心园改名），至1759年将整个
玉泉山建为静明园十六景。至此，"三山五园"基本完成。

一般来说，文化学术界所谓"三山五园"是指建筑于北京西郊的玉泉
山、万寿山和香山一带的五座清代皇家园林，分别是玉泉山静明园、万寿山
清漪园（后改名颐和园）、香山静宜园，以及三山附近的畅春园和圆明园。
实际上，北京西郊一带的皇家园林何止五处，除了前述五园外，还有长春
园、绮春园、西花园等。这些皇家园林连同附近的熙春园、镜春园、淑春
园、鸣鹤园、朗润园、弘雅园、澄怀园、自得园、含芳园、墨尔根园、诚亲
王园、康亲王园、寿恩公主园、礼王园、泉宗庙花园等90多处亲王、公主、
贝勒庄园一起，气势恢宏地构成北京西郊自海淀镇至香山一带独特的文化
景观。

从清代康熙建造畅春园开始，北京西郊便因皇家园林建筑的修建与皇帝
的长期驻跸而成为清帝国的最重要的政治空间场所。质而言之，畅春园是康
熙帝实际的政治核心，圆明园是雍正、乾隆、嘉庆、道光、咸丰等帝王的权

力中枢，而颐和园则又成为光绪帝最重要的政治空间。可以说，清朝重大的政治事件多发生于西郊的皇家园林之中，而1860年的英法联军焚毁西郊诸园正是政治格局遭厄的集中体现。以“三山五园”为代表的皇家园林不仅是皇家的休闲娱乐之所，更是清代的政治运作核心，作为帝国仪式与权威象征和紫禁城作为帝国实际运作决策中心的西郊园林也构成了大清帝国独特的政治空间。

（原载《全球化视域下三山五园文化遗产传承与保护研究》，九州出版社2017年版）

改革开放四十年中国建筑艺术的
发展历程与历史反思

导　言

　　自1978年中共中央十一届三中全会后，中国实行自上而下的全面改革开放政策，国家工作的重点由过去侧重于一波又一波的国内外的政治运动转向政治、经济、文化以及社会主义现代化建设的正常轨道上来，各行各业无不取得辉煌的业绩。至今已逾四十载，各行各业纷纷予以总结取得的成绩与历史经验教训。宋代李格非《洛阳名园记》曰："天下之治乱，候于洛阳之盛衰；洛阳之盛衰，候于园囿之兴废。"作为物质与精神的双重载体且印证国家政治经济文化兴旺发达发展变化的建筑更需要总结其中的得失与历史教训。1978—2018年中国改革开放四十年间，中国的政治、经济、文化发展顺应势不可挡的历史潮流可谓实行了三个重大的历史转型：一是由国有计划经济向市场经济转型，中国的建筑艺术因此进入一个前所未有的体制改革之后的建筑设计市场；二是中国加入世界贸易组织，中国建筑设计市场随之而向全球化转型，引来了大量外国建筑设计单位和建筑师以及留学外国的华夏赤子以海归派之姿态纷纷归故里并共同在建筑艺术设计与创作的市场上与中外建筑师竞相施展聪明才智与理想抱负，中国已然成为世界最大的建筑设计竞标市场而令举世瞩目；三是中国在现代工业社会发展尚未充分的情况下不得不

，

迈入后工业信息社会甚至后现代历史文化语境中。中国建筑业改革开放四十年间始终伴随"地域性建筑"和"现代性建筑"矛盾与冲突双重变奏。从中国建筑艺术创新发展变化的视角,围绕中国建筑艺术在改革开放四十年中外建筑文化冲突与交融的风雨历程及千载难逢的历史际遇中所呈现的三个阶段——拨乱反正与改革开放策略(1978—1989年)、计划经济向市场经济转型(1990—1999年)、新千年初的城乡建筑趋势(2000—2018年)以及改革开放以来中国实验建筑理论与实践探索的价值意义、建筑艺术发展历史反思等方面的情状的具体演变过程予以述评,并同时从理论与实践两个层面反思中国建筑艺术在改革开放四十年中取得的丰硕成果与宝贵的经验教训,以此诉诸中国的建筑从业人在21世纪漫长的峥嵘岁月中策应建筑艺术历史创新与发展的新要求,以提供历史参照。

1978年3月18日,标举"科学技术是生产力"的全国科学大会在北京隆重召开,意味着中国实行改革开放迈向现代化道路的第一个科学的春天的到来。1978年12月中共中央十一届三中全会在北京召开,决定1979年全党工作的重心转移到经济建设工作上来。1979年全国勘察设计工作会议在北京召开,推翻"文革"期间对建筑的一切污蔑不实之词,并对建筑行业提出"繁荣建筑创作"的口号。1980年中国建筑学会第五次代表大会的召开,正式结束了建筑中拨乱反正的过程,实施改革开放的方针政策,建筑设计体制由计划经济转向市场机制,建筑项目的确定、投资、招标、监管等全面改革。中国建筑业迎来了历史上前所未有的蓬勃发展的大好时机,这也是建筑业的春天的到来,雨后春笋般的建筑在华夏大地生起。从1978—2018年四十年间,中国建筑艺术在"改革开放、解放思想、团结一致向前看"思想方针指导下,在中外建筑文化冲突与交融历程及千载难逢的际遇中创造了举世瞩目的辉煌业绩。"地域性建筑"的本色与世界接轨的"现代性建筑"并存的建筑艺术创作显示出人的本质力量对象化的旺盛的创造力,这一特定历史时期创造的辉煌业绩已经载入中国现代建筑的史册。当然这当中也有诸多应从中汲取历史经验教训并当引以反思与过妄纠正的不足之处。往者尤可鉴,来者犹可追。回眸四十年中国建筑艺术发展历程并予以反思则是责无旁贷的。

一、中国改革开放四十年建筑艺术的发展历程（1978—2018 年）

1. 拨乱反正与改革开放策略（1978—1989年）

1978年以后，中国的改革开放、经济的繁荣、政治环境的宽松、思想束缚得以解脱，加之国际国内的文化交流，建筑师面临着前所未有的创作机遇，焕发出极大的创作活力。建筑教育、建筑理论研究、建筑设计竞赛以及优秀建筑作品的评选等举措无一不是为建筑创作提供了后备人才，从而加速推动着建筑创作的发展进程。此外，回顾我国多年来对古典建筑、传统园林、地方民居等丰富遗产的继承与发展，无论从深度还是广度方面都大大地推进了，从建筑形式、风格，继而对传统空间、布局特征的认识以及规律性的探讨，加之在开放的进程中对照中西文化的比较研究，使得建筑师面对多元的传统文化以及同样多元的外来文化，有可能做出多样的选择、调配与组织，或输入新思想、重新选择传统式这一过程的自如抉择。这个时期的建筑创作构思、理论倾向、建筑评论等方面围绕传统与创新这一根本问题，着眼于一种新的角度，用一种新的眼光在现代化与传统的关系上来反观传统、选择传统，既使传统的形式、内容与现代化功能技术相融合，又使传统审美意识赋予时代的气息，20世纪80年代的建筑创作正是从这样的自我调整的过程中起步，在拨乱反正中革故鼎新。

首先是建筑艺术创新发展全面提高并多元并存。20世纪80年代以来，建筑艺术创作的发展涉及面之广、类型之多、规模之大，在历史上是空前的。不仅在多种公共建筑类型上，而且在城市工业建筑、小区居住建筑，无论是从层数，低层、多层以至高层、超高层的建筑，还是开放、沿海大城市以及内陆中小城镇、少数民族地区，到处都展现了新的面貌、新的风格、新的水平。如果从多种意义、多种流派来划分中国现代建筑的多样风格，或是从传统、环境、地方特色展现多彩的局面，再或是从创作手法的借鉴、显示现代科技成就等等，似乎都可以得到一种共识，这是一个多元并存、百花齐放的时代，佳作、精品不胜枚举。有人比喻旅馆建筑为建筑创作的报春花，在高层建筑中以其功能的多样、空间组合的丰富、造型的独特个性为城市带来风采，如北京国际饭店、上海宾馆、广州白天鹅宾馆、深圳海南大酒店等等。从单一购物功能的百货商店发展到集购物、餐饮、娱乐于一体的大型综合商场，标志着城市经济的繁荣以及人民生活水平的提高，如上海的新世界商场、八佰伴，北京的城乡贸易中心、西单商场、新东安市场等，以及在各城市纷纷建筑的步行街、商业城等。科教兴国的战略极大地推动了我国的教育事业发展，新建、扩建的大中小学、科研机构、图书馆等建筑在20世纪80年代以来的建筑史上也记录下浓浓的一笔。如集中投资、统一规划、统一建设、建设速度快的高等院校，例如中国矿业大学、深圳大学、烟台大学等。图书馆设计打破传统专事"借、藏、阅"的功能分割布局，以"三统一"同层高、同荷载、同柱网的开放式的新手法，使得图书馆在功能上、内部空间上使信息化、网络化更具灵活性。清华大学图书馆的再次扩建，因融合环境、尊重历史、注重现代功能而获得好评。新一代的体育建筑、展览建筑、交通建筑等融合了高科技的成果和时代最新信息，在造型上充分体现时代感，如上海体育场、北京亚运会体育场、深圳体育馆、北京与哈尔滨等地的滑冰馆等。建筑不断向高度延伸，20世纪80年代深圳崛起的国贸大厦以"三天一层"的建设速度和54层160米的建筑高度雄踞于全国高层建筑之首。20世纪90年代的深圳、上海又各自以68层的地王商业大厦、88层的金茂大厦，竞相攀高，前者为亚洲第一摩天大厦，后者以世界第三的商业楼盘，为我国现代高层建筑在20世纪后期展现了新的城市标志与景观。

其次是当代中国建筑艺术立足创新发展并兼收并蓄。中国建筑界面对国内外建筑理论、创作实践，从西方现代建筑走过的道路得到借鉴，开拓了思维，丰富了创作手法，在中西方的传统里寻求有形与无形、神似与形似、符号与元素，通过解构与重组、冲撞与融合，兼收并蓄地体现在20世纪80年代以来的新建筑中，在各城市涌现着称之为"新古典主义""新乡土主义""新民族主义""新现代主义"的代表性建筑。如山东阙里宾舍、北京图书馆新馆、陕西历史博物馆等。建筑师们以对传统深刻的理解、娴熟的技巧，在特定的历史地段及特定的功能要求、特定的条件下进行创新发展，力求呈现中国传统古典建筑文化的底蕴。

20世纪80年代伊始，随着改革开放的春风，中国建筑市场得以开放与拓展，一批外资、合资与大型项目开始吸引了海外著名机构和建筑师参与中国建筑的设计与创作。从北京建国饭店、长城饭店、香山饭店、南京金陵饭店等，到其他一些规模巨大、标准较高、设施先进的综合体建筑，如上海商城、北京国家贸易中心。他们的创作赋予了作品的时代感与高科技、新材料的运用，通过国外与国内建筑设计院的合作建筑设计与创作，加强了中外建筑事务所彼此之间的文化交流，外国建筑师在中国的实践与创新发展给予中国建筑师以清新的启迪。

再次是融合建筑环境并坚持持续发展的科学观。20世纪80年代以后的中国建筑创作的一个显著的特点是开始着眼于地方文化特色的地域性建筑的创新发展以及注重自然、人文、景观与城市环境的有机融合共生。建筑艺术注意以现代功能、生活为基础对不同的自然条件，在完善自身的建筑设计情况下，对环境予以优化、汇合着乡土风情，创造新的地域文化。如武夷山庄结合山区自然环境、体型尺度的处理，以"低、散、土"的布局手法装点着环境。黄山云谷山庄首先以保护自然色调，通过保石、护林、疏溪、导泉，将建筑傍水跨溪，分散合围，使得建筑与自然融合为一体。在新疆、云南、贵州少数民族地区，以当地传统建筑的语汇，运用现代构成手法，注重突出特有的形、体、线的造型与细部，使得建筑既具有新意，又富有民族特色。如新疆迎宾馆、新疆人民会堂、西藏拉萨饭店、云南楚雄州民族博物馆等。

2. 计划经济向市场经济转型（1990—1999年）

1990年春节期间，邓小平视察上海浦东后回到北京提议中共中央开发浦东，并由此进入中国的计划经济向市场经济转型的又一个新时代，这可以说是中国社会第二个春天的到来。中国的建筑业在20世纪80年代的基础上步子迈得更大、更快、更猛烈以至成为世界之最。1995年中国开始实行注册建筑师制度，并于1997年正式实行建筑师执业签字制度。注册建筑师制度是对建筑师个人专业资格的规范认证，这对中国建筑市场发展产生深刻影响。另一个突出的表现即是外国建筑师以前所未有的强势步入中国建筑大工地尽情地施展其能耐。全国性房地产大开发、欧陆风的风靡不止、后现代建筑的中国化、地域性民族风格的争相斗艳。中国成了举世瞩目的大有作为的建筑市场。建筑设计正式步入市场化后，商业化倾向必然成为反映相对突出的方面。从20世纪80年代后期的北京长城饭店到90年代的上海商城建设所占的重要位置，随着建筑设计商业化进程的迅速发展，在加剧设计市场竞争的同时，对建筑设计质量的提高也起到了相当重要的作用，并使得中国建筑创作多元化倾向更加明显。因此在建筑创作进一步商业化的同时，建筑创作呈现出多元化面貌，从而使得后国际式、风格派、新装饰风格、新古典主义、新艺术运动式、新都市主义等国际建筑时尚风靡全国，甚至后殖民主义风格建筑成为中国各大小城市中心显要地区的一道道建筑风景线。

这期间地域性建筑创作取得非常显著的成效，以建筑所处环境、地方文化特征为依据，从而确定建筑自内而外的建筑创新，其中典型的优秀作品有北京香山饭店、山东曲阜阙里宾舍、陕西临潼华清宾舍、敦煌航站、九寨沟宾馆、南海酒店等。与此同时，在中国的西部探索民族建筑形式和西部城市特点独具特色，一批优秀的新疆建筑充满伊斯兰以及西域地区民族特色的现代建筑适宜于当地的自然条件，并让不同宗教的文化并存及现代化与地方发展条件并存，例如新疆国际大巴扎具有浓郁的伊斯兰建筑风格以及浓郁风格的吐鲁番宾馆即是。

1999年6月，国际建筑师协会（UIA）第20届世界建筑师大会在北京召开，大会科学委员会主任吴良镛做题为《世纪之交展望未来》的主题报告，并发布《北京宪章》，呼吁人类关爱居住地球，意识到"天下何思何虑？天下同归而殊途，一致而百虑"的建筑生存的基本原理。这也是东方文化再发现，全世界的建筑同仁认识到中国建筑注重人为环境与自然环境有机融合的有机建筑原理及人与自然彼此共生的生态建筑的价值意义。毋庸置疑，中国建筑成为各国建筑师竞标的国际市场。

事实上中国古代建筑不仅有着将建筑、城市、园林视为一整体的广义建筑学的传统，而且崇尚人为环境与自然环境融合的有机建筑哲理，讲究建筑的审美情态与建构形态及自然生态的有机结合。中国建筑素来不以单体建筑的精雕细刻为要，而是注重彼此协调及与环境融洽。中国的实验建筑师刘家琨的地域文化建筑倾向、赵冰的中国主义建筑观、汤桦的都市历史文化情结、王澍的东方人文的诗意表达等先锋建筑探索肩负建筑历史文化使命，及时以其富有中国特质的建筑设计思想及其因地制宜的试验探索精神创建出建筑佳作，以作为中国现代建筑设计思想的凸显。刘家琨的成都犀苑休闲营地、赵冰的南宁新商业中心、王澍的宁波美术馆、汤桦的深圳南油文化中心等原创性的建筑作品莫不如是。这些先锋建筑的共同特色是把本土建筑发展的生存焦虑和对西方建筑理论思想的解构批判同时加以思考，从而寻求当代中国建筑思想定位。其价值不在于有多少作品问世，而在于探索的文化意义。从20世纪初的先驱到20世纪末的先锋，真正的先锋一如既往，其创新意志成为合规律与合目的建筑美学规律的导向。

3. 新千年初的城乡建筑态势（2000—2018年）

2000年至今，由于北京第29届奥运会和2010年上海世博会建设需要以及境外建筑设计事务所的大量涌入中国，加之中国的"海归派"回归，为中国建筑缔造了新的建筑空间。2001年中国加入世界贸易组织后，在建筑设计咨询业的对外承诺上为外国建筑师进入中国建筑市场提供了保证，中外合作建筑设计就使得建筑设计与创作呈现出多元共存的繁荣状态。犹如引进NBA级国际篮球运动员大大提高了中国CBA篮球水平一样，与国际优秀建筑设计公司和建筑师合作能够迅速提高国内建筑设计单位和个人的建筑创作的整体水平，并在尽可能短的时间内吸收外国先进的建筑设计方法和管理模式，并不断接触到新的建筑设计理念与思维以提高自身的竞争力，与享有盛名的国际建筑设计机构和建筑师合作既是全球化建筑发展的需要，也是中国建筑走向国际舞台的标志，从而促进中国多元化设计机构的形成。因此2000年之后的中国建筑艺术创作日益呈现出多元化的格局，并且建筑设计作品类别更加丰富，许多建成的建筑项目吸取国外建筑精华的同时呈现出浓厚的地域性文化特色。北京和上海两座国际性的大都市分别以奥运会和世博会为契机创建了国家体育馆鸟巢、国家大剧院、CCTV中央电视台新址等具有首都气象的建筑作品以及上海环球金融中心、上海中心大厦等国际都市气派的现代摩天大楼，成为中国、亚洲乃至世界的建筑记录以见证中国经济腾飞。

2000年以来，越来越引人注目的是为中国建筑而设计的境外著名建筑师及其作品——保罗·安德鲁的国家大剧院、赫尔佐格·德默隆的鸟巢体育馆、诺曼·福斯特的首都机场T3航站楼、贝聿铭的苏州博物馆新馆、SOM的金茂大厦、扎哈·哈迪德的广州歌剧院与北京望京SOHO广场、矶崎新的喜马拉雅中心与中央美术学院的美术馆、库哈斯的CCTV新台址。

2000年以来建成及即将建成的超高层建筑的态势一瞥——深圳平安国际金融中心（660米，118层，2016年动工，商业酒店写字楼）、武汉绿地中心（636米，119层，2016年动工，商业酒店写字楼）、上海中心大厦（632米，121层，2015年动工，商业酒店写字楼）、深圳平安金融中心（599米，118层，办公楼，2017年建成）、天津高银大厦（597米，117层，2014年动工，商业酒店写字楼）、广州周大福中心（539米，112层，2014年动工，商业酒店写字楼）、天津周大福海滨中心（530米，97层，2012年动工，酒店写字楼）、北京中国至尊大厦（528米，115层，2013年动工，多功能写字楼）、台北101大厦（509米，101层，2004年建成，酒店商业写字楼金融中心）、上海环球金融中心（492米，101层，2008年建成）、香港环球贸易中心（484米，88层，2009年建成）、长沙IFS大厦（452米，95层，2013年动工，酒店写字楼）、南京绿地广场紫峰大厦（450米，89层，2010年建成）、深圳京基金融中心（441.80米，100层，2011年建成）、广州国际金融中心（441.75米，103层，2010年建成）、上海金茂大厦（420.53米，88层，1999年建成）等等。全球300米以上的超高层建筑项目目前有125座，而作为发展中国家的中国竟然占78座。

新千年以来，随着中国的城市建设不断地向高大上发展以及雄安新城区的崛起，近年来特色小城镇建设备受关注。中国传统村镇建设是自然环境与人为环境有机结合的结果，中国特色小镇是融情态与形态及生态于一体文化积淀的结晶。特色小城镇是可以规划设计的吗？让我拭目以待其蓬勃发展的自然结果。

二、中国改革开放四十年建筑艺术创新发展的反思

20世纪80年代约翰·奈斯比特在《大趋势——改变我们的生活的十个趋势》中说，从工业社会到信息社会、从强迫性的技术到高技术和深厚情感、从国家经济到世界经济、从短期到长期、从集中到分散、从机构帮助到自助、从代议制民主到参与制民主、从等级制结构到网络结构、从北到南，从非此即彼到多种选择等等，其中"从强迫性的技术到高技术和深厚情感"尤其令人记忆犹新。在此不妨从理论层面和实践层面对四十年予以历史反思。

中国建筑技术集团总建筑师罗隽在《二十年目睹之建筑怪现状》中一针见血地指出中国改革开放四十年以来的建筑怪现状不外乎有三：怪现状之一是权力膨胀之"贪大"——追求超大的城市规模、追求以政府大楼为中轴的超大广场、追求超面积超标准的办公楼、追求超高超大的建筑体量；怪现状之二是奴颜婢膝地崇洋媚外——凡洋必崇、凡洋必好、山寨媚洋；怪现状之三是价值观丧失之求怪——伊川的裤腰带大门、苏州的大秋裤高楼、沈阳的方圆大厦、石家庄的雕塑饭店、北京的天子酒店与盘古大观等等。"贪大、媚洋、求怪"十分猖獗。天津大学中国现代建筑历史与理论专家邹德侬在《中国现代建筑艺术专题》中指出当前中国现代建筑有若干负面现象应引以为戒：首先是建筑艺术创造乏力；其二是中国本土建筑理论失语；其三是当代诸多建筑设计与创作脱离建筑本体与现实生活而失去建筑应有的科学意义。建筑设计与创作大师程泰宁在《希望·挑战·策略——当代中国建筑的现状与发展》中指出中国当代建筑艺术当反思如下几个问题——价值判断失衡、

跨文化对话失语、体制失范。无视建筑的基本原理与本体及功能而肆意炫耀求高、求大、求洋、求怪，从而失去建筑的本质。

我们须慎重地反思以下几点：其一是执着建筑师的历史使命以免过于强调艺术性的误区。现代建筑不应该也不仅仅是作为"艺术"为主导存在的，它是由工业化大生产发展导致传统社会迈入现代化后应运而生的，现代建筑除了出发点与思想与传统建筑不同外，完全离不开材料研发、经济投资、建造程序、施工管理、环境关系等方面整体性的支撑，当然现代建筑也自有其文化艺术属性。我们当下的建筑师更愿意把自己当作"艺术家"，尽管也有一部分建筑师很在意建筑的细节与完成度，但那种在意也基本是立足于完成自己创作的"艺术品"，而不是现代建筑或者住房的本身属性。建筑具有艺术性但不等同于绘画、音乐等艺术，其本质还是"实用、坚固、美观"的工程技术。其二是中国是一个资源有限的发展中的国家，应有可持续发展与文化生态的文化关怀意识。其三是后现代语境中的中国建筑不要陷于宁要矛盾性与复杂性的迷宫中，后现代文化的特征是平面感——深度模式削平、断裂感——历史意识消失、凌乱感——主体的消失、复制——原创的消解。复制、抄袭、建筑千篇一律、城市建设千城一面等建筑艺术创作现象比比皆是。其四，非市场规律居高不下的住房价格不断攀涨，居者有其屋的基本理想何时能圆梦？

三、中国改革开放四十年建筑艺术理论探索的反思

20世纪80年代中后期，随着西方建筑思潮与设计思想以及建筑师的大量涌入，在西方历经了近半个世纪实验与磨砺的后现代主义建筑、结构主义建筑、解构主义建筑、新殖民主义建筑、新现代主义建筑、建筑形态学与类型学、新陈代谢与共生建筑等新的设计思想理论与观念如潮水般涌入中国建筑学界，并在中国20世纪末期的近二十年时间里几乎逐一被演绎过。《世界建筑》《建筑学报》《新建筑》《建筑师》《华中建筑》《时代建筑》等学术期刊

络绎不绝地译介西方新的建筑设计思想和著名建筑师及其作品，年轻的莘莘建筑学子以效法现代西方建筑理论与作品为时尚，各种国际国内的有关现代建筑设计的竞赛因此也予以推波助澜的激励，以至于1985年被不同艺术领域的学者们称之为艺术的观念与方法年。但因建筑学子们对中外建筑文化历史及其建筑设计思想的食而不化，以致在匆匆忙忙的建筑设计实践过程中始终没有形成自己的建筑设计思想与践行方式，其结果只能是依靠集仿主义的方式与抄袭的手段在大好的建筑市场中重复地做简单的机械操作，毫无原创的建筑精神一再张扬。殊不知国外引入的诸多建筑理论与观念均是基于其背后有深厚的文化哲学基础，而中国的建筑学子们却没有自己信奉的文化哲学思想，仅能是一阵热乎之后又陷于理论贫乏的境地。

1959年6月，建筑工程部部长刘秀峰在上海召开的住宅标准及建筑艺术座谈会上做题为《创造中国的社会主义的建筑新风格》的报告，他说建筑艺术问题是通过建筑的实体表现出来的一种艺术，与音乐、戏剧、雕刻、美术、绘画等艺术有共同性，也有自己的特点。建筑的艺术性既表现在功能适用、结构合理上，也表现在形式的美观上，即"在适用、经济的条件下尽量做到美观"。这是对维特鲁维《建筑十书》中的"实用、坚固、美观"的继承与发展，成为新中国长期以来的建筑艺术创作与发展的建筑业方针政策或曰是建筑美学原则指导着实践。

中国的建筑理论研究向来薄弱。东南大学建筑历史与理论专家刘先觉教授主编的《现代建筑理论——建筑结合人文科学、自然科学与技术科学的新成就》旨在绍介并阐释西方现代及后现代建筑理论可供参考与借鉴，但不是全盘照抄地应用于中国的建筑艺术创新发展中。2001年，难能可贵的是建筑学家张钦楠与张祖刚牵头组织开展"中国特色的建筑理论框架研究"并结集成书。但这只是有关现代中国文脉下的建筑理论系统的探索与思考，尚不是实质性的中国现代建筑艺术理论。1949年以来中国的建筑实践与理论探索经过了70年磨砺，中国的建筑院校有《城市规划原理》《园林设计原理》作为教材，至今却没有融中西建筑设计思想与实践经验总结于一体的现代化的《建筑设计原理》作为教材在高校使用，这实在是与现实的要求太不相符合。好在有以下建筑学家尚未构成系统的中国现代建筑理论的建筑理念存在，也算是弥补中国现代建筑理论不足的权宜之计。它们是吴良镛融城市与建筑及园林为一体的广义建筑学理论、张钦楠贫资源建造高文明论、何镜堂建筑的地域性与文化性及时代性并提的建筑三论、布正伟建筑自在生成论、顾孟潮有机建筑哲学论、常青传统的城乡风土建筑保护与再生论、王澍新人文主义诗意栖息的建筑论。让我们向他们致以敬礼！

结　语

回顾20世纪70年代末80年代初改革开放以来的四十年间的中国建筑艺术走过的波澜壮阔的风雨历程，在某种程度上可以说国际上形形色色的建筑思潮与建筑风格及建筑流派在当代中国有比其他任何国家更为丰富更为全面的实践呈现，以至于目前谈世界建筑的历史情状而不能不论及中国作为世界上最大的建筑设计与创作实验场所的事实。展望中国建筑艺术的未来，掩卷凝思，如果说20世纪的建筑先驱经过艰苦卓绝的努力使得世界走向新建筑的话，那么21世纪初始后会走向什么样的新建筑呢？那应该是一种环保的、可持续的文化生态建筑，从而走向人为环境与自然环境有机结合的和谐美好的人居环境的诗意境地。天津大学中国现代建筑历史理论专家邹德侬教授说得好"国家性+国际性，永远的建筑艺术方向"。

参考文献

1. 杨永生、顾孟潮主编：《20世纪中国建筑》，天津科学技术出版社1999年版。

2. 顾馥保主编：《中国现代建筑100年》，中国计划出版社1999年版。

3. 潘谷西主编：《中国建筑史》，中国建筑工业出版社2004年版。

4. 邹德侬：《中国现代建筑史》，天津科学技术出版社2001年版。

5. 邹德侬：《中国现代建筑论集》，机械工业出版社2003年版。

6. 邹德侬：《中国现代建筑艺术论题》，山东科学技术出版社2006年版。

7. 张钦楠、张祖刚：《现代中国文脉下的建筑理论》，中国建筑工业出版社2008年版。

8. 吴焕加：《20世纪西方建筑史》，河南科学技术出版社1998年版。

9. 关肇邺、吴耀东主编：《20世纪世界建筑精品集锦（东亚卷）》，中国建筑工业出版社1999年版。

10. 郭黛姮、吕舟主编：《20世纪东方建筑名作》，河南科学技术出版社2000年版。

11. 王受之：《世界现代建筑史》，中国建筑工业出版社1999年版。

12. 王受之：《世界现代设计史》，中国青年出版社2007年版。

13. ［英］丹尼斯·夏普：《20世纪世界建筑——精彩的视觉建筑史》，中国建筑工业出版社2003年版。

14. ［英］威廉·J·R·柯蒂斯：《20世纪世界建筑史》，中国建筑工业出版社2011年版。

15. ［英］L·本奈沃洛：《西方现代建筑史》，天津科学技术出版社1996年版。

16. ［美］斯蒂芬·贝利、菲利普·加纳：《20世纪风格与设计》，四川人民出版社2001年版。

17. 台湾行政院文化建设委员会《建筑杂志》编著：《台湾建筑之美（1900—1999年）》，美兆文化事业股份有限公司2003年版。

18. 潘祖尧主编：《香港著名建筑师现代作品选》，中国建筑工业出版社1999年版。

19. 澳门建筑师协会编著：《澳门现代建筑》，中国建筑工业出版社1999年版。

20. 吴良镛：《人居环境科学导论》，中国建筑工业出版社2001年版。

21. 杨慎：《中国建筑业的改革》，中国建筑工业出版社2004年版。

22. 张钦楠：《特色取胜——建筑理论的探讨》，机械工业出版社2005年版。

23. 吴良镛：《世纪之交展望建筑学的未来——1999年国际建协第20次世界建筑师大会主旨报告——北京宪章》，《中国建筑与城市文化》，昆仑出版社2009年版。

24. 顾孟潮：《建筑哲学概论》，中国建筑工业出版社2011年版。

25. 布正伟：《建筑美学思维与创作智谋》，天津大学出版社2017年版。

26. 王明贤：《超越的可能性——21世纪中国新建筑记录（2000—2012）》，中国建筑工业出版社2013年版。

27. 许晓东主编：《中国新建筑（2000—2012）》，天津大学出版社2012年版。

28. 张湛彬：《石破天惊——中国第二次革命起源纪实》，中国经济出版社1998年版。

29. ［美］傅高义：《邓小平时代》，读书·生活·新知三联书店2003年版。

（原载《中国建筑文化遗产》第二十二辑，天津大学出版社2018年版）

第四编　建筑文化

诗性智慧与中国古代建筑文化

引 言

　　时维九月，序属三秋。潦水尽而寒潭清，烟光凝而暮山紫。俨骖騑于上路，访风景于崇阿；临帝子之长洲，得仙人之旧馆。层峦耸翠，上出重霄；飞阁流丹，下临无地。鹤汀凫渚，穷岛屿之萦回；桂殿兰宫，列冈峦之体势。披绣闼，俯雕甍，山原旷其盈视，川泽盱其骇瞩。闾阎扑地，钟鸣鼎食之家；舸舰迷津，青雀黄龙之轴。虹销雨霁，彩彻云衢。落霞与孤鹜齐飞，秋水共长天一色。

　　这是唐代诗人王勃《滕王阁序》中的名句。笔者每每阅读它的时候总觉得有种画境文心的诗意自心中油然而出。同时又感到这种诗意并非简单的寥寥几行诗句所能概括，其中还蕴含着比诗歌更丰富的意蕴。它是什么呢？后来，在阅读刘士林先生的《中国诗性文化》一书时才知道，这就是中国人一以贯之的诗性的生存智慧。于是便有了点感触，借此中国建筑与文化讨论的盛会将其抛将出来，以就教于与会的所有方家。

一、诗性智慧概说

　　说历史与文化是首诗歌，在西方人眼里是种比喻的说法，而在中国则叫贴切于史实。从原始片断的歌谣到《诗经》《楚辞》，中经汉魏诗赋、唐诗宋词、元明清散曲，乃至近代的"诗界革命"，从其中都可以读出中国古代历史文化"究天人之际"、风云变幻的诗行。因而历代学人莫不将诗学视为足登大雅之堂的能事，倍信凡事应"兴于诗，立于礼，成于乐"（《论语·秦伯》），以至于中国古代社会近乎成了一个无处不是诗意盎然的诗歌的国度。翻开历史文献或考察历史文物，不难发现，这与中国人自古以来素尚以诗来进行"文治教化""科举纳贤""移风易俗"的文化传统密切相关，因为"诗者，志之所志也，在心为志，发言为诗"（《诗大序》）。不仅如此，诗还"可以兴，可以观，可以群，可以怨。迩之事父，远之事君，多识于鸟兽草木之名"（《论语·阳货》），故"不学诗，无以言"（《论语·季氏》）。

在这里，需要指出的是：很显然，"诗学"在中国古代社会里不仅仅是指一般意义上有关诗歌的学识，在其深层意义上也是中国古代人生存意识的表露，即诗性智慧的活现。借用雅克·马利坦的话来说，这样的一种诗性智慧不仅仅是指"存在于书面诗行中的诗歌艺术，而是一个更普遍更原始的过程，即事物的内部存在与人类自身的内部存在之间的相互联系，这种相互联系就是预言"①。在笔者看来，雅克·马利坦所谓的颇有占卜意味的"预言"，实质上是指人类在实践过程中主体与客体之间的交流与创造活动，其结果往往趋向一种认知与直觉一体的、动态的、或然性的境界。在这样的境界中，情感与理性、人与自然、有限与无限、时间与空间得以合而为一，生生不已，以至永恒，因而是诗性的。

关于诗性智慧的概念，最早是由维科在其《新科学》一著中提出来的。在《新科学》中，维科认为，人类的第一个文化形态是诗性的文化形态，这取决于人类早期混沌不清的原始思维所致的诗性智慧。人类早期的这种诗性

---

① ［法］雅克·马利坦：《艺术与诗中的创造性直觉》，刘有元、罗选民等译，生活·读书·新知三联书店1991年版，第15页。

智慧分为诗性的玄学、诗性的逻辑、诗性的伦理、诗性的地理等几个部分。西方文化历史的发展经历了古代诗性文化、中世纪宗教文化、近代科学理性文化等几个不断超越的阶段。相形之下，历来宗教意识淡薄的中国，直到近现代依然保持着亘古未变的诗性文化与诗性智慧，科学理性文化在中国因经验性的实用理性思维惯性制约而不受重视，以至先贤梁启超和李约瑟博士在进行中国科学技术史研究时，面对史料，不约而同地会感到难觅其雄迹芳踪。何以至此？这还得剖析一下中国古人选择了怎样的掌握世界的方式这么一个根本性的问题。

马克思在《政治经济学批判·导言》中论及过，人类掌握世界的方式不外乎理论的、艺术的、宗教的、实践和精神的四种。对于其中的实践和精神的方式，有学者认为，这是"一种既包含着人类对世界的思维、认识、反映的精神掌握方式，又包含着人类对世界的物质、生产、活动的实践方式的综合地掌握世界的方式"①。笔者认为，这恰恰是中国古人最乐于选择的一种掌握世界的方式。所不同的是，马克思强调的是由实践而见精神，而中国古人则是注重由精神而实践，甚至是精神与实践合而为一整体，主客不分、知行合一、物质即精神、精神即物质等，即便是这种掌握世界方式的表现，又与中国古人习尚"观乎天文，以察时变；观乎人文，以化成天下"②的农业文明方式以及"天人合一""人化的自然"（马克思语）的思维惯性有着深刻的内在联系。加之中国古代社会超稳定文明结构形式缓慢发展的熏陶，举国上下的君臣百姓莫不视"诗者，天地之心""诗为天人之合"③，再经作为万世师表的儒、道、释三教并流的强化与弘扬，中国诗性智慧得以源远流长地在中国大地上延续。

---

① 邢煦寰：《艺术掌握论》，中国青年出版社1996年版，第85页。

② 周振甫译注：《周易译注》，中华书局1991年版，第81页。

③ （清）刘熙载：《艺概笺注》，王气中笺注，贵州人民出版社1986年版，第139页。

图4-1　浙江东阳八卦村　崔勇拍摄

以上概略地讨论了中国古代社会诗性生存智慧的内涵及其传统，下面再来看看这种诗性的生存智慧是如何活灵活现地积淀与展现在中国古代建筑文化之中的。

二、中国古代建筑的诗性表现

1. 诗化的建筑生态哲学

人是大自然的一部分，时空无涯，而人生有限，因而梁思成在他的《中国建筑史·绪论》中说中国人"不求原物长存之观念"是中国古代以木结构为特色的建筑之所以生生不息的原因之一。因为中国古人"安于新陈代谢之理，以自然生灭为定律，视建筑如被服舆马，时得而更换之"。这的确是道出了中国古人深信不疑的诗化的建筑生态建筑哲学观——建筑是承载与体会天地之道的容器，"形而上者谓之器，形而下者谓之道"。诚如老子所言"有之以为利，无之以为用"①类似的观念早在《宅经》中也有记载："宅乃阴阳之枢纽，人伦之规模"，故"宅以形势为身体，以泉水为血脉，以土地为皮肉，以草木为毛发，以舍屋为衣裳，以门户为冠带，若得如斯，是事俨雅，乃为上吉"②。人居住在"上栋下宇"般虚实相间的房屋里，犹如置身于阴阳际会的风水宝地，可以汲取天地之精华，感受四时的节律，天、地、人三才互参并融为一体而生生不已。在此，生命的真谛得以体验，即便是终归一死，也是视死如归而"托体向山阿"（陶渊明诗语）。这是中国古人凭直觉与经验所获得的实用理性意识，即诗化的生态哲学观。房屋的朝向、聚落的龙脉气场、陵墓的风水选址、园林的因地制宜、都城的象天设邑等等，莫不是这种诗化的生态哲学观在建筑活动中的表现。

在此基础上，中国古人根据"法天象地""立象见意"的原则与方法，创建了"太极生两仪，两仪生四象，四象生八卦"③阴阳相济的宇宙图式与人的生存境界相对应。凡事无不事先占卜阴阳与八卦，因为"阴阳者，天地之道也，万物之纲纪，变化之父母，生杀之本始，神明之府也"④。这一宇宙图式尽管是人为的虚构的想象性的境地，但中国古人对其中的"生生之易"之道是深信不疑的。中国古人就是抱着这样的念头在他们自以为是的居住环境中平静地心安理得地度过了几千年的诗化文明的历史。

2．诗性的建筑情感心理

大凡艺术创造实践活动均离不开一个"情"字，托尔斯泰说过："一个人用某种外在的标志有意识地把自己体验过的感情传达给别人，而别人受到感染，也体验到这些感情。"⑤这对赋有诗性智慧的华夏建筑哲匠们来说也是如

① （先秦）老子：《道德经·第九章》，《诸子集成》第三卷，上海书店出版社1986年版，第8页。

② （上古）黄帝撰：《宅经》，海南出版社1993年版，第7、15页。

③ 周振甫译注：《周易译注》，中华书局1991年版，第248页。

④ （上古）元阳真人：《黄帝内经·素问》，西南师范大学出版社1993年版，第6页。

⑤ ［俄］托尔斯泰：《列夫·托尔斯泰论创作》，戴启篁译，漓江出版社1982年版，第16页。

图4-2　湘西凤凰街吊脚楼　崔勇拍摄

此。因为中国古代社会不仅是一个诗性的国度，也是一个宗法意识很浓郁的国度，君臣父子莫不任人唯亲，加之"诗缘情，体物而浏亮"①，因而到处可以感触到浓浓的人情味。当然，具体到建筑中的"情"与一般意义上人之常情又有所不同，它往往是指建筑哲匠们对建筑所抱有的感性情感和审美情趣，并融情入景，以至建筑哲匠们莫不将情景交融作为处理艺术与现实关系的一种理路。

　　凡艺术创作须"根情、苗言、华声、实义"②。这当中，"情"是最为根

---

　　①　（西晋）陆机：《文赋》，郭绍虞主编：《中国历代文论选》第一册，上海古籍出版社1979年版，第171页。

　　②　（唐）白居易：《与元九书》，郭绍虞主编：《中国历代文论选》第二册，上海古籍出版社1979年版，第96页。

图4-3　贵州侗寨风雨桥　崔勇拍摄

本的。因而，画栋雕梁中匠心独运的艺术情怀、居室中伦理等级的家族血缘之情、街坊邻里之间的交往之情、祭坛上拜天地时的虔诚之真情、宫殿建筑"非壮丽无以重威"①之豪情、园林建筑"纳千顷之汪洋，收四时之烂漫"②之诗情画意、陵寝建筑"慎终而追远"之深情、民居田园牧歌式的乡土之情、宗教建筑应天地神灵回响之超度之情、绵延的城墙所包含的历史沧桑之情，如此等等的这一切都是中国古代建筑哲匠们诗性的建筑情感心理的活现，致使万般风情莫不令人感动不已。这样的建筑情感有悲喜交集，也有宁静致远。悲者，阿房宫因"楚人一炬，可怜焦土"是也；喜者，欧阳修《醉

① （汉）司马迁：《史记·高祖本纪》，百衲本《二十五史》第一卷，浙江古籍出版社1998年版，第41页。
② （明）计成：《园治》，陈植注释，中国建筑工业出版社1988年版，第51页。

翁亭记》游"山水之乐，得之于心而寓之于酒"是也；欢欣者，汤显祖《牡丹亭》中"不到园林，怎知春色如许"是也；致远者，王之涣《登鹳雀楼》"欲穷千里目，更上一层楼"是也。由此看来，苏珊·朗格说"艺术品也就是情感的形式，与人的理智、情感所具有的动态形式同构"[1]是不无道理的。

3. 诗意的建筑形态结构美

在中国文化历史上，儒、道、释建构了华夏美学的殿堂，儒家主张美与善的和谐统一（伦理道德），宣扬"仁至义尽"和"礼乐并举"；道家重视美与自由的自然之道相联，标举"虽由人作，宛自天开"与"气韵生动"；释家崇尚美与灵界的契合，称赞个体与宇宙融合、冲淡真性如佛的境界。儒、道、释这些有关美的诗性建构思想始终影响着中国艺术的建构与发展，建筑艺术当然也不例外。

正是在这种意义上，笔者以为，中国古代建筑所追求的是一种诗意的形态结构美境界。建筑作为群体艺术，它重视造型与各个局部位置的合理安排与经营，内部结构的完整和谐，这与西方建筑艺术追求雕塑般的单体垂直向上的风格不同，而是以群体的气势在天地之间作平面铺开，把空间意识转化为时间过程以及对周围环境的亲和，以至建筑的整体结构韵律在空间上形成统一与变化多端的变奏，在时间的进程中产生一种流动的美感，从而交织成一张无形的却又可以察见的理性（这里的"理"即"礼"——诚如《乐记》所言："礼者，天地之序也；乐者，天地之和也。"）之网。这张理性之网制约着局部、控制着整体，构成浑然一体的、含蓄深邃的、具有中国民族特色的建筑艺术形象。这样的建筑形象是中国古人对天地精神的理解与把握，具有具象与抽象、有限与无限统一为一整体的诗性智慧的特色。在这里，情理相伴、虚实相间、内外沟通、"天人合一"，遂成一幅浓缩了天地精华的天然图

---

① ［美］苏珊·朗格：《艺术问题》，滕守尧、朱疆源译，中国社会科学出版社1983年版，第105页。

画，横贯千古的审美意境也由此而生成。^①难怪清朝的钱泳说："造园如作诗文，必使曲折有法，前后呼应。"^②其深意耐人寻味。因而可以说，面对中国古代建筑诗意的形态结构美，除了用仰观俯察、远望近取、切身体会的流观方式对其予以整体性的审美观照之外，别无他法。如此才能品味到中国古代建筑所蕴含的"与天地合其德""与日月合其明""与四时合其序"^③的无限美感。

结　语

综上所述，中国古代建筑无论是宫殿、民居、园林、寺庙，还是陵墓，无不焕发出诗性智慧的光辉。正是这种诗性智慧的作用，使中国古代建筑的生态、情态、形态融为一有机的整体，自然环境与人为环境的有机结合从而营造出一个人化自然的境界——"天地与我并生，而万物与我齐一。"在这样的境界里，我们仿佛看到站着一个顶天立地的人，自有他的生命机制和物质躯体及情感品格，并且"诗意地栖息"在那里。老子曰："故道大，天大，地大，人亦大。"因此，若将中国古代诗性智慧运用到建筑实践中去，有所突破、创新，使建筑形象成为现代社会物质、精神文明的多彩表现，同时又蕴含深厚的历史文脉，便能创造出"山重水复疑无路，柳暗花明又一村"的大地景观。古人云："诗无达诂"。因此，中国的建筑师们有理由切记以下的信言："风雨兼程是与非，但留足迹作诗篇。"（笔者诗语）

（原载《华中建筑》2000年第4期）

---

① 宗白华：《中国艺术意境之诞生》，《艺境》，北京大学出版社1999年版，第138页。

② （清）钱泳：《履园丛话》，中华书局2006年版，第545页。

③ 周振甫译注：《周易译注》，中华书局1991年版，第9页。

东方文化自觉的人文诗意表达

——简评王澍的建筑与莫言的小说

2012年2月、9月是中国人刻骨铭心的难忘时刻，建筑学界最高的普利兹克奖和文学界最高的诺贝尔文学奖分别由中国的建筑学家王澍和文学家莫言摘得桂冠，这样的零的突破的文化艺术创举令国人欢欣鼓舞、由衷赞叹，而专业的建筑和文学从业者则冷静地认为是艺术审美与创造无意识的合目的的自然结果，因为此前王澍和莫言在各自的专业领域先后已经获得过国内外不同名目的奖项。例如王澍的苏州大学文正学院图书馆项目荣获中国建筑艺术奖（2004年）、中国美术学院象山校园一期工程获中国建筑艺术年鉴学术奖（2005年）、"垂直院宅·钱江时代高层住宅群"项目获德国全球高层建筑奖提名（2008年）、作品"衰朽的穹隆"获年度威尼斯双年展特别奖（2010年）、荣获法国建筑学院金奖（2011年）；莫言的《红高粱》获得第四届全国中篇小说奖（1987年）、《丰乳肥臀》获得大家·红河文学奖（1997年）、《酒国》获得法国儒尔·巴泰庸外国文学奖（2001年）、《檀香刑》获得第一届鼎钧双年文学奖（2003年）、《生死疲劳》获得第一届美国纽曼华语文学奖（2008年）、《蛙》获得第八届茅盾文学奖（2011年）。这都是水到渠成自然而然的事，不足为咄咄怪事，倒是作为建筑学家的王澍和文学家的莫言何以获奖的理由值得深思，笔者因此作如是管窥之见。

将建筑学家王澍和文学家莫言放在一起等量齐观，貌似不成体统，其实是有其内在的必然的关联性的，那就是他们均异曲同工地以中国文人特有的思维特色表达了对东方文化的自觉意识与艺术显现方式，不同的是一个侧重用物质性载体的建筑语言表达，一个是侧重用精神性的文学语言表达，但表达的东方文化的审美情趣与历史内涵及文化品质则是基本一致的。

王澍没有当代众多建筑师那么多的大众性建筑作品，代表性的建筑作品仅有私人住宅、朋友的工作室、瓦园、钱江时代·垂直院宅、苏州大学文正图书馆、中国美术学院象山校区建筑、宁波美术馆、宁波博物馆等。王澍通过建造房子的自觉活动实现中国文化的文人表达，一定意义上属于时代大潮之外的非主流的边缘化的先锋实验建筑群体之一。中国当代先锋实验建筑师中，如果说张永和试图在建筑设计中对现代建筑空间予以中外建筑互文性的把握、汤桦力图探索与思考建筑蕴含的高科技与人的深厚情感融合的城市乌托邦、赵冰企图在儒道释的感悟中寻求寓严肃与荒诞于一体的中国主义建筑之道、刘家琨极力为此时此在的地域性建筑文化展现做出努力的话，那么王澍则是把对本土建筑发展生存焦虑和对西方建筑理论思想批判性吸收的同时寻思当代中国建筑的思想定位，在中国传统文化的基础上以新的姿态切入历史和当下的历史时空，以期用中国建筑语言的表达方式阐释对现代化的理解。

图4-4　宁波博物馆　崔勇拍摄

图4-5　宁波博物馆　崔勇拍摄

　　王澍曾经自诩自己首先是一个文人，不同的是他又是一个比一般的文人懂得建筑建造技艺的建筑师，成为一个李渔式的人文园林艺术家是他理想的工作与生存方式。因此他虽然是一位中国美术学院的建筑学教师，但更多的是将建筑视为业余的兴趣爱好，而不是作为一种职业。他不是中国注册的建筑师，无意于投入轰轰烈烈的建筑产业中去显身手赚大钱，而是一边沉浸于文人的琴棋书画境地，同时在工作室坚持中国建筑文化试验，通过材料再利用和便生、适形的营造方式构筑建筑的空间场所，产生熟悉的陌生化艺术效果，因之乐此不疲。《考工记》曰："天有时，地有气，材有美，工有巧，合此四者，然后可以为良。"王澍的建筑设计遵循这一传统法则，运用砖木石瓦等有机材料使建筑物在组群之间的内外空间流动以及与环境的有机联系天然、自在，诉诸人以人为环境与自然环境相融合的大环境设计美学思想表达——建筑的构造形态、建筑的人文审美情态、建筑的文化生态得以"天人合一"的相互谐和。

因此，王澍将自己的设计状态总是保持在汲天地之精华诗情画意的园林设计开始的文人感觉状态，这样的诗意性的开始状态是合乎艺术创造或然性规律的，而且还意味着情景交融之后将产生的多种可能性创作思路与探索途径，而不是唯一的偶然性结果。他认为每一个建筑作品的创作设计就像创作一篇触景生情的诗歌或小说，"必使曲折有致，前后呼应"①。显然，王澍也受到德里达、罗兰·巴特、索绪尔、海德格尔等西方后现代语义分析与诗化哲学思想的深刻影响，当然王澍更多的是受到老庄哲学有无、虚实、道法自然的诗性哲学以及《周易》"立象见意"的变易思想潜移默化，因此在设计过程中始终伴随着新的思考与判断而决定的即兴式解决问题的方法与手段，始终是没有确定的事物，只有可能性的事物。无论是设计一座单体建筑，还是一座城市，在王澍看来，整体性非常重要，这种整体性是以完整的生活场所而不是以无限地扩展和强行地添加异类而形成的，同时城市内涵的丰富性和差异性也是必然的显现，否则将导致建筑的单调与平庸。诚如王澍在其博士论文《虚拟的城市》中所说的："城市与建筑、公共建筑与普通住宅、建筑与园林以及建筑与建筑之间的分类界限被一种不可归类的态度抹消，不设界限本身就是一种建筑观。"②在王澍的建筑时空，无论是区区片断，还是彼此关联的内外空间构成，均不失浓郁的人文意趣。

莫言也以其小说《生死疲劳》的方式乐此不疲地践行着中国的先锋文学实验。莫言成名之前很长一段时间因家境贫困而不得不在部队文艺团体学习、工作、生活，后来他毅然决然地脱离部队在地方性《检察日报》社影视部业余实践尝试将西方魔幻现实主义与中国传统的现实主义创作方法相结合的文体试验与语言表达探索。在没有制度限制与行业规范的语境中，莫言的艺术创造力在自由的天地中得以张扬，美是自由的象征。《透明的红萝》《生

---

① （清）钱泳：《履园丛话》，中华书局2006年版，第545页。

② 王澍：《虚拟的城市》，同济大学2000年博士论文。

死疲劳》《檀香刑》《红树林》《酒国》《蛙》《丰乳肥臀》《球状闪电》《红高粱家族》等作品即便是实验的结果。在这些作品中，莫言将沉郁的历史情结与悲壮的历史情怀以及顽强的民族的生命意志力融合为一艺术整体，描绘了中国人生命力的丰富多彩的情状和强烈的主体精神，这种生命精神与生俱来，是人类像野火一样燃烧繁衍至今的生命密码，而正是现代文明对人性的压抑与规范而导致了退化，是中国的现代化文明所付出的代价。莫言的小说关注人性深处的优劣与秉性，呈现出超越文学表意之上的人文关怀，因此他的作品总是笼罩着沁透历史意识的情绪和深沉浩茫、神圣悲壮的感觉以及象征的色彩，具有世界的文本意义。

　　莫言的小说采用了东方文化感觉主义的写意式的叙述方式，与西方文化注重客观描述的写实主义不同，在文本表达叙说过程中不重视客观世界的物理真实与现实状况，而是散文诗般淡漠小说的情节和时序，一切从自我感觉出发，以直观的感悟赋予自然事物以生命与秉性，捕捉瞬间的特殊状态，加以联想发挥，且通过暗示、象征和富有立体感的描述，理性和直觉、情感与思维、感官与智慧等一切均从感觉中倾泻而出，将极端的主观感觉与冷峻的客观现实沟通起来，使得一个个充满色、香、味、形的活生生的形象和盘托出，使之可见、可闻、可触、可感。这种感觉主义的叙述方式既不属于严格意义上的西方现代派文学，也区别于旨在反思传统文化的中国式的寻根派文学，但又的的确确是在宏阔丰富的民族文化背景下运用西方现代派一些技法为中国民众的生命本色写意造像的，既有现实主义的写实，也有魔幻现实主义的象征。莫言曾经说过："高密东北乡无疑是地球上最美丽最丑陋、最超脱最世俗、最圣洁最龌龊、最英雄好汉最王八蛋、最能喝酒最能爱的地方。"正是这一爱与恨的交集使得莫言酝酿出香醇的富有中国文化意味的文学作品。莫言的小说不仅仅是还原历史，更是在张扬生命的激情，强烈地灌注着中国民族精神中难得的酒神精神。这种酒神精神又不同于尼采所描绘的西方酒神文化，诉诸人活灵活现的充满血性的刚柔并融的充盈之美。电影导演田壮壮在《盗马贼》和《撒把猎场》中试图要为汉民族温情脉脉的血液中注入一些马背民族的刚烈血性，其实莫言笔下高密人的血液里已经流淌过。莫言的小说先锋性地表明了一种富有民族精神与文化底蕴的新的美学观，与不少先锋文学探索者囿于纯文学文本结构与语言探索而作茧自缚不同，它是虚构的，但更符合历史本质的真实，似乎已经僵死的历史被莫言重新给激活，历史的形象在心灵中得以重塑，民族的生命之魂在现代目光下的执着追寻得以复苏。相形之下，作为先锋实验的建筑学家王澍和文学家莫言在获得国际最高的大奖之前的生存状况与收成，与众多同龄的富足的建筑设计师和明星学者、作家比较可能是捉襟见肘的，甚或是有些寒碜的，因为他们均忠于职守在自以为是的物质与精神的家园中建构而不为势利所左右，坚守那份对民族文化的赤诚与忠心不二。早在20世纪80年代中期，王澍就口出雄心壮志"中国只有一个建筑师，那就是我王澍"。当张艺谋根据莫言的小说《红高粱家族系列》改编的电影《红高粱》一举获得柏林金雄电影大奖的时候，莫言袒胸露臂地站在导演张艺谋、演员姜文与巩俐等获奖者身旁微笑着，自信终归有一天中国的文学也会得到世界的殊荣。

有人认为王澍的获奖赢得了西方人的期待视野，莫言的获奖是满足了西方窥视东方文化秘府的好奇心，其实不然。作为东方文化代表的中国建筑和文学所蕴含的绚丽色彩、直觉体验、主观性感受、生命意识的诗性智慧与西方有着本质的差异，这一差异恰恰是西方所或缺的。这里所说的诗性智慧不仅是一般意义上的有关诗歌的诗意，而且在其深层意义指的是中国古代一以贯之的生存智慧显示。其实质是指人类在实践过程中主体与客体之间的交流与创造活动，其结果往往趋向一种认知与直觉一体的动态的或然性的境界。在这样的境界中，人的感情与理性、人与自然、有限与无限、时间与空间得以合而为一，因而是诗性的。维科指出人类第一个文化形态是诗性的文化，西方文化历史发展经历古代诗性文化、中世纪宗教文化、近代科学理性文化等几个不断超越的阶段。相形之下，历来宗教意识淡薄、科技意识薄弱的中国，直到近代依然保持着亘古不变的诗性文化与诗性智慧，习尚"上观天文，以察时变，下观人文，以化成天下，是故知幽明之故"的实用理性的

"格物致知"与"诗无达诂"思维定式。这种诗性的智慧在中国古代社会超稳定文明结构中得以维系与绵延，有别于西方断裂性文明的连续性文明。诚如海德格尔所言："正是诗意首先使人进入大地，使人属于大地，并因此使人进入居住——充满劳绩，但人诗意地居住在此大地上。"建筑是这样，文学也是这样。

王澍的建筑与莫言的小说人文的诗意表达是地道的东方文化特有的美感与造型，凸显出艺术创造内在的生机与魅力，鲜活地告谕人们：人的审美意识是人类历史与心理积淀的结果，致使人们在自然的人化或人化的自然对象面前确证人的本质力量对象化之后的美感认同，并诉诸人以熟悉的陌生化效果，东西方人面对人文思绪殊途同归地表达而出的艺术作品会异口同声地感喟似曾相识燕归来，既熟悉又陌生，这才是艺术审美创造的结果，而不是离间效果。犹如马致远笔下的"枯藤""老树""昏鸦""小桥""流水""人家""古道""西风""瘦马""夕阳西下""断肠人""在天涯"等众人熟视无睹的景象，一经作家生花之妙笔则能化成艺术精品《天净沙·秋思》。每个人都有成为艺术家的潜在因素，但终成艺术家则需要专业性的创造性的转换生成过程，从而将普通的感受和经历与艺术家的体验和创建区别开来。这是由艺术家修炼的既能"入乎其内"又能"出乎其外"的文化积淀与凝思的文化境界所造就的，这样的境界不仅仅是艺术境界，更多的是蕴含个人所经所领的文化境域，包括个人的经历、思想、情感、志向、爱好、道德、理想等诸多因素积淀其中而构成独自的境界，这种境界决定人的过去蕴藉、现在状况及未来走向。王澍的建筑和莫言的小说即是。

20世纪以来，随着人类与自然、社会以及人自身的本意越来越疏离而面临的人情失却、环境失衡、生态失调的现实生存困境，在迷途中寻找物质与精神的家园的意识成为人类共同关注的问题。寻找出路与家园，在路上寻找回家的道路则是人类有意无意间追寻的令人迷惘的事实，因为路在哪儿、家在哪儿，这还是一个未知数。人类总是在追寻自己所处的世界的整体性（家）和自己生命存在的前景性（路），于是对于"路"和"家"的寻找便成为当代文化危机的普遍气氛中有问题意义的价值症候。家园意识成为当代人类文化意识的迫切问题。中国艺术在东方的历史地位与作用就像希腊艺术在欧洲所享有的盛名一样，其独特而可持续性的诗性传统及其特点具有世界意义。以亚洲为代表的东方文化和以欧洲为代表的西方文化是构成人类文明的两大体系。两者之间恰如太极图的两极共同构成人类智慧的再度圆满，东方的诗性智慧与西方的理性精神将促成人为环境与自然环境的有机构成，这应当是人类社会发展的必然趋势，是常识性的历史回归。王澍、莫言作品所昭示的世界意义正在于此。

（原载《建筑与文化》2014年第1期）

从知识灌输步入对话境界

——20 世纪中国现代建筑教育境遇的文化反思

我一直认为20世纪中国现代建筑教育境遇是一个值得深思的学术问题，从世纪初到世纪末，中国几代建筑师受教育的境遇所蕴含的文化历史信息充分显示了中国现代建筑教育的心路历程，这也是一种别样的中国现代建筑教育史，可给后人以深思与启示，历史当识之。

1994年7月，我在我的硕士论文《中国第五代电影导演及其审美文化评判》中用出生年代先后的顺序（即辈分的长幼）将20世纪中国电影导演分为五代对其予以审美文化观照。在我的印象中，20世纪末至21世纪初，天津大学曾坚教授[①]和中国建筑工业出版社编审杨永生先生[②]也先后研究过20世纪中

---

① 曾坚：《中国建筑师的分代问题及其他——现代中国建筑家研究》，《建筑师》1995年第67期。该文系国家教委博士基金资助项目"中国当代著名建筑师的建筑作品与设计思想研究——现代中国建筑家研究"之一，在文章中，曾坚根据20年为年代经历的历史时段、先后的师承关系、建筑自身发展的历史阶段等原则，将20世纪的中国建筑师分为四代，即第一代建筑师为1910—1931年左右；第二代建筑师为1932—1949年左右；第三代建筑师为1950—1966年左右；第四代建筑师为1966年至今为止。

② 杨永生：《中国四代建筑师》，中国建筑工业出版社2002年版。在该论著中，杨永生根据中国几代建筑师成长的社会历史背景、教育背景以及年龄段将20世纪中国建筑师分为四代，即第一代中国建筑师是清末至辛亥革命（1911）年间出生，他们当中大部分于20世纪20年代末或30年代初登上建筑舞台，这一代建筑师几乎全部是留学外国学建筑学的；第二代中国建筑师是20世纪10—20年代出生并且于1949年前大学毕业；第三代中国建筑师是20世纪30—40年代出生，而且于1949年后大学毕业，他们成长的年代是抗日战争（1931—1945）和解放战争（1946—1949）时期以及20世纪50—60年代；第四代中国建筑师出生于1949年以后，成长于"文化大革命"时期，上大学适逢中国改革开放的年代。

国四代建筑学家与建筑师的学术成就和历史贡献。但我的研究与他们的不同之处是从文化现象学的角度反思20世纪中国现代建筑师教育境遇的启示。

　　不同际遇决定不同的境遇，因而形成不同的文化积淀，并因此而带来不同的文化效应。回眸20世纪中国现代建筑师前赴后继的历史传承，我根据历史背景和受教育程度与方式的原则，将20世纪中国现代建筑师分为绵延不绝的五代。第一代建筑师年事已高，大多是民国间的专家、学者，其中多数人已经作古，遗存下来的都是国宝级的人物，并因此而成为社会与高校及科研机构珍视的品牌。第二代建筑师已年过花甲，大多是20世纪五六十年代的大学生，现为教授或研究员、博士生导师，是各建筑院系或科研机构支撑门面的人物，常担任学校或学术团体的种种显要职务。第三代建筑师年龄当在知天命前后，大多是"文革"前的大学毕业生，有些在20世纪80年代初又获得硕士、博士学位，现均为各院校或科研机构教授级的学术顶梁柱，有的已经是院士。第四代建筑师大多为"文革"之后大学毕业的老三届，均已过不惑之年，正处大有作为的黄金时期，职称为正副教授不等，教学与科研主要靠这批人承担，多数正担任院系领导或教研室主任之职。第五代是20世纪80年代后上大学并获得硕士、博士学位的年轻后学，年龄均已过而立，充满朝气和对未来的憧憬。这五代建筑师不仅在年龄上自然序列，而且各自的生存境遇、品格、治学方法均显出不同的年代特征。总结并反思20世纪几代中国建筑师接受教育的历史境遇的得失，于现实建筑教育大有裨益。

　　第一代建筑师可以列出如下名单：庄俊、吕彦直、柳士英、刘敦桢、赵深、陈植、童寯、董大酉、梁思成、林徽因、杨廷宝、夏世昌、贝季眉、沈理原、关颂声、罗邦杰、范文照、刘福泰、虞炳烈、朱彬、鲍鼎、张光圻、杨锡镠、李锦沛、林克明、黄家骅、龙庆忠、卢绳、陈伯齐、谭垣、卢毓骏、陆谦受、徐敬直、王华彬、单士元、哈雄文、李惠伯等等。

　　第一代建筑师多生于清末、民国时期，有家学背景并进大学深造，又受学于前辈大师的教导，接受了严格的学术训练，国学基础坚实而兼通西学，因此学业早成，往往是年未而立即被聘为大学教授之职，薪水丰厚，衣食无忧，得以潜心做学问并著书立说。他们的学术事业及其成就基本上是在20世纪30年代奠定下基础，40年代战乱无疑影响了他们的学术研究正常发挥，但因学问积累的自然成熟，仍然使得学术著作不断产生。1977年之后，高等教育恢复正常，第一代建筑师重新得到应有的尊重。各院校与科研机构名望的竞争、重点学科和博士点的设置权大多仰仗这批老先生。学科的规划、领导核心、学术团体的领袖人物也都是由他们担纲。各类出版社也大力出版这一代学者的全集、专著或论文集，重新确立起他们的学术地位和荣誉。这一代建筑师，就其受教育的中西文化交融的背景和从事的事业的历史际遇而言是较为幸运的，因此在他们当中不乏文化底蕴深厚且学贯中西的通才，成名成家的比比皆是，他们无论是专事建筑设计，还是从事建筑学教学与研究，均取得丰硕成果。学贯中西的文化积淀与时运赋予他们的自由文化交流空间，造就了一个学术文化繁荣的时期。正是他们这一代建筑师使得中国现代建筑在国学的基础上融合西学精华得以奠定基础。遗憾的是，第一代建筑师文化学术水平虽然相差无几，但他们著作的水平却是参差不齐的。

第二代建筑师可以列出如下名单：刘致平、张镈、张开济、华揽洪、莫伯治、徐尚志、林乐义、戴念慈、吴良镛、徐中、张玉泉、汪定增、陈明达、冯纪忠、赵冬日、汪坦、佘畯南、莫宗江、陈从周、刘光华、汪国瑜、李光耀、朱畅中、严星华、沈玉麟、龚德顺、白德鏊、罗哲文、傅义通、刘开济、罗小未、周良治、张良皋、高介华、宋融、曾坚①等。

第二代建筑师生长于战乱中，多数人没有家学背景，靠大学期间的教育打下知识的基础。他们的时运和道路很不相同，极少数运气好的受业于第一代学人乃至于更早的学者，获得学术上的熏陶，但大多数是靠自己摸索做学问，尤其是在战火纷飞的民族抗战的年代，他们的文化学识每每在颠沛流离的动荡生

---

① 此一曾坚系建设部室内设计专家，与作为第四代建筑学教授天津大学建筑学院的曾坚不是同一个人。

活中无所适从。正当他们跨上学术之路时，20世纪五六十年代一系列的政治运动又把他们搞得晕头转向。时间被剥夺，虔诚被利用，正当学术研究风华正茂的年龄却不得不服从并非擅长的繁重体力劳动改造，思想和体能的双重摧残造成他们当中无数人的早衰。生理年龄与学术年龄不成比例，是这一代学人的特征。到20世纪70年代末期，他们才有了从事学术研究的第二个春天，但耽误的时间和失去的青春是无法挽救的。与第一代比较，他们的知识面显得较狭窄，绝大多数人只能是专业部门的专家，极少是通才。第二代建筑师对新事物的接触有些力不从心，由于长期受僵化的教条束缚，当20世纪80年新思想勃然大起的时候，他们不无抵触情绪，甚至排斥阻碍。对第二代的许多学人来说，相对于第一代学人水平均齐而言，他们的学术水平差异更大。好在他们在有生之年赶上20世纪八九十年代改革开放的大好时机，并及时树立了他们的学术威信，他们当中的一些学术大师和设计大师所创造的业绩对于中国现代建筑教育的贡献是非常关键的，没有他们的业绩很难想象今天的教育景观是何种情形。正是他们创建的辉煌的业绩才奠定了中国建筑教育的基本格局与建筑学科体系的基本构成，颇令人叹息的是莫宗江等先辈留下的遗著太少。

第三代可以列出如下名单：尚廓、钟训正、齐康、关肇业、彭一刚、邹德侬、魏敦山、傅熹年、陈世民、程泰宁、张锦秋、蔡镇玉、布正伟、何镜堂、王小东、马国馨、张驭寰、周维权、戴复东、潘谷西、陈志华、吴焕加、聂兰生、徐伯安、郭黛姮、路秉杰、吴光祖、汪其明、汪大章、刘叙杰、赵立瀛、王绍周、李道增、梅季魁、张钦楠、郭湖生、刘先觉、杨鸿勋、侯幼彬、王世仁、邓其生、邓述平、李宗泽、张家骥、费麟、冯钟平、顾孟潮、林萱、卢济威、凌本立、刘力、邢同和、郑时龄、杨秉德、黄汉民、项秉仁、刘管平、萧默等。

第三代建筑师的成分较为复杂，有新中国初期毕业的大学生，有"文革"前毕业的大学生，也有"文革"期间的工农兵学员，还有"文革"结束后最早培养出来的一批研究生。这一代学人生活较坎坷，因此他们对来之不易的学习与研究机会倍加珍惜。这一代学人历经磨砺，阅历丰富，对自我和人生以及社会都有清醒的认识，他们对前辈的学术研究的突破首先不是在知识层面上，而是在理解的深度上。应该说，第三代学者在第一、二代学人的基础上，在学科发展的深广度以及专题研究方面是超越了前辈的，尤其是他们在总体上也是完成了前辈未竟之业绩。但由于教育背景的参差不齐和学术环境的优劣不等，他们的实际水平相差很大，平者不过尔尔，达者蜚声中外文化学术界。他们当中博士生导师成群，院士级的大家不乏其人。就整个20世纪中国现代建筑教育而言，他们是中国建筑事业发展的历史中坚。对于这一代学人，有学者认为他们"在自然科学方面要取得很大的成就恐怕很难了，恐怕要靠更加年轻的一代。但是，我希望你们在文学艺术创作方面、在哲学社会科学方面以及在未来的行政领导工作方面发挥力量"[1]。而他们当中的一些人却逆难而上，并创造了辉煌的业绩。

第四代可以列出如下名单：吴庆洲、王其亨、王贵祥、张玉坤、徐行川、陶郅、刘家琨、张永和、崔恺、常青、杨昌鸣、王建国、张十庆、朱光亚、覃力、孟建民、赵万民、曾坚、程建军、梅洪元、汤桦、张伶伶、伍江、吕舟、钱锋、李保峰、柳肃、王军、刘托、刘临安、刘松茯等等。

第四代建筑师的学术资历尚浅，无论是个人还是群体的成果积累都很有限，但这批学人及其成果在专业领域已是不容忽视的存在。他们基本上是1977年恢复高考制度后陆续进入高等学府的，以前三届本科生与号称"新三届"为主体，他们当中大部分人1982年以后师从第一代或第二代学者深造，受过较系统的学术训练。他们是恢复高考后幸运的大学生，许多人原来是工人或知青，甚至是农民，历史际遇改变了他们的命运，因此他们非常珍惜机会而刻苦用功，经过不同阶段的深造，加之又有了出国做访问学者的机会，形成了较前几代学人更为正常的知识积累。尽管在艺术修养和综合实力方面显得薄弱，但他们从大学生时起就开始接受西方现代学术思潮，视野比较开阔，较少思维定

---

① 李泽厚：《走我自己的路》，中国盲文出版社2004年版，第6页。

式，系统论和多元论的思维方式是他们的基本学术理念，而追求思维方式的规范与表述的准确，则是他们的自觉的学术追求。第四代学人的能力比较专深，群体素质也比较平均。在某种意义上，第四代学人的成果可能在相当长一段时间内是很难被超越的，因为他们遇上了前所未有的读书与做学问的好时机。他们有明确的知识增长和学术积累意识，又有共同的学术理念，他们是学界寄予希望的一代。遗憾的是他们当中不少人忙于沽名钓誉的声望，或出入于各种可以扬名的文化与学术包装场所，或忙于建筑市场的拜金主义的矩阵，因此而浪费了许多可以做出博大精深学问的时间。这恐怕与过早地给予这代人过多的荣誉与身份有关，以致使他们中的一些人得意而忘形。

第五代建筑师可以列出如下名单：陈微、庄惟敏、朱文一、周恺、朱小地、邵伟平、董丹申、徐卫国、王路、赵冰、王澍、徐千里、吴耀东、张宇、龚凯、赵元超、屈培青、刘谞、薛明、崔彤、刘克成、洪再生、李兴刚等等。

第五代建筑师是20世纪80年代前后按照正常的高考制度在完成中学学习后直接进入大学的一批学子，与第四代学人相比，他们的生活与学习是比较顺利的。这批人与第四代学人有过短暂的同校学习的际遇，受老大哥们如饥似渴的学习劲头感染，他们也很用功学习，经过系统的训练，掌握了扎实的基础知识与理论，成为继第四代学人之后富有潜力的后学。由于生活经历和见识的缘故，他们缺乏第四代学人身心所蕴藏的稳健深沉，但朝气蓬勃，敢想敢为，在创新意识方面比第四代学人更有发展前景。他们当中的先锋者无疑是先导。这一代建筑师正处于新老交替的衔接过程中，他们已陆续在一些重大科研项目中流露出才华，一些学术研究成果与设计作品逐渐在国际上产生一定的影响，他们是学术转型期的后备力量。这代建筑师多半是20世纪60年代生人，大多已过不惑之年，无论是生理年龄还是学术年龄，他们都正处于出学术成果的黄金年龄。社会各界应该给予他们更多焕发创造力的机会与责任及权益保护，而不要对他们施加挤压与排斥，唯此才能使他们的事业保持强劲的发展势头。

除此之外，尚有一批属于第六代或者说是新生代的更加年轻的建筑师也不能不重视。他们在20世纪90年代以后上的大学，年龄在三十岁上下，其感悟新知的敏锐优势与文化积淀积贫积弱的劣势以及历史责任感淡漠都很明显，他们身心所受到的中西方文化教育以及生活经历均不练达，后现代消解深度的文化影响很大，而他们是中国建筑发展的未来，应当激励。尤其是当后工业社会信息时代来临之际，这一代年轻的建筑师对于电子产品应用的敏感、敏捷之聪颖是前代人所不及，电脑导致艺术把握世界换笔时代到来，①在这一换笔的运用上是越年轻越有水准，年长者向年轻人在这方面的学习是不可否认的事实。未来是属于他们的。

比较几代学人教育境遇及其结果是意味深长的，我仍然觉得中国建筑师缺乏科学与人文精神相济的生命力。斯诺曾说过："我曾有过许多日子白天和科学家一同工作，晚上又和作家同仁们一起度过。情况完全是这样。……我经常地往返于这两个团体，我感到它们的智能可以互相媲美，种族相同，社会出身差别不大，收入也相近，但是几乎完全没有相互交往。"②从这里可以看出，斯诺极力反对文理科老死不相往来的单向度的学术研究品格，并呼吁这双边的学术研究人员要彼此靠近，在相互取长补短的学术境界中将学术研究不断推向前进。近代以降，中国学术界的文、理之间每每以"隔行如隔山"的遁词束缚了各自的手脚，从而走上一条畸形发展的学术研究道路。其实，在学术研究中，科学理性有其极限，人文浪漫也有其边际。倘若能够做到一方面科学理性向人文学科渗透，另一方面又能够使人文精神向科学理性融入，就可能使学术研究成果既渗透着科学的人文精神，又不乏人文化了的科学精神，从而走向科技人文相结合的新的学术研究境界。③对于建筑教育来

① 黄鸣奋：《电脑艺术学》，学林出版社1998年版，第16页。

② ［英］斯诺：《两种文化》，纪树立译，生活·读书·新知三联书店1994年版，第2页。

③ 肖峰：《科学精神与人文精神》，中国人民大学出版社1994年版，第282页。

说，重视科学精神与人文精神有机结合尤其重要。因为建筑学科需要在"建筑理论与建筑历史之间、建筑的物质形态与精神意蕴之间、建筑技术与建筑艺术之间、建筑科学与人文科学之间、建筑专业人员与建筑非专业人员之间、建筑创作实践与建筑受用和欣赏者之间、建筑实践与自然环境之间架起审美中介的桥梁，并以此使这些相对应的两极之间产生交融与对话"[1]。唯有在多重的文化视野中来关注建筑，才能有更合乎情理的学术研究结果。就此而言，中国营造学社同仁们没有一个不是我们后学之人的学习榜样。梁思成1947年在清华大学曾做过《理工与人文》的讲演，呼吁中国建筑教育要注重"理工与人文结合"。在他们的身心里，既灌注着丰厚的传统文化底蕴和激扬文字的人文气息，又洋溢着浓郁的现代科学精神。这对我们今天诸多的后学尤其是新生代来说，其学术品格仍然值得引以为豪。

回眸百年中国建筑教育的风雨历程，可以说在中西方文化背景双重境遇的影响下，中国的建筑教育境遇经历过第一代与第二代人的被动灌输式、第三与第四代的园丁浇灌式，发展到现在第五代及新生代正在步入的古今中外平等对话交流式的新教育境遇。在对话式的教育境遇中，教与学不再是教训与被教训的，而是对话式的参与，人与人之间、人与自然之间、不同学科之间融合而不隔阂，从而消解唯我独尊与极端的倾向，融中西建筑文化于一体。[2]

写到这里我不由得想起了清代文学家赵翼《论诗》中的诗句，其曰："李杜诗篇万口传，至今已觉不新鲜。江山代有才人出，各领风骚数百年。"反思之后，当寄望接踵而至的未来。

（原载《建筑评论》第四辑，天津大学出版社2013年版）

---

① 崔勇：《建筑评论的本质、方式及价值评价意义》，《建筑》1999年第6期。
② 滕守尧：《文化的边缘》，作家出版社1997年版，第367—372页。

文化积淀与知识转型

——20世纪中国传统建筑观念的现代转型与发展变化

在马克思、恩格斯的著作中，我读到过这样的文字："人们自己创造自己的历史，但是他们并不是随心所欲地创造，并不是在他们自己选定的条件下创造，而是在直接碰到的、既定的、从过去继承下来的条件下创造。"①中国传统建筑的现代转型与发展变化也是如此。建筑史学家梁思成也说过类似的话："艺术创造不能完全脱离以往的传统基础而独立……能发挥新创都是受过传统熏陶的……艺术的进境是基于丰富的遗产上，今后的中国建筑自亦不能例外。"②传统中有现代性的因素，传统不是现代的对立面，而是现代性的参照系，现代是传统的延续。

建筑史学家杨鸿勋先生曾说："我们今天建立的科学建筑学研究，不再是那种狭义的风格类型学，而是建筑学的动态研究。对于传统建筑文化的理解不再只是沦落为退守式的保留与保护。留与护是应当的，但不是全部。所谓传统建筑的研究，也并非只是斗栱、材份之类的工程做法和各式建筑形制，而是更为深刻得多的人为与自然环境关系的诠释；并从而使东西方的建筑立场由主观的差距回归到客观的差异上来，进而达到互动与互补，以造福于人

---

① 《马克思恩格斯全集》第八卷，人民出版社1972年版，第121页。
② 梁思成：《为什么研究中国建筑（代序）》，《中国建筑史》，百花文艺出版社1998年版，第4页。

类。"①杨鸿勋先生的话对我的课题研究很有启发，我在此提出几个问题与同行共同探讨。

在世纪之交全球居住环境危机的惊叹中，人们开始认真思考可持续人居环境问题，中外学者不约而同地开始意识到作为东方文明代表的中华民族传统建筑所具有的尊重并与自然和谐、人为与自然环境有机统一的营造哲理是解决当下居住环境问题的启蒙思想。从民族传统建筑的现代转型角度，我们应该从先哲们那里传承些什么，我以为可从以下几点来考虑。

首先是"天人合一"的营造匠学哲理的现代启示。建筑不仅是一种物质产品，也是一种精神产品，要阐述建筑这样复杂的现象，不能仅仅关注于它的具体的物质的方面，尤其是从建筑的文化或艺术的角度而言，更需要进行文化哲理的探究。《考工记》中有言："天有时，地有气，材有美，工有巧。合此四者，然后可以为良。"庄子曰："天地与我并生，万物与我齐一。"所有自然的或物质的因素，最终经过人的整合，才能成其为建筑艺术。这其中既然有人的因素掺杂其中，就必然体现出人的智慧与哲理。英国著名建筑评论家罗杰·斯克鲁登在其《建筑美学》中指出：建筑艺术与建筑美学问题"实际上是一个哲学问题"②。这个哲学问题就中国建筑而言则是几千年经久不衰的"天人合一"的道德哲学。具体表现在有无相生、虚实相间、道法自然、有限与无限的统一、法天象地、金木水火土的五行意象、阴阳之枢纽与人伦之规模、风水堪舆与八卦等诸多方面。对这些由"天人合一"哲理影响而演化成的建筑形象，历史上的中国人在营造建筑与园林时须臾不曾忘怀过，乃至成为自觉的生存哲学观，追求天、地、人三者的和谐统一，成为中国古代建筑园林期望达到的一个审美理想境界。中国先民"天人合一原初意识、儒家天人合一观、道家天人合一观、佛家天人合一观及民间风水天人合一观"

---

① 崔勇：《记建筑史学家、建筑考古学家杨鸿勋先生》，《中华文化画报》2006年第8期。

② ［英］罗杰·斯克鲁登：《建筑美学》，刘先觉译，中国建筑工业出版社1992年版，第10页。

在本质上均殊途同归地倾向"合一"，①落实在建筑园林上便是以"上栋（栋梁）下宇（屋檐）以待风雨"的小宇宙观去体验广袤的"四方上下古往今来"的大宇宙。②中国古代建筑园林营造匠学"天人合一"哲理与西方"天人二分"的哲理大异其趣，致使中国古代先民在建筑园林的营造活动中通过直觉的"实践理性"③方式达成"知行合一""情景合一"的境地，④从而能够生生不已地与大自然和谐共处、共生。这是中国古代的生存智慧，对于西方近代以来因"天人二分"（或曰"主客分离"）观念作用导致生态失衡的生存困境具有借鉴意义，它可以启示人们用积极的新的生态文化观面对人类居住的社会与自然环境。这种新的生态文化观"既反对单纯的自然主义，又反对单纯的人文主义，而以人与世界的共同存在的合法性为依据，建构人与自然的和谐"⑤，从而追求新的辩证和谐的文化前景。

其次是道与艺互补的艺术境界的现代体验。哲学家金岳霖在他的《论道》中说，每一个民族都具有其始终信守的思维定式与恒常的理念，就中国古人而言则是恒道的思想一直伴随着传统文化的始末。这样的"道"弥漫在天、地、人三界即成天道、地道、人道，故《老子》说是"道可道，非常道"。《周易》有言"行而上者谓之道，行而下者谓之器"，道器分途是中国传统文化的思维定式与积习。从学术渊源上看，儒家与道家思想虽然各有志趣，但都主张"道"与"艺"的统一，诚如孔子《论语》中所言："志于道，据于德，依于仁，游于艺。""艺"与"道"的统一，表现在"道"是"艺"

---

① 朱立元、王振复主编：《天人合一：中华审美文化之魂》，上海文艺出版社1998年版，第366页。

② 陆九渊《象山先生全集》卷二二《杂说》曰："四方上下曰宇，往古来今曰宙。"显然，"宇"表示无限的空间，"宙"表示无限的时间，"宇宙"即是时空。许慎《说文解字》称："宇，屋边也。"《周易·大壮卦》有"上栋下宇，以待风雨"的说法。高诱《淮南鸿烈·览冥训》称："宙，栋梁也。"在古人看来，作为供人居住的房子是小宇宙，与形同大房子的天地宇宙是"天人合一"的，营造这样的境地成了终极的目标。

③ 参见李泽厚：《中国古代思想史论》，安徽文艺出版社1994年版，第301页。

④ 参见张世英：《天人之际——中西哲学的困惑与选择》，人民出版社1995年版，第183—198页。

⑤ 李鹏程：《当代文化哲学沉思》，人民出版社1994年版，第155页。

图4-6 齐康设计的武夷山庄 崔勇拍摄

的本体、内容，"艺"是"道"的现象、形式。它类似于黑格尔美学中所谓的"理念"与"理念的感性显现"的关系。正确处理道与艺的关系是理解中国古代建筑园林艺术的核心、关键、根本。[1]从中国艺术对天地之"道"的体现来看，可以说它是苏珊·朗格所谓的"生命的形式"[2]。在中国艺术中，自然"生命的形式"和社会伦理"情感的形式"是完全统一在一起的。因而使得中国艺术即使在描绘一花一草、一木一石的时候，也经常能给人以一种广大深邃、悠远无尽的宇宙感和时空感。因为在中国艺术家看来，一切值得艺术去加以表现的现象，都是贯通着全宇宙的"道"的具体显现的，艺术是道的载体与表现形式。立足于这贯通全宇宙的"道"去观察、体验、表现天地

---

① 参见刘纲纪：《"艺"与"道"的关系》，《艺术哲学》，湖北人民出版社1986年版。

② ［美］苏珊·朗格：《情感与形式·前言》，刘大基、傅志强、周发祥译，中国社会科学出版社1986年版。

万物，这是中国艺术的一个很重要的特点。正是由于这一点，西方现代生命哲学与存在主义哲学代表人物伯格森和海德格尔讲究诗性体验的哲学意味与中国古代体道的艺术境界颇能通融，因为"海德格尔与中国天道观在最关键一点上是一致的，即认为终极的实在不管叫'存在本身'也好，叫'天'或'道'也好，只能被理解为纯粹的构成境域"①。这种境域在存在主义者眼里即是根本的"在"，在中国艺术的境地里即是须执象而求的"道"。中国现代美学家宗白华先生在《中国艺术境界之诞生》一文中说："道具象于生活、礼乐制度。道尤表象于艺，灿烂的艺赋予道以形象和生命，道给予艺以深度和灵魂。"②斯言极是。

再次是有机与无机互补的营造技术的现代借鉴。中国传统建筑是有机的，这首先表现在材料上。在中国，传统建筑是以自然界的有机材料树木作为主要原料的，而且表现在结构上，中国建筑的斗栱组合与铰接及榫卯交接的梁架所形成的整体超稳定结构显示出它的有机性质。中国传统木构建筑所具备的弹性，可以衰减纵横强应力，因而具备抗震的性能。中国传统建筑具有仿生学的特点，致使建筑就像大自然中自然生长出来的产物一样。一座建筑是由木骨承重结构和空间构成的围护结构所组成，骨头、肌肉及皮肤各司其能，因此它具有"墙倒屋不倒"的优越性。中国传统建筑的柱与其顶部的斗栱犹如树木的主干与枝杈一样，其受力是极其自然与合理的。中国传统木构建筑的结构体系还具备空间组织的极大灵活性——同一建筑可以是周围封闭的房屋，并可以任意打开一面而变成朝向东西南北的任何方向，也可以变成四面空敞的亭子。它自由变换的灵活性反映了它的有机性。其有机性更表现在建筑组群之间的内外空间的流动性以及建筑与其所在环境的有机联系

---

① 张祥龙：《海德格尔思想与中国天道——终极视域的开启与交融》，生活·读书·新知三联书店1996年版，第357页。

② 宗白华：《艺境》，北京大学出版社1999年版，第146页。

上。中国顺应自然的有机建筑被没有欧洲中心论偏见的西方建筑家赖特所发现，并在学术界创建、倡导现代有机建筑论学说。

中国传统建筑的鲜明特色是由多方面因素而形成的，但是在这些因素中有机材料所起的作用尤为突出。因为有机材料往往决定着建筑的结构方法，而结构方法则往往直接表现为建筑形式——它的内部空间划分及外观。任何一类建筑形式与风格都要受到建筑材料以及与之相应的结构方法的制约，为什么民居建筑尤其突出呢？这是因为遍布于各地的民居建筑不可能像其他建筑那样不惜花费大量的人力、物力从遥远的外乡去购置并运送建筑材料。因此，就地和就近取材便成为民居建筑非遵循不可的规则。不仅如此，即使是就地取材，除砖、瓦等经过简单的加工制作外，其余大部材料均属于未经加工的原始天然有机材料，而只是在建筑的现场临时加工，而每一个地区所能使用的原始天然材料又必然受到当地的地质构造和气候条件的影响。人们在长期的实践中总结经验教训，并逐步地形成一套与当地材料特性相适应的结构方法，而这种方法便大体上决定了建筑的内部空间划分和外部体型变化，乃至建筑的虚实关系、色彩、质感，从而使民居建筑以至村镇聚落景观都带有浓厚的乡土特色肌理。

随着钢筋混凝土梁板等预制构件的用量日趋增多，中国传统建筑的有机材料有被逐渐替代的趋势，这表明乡土建筑已经跨入了一个新阶段。但与之相随的是新结构方法的推广导致民居建筑形式和风格的互相雷同、千篇一律。中国传统建筑的特质与肌理也将不复存在。

第四是人为环境与自然环境融合的环境伦理意念的现代借鉴。环境不是可以任意野蛮地虐待的，对环境进行不公正的掠夺与侵犯，就会遭受环境的报复。因此环境的伦理意识日益引起世人的关注。随着人类所面临的生存生态系统遭到越来越严重的破坏和环境危机的日益加深，人们已经越来越清醒地意识到环境污染和生态失衡问题的解决不能仅仅依靠经济和法律手段，还必须同时诉诸伦理的信念。只有从伦理价值观上摆正了大自然的位置，在人与大自然之间建立了一种新型的伦理情谊、彼此尊重的关系。只有在此基础上，威胁着人类乃至地球自身的生存环境危机和生态失衡问题才能从根本上得到解决。这是美国著名的环境伦理学家霍尔姆斯·罗尔斯顿在其名著《环境伦理学》中对于世人的告诫。他告诫人们不仅要有环境意识，还要有环境道德伦理情操的修养。霍尔姆斯·罗尔斯顿环境伦理学的观念是想让人们痛定思痛地意识到，要抛却以人类为中心一意孤行的幻想，人是大自然中的一部分，人们在遵循大自然的规律的同时，要担当保护大自然并合理运用的可持续发展的历史责任。①这就要求人们对建筑要有更高的理解，即在实现建筑的形式与居住功能目的的同时还要强调建筑的功能，诚如吉迪翁所言的"建筑对我们生活时代而言是可取的生活方式的诠释"②。

在这个问题上，中国古代尊重自然并与自然相协和的生存哲学是值得当今社会借鉴的。因此可以说中国有机建筑的真谛不仅在于建筑本身，更在于人为环境与自然环境的融合。园林创作中的借景理念和技法，远远超出了造园学的意义，实际上它揭示了人为环境与自然环境融合的环境设计思想，体现了人类环境伦理意识。这种环境意识对于当前以及未来整个人类居住环境的园林化、生态化建设，具有重要的参考价值。合理的人居环境，应该是人与自然生态环境密切结合的，即人为环境与自然环境融合为一体，也就是把自然景观组织到人为景观中来，借助自然景观增加人为景观的美，这当是人居环境合理的常态，中国传统建筑为此做出了几千年的表率，是对全世界人居环境发展的未来应当的趋势所做出的历史贡献。

不仅如此，中国传统建筑人为与自然环境的伦理意识还表现在因地制宜的环境选择上。对于中国古人来说，土地便成为他们最为宝贵的生产资料，为此山地居民都尽可能地把较为平坦的土地留作农田，而把住房修建在不适

---

① ［美］霍尔姆斯·罗尔斯顿：《环境伦理学》，杨通进译，中国社会科学出版社2000年版。
② 参见［美］卡斯腾·哈里斯：《建筑的伦理功能》，申嘉、陈朝晖译，华夏出版社2001年版，第11页。

图4-7　贝聿铭设计的北京香山饭店　崔勇拍摄

宜当作农田的坡地上。[1]不管是西南的山地民居，还是甘陕的窑洞、江南水乡、中原平地，莫不遵循因地制宜的原则。难能可贵的是中国传统建筑即使是在同一类型中，每一块基地也都有各自的特点。由于受自给自足的小农经济的制约，当时的民居建设只能是独立经营，财力、人力都不具备改造地形的能力，他们唯一所能做的是想向自然让步，这就是说要使自己构建的房子尽量地屈从于各地段的地形条件。然而地形是千变万化的，所以房子的式样也必然跟着地形而变化无穷。由这些变化无常的房子组合而成的村镇聚落不可能铸进同一模式中去，于是就出现了多样化的建成环境景观。人为的自然须尊重自然地形、地貌。在此情况下，这种尊重实属无奈而并非自觉，但正是这种无能为力却收到非常积极的效果。随着人们改造自然的能力增强，却

---

① 王军：《黄土高原沟壑区传统山地聚落"生存基因"探索》，《建筑师》2003年第102期。

把尊重自然环境的原则忘得一干二净，不分天南地北，也不分山区、丘陵与平原，所有的建筑都是按照一个模式来构筑，其效果适得其反。地域性文化的物质与精神基础决定着相应的建筑形态与审美意识。

　　第五是气化谐和的整体艺术形象的现代启示。老子说："万物负阴抱阳，冲气以为和。"中国传统建筑注重取天地精神而参天化育，犹如一篇诗文是一气呵成的，给人以气化和谐的整体美感，而这种整体美感是结构性的，因此在一定意义上可以说中国传统建筑美实际上就是一种整体性结构的美。在完整的结构体系中重视的是各单位建筑位置的有机结合，各院落空间的主从关系和内外交融以及建筑群丰富的整体气韵。这种种有机联系的局部，织成了一张无形的然而又是可见的理性的网。这张理性的网制约着局部、控制着整体，构成了浑然一体的意境深邃的具有中国民族特色的建筑艺术形象。然而，理性之网笼罩下的建筑，不去追求痴妄的宗教情绪、虚幻的心灵净化，而是探索现实的伦理价值与审美意识，规范人的道德情操和维系人的相互关系。这是一种富有人的情感的情理相依的实践的理性精神。这种理性精神要

图4-8　吴良镛设计的中央美院　崔勇拍摄

求建筑具有严格的规范和秩序，无论是宫殿、陵墓、寺院建筑，还是住宅、园林，都有固定的建造规模和尺度以及审美形态。建筑物的造型具有严格对称、方正和谐的形式。即使作为建筑附件的砖瓦、门窗、彩画等也有一定的规则。一切建筑元素均纳入实用理性的范围。

中国传统木结构建筑艺术也讲究内在结构美。作为整体艺术，它重视各个局部的位置的合理、造型的完整和谐。内部也是按照结构所需要的实际大小、形状和间距组合在一起。中国传统建筑的美准确地反映着它结构的逻辑性、明晰性、目的性，也就是受制于理性精神的制约。这一点在作为住宅的民居建筑中表现得尤其明显。中国传统的建筑不是从街道、广场上就可以一览无余地看到建筑的形象，而是通过院落的纵深序列而逐渐展开它的空间景观，最后进入主题院落，这时才有了庭院整体感。院落内各栋建筑均围绕一个内聚的空间，单栋建筑的出入口都向内开设，呈现出向内构成。院落的主体建筑的立面不是展示于街立面，而是展现在组群内部，其他的房屋也都处于宅院的边侧，而不是耸立在庭院的中央，这就大大削弱了房屋的透视性。为确保院内的封闭，大门正对的街则设影壁，独立如屏风。大门两侧有门墙，如大门迎面仍然是影壁，这样就把院落与外界隔离开，形成一个独立的空间。住宅建筑的这种内项性品格，是中国古代社会自然亲和意识形态封闭性在住宅建筑的反映。中国古代社会始终处于一种自给自封闭式的经济状态中，作为社会细胞家庭的生活，也需要一个封闭的独立的不受外界干扰的环境。而由此产生的人的意识也只是满足自身的生存欲求，形成一种习惯于收敛而不愿袒露的性格。封闭性的内向住宅，恰恰与当时人们的心理内向相一致。住宅是这样，一座城市也是这样，无怪有学者一语中的地说"一座城市也就是一幢建筑"①。

---

① 杨鸿勋：《木之魂 石之体——东西方文化的融合构成人为环境之圆满》，《华中建筑》2005年第1期。

斯宾格勒在其著名史学著作《西方的没落》中说历史是以文化形态的方式存在于时空之中的。纵观中外人类艺术史的发展，不难发现，人类艺术发展的历史形态历经了古代的谐和、近代的冲突、现代的分裂等形态（有学者说未来的形态是辩证的和谐，这是后话），这与美学家周来祥将古今美学分为和谐、冲突、辩证和谐阶段相符。这是由于人类社会所经历的农业文明、工业文明、后工业文明等历史阶段所决定的必然形态。中国文化在特殊的境地长久保持着农业文明时代的谐和的历史形态，这是由农业文明所要求的协和万邦与超稳定社会结构及实用理性文化心理积淀所形成的思维惯性所决定的。直到晚清为止，中国古代建筑园林由于一如既往地保持形态、情态、生态和谐共处的历史态势，所以诉诸人以参天化育的整体美感。这里所说的生态美感是指生态哲学观在建筑园林中活现，追求人为环境与自然环境融合的生存境界是中国古代建筑园林美学思想智慧的集中反映，也是中国先民们自然环境道德伦理涵养的鲜活表露，这一生存哲理同西方关于人与自然分离的生存意念形成鲜明的比照；情态美感是指审美情感心理在古代建筑园林中的表露，中国是一个诗性化的文化国度，因而一切艺术形态无不带上浓郁的诗性抒情色彩，即便是偏于工程技艺的古代建筑园林也是理性与浪漫诗性文化交织的产物；形态美感指的是中国古代建筑园林在营造过程中刻意追求的有意味的构造形式，中国古代建筑园林不仅仅是为营造而营造地造就一个个建筑实体与形式，而且是在营造一种场景或境界，在这样的场景与境界之中，每一个环节都孕育着文化意味，并使构造形式成为文化意味的必然结果。形态、情态、生态构成的是三位一体的美感形态，其围绕的文化核心依然是道的境地。

在20世纪末的学术回眸中，不少学者预言21世纪将是东方文明再发现并引以为重的世纪。综观中西方建筑美学发展的历程，中国传统建筑形态与情态及生态的美感形态的审美价值体现出对人与自然和谐共处的生存境遇的终极关怀，即追求物质文明与精神文明及生态文明统一的生存境界。依据马克思主义关于物质存在决定社会意识及社会意识反映物质存在的基本原理，物质文明不仅是各时代社会文明的基础，而且构成了社会文明的主体。特定的社会物质文明发展水平决定了相应的精神文明进化程度；反之，人类精神文明则是支撑整个社会文明的精神支柱，它将反作用于物质文明，成为促进各时代物质文明的巨大动力和推进器。维护生态文明既是人类精神文明的重要组成部分，又是维系各时代物质文明的强大生命力和调控器。总之，面对人类面临的人情失却、生态失衡、千篇一律的建筑困境，人类当重新反省物质、精神、生态三大文明的价值意义，为真正实现诗意居住而肩负历史责任。东西方建筑问题不是建筑之间的差距，而是文化差异导致的审美趣味问题，而"趣味无争辩"①的。

（原载《建筑历史与理论》第十辑，科学出版社2010年版）

---

① 参见王朝闻：《美学概论》，人民出版社1985年版，第85—91页。审美趣味与感受离不开主观的感性愉快，各人都有理由保持自己的主观爱好、趣味，从表面看来，这些心理特征似乎是没有审美客观标准的，我感觉到的这朵花美，并不能像科学证明那样说服别人，使别人同样得到审美的愉快。在西方美学史上称此为"趣味无争辩"。事实上，任何一种审美理想都可以从其产生的社会条件得到说明，那就是一定的民族、一定的时代都有其普遍性的一面，都可以从其所反映的社会存在中找到衡量它的客观标准，同时审美理想既然随着社会实践的发展、社会存在的不同而发生变化和区别，因而也就不存在审美永恒不变的、绝对的标准，而只能是历史的具体的标准，唯此才能科学地解决趣味标准问题并真正掌握审美客观标准。

第五编　建筑艺术

有意味形式的文化范式

——20 世纪中国实验建筑师的存在及其价值意义

中国的实验艺术家及其作品，无论是在音乐、文学、绘画、话剧、舞蹈、电影等领域都曾遭遇毁誉并举的际遇，因为实验艺术家尚处于动态的探索之中，他们的事迹与人们习以为常的思维定式有很大的出入，一时难以为人们所喜闻乐见，更难以为人们接受与理解。但这些实验艺术家不为时尚和利益所诱惑而自信地执着于艺术境界的追求是令人敬佩的。现实的艺术境况是：一部分艺术家为利益所驱而成为低俗的艺术市场的青睐者，另一部分艺术家则在孤寂中探索艺术的真谛表达对人间的艺术关怀。毫不隐讳地说，我们的艺术正处于一种危机状态，在20世纪中国艺术的历史长廊中应给中国的实验艺术家及其作品留一席之地。

中国实验建筑师的所作所为及其价值意义，在建筑学术界同样是有褒有贬、莫衷一是。20世纪中国实验建筑师的价值意义问题在邹德侬教授的《中国现代建筑史》中是一个没有论及的话题。我因为工作、学习关系与一些实验建筑师有直接或间接的交流与交往，因此而有些真切感受，在征得邹德侬教授同意的前提下，决意在博士后课题研究中专列一题予以论述。

我这里所指的实验建筑师与先锋派建筑师是同一个概念，即用先锋意识从事建筑实验的建筑师。建筑不同于文学、音乐、绘画等艺术那般天马行空，其实验的场所必须建立在数理逻辑与科技理性以及物质材料的基础上展开建筑空间的构想，加之经济状况与文化臆断及权力垄断等原因，致使中国诸多实验建筑难以付诸现实，[①]故中国实验建筑姗姗来迟，而且20世纪90年代中国实验建筑师仅是一个松散的"群体"，他们因所处地域的经济与文化环境、个人的知识背景以及旨趣不同而呈现出"多元"的理论与创作特色。[②]

相形之下，20世纪的中国现代建筑艺术与其他门类艺术的时代节奏相比较，必然地总是要缓慢一些，这是由决定建筑的物质材料、经济与文化因素所造成的。1985年美术实验在中国艺术界引起轰动之后，直到1999年中国建筑师实验建筑作品展才成了20世纪中国现代建筑发展的一个重大事件。鉴于当时诸多的建筑界同行一味地模仿、抄袭西方现代建筑而对中国传统建筑食而不化，终究不能替代建筑创作体验，也改变不了观念的落差的状况，一批实验建筑师及作品脱颖而出，其价值"可以看成是一种理论上的增值，把对本土建筑发展生存焦虑和对西方建筑理论思想的解构批判同时加以思考，来寻求当代中国建筑的思想定位"[③]。任何一种艺术的实验，外在的表象上看似是标新立异的行径，而内涵上则是思想与观念的探索。中国现代实验建筑师代表人物是赵冰、张永和、崔恺、刘家琨、汤桦、王澍等。2002年的金秋十月，建筑评论家王明贤主编了一套贝森文库——建筑界丛书集中介绍了他们，其建筑创作像文学写作一样，生活的经历与文化素养以及个性均呈现出文如其人的禀赋。

赵冰是一位富有思想个性的建筑师与规划师，他出生于天津，但长期生活、工作在武汉，使得北方文化的深厚雄健与南方文化细腻轻柔的品性汇聚于一身，其个性与艺术风格具有楚风汉水般豪迈飘逸并融的特色，科学的理性与文人的哲思常常显露在赵冰的言行上，也体现在他的建筑创作与城市规划设计中，儒家的入世与道家的出世融为一体的楚骚美学思想意识在赵冰身

---

① 尹国均：《中国建筑：未能实现的"先锋"》，《先锋试验：八九十年代的中国先锋文化》，东方出版社1998年版。

② 王明贤、史建：《九十年代中国实验性建筑》，《文艺研究》1998年第1期。

③ 饶小军：《实验建筑：一种观念性的探索》，《时代建筑》2000年第2期。

上有明显的显示。①赵冰是20世纪80年代最年轻的建筑学博士，他以其四维世界思考的博士论文备受学术界关注，他是第一个在中国的建筑学界标举"中国主义"②、宣扬强调中华文化变易之道的人，由此可见其胸怀祖国、放眼世界的学术志向与艺术理想。自20世纪80年代以来，赵冰执着于中国建筑之道的探索，先后历练了红框系列、招财进宝系列、变形金刚系列、书道系列之后，他又意识到"每个进行实验性创作的人都会寻找自己的思想和方法，并通过作品把这些思想方法体现出来，就我个人来说，我更多的是以我身处的中华文化的当代转换为背景来探求一种适合于当代的建筑与规划创作的理念、方法，并通过自己的建筑和规划作品表达出来"③。赵冰觉得在他的创

图5-1　赵冰设计的雷锋团展览馆
（《建筑师》2003年第1期）

---

① 刘纲纪：《略论中国古代美学四大思潮》，《美学与哲学》，湖北人民出版社1986年版。
② 赵冰：《中国主义》，高介华主编：《建筑与文化论集》，湖北美术出版社1993年版。
③ 赵冰、崔勇：《风生水起——赵冰访谈》，《建筑师》2003年第4期。

作中有种风生水起（庄子是风、老子是水的感觉）的感觉油然而起，风过之处演绎成单体建筑，水漫之地便是群体建筑演变成城市，然后凸现出建筑的空间与形态，这是对中国传统建筑中风水观念感悟与现代转化之后的理性提升，并付诸一系列的建筑艺术创作实践，而其中的玉文化中心与雷锋展览馆即是典型实例。赵冰仍然沉浸在老庄哲学梦幻境界中体验永恒建筑之道，并付诸数字化与虚拟空间实验。

张永和无疑是20世纪中国现代建筑实验建筑师的代表人物之一，作为建筑大师张开济的爱子，张永和虽然出生于中国，但接受了系统的东西方建筑教育，并在中西方两个不同的文化环境里从事教学研究与建筑实验、设计实践事业，因此他能将东西方建筑的空间意识融会贯通变成自己的建筑理念，在建筑的场所中使建筑转化为行动，将思考与讨论融入行动中，实践并解答他自己给自己提出的问题。能够将建筑艺术思考付诸实践的实属屈指可数。张永和设计并建成的北京与南昌席殊书屋、北京国贸中心某办公室室内设计、中国科学院晨兴教学中心、北京怀柔山语间等项目都是这种理念的产物。此外，他还认为形象的问题是建筑的本质的一个至关重要的问题，他说："因为现在所说的建筑形象就是外部形象，而且包含了对建筑静态的认识，这就意味着把建筑当画看，这不是好看难看的问题，而是把建筑当成布景一样的东西，把建筑的能指与所指的关系变成建筑在表一个非建筑的意，比如象征什么，实际上形象化是包含着否定建筑语言本身这样一种态度的，就是要把建筑一定要弄得不像建筑，才可能表意，而不是在基本的建造关系里，在材料关系里。"[①]建筑给人的印象不仅仅是外部的画像，它更重要的是实现人的居住建筑本质意义（所指）。应该说，张永和的建筑是其思考的产物，而不是跟随感觉和市场走的拾人牙慧品。张永和及其非常建筑工作室同仁构成了备受关注的建筑文化现象，对此尽管学术界颇有微词，但有其存在的意

---

① 张永和：《平常建筑》，中国建筑工业出版社2002年版，第40页。

图5-2　张永和设计的西南生物工程产业中心
（《平常建筑》，中国建筑工业出版社2002年版）

义。有意思的是，这一有争议的现象却能够容纳于有容乃大的北京大学。由此我们不能不想起北京大学第一任校长蔡元培所倡导的不拘一格、兼收并融的民主学风。

　　崔恺生长并成名于北京，深厚的文化积淀和聪明的智慧以及执着的事业心，加之位居中国建筑设计院副院长、总工程师之职，使他拥有一般从业者所不具备的施展才华的机会和活动场所，从而在磨砺中锤炼出大家的气度与从容的风范，成为20世纪中国建筑界屈指可数的中生代建筑大师。在崔恺看来："建筑之于我是一种审美，图形之美，空间之美，造型之美，技术之美，材料之美，沉醉其中。建筑之于我是一种文化，史学之远，哲学之深，文学之妙，乃至生活万象，涵括其中。建筑之于我是一种交流，管理者、投资者、建造者、使用者汇集一处，共识共勉，成就其中。建筑之于我是一种使命，职业道义，社会责任，企业形象，人之品格，尽显其中。建筑之于我是一种旅程，长路漫漫，始于足下，脚踏实地，潜心求索，乐在其中。"[①]将

---

① 崔恺：《工程报告》，中国建筑工业出版社2002年版，第13页。

图5-3 崔恺设计的北京丰泽园饭店
（《工程报告》，中国建筑工业出版社2002年版）

建筑视为人生之旅中的审美、文化、交流、使命、旅程的体验，并以文化审美的心态自得其乐地构筑建筑的空间场所，生命的价值与意义因此而得以昭示，这是人本主义建筑观的表露，其志趣尽显在他的北京外研社办公楼、现代城高层住宅、北京外国语大学逸夫教学楼、中国建筑设计研究院办公楼改造、清华创新中心等系列工程报告之中。

刘家琨是建筑界唯一的一个边从事建筑实验与实践边写小说的建筑家。刘家琨生于四川成都，巴山蜀水的文化酿就了他诗情画意的文化心态和艺术品格，他视建筑为此时此地、因地制宜的即兴作业，对他而言，无论城乡，无论其最终的形态结果如何不同，但方法都是一样的：即如何直面现实并积极应对，尽可能地使有利的条件和不利因素都转化为设计的依据和资源，好的建筑就是对这些资源的创造性利用。[①]刘家琨总是以一种低调的态势处世，

---

① 刘家琨：《此时此地》，中国建筑工业出版社2002年版。

并把自己定位于不发达的西南一隅的一个建筑叙事者，他设计作品像是构想一个朴实的故事，叙述完了，建筑也就完成了。诚如他自己所说的，建筑不外乎人文意蕴和低技理念两个方面，"相对于在发达国家已成为经典语言的'高技'手法，'低技'的理念面对实现，选择技术上的相对简易性，注重经济上的廉价可行，充分强调对古老的历史文明优势的发掘利用，扬长避短，力图通过令人信服的设计哲学和充足的智慧含量，以低造价和低技术手段营造高度的艺术品质，在经济条件、技术水准和建筑艺术之间寻找一个平衡点，由此探寻一条适用于经济落后但文化深厚的国家或地区的建筑策略"①。刘家琨的话及其所展示给世人的作品是耐人寻味的。张钦楠总结的中国宝贵的建筑传统"用贫资源建造高文明"理念在刘家琨身上得以传承。②

图5-4　刘家琨设计的何多苓工作室
（《此时此地》，中国建筑工业出版社2002年版）

---

① 刘家琨：《叙述话语与低级策略》，《建筑师》1997年第78期。
② 张钦楠：《特色取胜——建筑理论的探讨》，机械工业出版社2005年版，第69页。

汤桦首先是一个职业建筑师，其次才是一位大学教授，而且他的教学基地是在尚欠发达的西南边陲的重庆大学，他的建筑设计场地则是经济发达的深圳特区。两种天地两重天，汤桦却能将他的教学研究与实际的建筑设计协调起来并实现营造乌托邦的愿望，这的确是智者的抉择与艺术行为。汤桦认为："建筑本身是一个物质世界的再造物，其过程是从复杂的语言系统结构获得一个合理而又自然的语境，一个终极性的精神式样和一个健全的操作层面的空间，不再是一种纯学术的空间话题，它是我们在新世纪中抛弃伤感和媚俗而且面对一个神话的乌托邦。"[1]因此步入汤桦的建筑语境会有种中国人传统意识和西方的现代与后现代意味

图5-5　汤桦设计的深圳电视中心
（《营造乌托邦》，中国建筑工业
出版社2002年版）

杂糅一体的感觉。深圳南油文化广场的设计及实施是汤桦的标志性建筑实验作品，是中国式的后现代主义建筑作品的范例。西方古典建筑语汇、西方现代建筑方式，以及后现代的元素、高技派的钢窗玻璃与中国文化情结杂糅为同一建成环境当中，传达出某种宗教般的神圣意境与仪式空间效应。[2]只有深圳这种没有文化根基的地方才容纳得下汤桦的乌托邦之梦。由此看来，汤桦将教习设在重庆、将建筑实验地设在无所不包的深圳是极其明智的抉择。

---

① 汤桦：《营造乌托邦》，中国建筑工业出版社2002年版，第13—14页。
② 汤桦：《孤寂》，《建筑师》1996年第68期。

　　王澍是很有才华与思想个性的人，也是有丰富的情感表达的建筑师，江南才子佳人唇红齿白的外相不是他的特性，但江南文人那种玲珑剔透的诗性智慧倒是沉浸在他的心间，他那随心所欲而不逾矩的个性化形象特征和他的建筑设计作品一样每每给人以充满灵性的印象。王明贤说王澍的建筑设计总有种达达主义的倾向，我倒觉得王澍身上海德格尔式对存在及其意义的体验意味更加浓厚，因为不论是营造一幢校园图书馆，还是设计一处住宅室内空间，甚至构思一个创意的片断，王澍都很注重对细节与质感细腻而又敏感的体验，并将他自己视为建筑的业余工作者，事先没有预设的设计方法，而是边做边找方法。①他的设计工作永远保持在刚刚开始的状态，可能开始在对一件物品的奇妙遐思，也可能开始在对一条小街的历史凝视，犹如"文章本天成，妙手偶得之"的行文方式，他的建筑始终是在平静自如的过程中完成的。王澍自律于繁杂的建筑理论与流派争鸣之外，独树一帜地在国际舞台上驰骋理想。

　　此外，同济大学博学精深的常青教授带领一批敬业和志趣相投的研究生建立了常青工作室，自1996年至今一直坚持风土建筑保护与更新设计实验，也是历史不能忘怀的典型实验。

　　有感于20世纪中国建筑史学研究的成就与困惑及对21世纪的展望，常青意识到中国建筑史学研究要摆脱目

图5-6　王澍设计的苏州大学文正学院图书馆
（《营造乌托邦》，中国建筑工业
出版社2002年版）

---

① 王澍：《设计的开始》，中国建筑工业出版社2002年版，第81页。

前的困惑状态，一方面要吸收相关学科的学术成就将中国建筑史学研究引向深入，另一方面要将中国建筑史学研究与中国的实际情况结合起来，并认为"中国建筑史研究需要顾后而瞻前，领会整体而又深谙一隅，在总结古今建筑意匠的同时，并对形成新的城乡景观脉络关系进行探索。这是未来中国建筑史研究的两个主要方向"①。

正是基于这样的治学思想与理念，面对城乡中深厚的历史文化积淀已经在随着建筑遗产的荡然无存而濒临消失的悲情状况，常青及其工作室同仁以辩证的建筑史学观和文化人类学理论与方法进行了一系列风土建筑保护与更新设计实验，尊重历史文脉而不是任意拼贴，先后完成了"梅溪""外滩源""小上海""文渊坊""城中村"②等颇为深思熟虑的设计实验，在学术界引起很大反响，对目前的中国建筑学术界具有某种超前的警示作用，因为随着城乡建设的日益高涨的趋势，中国将还有许多文物建筑遭受厄运，如何理智地处理新旧建筑关系，保持建筑文脉并延续民族文化记忆，不管所要尊重的文脉是现代的还是非现代的。③随着时间的推移，中国建筑遗产保护与更新将成为显学，④这是不以人的意志转移的。

中国的建筑学术界有学识者很多，但有学术思想者不多，建筑实验者们在思想与艺术实验中体现的价值与探索精神是值得人们敬重的。他们的思想实验与探索实践往往是未来的先导。一位批评家评价文学先锋时说过，真正的先锋实验一如既往，"在这种纯粹形式化的努力中，我们看到了神圣的责任感，这种责任感的要义即在于拯救人的感觉，因为人的感觉已被语言的实用符号作用所麻痹、所钝化、所抽空，而先锋文学就是要恢复和重建一个新

---

① 常青：《世纪末的中国建筑史研究》，《建筑师》1996年第69期。
② 常青：《建筑遗产的生存策略——保护与利用设计实验》，同济大学出版社2003年版。
③ 〔美〕布罗林：《建筑与文脉——新老建筑的配合》，翁致祥、叶伟、石永良、张洛先译，中国建筑工业出版社1988年版，第12页。
④ 常青：《建筑遗产的生存策略·导言》，同济大学出版社2003年版。

颖的语言世界，然后让那些有相同愿望的人经由这个语言世界去重新发掘世界，并且意识到人的想象力和形式感受力是何等的重要"①。建筑学界的先锋实验者之于社会的意义亦应作如是观。

正是这些实验建筑师的思想与作品在千篇一律的建筑和异口同声的人世间维系民族魂。

遗憾的是实验建筑的探索因不是主流而未能引起社会与学术界的重视。实验建筑师的思想意识卓尔不群，他们的可贵之处就在于，先锋者思想永远是先锋的意志，它根源于对过去的总结与对现在的把握，指向的是未来的健康发展的正确方向，是对未来建筑世界有预感的先行兆示，而他们多半因不被理解而孤寂、困惑，他们的实惠也很少，往往是囊中羞涩。他们的许多实验作品不能像文学一样较便利地付诸现实，往往是停止在设计构思或模型阶段。这样的艺术实验者，不论是在文学、音乐、美术领域，还是在建筑界，都无例外，实乃遗憾。没有遗憾的遗憾，也是一种遗憾。无数先锋实验者们留下的未建成之作往往成为留给后世的艺术精品，恰如将来的人们会在矶崎新的未建成作品中发现21世纪建筑的前兆一样。②

建筑先锋或许会成为建筑先驱，这便是20世纪中国实验建筑师存在的价值与意义。

（原载《华中建筑》2007年第6期）

---

① 吴亮：《批评者说》，浙江文艺出版社1996年版，第23页。
② ［日］矶崎新：《未建成／反建筑史》，胡倩、王昀译，中国建筑工业出版社2004年版，第9页。

华夏建筑文化的支脉

——20 世纪中国台湾地区现代建筑发展透视

在20世纪的某一特殊历史时期，我的耳际常常听到"台湾人民生活在水深火热之中"的言论，当时对这样的言论似懂非懂的。随着年岁与见识的增长，加之在一些学术会议上直接与台湾同行交流与讨论，渐渐地对台湾的认识不再为当时听到的话语所左右，因为建筑自有其自身的发展规律，抛开一些非学术性的问题而辨析台湾20世纪以来的建筑发展，诸多建树值得大陆同仁所借鉴。遗憾的是大陆学者对这方面的问题关注得很少，自然研究成果也就不多见，这是由于大陆与台湾同行之间学术交流交往甚少而导致资料获得的困难，加之政治敏感而故意避而不谈。20世纪中国台湾地区的现代建筑发展状况研究在中国现代建筑史研究中是缺席的，这与完整的中国建筑史学研究不协调，专治中国现代建筑史的邹德侬的《中国现代建筑史》中也是阙如的，在潘谷西主编的《中国建筑史》、①郭黛姮主编的《20世纪东方建筑名作》、②关肇邺、吴耀东主编的《20世纪世界建筑精品集锦1900—1999》第九

---

① 潘谷西：《中国建筑史》，中国建筑工业出版社2004年版。在该论著中，编著者以"台湾、香港、澳门"为题作为一个章节并结合一些图片对台湾、香港、澳门20世纪现代建筑进行了简要的描述，这在中国建筑史学界首次在教材中关注台湾、香港、澳门的现代建筑，是学术研究上的一个显著的进展。

② 郭黛姮主编：《20世纪东方建筑名作》，河南科学技术出版社2000年版。在该论著中，编著者可能是由于缺少资料的原因，只是以"台湾地区现代建筑综述""香港地区现代建筑综述"为题对台湾、香港两地的现代建筑进行了粗线条的梳理，而对澳门建筑则没有论述，这不能不说是一种遗憾。

卷东亚卷^①等论著中虽做简要的描述，但对20世纪台湾现代建筑发展的系统论述尚鲜见。我在此根据台湾同道萧百兴博士所提供的资料及学者的相关论述予以整合成篇，算是做一番透视。

20世纪90年代之前，台湾的现代建筑之于中国大陆境内的现代建筑犹如一个被隔离久远的孩子，虽然断脐之后不在同一个境地里生长，但它与华夏民族文化精神的依恋像血脉一样从未断绝过，因而它有着中国大陆境内现代建筑似曾相识但又完全不相同的历史际遇，成为20世纪中国现代建筑的一个不可或缺的组成部分，而这一部分我们因隔阂而知之甚少。

相对于中国大陆的20世纪现代建筑发展历程的复杂程度来说，台湾20世纪现代建筑发展历程则比较明了地呈现为三个历史阶段：即日本统治时期的现代建筑（1895—1945）、第二次世界大战后至20世纪70年代的现代建筑、20世纪80年代至90年代末的后现代建筑。这样的划分原则在台湾的建筑史学界是很统一的，因此我也就遵行这一明晰线索进行论述。

1894年，中日甲午战争爆发，至1895年，中国以失败而告终，清朝政府不得不与日本签订丧权辱国的《马关条约》以割让台湾给日本作为赔偿条件。自此台湾与中国大陆天各一方。1900年，台湾总督府发布了《台湾家屋建筑规则》，七年之后，又公布了《台湾家屋建筑规则》实施细则，台湾现代建筑进入了一个特殊的日本殖民统治时期，直至1945年结束。

在历史上，日本文化与中国文化相互依恋，明治维新之前的中国文化一直是日本效法与追随的对象，中国的建筑传统影响着日本的建筑文化。但明治维新之后，日本则一改思维定式而将追随的目标定格在西方的科技与新文化视域，文化心理因之而革故鼎新。因此在1895年至1945年期间，自认为落

---

① 关肇邺、吴耀东主编：《20世纪世界建筑精品集锦1900—1999》第九卷东亚卷，中国建筑工业出版社1999年版。在该论著中，编著者以"20世纪中国现代建筑概述"为题，其中邹德侬教授论述中国大陆部分的现代建筑，龙炳颐、王维仁论述台湾、香港、澳门的现代建筑，由于篇幅所限，系统的论述没有得以展开。

后于西方文明百年的日本因此而拼命地追赶，大到殖民地的取得，小到家庭舞会，从工业技术、政治思想到生活习惯，日本人都想效仿西方，而台湾就是在这样的历史情形下成了日本的殖民地。建筑像无所不包的容器，西方建筑的样式自然是随从对象，而且日本殖民政府不同于其他西方殖民地政府，其建筑不完全尾随宗主国国内技术的潮流，而是将殖民地作为国内许多无法立即改变或接受的新技术、新思潮的试验场。

于是，日本人把经过他们诠释的盛行于19世纪欧洲的古典复兴建筑移植到台湾，并以此作为明治维新后殖民地现代性建筑的标志。作为亚洲第一个工业化和西方化的国家，日本人把他们对台湾的占领视为通过殖民地式现代化，并试图把台湾建设成一个殖民地典范来作为开化亚洲的第一步。狂妄的日本人企图把世界置于他们的统治之下，并制定了征服中国和世界的大陆政策，即第一期征服中国台湾，第二期征服朝鲜，第三期征服中国东北，第四期征服全中国，第五期征服全世界。① 与西方殖民主义相比较，日本的殖民心态与军国主义的扩张野心是有过之而无不及的。其文化心态与形态犹如菊花与刀，一方面十分温馨细腻，一方面是蛮横强硬，② 刚柔相济构成日本文化别具一格的民族特性。建筑是日本人用来征服台湾的物质手段。令人意味深长的是，日本人在台湾所建设的大部分公共建筑中，不采用传统的日本建筑风格，而是仿效欧洲古典复兴主义建筑，以示与日本本身现代化的意识形态联系，而且日本人善于对外来文化进行精研之后的深度加工，并有着青出于蓝而胜于蓝的文化侵染本性。在此期间，台湾出现许多精致的欧洲古典建筑样式便是明证。这一时期的代表性建筑作品有台湾博物馆、台湾大学医学院旧馆、淡江中学八角塔及体育馆、台湾大学总图书馆旧馆、台南地方法院、台湾总督府、高雄与台南火车站等等。

---

① 《中国近代史》编写组：《中国近代史》，中华书局1979年版，第227页。
② 参见 [美] 鲁思·本尼迪克特：《菊与刀》，吕万和、熊运达、王智新译，商务印书馆2003年版。

图5-7 台湾当局领导人办公场所
（李乾朗《20世纪台湾建筑》，玉山社出版事业股份有限公司2001年版）

1945年8月15日，日本宣布无条件投降。战后初期的台湾建筑发展受到许多错综复杂的因素影响，社会、经济、政治、文化也是全面受制于政治导向之意识形态。一直到带来强烈震撼的东海大学建校，台南"今今日建筑研究会"及其成员对现代建筑的推广以及伴随美国援助而来的现代建筑出现于台湾之后，台湾才出现了带有强烈设计概念的真正现代建筑。

20世纪台湾的现代建筑思潮的发展在1949年国民政府迁移到台湾之后有了明显的转变，一方面逐渐摆脱了日本殖民地时期的西洋古典建筑样式，而与日本新传统主义同步，接受前川国男、丹下健三等人的"粗野主义"影响，讲究真实材料与形式表达；另一方面则积极强化中国建筑的传统意识，尤其是在大量公共建筑设计上出现了中国传统雕梁画栋样式的新建筑，这些建筑样式一般被称为"宫殿式"。不论是粗野主义还是宫殿式的建筑观点对战后台湾现代建筑的发展都有不少影响，尤其是后者持续影响了台湾现代建筑三十年。

宫殿式建筑一词指的是以现代营造技术兴建的中国古典风格的新建筑。此类建筑的思想可以追溯到20世纪30年代朱启钤、梁思成、刘敦桢等人倡导

下的中国营造学社，也与1929年国民政府的《南京首都规划》中对民族主义
形式的意志息息相关，它深深影响了中国20世纪台湾建筑师的现代思维向度
并制约着其建筑实践。这从20世纪的大陆几次三番地兴起大屋顶风潮可以明
察。有意思的是台湾的宫殿式建筑发展并不是本土化建筑的自然发展，而是
政治力与意识形态介入的结果，它与战后台湾的国民政府政策有密切的关
系。台湾在20世纪六十七年代建造了许多的中国古典式的新建筑，推测其
主要原因可能有如下几点：第一是来到台湾的大陆人士的怀乡情结所致；第
二是作为国民政府的政治图腾，以强化其政权在台湾的合法性，并延续了在
大陆未完成的政权图像；第三是当时社会主流建筑师如关颂声、卢毓骏、黄
宝瑜等人的教育背景曾经直接或间接受到后期布杂学院教育的影响，古典意识
浓烈。

　　战后台湾的宫殿式建筑逐渐意识形态化。1966年至1976年间大陆的"文
革"大肆批判儒家传统，在无产阶级文化大革命氛围中作为上层建筑的民族
建筑形式宫殿式的意识形态自然成为批判的对象。然而台湾却极度地鼓吹中

图5-8　台北中山纪念馆
（李乾朗《20世纪台湾建筑》，玉山社出版事业股份有限公司2001年版）

图5-9　台北音乐厅
（李乾朗《20世纪台湾建筑》，玉山社出版事业股份有限公司2001年版）

华文化复兴运动，积极兴建孔庙与忠烈祠堂。许多建筑师难以摆脱中国传统建筑影响，而将现代建筑定义在科技操作的简单层面上。这个时期的许多建筑作品表明建筑师一方面没有理想主义与理性的计划，另一方面也缺乏转化革新的勇气与激情，缺乏对现代性的认识。

由此可见，战后台湾现代建筑的发展是相对被动的，一方面受布杂建筑的影响，积极地鼓吹反时代精神的宫殿式建筑，另一方面则延续受日本后殖民主义的粗野主义的影响。不论是布杂还是粗野主义的建筑均表现出一种外来力量的干涉，而非地域性的自然发展。长期以来这种主体性思维的缺乏，让台湾建筑养成了表象形式主义崇拜的习惯，远离了现代建筑思维。这一时期的代表性建筑作品有故宫博物院、台北国父纪念馆、中正纪念堂、台北音乐厅等。

随着1970年前后蒋经国逐渐掌权，国民政府较开放地接受本土精英参政以消解政治上的反对派力量，台湾的文化论调逐渐转向本土主义腔调，其中影响极大者莫过于1977年至1978年间的"乡土文学论战"。以台湾汉族传统建

图5-10　台湾嘉义中正大学行政楼
（李乾朗《20世纪台湾建筑》，玉山社出版事业股份有限公司2001年版）

图5-11　台湾宏国大厦
（李乾朗《20世纪台湾建筑》，玉山
社出版事业股份有限公司2001年版）

筑语汇铸造而成的早期乡土主义建筑，20世纪80年代初开始出现在由某些开明派政治人士所主导的建筑里。当时新兴的建筑精英，最早如汉宝德，接下来由夏铸久、郭肇立等传承。在此基础上从理论方面建构了台湾20世纪80年代乡土建筑的基调，并影响了更下一代的建筑界，为乡土主义建筑在20世纪80年代末期之后发展变化铺筑了道路。因此这一系列从中国民族主义到乡土的建筑，不但清楚地记录了台湾政治在1980年前后的转向，同时也为台湾接受美国为主的后现代主义建筑论述留下了空间上的注脚。

台湾地区具有海洋岛屿的特性，长久以来接受各种外来文化的影响，养成包容与吸纳的特殊文化性格，它不会去排斥任何外来文化势力的入侵，同时也没有哪种外来文化能够彻头彻尾地改变它，因此它长久以来吸收了各种外来文化符号与语汇，孕育出复杂且多元化的文化空间现象，在建筑及空间风格上的无政府状态情形下，更加使得城乡景观被设计师们视为符号风格的试验场，他们运用拼贴、搁置的手法，创造出令人惊讶的混血空间，其中充满矛盾冲突、嘲讽以及隐喻，甚至多意、延意现象。无独有偶，就像后现代主义建筑一度在中国大陆试图与老庄艺术精神对接颇有市场一样，后现代主义建筑在台湾的风行很受欢迎，因为后现代主义建筑打着复兴古典的旗号、本着商业的目的、运用折中的手段较能贴合人心，传统实用理性在台湾民众身上得以印证。尤其是在20世纪的最后十年里，后现代主义建筑设计"如同卡通画，造型自严肃的古典中解放，并加入老少皆宜的温暖色彩，讨好大众的喜爱。盛行于90年代的解构主义，虽然一般人无法了解其真义，但台湾的室内设计师触觉颇为灵敏，他们比建筑师更快地接受了这股潮流，对开拓民众空间美学视野有推波助澜之力"[1]。

20世纪80年代起，后现代乡土主义逐渐在台湾兴起，建筑界也开始出现后现代风格设计，特别是室内设计更是兴起了后现代的时尚。台湾的建筑后

---

[1] 李乾朗：《20世纪台湾建筑》，玉山社出版事业股份有限公司2001年版，第152页。

现代风可说是从李祖元开始的，因为他一直坚持运用中国建筑元素。台湾20世纪80年代后现代建筑设计风潮虽然有许多房地产广告炒作的庸俗作品出现，但是不可否认乡土主义的兴起也带动了建筑界重新反省建筑文化的自主性，甚至建筑设计风格的更多可能性，为台湾建筑面貌带来丰富多彩的局面。

自20世纪80年代末期，台湾真正进入了全面多元化的社会。建筑上多元化使得各种建筑式样共存，不同风格并行，台湾几乎成了各种建筑的展示场所。除了各种风格竞相亮相外，20世纪80年代末台湾也由于人们逐渐认识到都市品质的关键绝非单栋建筑的问题，而是整个都市提升的问题，在开放空间或公共设施上设置公共艺术品也是此时期特别受重视的措施。

从20世纪90年代末开始，整个世界进入更加多元化的时代，国际互联网也使得世界各地之间的距离更为缩短，交流更加频繁。台湾在这种形势下出现更多的外国建筑师也是预期中的趋势。然而这一时期的外国建筑师与台湾

图5-12 澎湖青年活动中心
（李乾朗《20世纪台湾建筑》，玉山社出版事业股份有限公司2001年版）

图5-13　台湾东海大学路思义教堂
（李乾朗《20世纪台湾建筑》，玉山社出版事业股份有限公司2001年版）

建筑师共事的情形却与前期有所不同，已经由被动接受指导转变为共同合作，虽然合作的比重视具体情况而有所不同，但台湾建筑师与外国建筑师已经处于同等的地位，国际合作的意义更加浓厚。这时的另一项建筑发展则是新台湾意识的逐渐形成，促使建筑界不再以表象之乡土建筑作为文化抗争符号的象征，于是出现了重新以本土社会文化为主要思考源泉的建筑，这一趋势将在21世纪的台湾扮演角色。因为20世纪末新一代建筑师大部分是在美国受过教育的，他们的作品在国际舞台上发挥积极作用，对于这一代建筑师来说，致力于具有国际水平的建筑比探索现代中国精神更有意义。在20世纪八九十年代期间，台湾现代建筑代表性作品有台北圆山饭店、台北善导慈恩楼、台北市立美术馆、彭湖青年活动中心、台北大安国宅与宏国大厦、台北新光大楼等等。

台湾行政院文化建设委员会主任委员陈郁秀在《前两个五十年与下一个

图5-14　台北市立美术馆
（李乾朗《20世纪台湾建筑》，玉山社出版事业股份有限公司2001年版）

图5-15　台北101大厦
（李乾朗《20世纪台湾建筑》，玉山社出
版事业股份有限公司2001年版）

五十年》①一文中对台湾20世纪现代建筑发展的来龙去脉给予了历史性的反思、总结及展望。他意识到，过去台湾的都市建设忽略了对未来的整体计划、理想与景观，在工业化的速食生态中，偏重于技术层面的主导与管理，硬件虽然不匮乏，但缺乏由自然和人文资源提炼出来的软体生命——文化精神，才造成台湾建筑的自我迷失与硬伤，发展出许多错位的生活空间。未来的台湾现代建筑只有回到整体的思虑，把台湾当成一整个艺术品，才能将原貌源源不断地发掘、提升、雕琢，创造出一个自然意志与人文精神相协调的高品位的生活空间。这的确很有见地，对于大陆如何总结20世纪中国现代建筑的得失及推进现代建筑的进程是十分有益的借鉴与启示。可见无论台湾还是大陆，传统的人为环境与自然环境结合的整体营建哲理是相通的。

台湾建筑史论家李乾朗一语中的地说过："建筑是时代的一面镜子，反映时代的文化面貌，从20世纪百年内建筑的变化，谱成了一首悲欢离合的歌词和抑扬顿挫旋律的历史诗歌，尤其在台湾建筑里表现得特别明显。就让我们随着时间的节拍，来回味、欣赏台湾过去的百年建筑，总结20世纪台湾建筑的艺术与历史价值，期待21世纪台湾新经典建筑的诞生。"②

（原载《兰州理工大学学报》2011年第9期）

---

① 台湾行政文化建设委员会编写：《台湾建筑之美》，台湾薪禾国际有限公司2003年版。
② 李乾朗：《20世纪台湾建筑·绪论》，玉山社出版事业股份有限公司2001年版。

参天化育的历史物语

——20世纪中国传统民居建筑的现代启示

在20世纪中国现代建筑史研究过程中我们关注的多半是城市建筑，而对占大多数人口的乡镇民居则关注得不够，研究得也不力，以至在许多研究论著乃至高校教材中至多只提及传统民居而几乎不提当下的民居建筑状况。据我所知，仅有华南理工大学民居研究专家陆元鼎教授和国家民委下属的中国民族建筑学会每隔一两年会举行一次传统民居研讨会，在海峡两岸引起不小的反响，但这项研究工作在整个20世纪中国现代建筑史论中则是不太引以为重的。早在半个多世纪前，建筑史学家刘敦桢先生在西南诸省考察民宅过程中，看到许多民宅平面布置灵活自由且外观和内部装修也无定格，他曾说："感觉以往只注意宫殿陵寝庙宇而忘却了广大人民的住宅建筑是一件错误事情。"[①]这种错误是人们往往因此而无视民居存在的价值意义，以至于我总有这样的一种感触：民居是极富文化内涵的载体，而文化的本质实际上是人的自我生命存在及其活动的展示，文化的本体则是人的自为的生命存在。正是在这种意义上，有学者提醒人们注意"从文化的角度而言，研究民居自然要追溯历史，即所谓的传统民居或民居传统。只重民居硬件的实测和形制是不够的，还宜从整体文化的角度进行深层次的考察，以作为民居建筑现代性转

---

① 刘敦桢：《中国住宅概说·前言》，建筑工程出版社1957年版。

变与创新发展的借鉴"①。目前，我国凡有建筑院系的学校均有安排到乡村测绘民宅的教学实习，并且也绘制了丰富多彩的测绘图，但在此基础上的深入具体研究的实绩则不多见，往往是完成测绘就置之高阁。近年来我由于工作之便考查过全国许多地方民居的历史与现状，这里尝试从文化哲学的角度试析传统民居的现代启示：

其一是中国传统民居注重人本而非物本的诗意居住的文化意识。中国民居是体会道统的艺术。仔细品察，人们不难发现，中国传统民居在物质形态的构建上往往不甚讲究，注重的是外师造化、因陋就简、顺乎天道的人本意义。这是因为在古人看来，"夫宅者，乃是阴阳之枢纽，人伦之规模，非夫博物明贤而悟斯道也，宅者人之本"②。不仅如此，古人还以为："宅以形势为身体，以泉水为血脉，以土地为皮肉，以草木为毛发，以舍屋为衣服，以门户为冠带，若得如斯，是事俨雅，乃为上吉。"③因而梁思成先生一语道破中国古人的人本态度是："不着意于原物长存之观念。盖中国自始即未有如古埃及刻意求永久不灭之工程，欲以人工与自然物体竟久存之实，且既安于新陈代谢之理，以自然生灭为定律；视建筑如被服舆马，时得而更换之；未尝患原物之久暂。"④人居住在"上栋下宇"般虚实相间的住宅里，犹如置身于阴阳际汇的风水宝地，汲取天地之精华，体验天、地、人之道，感受四时的节律，并使天、地、人三才互参并融为一体而生生不已、诗意盎然，斯陋何妨？中国古人就是抱着这样的念头在他们自以为是的居住环境中平静地度过

---

① 高介华：《楚民居——兼议民居研究的深化》，陆元鼎主编：《民居史论与文化——中国传统民居国际学术研讨会论文集》，华南理工大学出版社1995年版。

② 刘桢编撰：《相墓相宅术》，海南出版社1993年版，第7页。

③ 同上，第15—16页。

④ 梁思成：《中国建筑史》，百花文艺出版社1998年版，第18页。

了几千年"诗性文明"①的历史。这与海德格尔对于诗意居住的感悟有异曲同工之妙趣。其曰:"诗意是居住本源性的承诺。这并非意味着诗意仅仅是附加于居住的装饰物和额外品。居住的诗意特性也不是意味着诗意在全部居住中以某种方式和其他方式产生。诗意创造首先使居住成为居住。诗意创造真正使我们居住。但是通过什么,我们达到这一居住之地呢?通过建筑。诗意的创造,它让我们居住。"②

其二是中国传统民居诉诸人以连续而非断裂的文明昭示。考古学家张光直论及中国古代社会文明时说过,中国古代文明是一个连续性的文明,这种

图5-16 藏族民居 崔勇拍摄

① 刘士林:《中国诗性文化》,江苏人民出版社1999年版。在该论著中,作者认为在学理上最早提出诗性文明的是维柯的《新科学》,专指人类早期的诗性文明的形态。中国是诗的国度,而且封建农业文明尤其漫长,在这一漫长历史文化时空中,中国文明一直保持着诗性的文明形态及诗性的生存智慧。这样的诗性智慧令国人每每以直观、感悟面对自然与社会及人间事理,以期人与自然的融合,而疏于思辨与逻辑推演。

② [德]海德格尔:《诗·语言·思》,彭富春译,文化艺术出版社1991年版,第186—187页。

连续性文明的产生不导致生态平衡的破坏而能够在连续下来的宇宙的框架中实现，即实现"人类与动物之间的连续、地与天之间的连续、文化与自然之间的连续"[①]。这是自然地理环境决定的。养育中国古代文化的是一种区别于开放性海洋环境的半封闭的大陆岸型地理环境，这样的地理环境决定中国古代特定的物质生产方式、社会组织和格局以及民族社会心理特征。中国古代的哲匠们正是以此为依据，因地制宜、各抱地势，山环水绕、循环往复，从而创制了富于东方色彩的中国传统民居形态。品察中国古代多种民族共存、千姿百态的民居，不难发现有一个共同的特征，那就是"山重水复疑无路，柳暗花明又一村"连续性居住境况的文化昭示。这种景况至今依然存留在中华境地的大江南北。斯宾格勒有感于西方文明的没落，认为世界历史上曾有八种自成体系的伟大文化，即埃及文化、巴比伦文化、印度文化、中国文化、希腊罗马古典化、墨西哥玛雅文化、西亚和北非的伊斯兰教文化、西欧文化。每一种文化最初都是以青春的活力蓬勃兴起，在其根生土长的地方茁壮成长、繁荣昌盛，然后走向枯萎凋谢，完成了它那生命的周期。在斯宾格勒看来，这八种文化中有七种文化已经死亡或断裂了，唯有中国文化至今仍

图5-17 云南哈尼族居住环境 清华大学高级工程师张瑾拍摄

---

① 张光直：《中国青铜时代》，生活·读书·新知三联书店1999年版，第495页。

然在继续延续着，作为文化载体的明清民居依然在大江南北传承着几千年的华夏文明。从19世纪末期至今，西方一直关注东方文化和中国文化及中国民居的目的与用意也就在这里。

其三是中国传统民族讲究的是与自然融为一体的诗化生态哲学而非技术理性。由于现代文明造成的全球性生态危机对人类生存和发展形成严重威胁，各门学科都不同程度地涉及解决生态问题的研究，以便探讨人类生存的策略。在这种研究中，生态学在解决人和自然关系的矛盾问题上，始终处于首要地位。于是以人类的生态实践需要为纽带，生态学对当代科学的整体布局和发展方向产生了重大而深远的影响，以至于形成了现代科学发展的"生态化"趋势，无论是自然科学，还是社会科学，抑或是工程技术科学领域，均有种种迹象表明这种趋势。其实，中国传统民居在解决自然环境和人为环境的关系问题上一贯遵循尊重自然并与自然相和谐的营造哲理，自始至终显露出了难能可贵的生态智慧。尽管这种生态智慧不是以今天所谓的技术理性的思维方式来呈现的，而是以直觉思维与"天人合一"的整体意会的体道方式来感悟的。正是因为这种直觉整体意会的思维方式反倒比技术理性思维更容易认识生态系统的整体性和复杂性，从而也更容易体验到人与自然和睦相处的客观需要。在中国古代哲匠们看来，人来源于自然并统一于自然并且必须在自然给予的条件下才能生存。人在宇宙的演化历程中诞生之后，由于禀赋天地之灵而成为自然中之一种。故曰："人法地，地法天，天法道，道法自然。"[1]并且"天地与我齐一，万物与我并生"[2]，从而达到"万物负阴抱阳，充气以为和"[3]的境地，这样的思维向度显然是诗性的而非技术理性的生存智慧表现。中国古代的这种讲究整体感的生态智慧若与西方科学技术理性互为

---

① （先秦）老子：《道德经》，《诸子集成》第三卷，上海书店出版社1986年版，第19页。

② （先秦）庄子：《庄子》，《诸子集成》第三卷，上海书店出版社1986年版，第112页。

③ （先秦）老子：《道德经》，《诸子集成》第三卷，上海书店出版社1986年版，第40页。

图5-18　贵州侗族民居　崔勇拍摄

补充且表里一致，以促进其直觉思维发展成现代文化生态系统思维，可望使这种朴素的生态智慧升华为完善的生态智慧。

其四是中国传统民居诗性的建筑情感心理表现。大凡艺术创作实践活动均离不开一个"情"字，托尔斯泰说："一个人用某种外在的标志有意识地把自己体验过的感情传达给别人，而别人受到感染，也体验到这些感情。"[①]这对赋有诗性智慧的华夏建筑哲匠们来说也是如此。因为中国古代社会不仅是一个诗性的国度，也是一个宗法意识浓郁的国度，君臣父子莫不任人唯亲，加之"诗缘情，体物而浏亮"（陆机《文赋》），因而到处都可以感触到浓浓的人情味。当然，具体到建筑中的情与一般意义上的人之常情有所不同，

---

① ［俄］托尔斯泰：《列夫·托尔斯泰论创作》，戴启篁译，漓江出版社1982年版，第16页。

它往往是指建筑哲匠们对建筑所抱有的感性情感和审美情趣，并融情入景，以至建筑哲匠们莫不将情景交融作为处理艺术与现实关系的一种理路。凡艺术创作须"根情、苗言、华声、实义"（白居易《与元九书》），这当中情是最为根本的。因而画栋雕梁中匠心独运的艺术情怀、居室中伦理等级的家族血缘之情、街坊邻里之间的交往之情、祭坛上拜天地时的虔诚之真情、宫殿建筑"非壮丽不足以重威"之豪情、园林建筑"纳千顷之汪洋，收四时之烂漫"①之诗情画意、陵墓建筑"慎终而追远"之深情、田园牧歌式的乡土之情、宗教建筑应天地神灵回响之超度情怀、绵延不绝的长城所包含的历史沧桑之情，这一切都是中国古代建筑哲匠们诗性的建筑情感心理的活现，致使万般风情莫不令人感动不已。这样的建筑情感有悲欣交集，也有宁静致远。悲者，阿房宫因"楚人一炬，可怜焦土"是也；伤者，陈子昂《登幽州台》

图5-19　福建土楼民居　天津大学刘庭风教授拍摄

---

① （明）计成：《园冶》，中国建筑工业出版社1988年版。

"前不见古人，后不见来者，念天地之悠悠，独怆然而涕下"是也；喜者，欧阳修《醉翁亭记》游"山水之乐，得之心而寓于酒"是也；欢欣者，汤显祖《牡丹亭》中"不到园林，怎知春色如许"之欢欣是也；致远者，王之涣《登鹳雀楼》"欲穷千里目，更上一层楼"是也。因此苏珊·朗格说"艺术品也是情感的形式，与人的理智、情感所具有的动态形式同构"①，斯言极是。

其五是中国传统民居诗意的建筑形态结构美。我曾经提出一个中国古建筑园林艺术建构的美学原则，即构造形态与审美情态及文化生态统一的建筑美学原则，而且这一建筑美学原则对应当下所倡导的所谓物质文明与精神文明及生态文明。②在中国文化史上，儒、道、释三教并流建构了华夏美学殿堂。儒家主美与善的和谐统一而宣扬"仁至义尽""礼乐并举"；道家重美与自由的自然之道相联而标举"虽由人作，宛自天开"与"气韵生动"；释家崇尚美与灵界的契合并称赞个体与宇宙融冲淡真性如佛的境界。儒、道、释这些有关美的诗性构建思想始终影响着中国艺术的建构与发展，建筑艺术当然也不例外。正是在这种意义上，我以为中国古代民居建筑所追求的是一种诗意的形态结构美境界，作为群体艺术，它重视造型与各个局部位置的合理安排，内部结构的完整与和谐。这与西方建筑艺术所追求的雕塑般的单体垂直向上的风格不同，而是以群体的气势在大地上作平面铺开，把空间意识转化为时间过程以及对周围环境的亲和，以至建筑的整体结构韵律在空间上形成统一与多变的变奏，在时间的进程中产生一种流动的美感，从而交织成一张无形却又可以察觉的理性之网。这张理性之网制约着局部、控制着整体，构成浑然一体的含义深邃的具有中国民族特色的建筑艺术形象。这样的建筑艺术形象是中国古人对天地精神的理解与把握，具有具象与抽象、有限与无限统一为一整体的诗性智慧特质。在这里，情理相伴、虚实相间、内外沟通、

---

① ［美］苏珊·朗格：《艺术问题》，滕守尧译，中国社会科学出版社1983年版，第105页。
② 崔勇：《略论诗性智慧与中国古代建筑文化》，《华中建筑》2000年第4期。

天人合一，遂成一幅浓缩了的天地精华的天然图画，横贯千古的审美意境也由此而诞生。难怪清朝的钱泳说："造园如作诗文，必使曲折有法，前后呼应。"①其深意耐人寻味。因而可以说，面对中国古代民居建筑诗意的形态结构美，除了用仰观俯察、远望近取、切身体会的流观方式对其予以整体性的审美观照之外，别无他法。如此才能品味到中国古代建筑所蕴含的"天地合其德"与"四时合其序"的无限美感，在民居所营造的时空场所中可以体验宇宙意味。

我在此从文化哲学的视角关注中国传统民居并予以深层思考，并非哗众取宠、故弄玄虚，而是针对人们面对物欲横流、生态失衡、人情失却、诗意荡涤、特色危机的现状而提出的警示并从中得以启示。越是民族的越是世界

图5-20　湘西吊脚楼民居　崔勇拍摄

① （清）钱泳：《履园丛话》，中华书局2006年版，第545页。

的，对中国传统民居予以文化哲学的思考，并挖掘出其中的营造哲理，无疑也是对全人类的生存关怀。在中国传统民居的研究中若多一层思虑，或许会触发生机，因为民居不仅最清楚地显示居住形式和生活形态之间的牵连，而且民居"更是将住宅、聚落、地景及仪式建筑的整个系统连贯到生活方式上的最佳途径"①。

民居的继承与发展不是造就一处仿造的明清民居街坊就可以了事的，更不是简单地搬来欧陆风。在这个问题上，建筑美学家侯幼彬教授的见解是值得重视的，他认为隐藏在民居建筑"传统形式的背后，透过建筑硬件遗产所反映的传统价值观念、生活方式、思维方式、行为方式、哲学意识、文化心态、审美情趣、建筑观念、建筑思想、创作方法、设计手法"②等会诉诸人以启示。民居是中华民族延续性生存的写照，学术文化界以及政府部门应予以保护与研究。

关于20世纪中国民居研究，我以为早期堪称力作的论著除刘敦桢的《中国住宅概说》之外，刘致平的《中国居住建筑简史——城市、住宅、园林》③是值得称道的。这两部论著对中国民居的发展历史以及分布状况进行了总结，并对西南民居在详细考察基础上予以深入细致的论述，成为后学开展民居研究的基础。近年来特别令人欣慰的是在中国民居研究方面有两项可喜的学术研究成果，其一是华南理工大学建筑学院著名中国民居建筑研究专家陆元鼎教授主编的《中国民居建筑》④，该书获得全国优秀科技图书奖；其二是中国建筑科学技术研究院建筑历史研究所研究员孙大章著述的《中国民居研究》⑤。前者在中国民居的营造原理及建造技术方面进行了系统的总结与研

---

① [美]拉普卜特：《住屋形式与文化》，张玫玫译，台湾境与象出版社，第16页。
② 侯幼彬：《中国建筑美学》，黑龙江科学技术出版社1997年版，第303页。
③ 刘致平：《中国居住建筑简史——城市、住宅、园林》，中国建筑工业出版社2000年版。
④ 陆元鼎主编：《中国民居建筑》（上、中、下），华南理工大学出版社2003年版。
⑤ 孙大章：《中国民居研究》，中国建筑工业出版社2004年版。

究；后者分别就中国民居的发展历史、分类及分布、典型民居形制、民居建筑空间构成、民居结构与构造、民居建筑美学表现、传统村镇环境设计、传统民居形制生成诸因素、传统民居的保护等方面做了系统的研究，是集大成者之作。

在全球性文化遗产保护与研究热潮影响下，从官方到民间也开始重视传统民居研究。

首先是国务院颁布了相关法规。2008年5月国务院总理温家宝签署第524号国务院令，公布《历史文化名城名镇名村保护条例》自2008年7月1日执行。[①]其中的第四条规定历史文化名城、名镇、名村的保护应当遵循科学规划、严格保护的原则，保持和延续其传统格局和历史风貌，维护历史文化遗产的真实性和完整性，继承和弘扬中华民族文化优秀传统文化，正确处理社会发展和历史文化遗产保护的关系。第十五条规定历史文化名城、名镇保护规划的规划期限应当与城市、镇总体规划的规划期限相一致；历史文化名村

图5-21　安徽宏村徽州民居　崔勇拍摄

① 国务院第524号令公布《历史文化名城名镇名村保护条例》，《中国文物报》2008年5月2日。

保护规划的规划期限应当与村庄规划的规划期限相一致。第二十一条规定历史文化名城、名镇、名村应当整体保护，保护传统格局、历史风貌和空间尺度，不得改变与其相互依存的自然景观和环境。第二十二条规定历史文化名城、名镇、名村所在地县级以上地方人民政府根据当地经济社会发展水平，按照保护规划，控制历史文化名城、名镇、名村的人口数量，改善历史文化名城、名镇、名村的基础设施、公共服务设施和居住环境。第二十七条规定对历史文化街区、名镇、名村建设控制地带内的新建筑物、构筑物，应当符合保护规划确定的建设控制要求。

其次是以文化策略作为传统民居保护与研究切入点日益为人所重。文化是人化过程中所呈现的内涵与形态及其历史情状，文明则是文化过程的自然结果。中国文化自古持续着上观天文以察时变、下观人文以化成天下的模式来显示自身的文化策略并演绎华夏文明。文化是一个过程，也是一个阶段性的文明显示。如何从文化的角度保护与研究中国传统民居的问题，学术界与地方专家均有过积极探讨并卓有成效，其中著名文物建筑保护专家罗哲文先生的见解尤其令人感到记忆犹新。在罗哲文先生看来："文物、古建筑、历史文化名城、历史文化小城镇的保护，其目的在于它们有用。保护的目的在于用。几十年的经验表明，凡是保护得好的文物，它发挥的作用也就越大，凡是发挥作用越大的文物，越受到重视，也得到很好的保护。过去曾有保与用二者之争。有指责只保不用者，有强调保就是保、保就是用者。在保护法规中主要是保，未更多更好地谈用，世界各地也都如此。我认为二者不可分开，二者都要并重。我提出过世间没有无目的做的事，并提出'保是前提，用是目的'或'一保二用'的观点。"[①]罗哲文先生总结的文化保护理念与《文物法》制定的方针"保护为主、抢救第一、有效保护、合理利用、加强

---

① 罗哲文：《历史小城镇的保护和发展之管见》，高潮主编：《中国历史文化城镇保护与民居研究》，研究出版社2002年版。

图5-22　江南水乡民居　崔勇拍摄

保管"相一致。保护与利用双赢是最理想的，倘若做不到双赢，则应明智地处理保护与利用的矛盾并设定容许的界限与回旋的历史文化余地及空间。

　　中国各地方传统民居是自古迄今保留下来的有形与无形的建筑历史与文化的遗存，包括软、硬两个部分。建筑史学家侯幼彬教授在《中国建筑美学》中曾指出过，软的那一部分指的是建筑遗产的深层结构，是建筑遗产非物质化存在，透过建筑遗产软的那部分所反映的价值观念、生活方式、思维方式、行为方式、哲学意识、文化心态、审美情趣、建筑观念、建筑创作方法、设计方法等等，它们是看不见、摸不着的建筑遗产软件集合。硬的那一部分是建筑遗产的表层结构，是建筑遗产物态化存在，是凝结在建筑载体上通过建筑载体体现出来的建筑遗产的具体类型与建筑艺术形式特征及建筑材质，它们是实在而可见的硬件集合。①

---

　　① 侯幼彬：《中国建筑美学》，黑龙江科学技术出版社1997年版，第303—308页。

图5-23　陕北窑洞民居　西安建筑大学王军教授拍摄

　　基于对传统民居这样的理性认识，如何保护与继承就不是一个简单的风貌问题，在很多方面我们不能不承认，在有关中国传统民居的知识与营造理念等方面都是很有限的。长期以来，我们的建筑教育以西方建筑学体系为参照而忽视中国建筑自身体系的价值意义，有关中国传统民居建筑所寓含的哲学思想、美学思想、工艺制造等方面的理论总结不够。面对历史文化名镇、名村成为文化遗产的热点，重新学习传统民居的相关知识势在必行。既熟悉而又陌生的中国传统民居问题是每一个有历史责任感和文化使命感的人必须认真思考与善待的，文化遗产就是文化记忆，稍有不慎就可能导致中国传统民居建筑无法挽救的遗憾。

　　再次是民众参与和政府扶助相协调的文化策略。居民是传统民居的主人和使用者，他们同时也是传统民居的传承与建设者，传统民居是居民日常生活的有机载体。因此在中国传统民居保护过程中吸收居民参与是十分必要的，并应本着以人为本的思想充分考虑居民的社会关系、经济状况、居住条

图5-24　四川藏寨甲居　崔勇拍摄

件等因素，考虑居民的实际要求和现实条件，要有面对面地与居民共同探讨问题的态度，了解居民的意见，分析居民的价值观、生活方式和需求。在此基础上正确引领居民从整体而不是单从个人的角度来考虑未来的发展。"只有这样，公众参与才能成为历史村镇保护和发展的积极因素，同时也才能使历史村镇的保护建立在科学、有效的基础上。"①

（原载《东吴文化遗产》第二辑，上海三联书店2008年版）

---

① 高文杰、邢天河、王海乾：《新世纪小城镇发展与规划》，中国建筑工业出版社2004年版，第315页。

从世纪初的先驱到世纪末的先锋

——20 世纪中国现代建筑设计思想变化历程

我在这项课题研究的思考中，无论是研读意大利建筑史学家本奈沃洛的《西方现代建筑史》、清华大学建筑史学家吴焕加的《20世纪西方建筑史》，还是美籍华人王受之的《世界现代建筑史》，①感觉西方建筑艺术发展的风格变迁以及内在的建筑设计思想先后传承均能诉诸人以清晰的脉络——从20世纪初转型时期的折中主义建筑到现代主义建筑乃至后现代主义建筑演变秩序井然。相对而言，在国内的学术期刊上我们能够见到的有关中国现代建筑研究的论述多半是侧重于建筑外在的风格与历史源流等方面的描述，而对于中国现代建筑设计思想发展变化论述触及不多。事实上建筑设计思想及其表达方式演变最能显示建筑诚于中形于外的因果，这比表面化的风格演变更能反映建筑发展的本质意义。诚如彼得·柯林斯所言，建筑史学家"将建筑作为最终产品来强调其意义，这是完全正确的。他们主要考虑建筑本身外观如何，

---

① ［意］L·本奈沃洛：《西方现代建筑史》，邹德侬、巴竹师、高军等译，天津科学技术出版社1996年版。吴焕加：《20世纪西方建筑史》，河南科学技术出版社1998年版。王受之：《世界现代建筑史》，中国建筑工业出版社1999年版。这三本建筑史书，前两者专述20世纪西方现代建筑史的发展历程，所不同的是前者为西方学者所作，后者为中国学者所作。《世界现代建筑史》则是美籍华人眼中的20世纪世界建筑史的历程。这三部有关20世纪西方现代建筑风格与设计思想发展历程的专著纵横捭阖、独树一帜，比罗小未教授主编的作为统编教材的《外国近现代建筑史》无论是在内容涵盖面上，还是史论结合论述的深广度上，都更富有历史厚重感，是研究20世纪中国现代建筑设计思想衍变的重要学术参考。

怎样建造的以及满足其目的之效果如何。但是创造这些建筑物的建筑师们却不得不同样去考虑到更富于哲理的问题：诸如为什么任何人必须选定这种形式、材料或体系而不是其他的。这我们可以称为他的建筑思想所支配的一个辩证过程"①。20世纪中国现代建筑已成历史，我们可以客观、理性地辨析其建筑设计思想变化历程以作为后人的教益，20世纪中国现代建筑发展历程中建筑设计思想在冲突与交融演变中的经验教训更值得反思。

西方现代建筑奠基人之一赖特的有机建筑论设计思想不仅吸收了中国古代哲学家老子的有无道德观以及自然生态观，更直接地继承了西方建筑学先辈传导给他的生物学和进化论的哲理思想，才有了沉浸于大自然怀抱中人为环境与自然环境融合的流水别墅之类的活物性建筑的产生，诉诸建筑与大自

图5-25　20世纪初的上海滩万国建筑
（郑时龄《上海近代建筑风格》，上海教育出版社1996年版）

---

① ［英］彼得·柯林斯：《现代建筑设计思想的演变：1750—1950》，英若聪译，南舜薰校，中国建筑工业出版社1987年版，第10页。

图5-26　广州中山堂　中山大学钟东教授拍摄

然共生的环境伦理品格。柯布西耶的建筑设计思想则源于当时比拟于机械论（如飞机、汽车、轮船）的设计理念，因此而视建筑为"居住的机器"。这种设计思想回应工业革命标准化潮流使建筑得以批量生产，但也带来始料不及的后果，那就是建筑物常被当作一个孤立的对象来处理，被任意地放到风景区或城市之中，而不被当作它所处的文化生态环境的合理部分，诉诸人的印象是抽象的无情的冷漠的方盒子式的建筑充塞于天地之间，同时与历史文脉绝缘。赖特的有机建筑论特别强调环境的重要性，他很清楚所有活的有机体均依赖环境而生成，且自身构成也影响附近其他有机体的衍生。"居住的机器"论则并不为明确的地点而设计，也不是以彼此关联的空间协调的观点而设计，而正是这些无疑助长了将每座建筑物只当作突兀的孤立的东西来设计的倾向，与历史环境总是格格不入。不难发现西方建筑任何一种风格与潮流都是一定的建筑哲理或建筑美学思想引导的结果，20世纪七八十年代以后的西方各种各样的建筑流派与风格更是各种哲学思想影响的结果，后现代主义、结构主义、解构主义、新殖民主义、新古典主义、新现代主义等莫不如是。因此个人的哲学思想、审美观念凸显在建筑构成的实施上就使得建筑个性突出成为现实，从威廉·莫里斯到格罗皮乌斯，从文丘里到查理斯·詹克斯，再到艾森曼，均是一幕幕活写真。

相形之下，20世纪中国现代建筑设计思想变化历程在东方的历史语境下显出异样风采。

《中国建筑》与《建筑月刊》是中国20世纪30年代仅有的两份综合性建筑学术刊物，成为20世纪前30年中国现代建筑史研究的重要资料来源。这两个刊物均创刊于1932年11月，至1937年4月，由于抗日战争的爆发而停止刊

图5-27　金陵大学北楼　东南大学刘捷教授拍摄

图5-28　北京电报大楼　崔勇拍摄

行，①两刊各出版54期。《中国建筑》由中国建筑师学会主办，旨在"融合东西建筑学之特长，以发扬中国建筑物固有之色彩"；《建筑月刊》由上海市建筑协会主办，主张"以科学方法改善建筑途径，谋固有国粹之亢进，以科学器械改良国货材料，塞舶来货品之漏厄；提高同业知识，促进建筑之新途径；奖励专门著述，互谋建筑之新发明"。《中国建筑》与《建筑月刊》均注重介绍现代建筑方案和作品、发表建筑师有关现代建筑的主张、报道各种现代建筑的活动，并推荐各种现代建筑的新材料、新技术、新工艺、新设备，为积极地推动现代建筑在20世纪中国的发展做出了应有的历史贡献。

与此同时，《时事新报》及《申报》同样作为上海的两份地方重要刊物，除了刊载国内的建筑消息外，还介绍国外各种标新立异的建筑现象，而且也刊登了许多介绍现代主义建筑理论的文章和译著。《时事新报》1931年2月10

---

① 崔勇：《中国营造学社研究》，东南大学出版社2004年版，第159—162页。

日刊登了美国著名建筑师F. L. 赖特和他设计的日本东京帝国旅馆的模型照片；1933年4月刊登了柯布西耶著、卢毓骏译的《建筑的新曙光》的文章；并先后介绍纽约当时世界最高的恩派亚大厦（纽约帝国大厦，85层，1046尺高）、芝加哥摩天楼新报房屋、纽约人寿保险公司新屋、莫斯科新建旅行大厦等等。《申报》先后发表《论万国式建筑》《论现代建筑和室内布置》《机械时代中建筑的新趋势》《论现代化建筑》等论文与译文。这些有关现代主义建筑大师介绍的论著及国外最新现代主义建筑作品的及时报道，对现代主义建筑观念的译介以及对中国现代建筑活动的评析，有力地推动了中国现代建筑发展，可谓是中国现代建筑思想先驱者的言行在20世纪30年代的标志。

尤其难能可贵的是，《新建筑》作为广东省立勷勤大学建筑系学生创办的一份学生刊物，于1936年创刊，中途因故而短暂停刊之后又于1941年在重庆复刊，前后虽然仅出版了有限的若干期，迄今为止仅保存了其中部分期刊，但从这几期刊物中仍可看出它反对复古主义、倡导现代主义建筑的理念，并旗帜鲜明地提出"反抗现存因袭的建筑样式，创造适合于机能性、目的性的新建筑"。1941年《新建筑》第1期上刊登了霍然的长篇论文《国际建筑与民族形式：论新中国新建筑底"型"的建立》，文章论述了现代建筑特征，指出

图5-29 北京三里河四部一会办公楼 《中国建筑文化遗产》副主编李沉拍摄

图5-30　北京民族文化宫　《中国建筑文化遗产》副主编李沉拍摄

"国际建筑的'型'不是样式问题，而是基于新构造方法与新材料使用，新建筑构成的原理之适应"。这可以说是20世纪有关中国现代建筑的檄文。1941年《新建筑》杂志第2期刊登编辑顾问、勷勤大学建筑系主任林克明的文章《国际新建筑会议十周年纪念感言》。文中对现代主义建筑在当时尚未得到与西方国家一样迅速发展的状况深表忧虑，前瞻性地意识到"过去的十年间建筑事业略算全盛时代，但提倡新建筑运动的人寥寥无几，所以新建筑的曙光，自国际新建筑会议后已成一日千里，几遍于全世界，而我国仍无相继响应，以至国际新建筑的趋势适应于近代工商业所需的建筑方式，亦几无人过问，其影响于学术前途实在是很大的"①。

---

① 遗憾的是，《中国建筑》《建筑月刊》《新建筑》等刊物对现代建筑的探索因抗日战争而不得不中断，错过了将中国现代建筑推向现代化道路的良机，这一中断直到20世纪八九十年代才在新历史时期衔接上。

20世纪30年代中国学术界《中国建筑》《建筑月刊》《新建筑》等刊物的发行，在当时很可能显得并不显要，影响也小，但我们今天从历史的角度审视它们，它们为推进中国现代建筑发展所做的努力具有重要思想价值意义，是中国现代建筑发展历程中的先驱者声调。

早在20世纪20年代中国现代建筑设计思想及其实践过程中，建筑界已经意识到重视现代建筑设计思想与表达方式，是因为建筑的发展应当明确地反映社会政治经济文化历史状况。在中国现代建筑萌芽的初始阶段，众多的建筑师选择如何在传统的基础上表达现代化的社会发展趋势，这种随处可见的现象也许对于建筑师来说是自然的选择，但对于世界来说，这是历史性的创新尝试。在这些尝试中，最为突出的是那些在外国租界里设计建成的建筑，起初的设计思想与表达方式是西方化的。设计师几乎无暇顾及地方传统，仅能体现当下建筑设计与建造的模式。这样的创作尽管在一定程度上诉诸人以富有时代气息的现代感，特别是在城市规划与更新的策略决策中体现出科学理性的原则，但是它们在更大程度上依然迎合了西方建筑现代化的发展趋势，与中国的情形不相符。而中国传统建筑形式已经不能满足各种不同使用功能的现代社会生活需求，如城市中的学院机构、商场、旅馆、工商企事业单位以及住宅等。特别是上海及日本占领的长春和英属地的香港等城市，由于外国建筑势力的介入，市场与商业因素对城市发展与现代化的压力，客观地使这些城市引领了中国现代化建筑的发展。

20世纪三四十年代，在中国倡导西方复古主义建筑并付诸实践的大多数是外国建筑师，他们的建筑设计作品多半都有一个鲜明的新古典主义风格的立面，并在建筑中心部位主要房间外连接一个两层楼通高的柱廊，整栋建筑的结构以及窗口四周的细部装饰、基座的毛石装饰，为了突出立面柱廊而刻意退后的顶层，都成为这一类风格建筑的标志。譬如马矿斯设计的上海总会、思九生设计的怡和银行、上海公和洋行设计的有利银行大厦和上海海关大楼等。以陆谦受、贝寿同和关颂声为代表的一些留学回来的中国建筑师事务所也设计了一批新古典主义建筑作品。例如由贝寿同和关颂声合作设计的北京大陆银行（1924年）展现了现代古典主义建筑风格，反映了建筑师在国外所受到的布杂式①教育影响。在他们看来，吸收并接纳西方传统建筑比沿袭中国传统建筑的表现形式来得容易得多，前者只需要模仿，后者则需要潜移默化。这一风格中的建筑师还包括朱彬和杨廷宝，他们以各自的设计思想和实践行动推进中国建筑现代化的进程。随着不同风格的交汇，他们也尝试践行中国民族的建筑语言。

一些外国建筑师也以自己的创作实践推动中国建筑向正统的现代主义方向发展，并很快地演变成为国际风格。捷克斯洛伐克建筑师乌达克是这一潮流中颇具影响的代表人物。以20世纪30年代严公馆为例。这是一栋纯粹的现代主义建筑，建筑立面墙体、窗框与阳台的对称性被楼梯和一直伸展到屋顶平台上的楼梯间的不对称排列所打破。新材料的运用，不对称元素的使用，所有这些直接而大胆的现代建筑语汇被频繁运用在其他建筑作品中，譬如建成于1933年的上海大光明电影院以及1934年设计的国际饭店，无不显示出现代建筑的品格。

与上述较为激进的现代主义创作道路不同的是另外一种所谓折中主义的现代建筑，它体现出的设计思想与表达方式对于20世纪中国现代建筑的发展也有其存在的价值意义。这一学派的代表人物是美国的墨菲，加拿大的何西，中国的吕彦直、董大西、林克明等人。他们认为应当从中国建筑固有的形式出发，当需满足一些特殊需要的时候可以引进一些外国的元素，这样才能创作出现代的中国民族建筑。这便是"中学为体，西学为用"的设计思想。墨菲希望使中国现代建筑成为活的形式，这种形式可以反映时代的变化，正如西方古典建筑从严谨的希腊式、炫耀的罗马式到灵活的文艺复兴式的变化过程一样。在墨菲看来，现代建筑功能对建筑的层数提出了新的要

---

① 布杂式建筑教育体系建立于1819年的法国，它有一套完整的建筑法则，一方面重视制图规则、建筑史论、设计美学，另一方面坚守科技与人文精神融通的教育传统，以唯美加严谨的学术风范在欧美产生广泛影响。

求，但是按照中国传统的建筑营造法式，他最多将原来的单层建筑加高到二层或三层，而大体量的高层则无能为力。墨菲的代表作是金陵女子文理学院（现南京师范大学，1918—1923年建成）和燕京大学（现北京大学，1918—1927年建成）建筑。金陵女子文理学院坐落在紫金山脚下的平原地带，优越的地理位置使校园能够最大限度地获得日照，而且远离恶劣气候的困扰，同时宿舍也可以被安排在与校区隔离的地带。校园内大多是二层或三层的折中主义中式建筑。这些建筑使用加强混凝土一类的现代建筑材料，借助斗栱塑造出传统中国建筑挑檐样式。这种设计手法清晰地表明中西"体用二分"设计思想。墨菲在燕京大学校园设计了六栋混凝土折中主义中式建筑。在这组建筑群中，四方的院落随处可见。墨菲在临近清华学校片区创建了一处具有中国特色的建筑，这是一座13层的明式宝塔形的水塔，他希望他自己设计建造的建筑作品能成为中国现代建筑的典范。但它们的"通病则全在对于中国建筑权衡结构缺乏基本的认识的一点上，他们均注重外形的模仿，而不顾中外结构之异同处，所采用的四角翘起的中国式屋顶，勉强生硬地加在一座洋楼上，其上下结构迥然不同旨趣，除却琉璃瓦本具显然代表中国艺术特征外，其他可以说是仍为西洋建筑"①。

在这一段时间，来自多伦多的建筑师何西成为墨菲在创作中国化现代建筑方面的诤友。何西的主要作品是北京协和医学院（1916—1918年），该建筑被赋予强烈的中国风格。吕彦直设计的中山陵（1925年）和中山纪念堂（1926年）、董大酉设计的江湾上海市政府大楼（1933年）以及林克明设计的中山大学校园（现华南理工大学，1930—1935年）都是这类建筑的代表。

20世纪前30年在西方世界出现的新古典主义建筑思想被一大批中国建筑师带回本土，由此形成了处理传统与现代问题的第三种设计思想与表达方式，即转变原有的"体""用"的观念，"体"不再单单指传统建筑的形式。在

---

① 梁思成、刘致平：《中国建筑艺术图集·序言》，中国营造学社1935年出版发行。

这些建筑师当中最引人注目的是杨廷宝。杨廷宝1927年从美国宾夕法尼亚大学学成回国后，他懂得继承古典主义建筑精髓，懂得尊重历史文脉并娴熟地运用设计技巧，而且有过北京天坛等古典建筑保护与调查的经验体会，故清华大学校园（1930年）、南京综合体育馆（1931年）、南京中央医院（1933年）等作品上乘。

此外，1931年由李锦沛、范文照、赵深等设计的上海基督青年会和大新公司总部是东西方建筑风格相结合的成功尝试。1933年建成的南京外交部大楼（现为江苏省人大常委会）由一群建筑师联合设计，设计师们试图发展一种不包括大屋顶在内的新的中国现代建筑作品。从表面上来看，这些建筑是西方现代建筑构成与空间布局原则同中国建筑元素结合的产物。

中国传统建筑走向现代的这些设计思想与表达方式与其说是一种特定的建筑设计手法，倒不如说体现了设计者对中国建筑传统的全面理解以及为了保护和记录它们的存在而进行的努力。建筑考古发掘激发了人们对建筑遗产的自豪情怀与对其历史价值的再认识。这一倾向的代表人物是梁思成和刘敦桢。他们注重研究中国传统建筑的历史渊源与艺术创造特征及文化意义，并辑录《中国建筑艺术图集》以作为探索富有中国民族特色的现代建筑艺术发展道路的文化基础与历史参照，因为"中国的文化从来都是赓续的，中国的建筑在中国整个环境总影响下，虽各个时代有时代的特征，其基本的方法及原则却始终一贯"[1]。这便是中国建筑的基本特质及其与国际接轨的先决条件与基础，因为当时世界现代建筑最新的建筑构架法与中国固有建筑的构架法所有材料虽不尽相同，但基本原则则是一样，都是先立骨架，然后加墙壁。东西方两种不同时代不同文化背景下的建筑艺术竟然如此融洽类似，均因建筑结构本质使然。这正是推动中国传统建筑在新的历史情形下因新科学、材料、结构而强盛更生的大好时机。不无遗憾的是20世纪30年代中后期抗日

---

[1] 梁思成、刘致平：《中国建筑艺术图集·序言》，中国营造学社1935年出版发行。

战争的爆发致使中国现代建筑发展的步伐中止，直到20世纪40年代后期，真正的中国现代建筑才再次在中国大地上萌生、发展。更为遗憾的是历史在"1949年翻开了中国现代史新的一页但没有翻开文艺史的新篇章"①。

20世纪50年代，中国的现代建筑继向苏联一边倒，接着又批判苏联带有明显的西方现代派构成主义之后，中国建筑界有过一场关于是否要现代建筑的激烈争鸣。②当时的历史情形是城市功能性布局与工业化建设被中国建筑业普遍使用。较有影响的是由华揽洪、杨廷宝设计的北京和平宾馆（1952年）、北京儿童医院住院部（1955年）。这两座建筑以先进的功能性、经济性以及简洁优雅的外形成为当时引人注目的现代建筑。但是后来则受到质疑与批判。随着1957年的反右倾、1958年的大跃进等政治运动的影响，现代建筑在中国举步维艰。

1959年，当时的建筑工程部与中国建筑学会在上海召开的关于居住建筑标准的研讨会上，时任建工部部长的刘秀峰做了题为《创造中国的社会主义的建筑新风格》的报告，明确提出了要注意建筑艺术的问题，并仍然以1955年国家提出的以"实用、经济和在可能条件下注意美观"作为建筑创作方针与衡量建筑的尺度。尽管刘秀峰强调要"从中国传统中发展和蜕化出来，利用现代的物质技术条件吸取古今中外建筑上的一切好的东西，消化而成为我们自己的东西，看去既非中国古典的，又非西洋的，而是中国的社会主义的具有民族特点的新风格、新形式"。尽管主观愿望无可厚非，但在这样的建筑

---

① 李泽厚：《中国现代思想史论》，东方出版社1987年版，第247页。
② 杨永生编：《1955—1957建筑百家争鸣史料》，知识产权出版社、中国水利水电出版社2003年版。在该书中，编者杨永生辑录了三篇有关要不要现代建筑的文章，即蒋维泓、金志强1956年发表于《建筑学报》第9期的《我们要现代建筑》；王德千、张世政、巴世杰1956年发表于《建筑学报》第9期的《对〈我们要现代建筑〉一文的意见》；朱育琳1957年发表于《建筑学报》第4期的《对〈对〈我们要现代建筑〉一文的意见〉的意见》。这三篇关于现代建筑学术争鸣的文章在当时的建筑学界引起关注，给人留下深刻的印象。

思想方针指导下，囿于当时客观历史现实和政治运动的制约，此后的中国建筑创作以一种命题作文的方式凸现。因"实用、经济和在可能条件下注意美观"的观点仅能是思想方针，而不是专业的建筑设计美学思想，致使当建筑师尝试要将建筑设计思想和社会赋予的责任感落实到实践中去时，他们的工作就变得非常困难，要沿着预定方向统一前进就更难以实现。至于将文学艺术性的"社会主义内容和民族形式相结合"口号作为建筑设计思想原则来指导建筑创作实践更是远离了建筑本体。

这个时期建筑创作的顶峰无疑是为中华人民共和国成立10周年献礼的天安门广场和人民英雄纪念碑、人民大会堂、中国革命博物馆和中国历史博物馆、北京火车站、北京工人体育场、全国农业展览馆、北京民族文化宫、北京民族饭店、中国人民革命军事博物馆等十大建筑工程。很显然，这一举措是为了向世界各族人民展示中国新的社会主义民族建筑的杰出成就。十大建筑作为中国现代建筑成就与水准的展示，反映了中华人民共和国成立10年来对建筑的理性思考模式，从中国传统和外来影响中汲取精华，也充分体现了对功能、材料和结构的尊重以及体用的融合，同时显示出"解放了的中国人民的英雄气概和奋勇前进的精神"，"是特殊的政治性建筑"[1]。

20世纪60年代初的中国建筑创作依然在坚持不懈地寻找更坚实的文化根基和更恰当的社会主义形式，即便是在极端的建筑革命情形下，正统的现代建筑创作手法依然被广泛应用，建筑师对其功能需求以及对新技术和新建造方式应用仍然有极大的兴趣。例如熊明和孙秉原设计的北京工人体育馆在国内首次使用悬索结构创造出一个直径94米的观众大厅，与此形成对比的有戴念慈设计的中国美术馆，这个由政府高度参与的作品竟然再一次沿用了曾经在50年代遭受严厉批判的大屋顶样式，其建筑平整的外墙和现代材料及技艺均富有现代感。

---

① 刘秀峰：《创造中国的社会主义的建筑新风格》，《建筑学报》1959年第C1期。

自此之后乃至20世纪70年代末，随着"文化大革命"带来的文化历史灾难，中国现代建筑设计思想探索与实践遭受步履维艰的厄运，以从设计思想、设计内容、设计方法以及从技术理论到技术规范、管理制度自上而下的"设计革命"的非建筑、非科学的建筑设计思想引导符合多快好省总路线的设计道路，使得设计队伍与设计工作全面走向革命化，成为当时的领导决策，政治思维取代技术与学术，[①]城乡建设套用"干打垒"模式，仅有民用住宅基建和工业厂房建设沿袭现代建筑的基本技艺。这印证了中国现代建筑设计思想及其实践在20世纪的中国政治、经济、文化环境中匪夷所思的命运及特殊意义。其一是尽管西方现代建筑思想屡次遭到批判，但是中国从来就没有完全间断现代建筑的践行。其二是即便是"文化大革命"及其余波使得整个国家陷于极度贫困的状况，节约型、经济型现代性建筑仍然能满足当时中国对生产与生活的要求。其三是中国现代建筑的公共建筑功能与类型，例如交通站、体育设施以及大型的宾馆建筑如果不采用现代建筑形式是不可能实施的。现代建筑作为一种国际性的建筑文化运动顺应历史潮流发展趋势影响所到之处的任何地方均能隔而不绝。

20世纪中国现代建筑设计思想及其实践真正发生质的变化与飞跃则是八九十年代改革开放政策实行，东西方政治、经济、文化、技术交流与对话形成新时期之后的事，在多元的文化交融与碰撞以及自由与自觉的艺术追求中，中国现代建筑的功能、形式、技术、类型、风格均呈现出五彩缤纷的绚丽色彩。尤其是20世纪80年代中后期，随着西方建筑思潮与设计思想以及建筑师的大量涌入和建筑成为商品经济形势下支柱性的文化产业，幅员辽阔的中华大地成了中外建筑师历练与竞技的场所，在西方历经了近半个世纪实验与磨砺的后现代主义建筑、结构主义建筑、解构主义建筑、新殖民主义建

---

① 邹德侬等：《中国现代建筑史》，机械工业出版社2003年版，第83页。

筑、新现代主义建筑、建筑形态学与类型学、新陈代谢与共生建筑[①]等新的设计思想观念与行为，在中国20世纪末期的近二十年时间里几乎逐一被演绎过，中国建筑业步入了前所未有的新一轮大跃进时代。《世界建筑》《建筑学报》《新建筑》《建筑师》《时代建筑》等学术期刊络绎不绝地译介西方新的建筑设计思想和著名建筑师的文章，年轻的莘莘建筑学子以效法现代西方建筑为时尚，各种国际国内的有关现代建筑设计的竞赛因此也予以推波助澜

图5-31　深圳国贸大厦　深圳教授级建筑师邱育章拍摄

的激励，以至于1985年被不同的艺术领域的学者们称之为艺术的观念与方法年，中国的建筑业也迎来了前所未有的历史机遇，伴随着城乡现代化建设的推行，中国的现代建筑兴建热潮高涨，在大江南北无不呈现出雨后春笋般的蓬勃生机景象，可谓繁荣昌盛。但是在这一繁荣昌盛的表象背后，若从建筑设计思想制约与文化历史影响的角度审视这一繁复的场面的话，我们能够感觉到其中隐含着令人质疑的系列问题：为什么拥有那么多的历史文化名城的中国会出现千城一面的大一统局面？中国乡镇建筑的特色为什么正趋于消失或正在消失的状态？欧陆风的建筑样式为什么在富有地域性文化特色的中国民居居住地得以蔚然成风？中国的建筑师为什么在大型的标志性建筑设计竞标中总是输给境外的建筑师？作为全民并不富有的发展中国家的中国为什么

---

① 刘先觉主编：《现代建筑理论》，中国建筑工业出版社1999年版，第1—39页。

图5-32 武汉晴川饭店 武汉理工大学王晓教授拍摄

图5-33 20世纪末的上海浦东陆家嘴新建群 同济大学朱宇晖教授拍摄

屡见不鲜地建设诸多超大超高超负荷的顶级与超高层建筑？一些不符合历史文化环境的标志性建筑为什么屡屡能够在异质的文化环境中拔地而起？为什么大量的城镇房产业的蓬勃发展而导致诸多居民无力获得居住空间的悖论现象？崇洋媚外、急功近利、拜金主义、不规范的市场经济运作、缺乏素养以及科技意识与文化环境意识淡薄等因素恐怕是过错与失策的重要原因，但根本的原因当是对中外建筑文化历史及其建筑设计思想的食而不化所造成的，以致在匆匆忙忙的建筑设计实践过程中始终没有形成自己的建筑设计思想与践行方式，其结果只能是依靠集仿主义的方式与抄袭的手段在大好的建筑市场中重复地做简单的机械操作，毫无原创的建筑精神可张扬。恩格斯说没有理性思维的民族文化是无望的，建筑亦然。

其实，中国古代建筑不仅有着将建筑、城市、园林视为一整体的广义建筑学的传统，[①]而且崇尚人为环境与自然环境融合的有机建筑哲理，[②]讲究建筑的审美情态与建构形态及文化生态的结合，中国建筑素来不以单体建筑的精雕细刻为要，而是注重彼此协调及与环境融洽。刘家琨（地域文化建筑倾向）、赵冰（中国主义建筑观）、汤桦（都市的历史文化情结）、王澍（东方人文的诗意表达）等先锋建筑师禀赋历史文化使命，及时以其富有中国特质的建筑设计思想及其因地制宜的实验探索精神创建出建筑佳作，以作为中国现代建筑设计思想的凸显，刘家琨的成都犀苑休闲营地、赵冰的南宁新商业中心、王澍的宁波美术馆、汤桦的深圳南油文化中心等原创性的建筑作品莫不如是。这些先锋建筑的共同特色是"把对本土建筑发展的生存焦虑和对西方建筑理论思想的解构批判同时加以思考，来寻求当代中国建筑思想定位"[③]。其价值不在于有多少作品问世，而在于探索的文化意义。从20世纪初的先驱

---

① 参见吴良镛：《广义建筑学》，清华大学出版社1989年版。

② 杨鸿勋：《木之魂　石之体——东西方文化的融合构成人为环境之圆满》，《华中建筑》2005年第1期。

③ 饶小军：《试验建筑：一种观念性的探索》，《时代建筑》2000年第2期。

到20世纪末的先锋，真正的先锋一如既往，其创新意志成为合规律与合目的建筑美学规律的导向。

已故翻译家兼文化学者傅雷在1932年的《艺术旬刊》上发表过一篇《现代中国艺术之恐慌》，文章中说道："中国经过了玄妙高迈的艺术光耀着的往昔，如今反而在固执地追求西方已经厌倦、正要唾弃的物质，这是何等可悲的事，然也是无可抵抗的命运之力在主宰着。"我觉得梁思成80年前说的话仍然没有过时，他说希望中国的建筑师要"自己把定了舵，向一定的目标走，共同努力地为中国创造新建筑，不宜再走模仿外国人的路，应该认真地研究了解中国建筑的构架、组织及各部做法权衡等，始不至于落抄袭外表皮毛之讥"①。

（原载《建筑评论》第六辑，天津大学出版社2014年版）

---

① 梁思成、刘致平：《中国建筑艺术图集·序言》，中国营造学社1935年出版发行。

第六编　建筑遗产保护与研究

中国建筑文化遗产保护与研究刍议

引 言

我在《关于中国建筑遗产保护若干问题的思考》一文中就何谓中国建筑遗产、述而不作的传统与现实需要之间的矛盾、城乡建设现代化进程与建筑文化遗产保护悖论、重提科学精神与人文精神并举、兼收并融的拿来主义态度、中国建筑遗产保护的传统等若干问题提出了初步的看法。[①]现在借苏州文广局和苏州大学非物质文化遗产研究中心联合主办的第二届"非物质文化遗产·东吴论坛暨中国高校第二届文化遗产学学科建设研讨会"之机，再次谈谈笔者对中国建筑遗产保护与研究的认识，并将论文题为《中国建筑文化遗产保护与研究刍议》。

著名城市规划与建筑学专家吴良镛院士曾经基于中国建筑遗产保护与研究的迫切需要语重心长地告诫学界同仁要开拓性地、创造性地研究中国建筑文化遗产，在中国建筑遗产保护与研究过程中特别要注意"着眼于地域文化，深化对中国建筑与城市文化的研究""从史实研究上升到理论研究""追溯原型，探讨范式""以审美意识来发掘遗产，总结美的规律，运用于实践""推

---

① 南京大学文化与自然遗产研究所、明孝陵博物馆等编：《世界遗产论坛（三）：全球化背景下的中国世界遗产事业》，科学出版社2008年版，第40—44页。

进并开拓文物保护工作"①。这些有见地的学术建树对于中国建筑遗产保护与研究教益匪浅。

在笔者看来，中国建筑遗产是中国自古迄今保留下来的有形与无形的历史遗存，包括软硬两个部分。软的部分蕴含价值观念、生活方式、思维方式、行为方式、哲学意识、文化心态、审美情趣、建筑观念、建筑创作方法、设计理念等，看不见、摸不着；硬的部分是凝结在建筑载体上并体现出来的具体的建筑类型与艺术形式特征及材质特征，是实在可见的硬件集合。②作为文化的物质载体与文明范式的中国建筑遗产保护与研究主要涉及中国建筑文化典籍的整理与注释、建筑历史与理论研究、古建筑保护修缮工程、传统建筑保护与更新设计等方面的问题。各个方面的专家与学者不遗余力地齐头并进推进着中国建筑文化遗产保护与研究的事业。这些方面的问题既有物质性的，又有非物质性的，两者相辅相成，从而构成富有中国特色的建筑遗产保护与研究完整的价值观与现实意义以及国际影响。下面笔者就上述所列举的问题逐一予以简明扼要的阐述，以求与诸位专家、学者共同研讨。

中国建筑文化典籍的整理与研究

在中国历史上，中国古建筑园林属于匠作所为的雕虫小技，其技艺传承向以不登大雅之堂而不为达官士人所问津，仅以言传身授的方式在民间默默地得以沿袭。即便是明清之际的戏剧家李渔也仅在《闲情偶寄》中用很少篇幅的笔墨略论一二。所以有案可稽的有关中国古建筑园林的论述多

---

① 吴良镛：《论中国建筑文化的研究与创造》，高介华主编：《中国建筑文化文库·总序一》，湖北教育出版社2003年版。

② 崔勇：《关于中国建筑遗产保护若干问题的思考》，南京大学文化与自然遗产研究所、明孝陵博物馆等编：《世界遗产论坛（三）：全球化背景下的中国世界遗产事业》，科学出版社2008年版。

见于经史子集之中，或在民间以秘传口诀的方式传承，专门论著则寥寥无几。真正称得上是古代建筑园林典籍的论著就显得弥足珍贵。哪些可作为垂范古建筑园林的典籍呢？在有文字可考的三千余年间，历史遗留下的浩如烟海的专门典籍中仅有屈指可数的有关古建筑园林方面的记载。就笔者能力所涉及，上自《考工记》，经宋代《营造法式》《木经》（已散佚）、元代《大元仓库须知》、明代《园冶》《长物志》《鲁班经》《梓人遗制》《工部厂库须知》、清代《清工部工程做法则例》《内庭作法则例》《圆明园工程作法则例》，到民国期间《营造法原》等等。即便是这些典籍，有些也过于疏漏，有些仅余残段，甚至仅为建筑某一方面的记载，但串联起来能够给后人提供一幅建筑园林设计与营造思想的大致思路，尤其是宋代《营造法式》、明代《园冶》、清代《清工部工程做法则例》、民国《营造法原》等典籍的内容之精练、记叙之全面，为中国古建筑园林的发展与传承起了沟通的作用，是迄今为止难得一见的珍贵的古建筑园林经典。这些典籍所蕴藏的文化内涵通过不断的诠释，其意义被阐扬至盛以至达到潜移默化的积淀，在文化历史长河中源远流长流芳百世，成为后世的建筑文化思想精髓本源。

此外，无名氏《三辅黄图》、郦道元《水经注》、管子《管子》、范晔《西京杂记》、杨衒之《洛阳伽蓝记》、程大昌《雍录》、顾炎武《历代宅京记》、刘侗与于奕正《帝景景物略》、孟元老《东京梦华录》、灌圃耐得翁《都城纪胜》、周密《武林旧事》、钱泳《履园丛话》、李斗《扬州画舫录》、沈复《浮生六记》、张岱《西湖寻梦》、李渔《闲情偶寄》等典籍亦有大量的古建筑园林记录。

《考工记》《三辅黄图》《营造法式》《洛阳伽蓝记》《园冶》《长物志》《鲁班经》《清工部工程做法则例》《营造法原》等典籍均有不同版本的注释与

研究，^①参考价值意义重大。

同济大学已故校长、著名科学家李国豪教授主编的多卷本《建苑拾英》在卷帙浩繁古籍中辑录了中国古代土木建筑园林营造史料，^②已故著名古建筑园林学家陈从周教授选编的《园综》辑录了全国各地自元代至明清之际的有关园林营造与修复的园记。^③两者蔚为大观，泽润后学。

目前，中国建筑文化典籍的整理与研究所取得的成绩是不容置否的，但也存在严重的问题，那就是重在整理与校注，而疏于对建筑文化典籍进行系统的理论研究与学术思想建树，以至于在国际建筑学术界中国建筑思想理论的声音微乎其微，这与建筑文化的实绩不相称。与文学、音乐、美术、戏曲等艺术门类的文化典籍研究相比较，建筑文化典籍的理论研究成就明显不

---

① 戴吾三：《考工记图说》，山东画报出版社2003年版；何清谷：《三辅黄图校释》，中华书局2005年版；（宋）李诫编修，梁思成注释：《营造法式注释》，中国建筑工业出版社1983年版，范祥雍：《洛阳伽蓝记校注》，上海古籍出版社1978年版，（明）计成原著，陈植注释：《园冶注释》，中国建筑工业出版社1988年版；（明）文震亨著，海军、田君注释：《长物志图说》，山东画报出版社2004年版；（明）午荣汇编，易金木译注：《鲁班经》，华文出版社2007年版；王璞子：《清工程做法注释》，中国建筑工业出版社1995年版；张志刚增编、刘敦桢校阅：《营造法源》，中国建筑工业出版社1986年版。

② 同济大学出版社1990年出版《建苑拾英》第一辑，1997年出版《建苑拾英》第二辑（上下册），1999年出版《建苑拾英》第三辑，以后还将陆续出版。《建苑拾英》第一辑第一章经济汇编考工典按照考工部、工巧部、土木部、土工部、陶工部、规矩准绳部、度量权衡部、城池部、桥梁部、宫室总部、宫殿部、苑囿部、公署部、仓廪部、库藏部、馆驿部、坊表部、第宅部、堂部、斋部、轩部、楼部、阁部、亭部、台部、园林部、池沼部、山居部、村庄部、厨灶部、厕部、门户部、梁柱部、窗牖部、墙壁部、阶砌部、藩篱部、窦部、砖部、瓦部、几案部、座椅部、床榻部、灯烛部等辑录相关史料。《建苑拾英》第一辑第二章方舆汇编山川典按照山川总部、川总部、桑乾水部、滦河部、河部、汴水部、淮水部、泾水部、汉水部、江部、松江部、西湖部、漓江部、湘水部、海部等辑录相关史料。《建苑拾英》第一辑第三章历象汇编历法典按照测量部、算法部等辑录相关史料；第四章博物汇编艺术典按照堪舆部辑录相关史料。《建苑拾英》第二辑方舆汇编职方典上下册（专辑）按照全国各地州府建筑建制辑录相关史料。《建苑拾英》第三辑第一章历象汇编庶徵典按照宫室异部辑录相关史料。《建苑拾英》第三辑第二章方舆汇编坤舆典按照舆图部、建都部、留都部、市肆部、陵寝部、冢墓部等辑录相关史料。《建苑拾英》第三辑第三章明伦汇编官常典按照工部部、河史部等辑录相关史料。《建苑拾英》第三辑第四章博物汇编神异典按照神庙部、二氏部、释教部、僧寺部、塔部等辑录相关史料。

③ 陈从周、蒋启霆选编，赵厚均注释：《园综》，同济大学出版社2004年版。

足。这其中的原因是多方面的，但其中重要的一个原因恐怕依然是述而不作使然。面对中华民族文化大发展与复兴的新形势与新任务，我们这一代学人应为此而有所作为。重视在中国建筑文化典籍校勘与注释上建立中国建筑文化典籍史料学与阐释学势在必行。

建筑历史与理论研究

中国人自己开始对中国建筑历史进行研究肇始于1930年成立的中国营造学社，最早的中国建筑历史著作是20世纪30年代初乐嘉藻的线装本《中国建筑史》。1945年梁思成在中国营造学社调查、研究的基础上写就了同名的《中国建筑史》。梁著可以说是在中国建筑历史研究方面的一个里程碑式的成就，它代表了中国营造学社同仁们在中国建筑历史研究初期阶段的治学路线、观点和研究方法，标志着中国建筑近现代建筑史学体系的确立。20世纪50年代，为迎接中华人民共和国成立10周年，建设部发动并协调全国建筑史学力量，组成中国建筑史编辑委员会，准备编写古代、近代和建筑十年"三史"。于1960年先出版了《中国建筑简史》第一册、《中国古代建筑简史》第二册、《中国近代建筑简史》。至20世纪80年代才出版刘敦桢主编十易其稿的《中国古代建筑史》。此书可以作为中国建筑历史研究继中国营造学社之后第二阶段的里程碑。就研究方法论与编史基本体例和内容来说，第二阶段是第一阶段的延续和充实，增加了文化历史背景及实例的叙述，丰富了建筑历史内涵。

20世纪80年代初期由东南大学潘谷西主编的《中国建筑史》在国内建筑高等院校颇为畅行。这部著作与刘敦桢主编的《中国古代建筑史》的不同之处是，打破了以往编年史的惯例，先从总体上对中国几千年的建筑发展历史予以概括性的论述，然后以建筑类型为构架思路对中国古代建筑按照类型分别予以介绍，同时列出专章对建筑意匠对古建筑园林营造活动中涉及的天人合一与物我同一观念、阴阳有序的环境观、同构关系与自然秩序、空间序列与总体权衡、审美情趣与建筑设计、模数制与结构体系、地域文化与乡土建筑等方面的问题予以阐述，这在研治中国建筑历史方法上是一个明显的进步，一改述而不作的旧学统。[①]

20世纪80年代初期，还有一本有关中国建筑史学的研究成果，那就是李允鉌写的《华夏意匠》一著，这可以说是至今为止的一本关于中国建筑设计与理论的力作。在该著中，李允鉌先生用现代的建筑理论与方法，对中国古典建筑进行了中外纵横比较的论述与概括。对此，龙非了在《华夏意匠》的序言中曾经评论道："这是一本新体裁新方法的著作。本书最可贵之处，是在用现代建筑的观点和理论分析中国古典建筑设计问题，并希望能够较为系统地全面地解决对中国古典建筑的认识和评价问题。允鉌先生在本书中尽量引用中外古今有关文献论述以供讨论。"有关中国建筑历史的史观、史法、史评，在此已现端倪。侯幼彬教授的《中国建筑美学》则从建筑的木结构与形态、建筑的理性与礼制、建筑的意境与生成机制、建筑的硬传统与软传统等角度阐述了自成体系的中国古建筑园林思想理论。

20世纪90年代末期，文物出版社出版了萧默主编的《中国建筑艺术史》。这部中国建筑历史的最新著作与以往的几部中国建筑历史著作的一个明显不同之处是：它除了顾及众多的少数民族建筑是构成整个华夏建筑艺术群星灿烂的风采不可或缺的文化因素外，比以往的建筑历史著作无论是在新材料的运用上，还是在著述思路的新颖感上，都更为丰富了，还特辟"建筑的理性之光"一章对建筑哲理、建筑礼制、建筑空间意识、建筑环境意识、建筑类型与风格等建筑理论问题予以前所未有的专门论述，诉诸人以深刻教益。

2003年之后中国建筑工业出版社陆续出版的五卷本《中国古代建筑史》[②]

---

① 潘谷西主编：《中国建筑史》第五版，中国建筑工业出版社2004年版。

② 第一卷原始社会、夏、商、周、秦、汉建筑由刘叙杰主编；第二卷两晋、南北朝、隋唐、五代建筑由傅熹年主编；第三卷宋、辽、金、西夏建筑由郭黛姮主编；第四卷元明建筑由潘谷西主编；第五卷清代建筑由孙大章主编。

可以说是集大成的鸿篇巨著。这套建筑历史著作在空间上不仅重视中原文化的主导作用，同时关注少数民族、南方建筑以及边缘地区建筑的相互交流与影响；在时间上不仅关怀过去，还积极探讨中国古建筑园林对近现代乃至当代的意义；在研究专题上不仅重视建筑形式、法式、艺术、结构，而且对砖石、木作、施工、地基基础等传统技艺也予以系统研究；在学术视野上全面系统地展示历史与审美的融合及史论与逻辑的统一，其成就是世界建筑历史学术进展的有益补充。

可以说，上述近一个世纪以来的建筑历史与理论研究结合考古发掘与历史文献以及其他学科成就，基本上昭示了自远古至明清中国古建筑园林的历史发展脉络，探明了中国木构建筑体系的基本原理与方法，是中国建筑遗产保护、研究和继往开来的学术基础。但这些学术成就依然有述而不作的欠缺，尚未实现由史实上升到理论的高水准要求。对此中国建筑历史与理论学术界早就有所意识，但实质性的学术研究成果并不多见。史料不等于史学，建筑史不是文献资料与考古发掘的汇编，"以史为纲、论从史出"当是建筑史论的真谛。

古建筑保护修缮工程、传统建筑保护与更新设计

按照《中华人民共和国文物法》的规定，凡是具有历史价值、科学价值、艺术价值的文物建筑均应制定保护性规划设计与修缮保护工程，而且实施保护性规划设计与修缮保护工程必须遵循国家文物局颁发的《全国重点文物保护单位保护规划编制审批管理办法》，全国重点文物保护单位保护规划编制要求规划基本内容包括总则、专项评估、规划框架、保护区划、保护措施、环境规划、展示规划、管理规划、规划分期、投资估算、附则等。自1961年始至2006年间，国务院先后确定公布了六批全国文物建筑保护单位共

计2349处，^①这些重点保护单位涉及革命遗址、革命纪念建筑物、石窟寺、古建筑及历史纪念建筑物、石刻及其他、古遗址、古墓葬、近现代重要史迹及代表性建筑。古建筑修缮保护工程是全国文物单位的一项重要的工作内容，为此全国各省市均设立古建筑保护与研究所开展修缮保护与研究工作，建筑院校设置历史建筑保护专业培养专业人才，国家每年拨专项资金支持修缮保护工程，应该说古建筑修缮保护工作的历史功绩举世瞩目，大量的历史遗构得以存留即是明证。目前需要引以为鉴的是，中国建筑遗产的营造方式、营造哲理、构造原理、材质等均有自身独特的品质，对之予以保护性修缮应有与这些独特品质相应的理论指导以及行之有效的具体措施与方法，要积极地探讨富有中国特色的建筑遗产保护的理论体系和实践工程示范。

在对古建筑予以科学、艺术、历史性地修缮保护的同时，传统建筑保护与更新设计也是中国建筑遗产保护与研究的重要内容。根据中外建筑遗产保护的经验教训，这是建筑遗产得以生存与延续的策略，也是避免落入千城一律、万村一色俗套的有效措施。地域性文化决定了建筑遗产地域性的文化特色，在保持传统建筑的特色与历史文脉的前提下，探索保护性更新设计的路子是明智的抉择，就此而言同济大学建筑系常青教授及同仁的探索成果具有典范意义。

在常青教授看来："建筑遗产不同于一般文物，除了废墟和遗址，有空间的建筑大多是在持续的使用之中的，必然地带有历朝历代变动的痕迹，'原真性'不过是一个相对的概念，所以只能以辩证的史观来分析和处置建筑遗产，并且基本上也只有两种方式。其一，作为终结了历史的建筑，也就是从内到外都锁定在某一历史时段，就像博物馆中的标本那样供人瞻仰和研究，

---

① 1961年3月国务院公布第一批全国重点文物保护单位180处；1982年2月国务院公布第二批全国重点文物保护单位62处；1988年1月国务院公布第三批全国重点文物保护单位258处；1996年11月国务院公布第四批全国重点文物保护单位250处；2001年6月国务院公布第五批全国重点文物保护单位518处；2006年4月国务院公布第六批全国重点文物保护单位1081处，共计2349处。

这些一般应是少量重点保护的文物建筑及优秀历史建筑；其二，作为历史得到延续的建筑，接受既往的变易因素，并妥善地进行处理，特别是对其内部空间进行可能的更新，使之纳入发展变动的现实生活场景之中。核心问题是在背景复杂各异的保护对象面前如何以辩证的建筑史观和特殊的设计方法来化解矛盾，在保护原则、历史情结和理性务实之间寻找平衡点。"①"梅溪实验""外滩源实验""文渊坊实验""城中村实验"等即是实践成效。

（原载《东吴文化遗产》第三辑，上海三联书店2010年版）

---

① 常青：《建筑遗产的生存策略·导言》，同济大学出版社2003年版。

历史文化名镇、名村保护与研究的文化策略

　　发现问题有时比解决问题更有意义，这是学者常有的感触。学术研究要有问题意识，要本着发现问题、解决问题的意志，才能学有所获，并能对学科建设有所贡献。

　　今天我们面临的历史文化名镇、名村保护问题实际上是一个老生常谈但一直未能很好解决的问题。何以至此？因为社会和生活存在的问题对之予以理论探讨是一回事，而实际的解决则又是另一回事。理论上似乎是在一定程度上得以解决，实际上解决起来则是非常艰难的。事在人为，任何一项学术研究的目的就是要对存在的问题加以解析，并最终寻求解决问题的方法与途径。借此机会，笔者在此就历史文化名镇、名村保护与研究的文化策略的问题略述一二与同仁共讨。

一、存在问题：历史文化名镇、名村保护与利用之间的文化悖论

　　历史文化名镇、名村保护与利用之间明显地存在着文化悖论现象以及一系列疑惑的问题。何为文化悖论？借用司马云杰《文化悖论：关于文化价值悖谬的认识论研究》中的话来说，这里所谓的文化悖论概念"不是形式逻辑所讲的一般思维方式的悖论问题，也不是一般哲学所讲的异化问题，而是讲的文化世界价值、功能上的自我相关矛盾性和不合理性及其运动变化法则所

建构的人的价值思维方式、行为方式的悖谬"①。这样的悖谬有几重意思，其一是指文化价值、功能上的自我相关的矛盾性和不合理性；其二是指文化价值、功能的矛盾运动性变化的法则；其三是指文化世界所建构起来的人的思维方式中所支配的人的非理性和矛盾性；其四是指文化创造对人生的悖逆，即文化世界对于它的主体人的悖谬，同时也是作为主体的人在文化世界中的自我悖谬。质而言之，上述四个方面就是文化悖论概念所包含的内涵与外延。

作为发展中国家的中国在现代化建设过程中，无疑是活生生地凸显出上述文化悖论问题。城市化的扩张建设与文化遗产地的保护发生尖锐的冲突，一方面城市需要从文化遗产保护的角度保护城市建筑的特色，另一方面城市的现代化发展又要求建筑尽快发展与更新。现代文明的发展趋向与历史文化遗产地的保护之间发生尖锐的冲突甚至不可调。根据我国的国情，国家建设部门在部署21世纪发展方向时的基本思路是在城市现代化基础上发展乡镇现代化建设，这势必在地大物博的中华大地上构成一个非常现实而又棘手的文化悖论言行及其现象。面对这样的历史情形，无论是城市还是村镇的人们往往在急功近利观念驱使下采取反常规的举措，必然对文化遗产地造成极大的危害，以致随处可以见到不少新构筑的现代建筑严重地破坏了历史文化名城与村镇的历史风貌，致使原有的文化遗产地的历史记忆消失而成为文化荒芜地。诸多新建筑的各式各样的风格导致原有城市和乡镇的总体建筑特色消失，致使一些优秀的历史建筑曾经以鹤立鸡群之势耸立了数百年成为城市标志，如今则是鸡立鹤群而暗淡失色，许多具有地域文化特色的乡镇建筑因崇尚新建而丧失本真的特色。违法乱纪的建筑破坏了文化遗产地的真实性和完整性，造成面目全非的局面，城市与乡镇的环境意义与记忆殆尽。随着千城一面的城市特色危机到来，千村一律的村镇特色危机也将不期而至。

---

① 司马云杰：《文化悖论：关于文化价值悖谬的认识论研究》，山东人民出版社1990年版，第4页。

笔者以为必须清醒地认识到，形成历史文化名镇、名村保护与利用之间的文化悖论的原因是专业知识与文化贫血不等式的双重结果，一个拥有专业知识但又误入歧途的人为社会带来的灾难远远超过他为社会带来的利益，建设性破坏往往由此而造成。与此同时盲目地以文化旅游开发带动经济发展也是危害历史文化名村、名镇文化遗产保存的根源。诚如有批评家所言："一个宁静的社区是属于它的居民们的，而不是供大群陌生人观摩的。你假惺惺地赞美那儿的宁静，可是你又不甘人后地加入观摩大军像蝗虫般飞向那儿，把那儿给搅乱了。静如处子的苏州现在仿佛已经不再属于苏州人，倒像是一道有点变味的中国布景，在它前面活动着的全是些不可思议的异乡人。的确，躯体的旅行是无谓的，安居心灵才能免于荒谬之旅。"[1]毫不讳言地说，凡中外旅游者足迹所到之处，文化遗产地每每将面临难以预料的文化灾难。

文化遗产是不可再生的历史见证，保护文化遗产，留守文化精神家园当是责无旁贷的。如何保护文化遗产，文化遗产需要保护哪些方面的内容，这是我们不能不慎重予以考虑的。

二、保护对象：历史文化名镇、名村的物质文化与精神文化内涵

众所周知，1997年被联合国教科文组织列入世界文化遗产的平遥古城，是汉民族城市明清时期的范例。平遥古城城墙、官衙、街市、民居、寺庙是因保存了明清时期的特征，展示了文化、社会、经济及宗教发展的完整画卷而被列入世界文化遗产的。同样被联合国教科文组织世界遗产委员会列入世界文化遗产名录的云南丽江古城，是我国一支古老的少数民族羌人的后裔纳西族的故乡，这里曾经是纳西文化的中心，又是汉、藏、白族与纳西族文化的交汇点。纳西族人以象形文字、东巴音乐舞蹈与绘画艺术构成了独特的地

---

① 吴亮：《批评者说》，浙江文艺出版社1996年版，第232页。

域文化特色。丽江古城体现了地方历史文化和民族风俗风情，流动的城市空间、充满生命力的水系、风格统一的建筑群、亲切宜人的空间环境等，使其有别于中国其他历史文化城镇的突出价值与普遍意义，被列入世界文化遗产名录。2007年7月，福建客家土楼之所以能够列入世界文化遗产，原因就在于土楼是客家居民的标志性建筑，是客家历史文化的一种载体，集中反映了客家文化的重要特征。客家建筑土木结合、外闭内敞、聚族而居的特征是汉文化的集中表现。土楼的世俗空间充分显示了客家人的生存智慧和建筑艺术，是人与自然、人与人和谐共处的典范，是中国古代建筑讲究建筑的形态美、情态美、生态美境界的具体呈现，给现代人以物质与精神及生态文明共生的启示。由此可见，文化遗产地的确立准则既要有物质文化标准，又要有精神文化标准，物质与精神文化内涵并融才是名副其实的文化遗产地。

令人感到遗憾的是，随着以文化带动经济的行为日益畅行，加之中外旅游者的足迹所到之处，无数处世界文化遗产地已经人去楼空而变成装腔作秀的商业文化场所，其中的酒吧间系异国风情，随处可见蓝眼睛黄头发的外国人在与满城店铺的商人洽谈生意与商品价格，原有居民则摆满真假难辨的文物古董集体做生意，往日悠然自得的生活情景不再，这还是那些历史文化名村、名镇吗？凡到过丽江、平遥的人均有感叹。无独有偶，名扬中外的安徽徽派建筑代表的古村落西递与宏村及湖南湘西凤凰小镇的现状也是如此，原本朴实无华的民众因商业气息的浸染顿时变成异乎寻常的矫揉造作，朴素的美感迅即荡然无存。似乎是凡现代化建设力度所到之处越发破坏文化遗产地，那些落后的地方倒似乎保住了一些未被旅游者所涉及的历史文化遗迹。难道贫穷落后才是保护的不二法门？其实也不尽然。福建土楼2008年之所以顺利通过联合国教科文组织的评审荣获世界文化遗产地的称谓即是一个生动的例证。福建客家土楼基本上保持了原有的生态环境、生活状况和民风以及相应的精神生活空间。居住在土楼中的居民给人至深的印象是，他们似乎不受外在世界急剧变化影响而安居乐业。与烦躁、焦虑不安的城里人痛苦不堪的表情相比较，居住在土楼的人脸上则焕发出幸福笑颜。

因此在社会现代化快速发展过程中提出历史文化名镇、名村保护问题是历史发展的必然结果，有良知者务必以历史责任感面对村镇传统建筑环境和风土文化的不尊重与缺乏保护意识等一系列问题。对村镇历史环境的破坏，将会给原居民及其子孙后代的精神生活乃至物质生活空间环境造成一种不可弥补的历史断层情状。这种行为及其现象在国际上被称为"第三公害"，可见其对居民生活的危害程度。历史村镇物质空间的演变总是与社会空间及经济空间的形成、调整及转型过程密切相关，特别是与生活方式和技术水平的提高相适应。正因为如此，若仅从其空间形式的角度来考虑保护，将难以保证其整体与局部社会经济发展的连续性。今天，我们提出可持续发展的策略观点，就是要将原来粗放型的发展方式被社会经济、环境资源和精神文化的可持续性发展所替代，这是历史村镇发展的必由之路。

只要看到村镇民居社会生活形态是地区传统文化的生命力所在，我们就会注意改善居民的生活条件和生活设施，而不是只把赌注押在旅游上，同时为物质与精神文化生活营造空间。那些暂时难以忍耐居住条件简陋的青年随着原居地的物质文化条件改善终归会返璞归真的。

21世纪联合国教科文组织之所以将保护的重点从官方的建筑转移到村镇建筑，首先是因为官方的建筑多由政府掌握和控制而容易得到保护，而村镇建筑却常常难以得到国家性资助，成为被破坏的首当其冲者；其次是村镇建筑来自民众的生活更多地反映了地方文化的特点，建筑遗产是古村镇居民生活的场所，而生活的主题——古村镇居民的存在才使民众生活、地方文化有了内容，古村镇的居民物质与精神生活的融洽才是其文化生命力之所在。

一言以蔽之，历史文化名镇、名村的物质文化与精神文化整体是文化遗产保护的对象。

三、保护策略：历史文化名镇、名村保护与生存的文化策略

首先是国务院有关政策策略保障。2008年5月国务院总理温家宝签署第

524号国务院令，公布《历史文化名城名镇名村保护条例》自2008年7月1日执行。①其中的第四条规定历史文化名城、名镇、名村的保护应当遵循科学规划、严格保护的原则，保持和延续其传统格局和历史风貌，维护历史文化遗产的真实性和完整性，继承和弘扬中华民族文化优秀传统文化，正确处理社会发展和历史文化遗产保护的关系。第十五条规定历史文化名城、名镇保护规划的规划期限应当与城市、镇总体规划的规划期限相一致；历史文化名村保护规划的规划期限应当与村庄规划的规划期限相一致。第二十一条规定历史文化名城、名镇、名村应当整体保护，保护传统格局、历史风貌和空间尺度，不得改变与其相互依存的自然景观和环境。第二十二条规定历史文化名城、名镇、名村所在地县级以上地方人民政府根据当地经济社会发展水平，按照保护规划，控制历史文化名城、名镇、名村的人口数量，改善历史文化名城、名镇、名村的基础设施、公共服务设施和居住环境。第二十七条规定对历史文化街区、名镇、名村建设控制地带内的新建筑物、构筑物，应当符合保护规划确定的建设控制要求。

其次是要重视历史文化名镇、名村保护具体的文化策略切入点。文化是人化过程中所呈现的内涵与形态及其历史情状，文明则是文化过程的自然结果。中国文化自古持续着上观天文以察时变、下观人文以化成天下的模式来显示自身的文化策略并演绎华夏文明。文化是一个过程，也是一个阶段性的文明显示。如何从文化的角度保护历史文化名镇、名村的问题，学术界与地方专家均有过积极探讨并卓有成效，其中著名文物建筑保护专家罗哲文先生的见解尤其令人感到记忆犹新。在罗哲文先生看来："文物、古建筑、历史文化名城、历史文化小城镇的保护，其目的在于它们有用。保护的目的在于用。几十年的经验表明，凡是保护得好的文物，它发挥的作用也就越大，凡是发挥作用越大的文物，越受到重视，也得到很好的保护。过去曾有保与用

---

① 国务院第524号令公布《历史文化名城名镇名村保护条例》，《中国文物报》2008年5月2日。

之争。有指责只保不用者，有强调保就是保、保就是用者。在保护法规中主要是保，未更多更好地谈用，世界各地也都如此。我认为二者不可分开，二者都要并重。我提出过世间没有无目的做的事，并提出'保是前提，用是目的'或'一保二用'的观点。"①罗哲文先生总结的文化保护理念与《文物法》制定的方针"保护为主、抢救第一、有效保护、合理利用、加强保管"相一致。保护与利用双赢是最理想的，倘若做不到双赢，则应明智地处理保护与利用的矛盾并设定容许的界限与回旋的历史文化余地及空间。

历史文化名镇、名村是自古迄今保留下来的有形与无形的建筑历史与文化的遗存，包括软、硬两个部分。建筑史学家侯幼彬教授在《中国建筑美学》中曾指出过，软的那一部分指的是建筑遗产的深层结构，是建筑遗产非物质化存在，透过建筑遗产软的那部分所反映的价值观念、生活方式、思维方式、行为方式、哲学意识、文化心态、审美情趣、建筑观念、建筑创作方法、设计方法等等，它们是看不见、摸不着的建筑遗产软件集合。硬的那一部分是建筑遗产的表层结构，是建筑遗产物态化存在，是凝结在建筑载体上通过建筑载体体现出来的建筑遗产的具体类型与建筑艺术形式特征及建筑材质，它们是实在而可见的硬件集合。②

基于对历史文化名镇、名村这样的认定，如何保护与继承就不是一个简单的风貌问题，在很多方面我们不能不承认，在有关历史文化名镇、名村的知识与思想方面都是很有限的。长期以来，我们的建筑教育以西方建筑学体系为参照而忽视中国建筑自身体系的价值意义，有关历史文化名镇名村所寓含的哲学思想、美学思想、工艺制造等方面的理论总结不够。面对历史文化名镇、名村成为文化遗产的热点，重新学习文化遗产的相关知识势在必行。

---

① 罗哲文：《历史小城镇的保护和发展之管见》，高潮主编：《中国历史文化城镇保护与民居研究》，研究出版社2002年版。

② 侯幼彬：《中国建筑美学》，黑龙江科学技术出版社1997年版，第303—308页。

既熟悉而又陌生的历史文化名镇、名村问题是每一个有历史责任感和文化使命感的人必须认真思考与善待的，文化遗产就是文化记忆，稍有不慎就可能导致文化遗产保护无法挽救的遗憾。

再次是民众参与和政府扶助相协调的文化策略。居民是历史文化名镇、名村的主人和使用者，他们同时也是村、镇的建设者，传统民居是居民日常生活的有机载体。历史文化名村、名镇的保护过程中吸收居民参与是十分必要的，并应本着以人为本的思想充分考虑居民的社会关系、经济状况、居住条件等因素，考虑居民的实际要求和现实条件，要有面对面地与居民共同探讨问题的态度，了解居民的意见，分析居民的价值观、生活方式和需求。在此基础上正确引领居民从整体而不是单从个人的角度来考虑未来的发展。"只有这样，公众参与才能成为历史村镇保护和发展的积极因素，同时也才能使历史村镇的保护建立在科学、有效的基础上。"①

四、历史文化名镇、名村保护与研究的意义

2005年12月，国发[2005]42号《国务院关于加强文化遗产保护工作的通知》强调："应清醒地看到，当前我国文化遗产保护面临着许多问题，形势严峻，不容乐观。保护文化遗产，保持民族文化的传承，是连接民族情感的纽带、增进民族团结和维护国家统一及社会稳定的重要文化基础，也是维护世界文化多样性和创造性、促进人类共同发展的前提。加强文化遗产保护是建设社会主义先进文化、贯彻落实科学发展观和构建社会主义和谐社会的必然要求。在城镇化过程中，要切实保护好历史文化环境，把保护优秀小乡土建筑等文化遗产作为城镇化发展战略的重要内容，把历史文化名城（街区、村镇）保护规划纳入城乡规划。"

---

① 高文杰、邢天河、王海乾：《新世纪小城镇发展与规划》，中国建筑工业出版社2004年版，第315页。

我们必须清醒地认识到，21世纪的中国乡村正处于不可逆转的城镇化进程中，在这种态势下的保护历史文化名镇、名村在某种意义上具有一种逆历史潮流的悲壮色彩，似乎是一种不可为而为之的倔强的悖逆行为。保留村镇文化、保护历史见证、保留后代借以成长的历史舞台的一部分已成为重要的目标，正因如此对原真性的珍惜才会超越矫饰作秀，以至历史名村镇与历史街区更多地积淀着民族与地域的文化，可以为后代留下再认识的文化资源。[1]

（原载《建筑历史与理论》第九辑，中国科学技术出版社2008年版）

---

① 参见朱光亚：《古村镇保护规划若干问题讨论》，高潮主编：《中国历史文化城镇保护与民居研究》，研究出版社2002年版。

20世纪40年代北京中轴线古建筑测绘史述

引 言

1941—1945年间，在日伪统治下的北平市，时任伪建设总署都市局局长、伪工务总署都市计划局局长的林是镇备感民族危亡与救亡图存的文化历史使命刻不容缓，在中国营造学社社长朱启钤、伪建设总署署长殷同的支持下，委托华北基泰工程司建筑师张镈承担北平城中轴线古建筑测绘，天津工商学院建筑系和北京大学工学院建工系师生及基泰工程司部分员工约30人参加了测绘的全程工作。这是张镈率领一批志同道合的师生对以故宫为中心的北平城中轴线重要建筑进行的全面测绘，是京城建设史的首次，测绘活动历时三年，共绘制各类建筑测绘图660幅，是目前为止最为完备的故宫营造信史资料，具有历史价值、科学价值、艺术价值。

北京中轴线的建设规划及其建筑群基本保持了元、明、清三代京城的规划与都城建筑历史原貌，是代表中国古都最高规格与水准的建筑形态，成为中国古都规划建设的"活化石"。北京中轴线的长度、规模、空间规划与建筑布局之严谨，堪称人类城市规划与建筑史上的奇迹。北平城中轴线古建筑测绘是在中国面临抗日战争日伪统治时期的北平特殊历史环境下的一项重要的文物保护活动，为北京古建筑保护与传承做出了卓越的历史贡献，历史当识之。

图6-1 20世纪初故宫全貌
（中国文化遗产研究院藏老照片）

工作缘起与过程

1940年夏，北平沦陷期间，中国营造学社迫于战事危机而辗转西南腹地，由梁思成、刘敦桢负责继续古建筑考察、测绘、保护与研究工作，朱启钤则坐镇北平，一方面继续保持与政府及社会各界的联系，另一方面亲自守护中国营造学社的图书资料，同时处理中兴煤矿公司不与日伪合作相关事宜，且居家养病而坚决不任职于日伪政府，表现出不同流合污的民族气节和爱国主义情怀。事实上，朱启钤此时的家境已十分困窘，不得不变卖家当与文物维持生计和雇人抄书与印书。①尽管如此，但他十分珍惜明清两代保存下来的文物建筑，认为中国历代宫室大都难逃五百年轮回的大劫难，又加之传

---

① 朱启钤：《朱启钤年谱》，《营造论》，天津大学出版社2009年版，第61—62页。

统木构经不起火焚、雷击,圆明园石构建筑也逃避不了兵火之灾,如不及时做现场精确实测而留下真迹,在日伪统治下的沦陷区古建筑难免遭受不测。[①]当时中国营造学社社员林是镇任北平都市局局长,建设总署署长殷同也是相识的同仁,保护文化遗产是他们的共识。因此邀请并推举当时主持华北基泰工程司业务的张镈以基泰工程司的名义,与故都文物整理委员会签订测绘故宫中轴线(天安门、端门、午门、东华门、西华门、角楼、太和殿、保和殿、中和殿、英武殿、文华殿等)以及外围的文物建筑(如太庙、社稷坛、天坛、先农坛、鼓楼、钟楼)合同,北起钟鼓楼,南至永定门,测绘的重点为紫禁城内的主要建筑。测绘工作正式开始于1941年6月1日,计划到1944年底完成全部古建筑测绘工作。张镈系东北大学建筑系高才生,当时任职于基泰工程司北京、天津两地分所的建筑师,同时兼任天津工商学院建筑系教授,在系主任沈理源及其主要教师的积极支持与配合下,天津工商学院建筑系、土木系师生开始作为主要力量参与此项浩大的北京中轴线古建筑测绘工作。当时平津沦陷,百业萧条,营造活动几近停滞,而天津工商学院建筑系、土木系青年学生则坚持不放弃专业,更不愿意出任伪职,而以珍爱祖国建筑文化遗产为极大热诚,积极投身于古建筑文化遗产的实地勘测工作,为这组珍贵文物建筑将来重建重修提供准确翔实的第一手数据与资料。他们搭制脚手架,不畏艰险,认真取得每个构件的实测资料,甚至在栏杆上、平台的台阶上做每步实测,对御路雕刻也写生留存真迹,并附相应的照片,最后将每座建筑的平、立、剖面及构造详图均按照不小于1∶50的比例尺,用墨线或彩色渲染绘制在60英尺(约1.524米×1.067米)的进口高级橡皮纸上,其中一些大幅的建筑透视渲染图更是弥足珍贵。1943年底,北京工学院建筑系的朱兆雪请中国营造学社有经验的绘图员邵力工和工学院讲师冯建逯带领部分学生也参加了建筑测绘。北京古建筑测绘的全部工作分三期,为期四年,最

---

① 张镈:《我的建筑创作道路》,中国建筑工业出版社1997年版,第33页。

终共绘制图纸660余张，另外附有大量内外照片及测绘手稿。第一阶段开始于1941年6月1日。首先从北京城中轴线的最北端钟鼓楼开始测绘，除了钟鼓楼外，主要的测绘对象包括太庙、社稷坛以及天安门至紫禁城内三大殿、文华殿和武英殿等建筑，图纸基本在1942年底之前绘制完成。第二阶段的测绘结束于1943年12月，这一时期测绘的主要对象是紫禁城内乾清门、后三宫、御花园以及北上门的中轴线宫殿，为紫禁城的后寝区建筑。第三阶段，从保存下来的测绘合约看，甲乙双方为工务总署都市计划局和建筑师张叔农，签署时间为1944年3月1日，测绘时间为期12个月。合约中规定了测绘的范围为永定、正阳、中华、地安等门及景山、天坛等大小建筑计32处，按要求完成199张测绘图。从现存的建筑测绘图纸中所标明的时间看，除了少数图纸绘制于1945年外，与合约中规定的时间即1944年底基本是相符的。这些图纸没有制图单位和绘图人的姓名，只有绘制的年月时间记录。这是因为北京中轴线古建筑测绘成果的所有权是由当时伪建设总署都市局营造科责成，基泰工程司

图6-2　景山万春亭旧貌
（中国文化遗产研究院藏老照片）

因此没有署名。图纸及资料在测绘结束后，由同生照相馆摄影师谭正曦拍成玻璃底板备存，全部测绘图纸交北平文物整理委员会保存，1990年北京建筑设计院存有玻璃板。

测绘就要针对选定的建筑进行实地测量，并按照一定的比例将实测出来的图案真实地记录下来，并将量得的实际尺寸加以注明。由于张镈既要在基泰工程司担任设计任务，又要在天津工商学院建筑系兼任教学任务，虽然身为故宫勘测工作的总负责人，但很少有时间到工地现场，在实测进行到关键部位时会来予以指导，张镈绘图水平很高，但平时很少画，只有对学生的绘图感到不满意时才会亲自动笔修改、润色，实际的日常工作是当时天津工商学院建筑系青年讲师冯建逵和中国营造学社专事绘图的邵力工共同带领学生们进行的。朱兆雪当时在北京大学工学院建筑系任教，他提出要带领学生承包部分实测工作。从1942年起，朱兆雪带领北京大学学生参加故宫建筑实测工作，他们干了一年左右的时间就撤退而另行他事。通过参加对故宫的实测工

图6-3 故宫保和殿、中和殿、太和殿台基
（中国文化遗产研究院藏老照片）

作，学生们一方面解决了生计问题，更为重要的是锻炼了自己，使得自己对中国传统建筑有了更进一步的了解和学习，对建筑的空间构成有了明显的提高，对建筑构造及比例关系的知识增加了很多，特别是实测中养成的敬业精神使其受益终身。这次实测是故宫自明代建成后500多年来最大规模的一次工程测绘。这件事也是中国古代建筑史上的一次壮举，这样大规模的完整的建筑实测是前所未有的，这为弘扬我国悠久的历史文化传统增加了光彩夺目的一页，为日后修缮故宫并发扬前辈聪明才智留下宝贵的资料。

根据张镈《我的建筑创作道路》记载，1941年从天津工商学院建筑系毕业的学生有11人，其中参加故宫中轴线建筑测绘工作的人员有10人，分别是张宪卢、虞福金、杨学智、高文全、林远荫、林柏年、陈濯、李锡震、李永序（尚有一名学生无从得知其名），土木系3名毕业生是张宪虞、郁彦、孙家芳。张镈为总负责人，冯建逵和邵力工负责日常指导学生实测。

据文物整理委员会至今健在的成员余鸣谦介绍，北京中轴线古建筑测绘的经费由伪建设总署专项拨款，文物整理委员会责成此项工作。文物整理委员会起先是将北京中轴线古建筑测绘工作委托给朱兆雪私立的大中工程司承办，但由于工作量多、面广及经费拮据，测绘工作因人力不及而包揽不下，无法施展，于是委托实力雄厚、技术精湛的基泰工程司承办，朱兆雪私立的大中工程司仍然参与其中少量工作。经费支付有公有私，具体的金额数目待考。①

建筑测绘及其成果

建筑测绘作为一门学科，是建筑学中国古代建筑专业必需的一门重要课程，也是中国古代建筑保护与研究必须掌握的一项专门技能。一般来说，建筑遗产的保护工作内容包括两个基本方面，一是日常性的长期性保养和维

---

① 2014年10月29日，崔勇访问余鸣谦电话记录。

护，以保持健康的状态；一是经常性的定期维修、加固，以消除各种破坏因素及破坏结果。不论是日常性维护还是定期的修缮，都需要有科学记录档案作为基础。一套完备的建筑遗产的科学记录档案由文字记录和图形、图像两个部分组成，它的获得是通过查阅文献资料、调查访问、测量与绘图、摄影等多项实地勘察工作综合完成的。这些工作的成果详尽记录建筑物各个方面的状况：文字能够记录建筑物自创建以及各种相关历史信息，文字还能够记录建筑物的历史变迁、历次修缮情况、形体特征、艺术风格、结构做法、细部装饰与处理手法；摄影与摄像能够忠实记录建筑物的全部及各个组成部分的形貌特征以及色彩、造型、细部装饰，尤其是可以再现建筑物的整体风貌和环境气息，传达出特定场所的文化氛围；建筑物的真实尺寸、各个结构构件和各组成部分的实际尺寸、整体与各组成部分以及各个组成部分之间的真实比例关系等一系列的客观、精确的数据则需要由测量与绘图工作来提供，仅依据文字和影像是无法获取建筑物的准确历史文化信息的。测绘就是测与绘，由实地实物的尺寸数据的观测量取和根据测量数据与草图进行处理、整饰最终绘制出完备的测绘图纸两个部分的工作内容组成，分别对应室外作业和室内作业两个工作阶段。从测量学学科角度而言属于普通测量学的范畴，古建筑测绘综合运用测量和制图技术来记录和说明古代建筑，测量需要具备基本的测量和掌握一定的古建筑营造专业知识，绘图也同样需要具备古建筑营造的专业知识和制图技能。所以古建筑测绘具有专业性和技术性两大特点。对于建筑遗产保护工作来说，不论是日常的维修还是损坏后的修复乃至特殊情况下的易地重建，一套完整的古建筑测绘图纸是最基础、最直接、最可靠的依据。同时古建筑测绘作为一种资料收集手段，也是建筑历史与理论研究不可缺的必备环节和基础工作。[①]

张镈当时在天津工商学院建筑系兼任建筑理论、中西建筑史和中国建筑构

---

① 林源：《古建筑测绘学》，中国建筑工业出版社2003年版，第1—3页。

图6-4　北京钟鼓楼透视水彩
(《北京中轴线古建筑测绘图集》,故宫出版社2016年版)

造、建筑设计三门课。张镈以建筑师张叔农的名义代表基泰工程司承包测绘故宫的协议后,他深感作为炎黄子孙有责任为保存历史文物的真迹尽最大的努力,这个观念的树立是全部工作的指导思想和努力方向。建筑系12名参与测绘的学生,除金宝午因专研结构而未能参加外,其余11名学生都是当时有较高造诣的高才生。同时土木系优秀毕业生张宪虞、郁彦、孙家芳等人也乐意参加测绘工作。此外,圣约翰大学毕业生沈尔明也慕名而来参加。加上基泰同仁在测绘技术力量上已经超过20人。老同学林镜宣的弟弟林镜新专司摄影,许致文的女友兼任会计、文书及统计工作。尚有传统技艺的老架子工扎匠徐荣父子等专司搭配脚手架。一个30余人的精干班子在1941年6月初成立起来了。学校统一承认到现场报告参加工作的同学算作提前毕业。倘若没有这个精干的集体,没有一种共同的为保护祖国遗产争气留念的动力,不可能聚集得这么快,更不可能做到精心测绘,更不能在清苦的生活中忍受伪币贬值而始终斗志不衰,从而取得杰出的成就。张镈为保证建筑测绘质量而制定严格的要求:第一,对实测要求既详且细,不放过细节,实测数据要经过经纬仪验证后方可予以落实；第二，绘制成品要求十分严格，对图纸的尺寸和选择，基泰工程司习惯于用不易撕裂破碎和耐磨的进口图布绘制重点工程施工图，因库存不多而新货未到，只得退而求其次地选用德国制造的1.2米×1.52米厚橡皮纸。绘图工具以鸭嘴笔为主，黑墨水浓稠能防水，但比较黏着，每人配备整套仪器和作渲染的水彩原料，规定平、立、剖面以1/100为主，细部大样分别采取比例为1/50、1/20，个别的为1/10的彩图。在勘测过程中，张镈要求学生及同仁结合实践学习梁思成《清式营造则例》并掌握科学抽象的道理。张镈在实际工作中告诉学生和同仁，一些与则例不相符合的实际问题，犹如西洋学院派五柱式典范也不是针对一事一物抽象出来的，而是从若干同类型中加以科学的抽象，以柱径为依据而勾画出来的，《清式营造则例》以斗口为依据，宋《营造法式》把木材分为八等，大者为材、小者为栔，都是模数制与参数相结合的总结。《清式营造则例》与实物的微差正是科学抽象、化零为整的制作功夫。总结起来，大方面是一致的，还需要因时、因地制宜，予以分别对待，才是科学抽象又似又不似之所在。

张镈作为在东北大学建筑系受过系统训练的优秀建筑师，将理论知识付诸

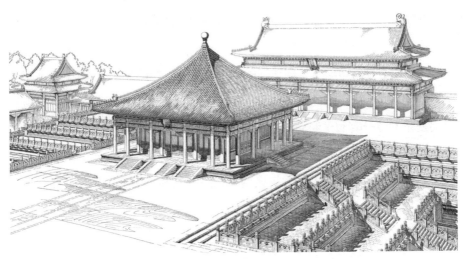

图6-5 故宫中和殿透视图
（《北京中轴线古建筑测绘图集》，故宫出版社2016年版）

建筑文化与审美论集

实践，通过故宫的建筑测绘所取得的成果，对中国古代建筑保护与研究是有力的促进。张镈及其弟子们所测绘的北京中轴线的图纸数量约660余幅，图纸的类别具体情况见前述图例部分。此外，1948年"淮海战役"期间，文物整理委员会在台北组织了一次文物展览，其中有50余幅故宫建筑测绘图与彩色渲染图及照片，由文物整理委员会处长卢实以及技术人员余鸣谦、单少康等带往台北参展，后因"淮海战役"之故，50余幅北京中轴线古建筑测绘图纸及彩色渲染图及照片就留在台北。[①]这批图纸现在完整地保存在台北大学美术馆。加上故宫博物院和中国文化遗产研究院的660余幅图，北京中轴线古建筑测绘图的总量应当是710余幅。

这里尚有一段历史典故值得在此记述：现藏于日本东京帝室博物馆的《清国北京皇城》，系日本学者伊东忠太博士与助手奥山恒五郎及照相师小川一真于明治三十九年（1906）五月来北京城考察多年后，根据有关文献资料与实地调查研究编纂而成的专门记述紫禁城真迹图文并茂的大型书籍。《清国北京皇城》由文字阐释与图片示意两部分组成。在文字阐释部分分别按照北京城、紫禁城内九重殿门（午门、太和门、太和殿、中和殿、保和殿、乾清门、乾清宫、交泰殿、坤宁宫、坤宁门）、西苑、万寿山、天坛、先农坛、日坛、雍和宫、黄寺、文庙等次序予以分解说明；图片部分共收录有172张皇城建筑历史遗迹珍贵照片。《北京宫殿建筑装饰》分模样、色彩、结论三章对北京皇城建筑装饰特色与工艺制作法予以全面介绍。2008年3月17日，香港志莲净苑委托张之平高级工程师将《清国北京皇城》《北京宫殿建筑装饰》及中日英文复印本各一套赠送给中国文化遗产研究院。《清国北京皇城》《北京宫殿建筑装饰》翔实地映现了清代北京皇城建筑营造、装饰特点与工艺制作法，对文博系统正在进行的古代建筑遗产保护与研究及修缮工作具有重要的参考

---

① 杜仙洲、佟泽泉讲述"中国文物研究所的历史及馆藏图书资料"（侯石柱、杨琳采访记录），见中国文物研究所编：《中国文物研究所七十年（1935—2005）》，文物出版社2005年版，第307页。

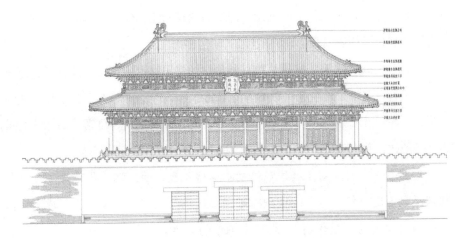

图6-6　故宫神武门正立面测绘图
（《北京中轴线古建筑测绘图集》，故宫出版社2016年版）

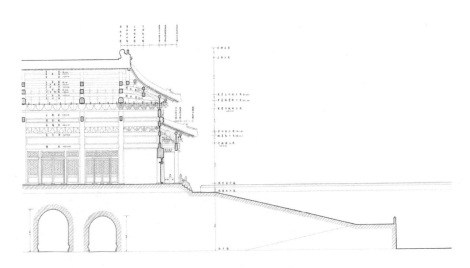

图6-7　故宫神武门纵剖面图
（《北京中轴线古建筑测绘图集》，故宫出版社2016年版）

价值，史料价值弥足珍贵。

1941—1944年间，张镈受托率领一批志同道合的师生对以故宫为中心的北京城中轴线重要建筑进行全面测绘，并绘制建筑测绘图660幅，其中304幅现收藏在中国文化遗产研究院，356幅收藏在故宫博物院。此外中国文化遗产研究院还收藏了有关故宫建筑历史照片数百张。中国文化遗产研究院和故宫博物院所珍藏的史料与香港志莲净苑珍藏的《清国北京皇城》《北京宫殿建筑装饰》相得益彰、互为补充，成为一套完整的图文并茂的原真性史料，可谓是目前为止最为完备的故宫营造信史，其历史价值、科学价值、艺术价值自不待言。

北京中轴线的规划及其建筑群基本保持了元、明、清三代京城的规划与都城建筑历史原貌，是代表中国古都最高规格与水准的建筑形态，成为中国古都规划建设的"活化石"。北京中轴线的长度、规模以及历史之久远、文化内涵之深厚、空间规划与建筑布局之严谨，堪称人类城市规划与建筑史上的奇迹。元、明、清三代京城共规划建造了宫、殿、陛、桥、门、楼、阙、廊、广场、御道、万岁山等建筑64处，建筑物遗存至20世纪初共有45处，至今保存了元、明、清三代京城原有的32座各类型的主要建筑，如正阳门五牌楼、正阳门瓮城前门及箭楼、正阳门及城楼、外金水桥、天安门、端门、午门、内金水桥、太和门、太和殿、中和殿、保和殿、乾清门、坤宁宫、库宁门、天一门、景山万岁门、鼓楼、钟楼等等。

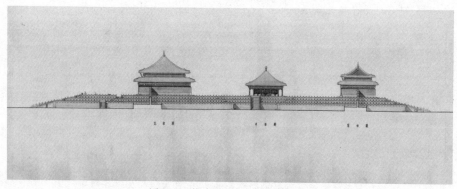

图6-8　故宫三大殿总侧立面图
（《北京中轴线古建筑测绘图集》，故宫出版社2016年版）

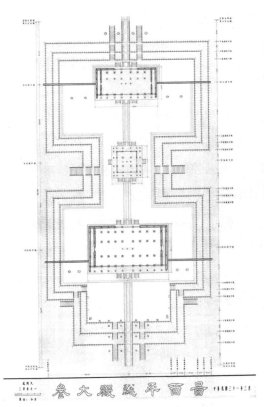

图6-9　故宫三大殿正总平面图
（《北京中轴线古建筑测绘图集》，
故宫出版社2016年版）

张镈率领同仁及弟子所进行的中轴线建筑测绘是20世纪40年代北京中轴线建筑最大规模的一次工程测绘，系统地将北京城中轴线建筑从北到南逐一测绘下来。当时北平被日本人占领，这些建筑师为了留下古建筑珍贵的历史资料，冒着极大的风险，在敌人的眼皮底下搭起了几乎和古建筑等高的脚手架，一点点地绘制图纸，最终圆满完成了任务。这批图纸原藏于中国文化遗产研究院，20世纪60年代，出于工作的需要，国家将其中与紫禁城建筑有关的300余幅图纸调拨给故宫博物院。2015年，故宫博物院和中国文化遗产研究院将中轴线实测图合璧，以建筑测绘图例的形式完整再现了20世纪40年代北京中轴线建筑的原貌。这些资料面世后，对于北京文化遗产保护、中轴线建筑申遗和历史建筑的修复与研究都具有重要意义。

另一重要收获是通过古建筑测绘的实践培养了一批人才。鉴于掌握大量建筑测绘资料，文物整理委员会依靠社会资助特意成立"古建筑研究所"，张宪卢、虞福金、杨学智、高文全等留在研究所继续科研工作，林运荫、林伯年、陈濯、李锡震、李永序等均为佼佼者。①

---

① 张镈：《我的建筑创作道路》，中国建筑工业出版社1997年版，第34—35页。

代表人物

林是镇（1893—1962）：福建长乐人，字志可，祖及其父均为清末翰林，自幼随长辈官至河南、江西等地。十七岁赴日本留学，当中因"辛亥革命"归国两载，1917年毕业于东京高等工业学校建筑科，回国后历任北平市政技术员、设计科主任、技师等职务，办理都市建设工程。自1928年起，历任北平特别市市政府工务局技正，第一、第三科科长，办理工程设计事项，并兼任市政府中山公园中山纪念堂设计委员、市政府工料查验委员会委员等职。1931年9月，兼任北平大学艺术学院建筑系讲师。1933年1月，参加中国营造学社，开始研究中国古代建筑。1935年2月，调任北平文物整理实施事务处技正，办理北平文物整理修缮工程。1936年5月，该处改隶南京旧都文物整理委员会，更名为旧都文物整理实施事务处，即任技正。抗日战争期间，北平沦陷之后，曾历任伪建设总署都市局局长、伪工务总署都市计划局局长。都市局下设城市规划和营造科。营造科负责设计、预算、投标、施工，经费由华北行政院拨发。曾主持策划实施北平古建筑修缮保护项目、北平故宫及中轴线古建筑测绘。中日战争胜利后，被国民党军统系统稽查处检举扣押。中华人民共和国成立后，历任北京市都市计划委员会委员、北京市人民政府建设局顾问等职，直至退休。1962年病逝于北京。

朱启钤（1872—1964）：贵州紫江人，字桂辛，号蠖园，室名存素堂。清末由举人纳资为曹郎，跟随其姨夫瞿鸿機出道。历任京师大学堂监督、京师外警察总厅厅丞、内城警察总监、东三省蒙务局督办、津浦铁路北段总办等职。人民国后，先后出任中华民国内阁交通总长、内务部总长、代理国务总理等职。后于1919年南北议和时期出任北方代表，途经南京图书馆发现《营造法式》。之后，在津沪经办中兴煤矿公司、中兴轮船公司等企业。1930年，在北平创办中国营造学社，以整理国故、发扬民族建筑传统为宗旨，从事中国古建筑研究，是中国创办最早的建筑文化遗产研究机构。朱启钤对中国古代建筑研究很有造诣，对早期北京的市政建设做出过积极贡献，是将北京从封建都城改建为现代化城市的先驱者。自1935年起，兼任旧都文物整理委员会技术顾问，并于1947年1月兼任国民政府行政院北平文物整理委员会委员。1949年，中华人民共和国成立后，曾任中央文史馆馆员及全国政协委员，并兼任北京文物整理委员会及古代建筑修整所顾问。编著有《蠖园文存》《李明仲营造法式》《岐阳世家文物图传》《东三省蒙务工牍汇编》《朱氏家乘》，辑有《存素堂丝绣录》等。

张镈（1911—1999）：建筑学家，一级工程师，建筑设计大师。山东无棣人，1930年入东北大学建筑系学习建筑学，师从李思成、陈植、童寯、林徽因等教授，后因抗战借读中央大学，1934年毕业入天津基泰工程司总部从事建筑设计工作，先后在北京、上海、重庆分部从事建筑设计工作，1948年任广州会所主任建筑师。1951年至去世前在北京市建筑设计院工作，曾任总工程师兼学术委员会副主任委员、设计院建筑结构组组长。他是第三、四届全国政协常委，第四届全国人大代表，中国建筑学会第三、四届常务理事，北京土木建筑学会理事长兼学术委员会主任委员。他善于将中国传统文化与现代技术与材料结合，注重建筑技术性与艺术性并致，主持设计的工程有友谊医院主楼、新侨饭店、友谊宾馆、自然博物馆、文化部新楼等；曾是国际俱乐部、友谊商店及十六层公寓等现代化建筑物规划设计的顾问；还积极参与了北京市的城建规划工作。张镈因酷爱传统建筑艺术和规划布局而应朱启钤之嘱承担故宫测绘。1940—1946年期间兼任两职，一是兼任天津工商学院建筑系教授，另一是应文物整理委员会与基泰工程司之约兼职承包北京中轴线及其周围的古建筑实地测绘工作。

学术评价

中国传统的建筑测绘与制图一直沿用二维平面的图形来表达三维空间建筑，直到雍正年间受教于意大利传教士郎世宁的数理逻辑与透视原理的影响而编纂《视学》，才开始中国图学的近代转型，开启了点量法、双量点法、截距法、仰视法、组合画法、立体画法等全新的画法几何图形。①这一转型的实践运用的集大成者则是清代建筑世家"样式雷"。"样式雷"图档现保存有两万多件，内容十分丰富，涉及建筑工程技术的全方位，诸如建筑测绘与施工、建筑规划与设计说明、工程做法与进展、设计更新等，其中数量最大的是各阶段的建筑设计图样和烫样（建筑模型）。"样式雷"图档中的图样与烫样及相关史料涵盖了清代皇家建筑规划、设计、施工诸环节，甚至包括风水地形图、山向点穴图等的详细情况。现保存在国家图书馆及故宫博物院等处的"样式雷"图样包括投影透视图、正面图、侧面图、平面图、旋转图、等高线图等类型。此外，"样式雷"图档还存有现场活计图，体现了建筑施工的系统程序，而且样图中由于经纬格网而采用确定的模数、标记相关的高程数据、推敲建筑平面布局、安排竖向设计的"平格"网绘制方式，类似于现代建筑外部空间设计原理及其运用，凸现了中国古代建筑设计的卓越智慧及在世界建筑史上别具一格的建筑工程图科学绘制方法。"样式雷"建筑方案均按照1/100或1/200比例制作成烫样进呈宫廷主管或皇帝直接审定。烫样是用草纸热压后制成，其形象生动逼真，数据准确，且大多数能与实际建筑遗存的实物相对应，体现了工程技术图样作为交流工具的重要作用，具有较高的科学、历史及艺术价值，蕴含着中国式的图学原理、建筑构造及建筑审美观，是研究清代建筑不可或缺的参照，同时也是进行工程技术交流过程中按图索骥循规蹈矩国际性建筑交流语言，图与物转换由此而生成。"样式雷"建筑图档形神兼备，不仅是表达其建筑设计思想的工具，也是传承其设计思想的手段，更是中国独特的建筑图学空间思维融形象性与数理逻辑性有机统一发展到成熟阶段的标志。②

① 刘克明：《中国图学思想史》，科学出版社2008年版，第532—539页。
② 崔勇：《"样式雷"建筑文化遗产与美好生活》，《中国文物报》2011年10月21日。

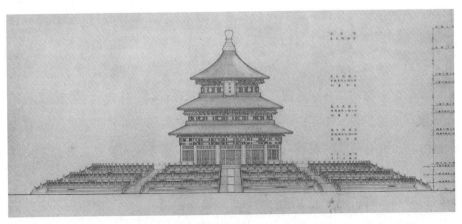

图6-10 祈年殿立面图
(《北京中轴线古建筑测绘图集》，故宫出版社2016年版)

20世纪20年代，随着西方现代建筑学思想理论、设计美学以及绘图技法的引入对中国建筑学界的影响，中国建筑制图又克服"样式雷"制图原理的不足而与时俱进，其标志性的专业实践即是中国营造学社开始运用现代西方科学的测绘技术及透视构图法，结合地上地下考古与历史文献考证相结合的原则，从而使中国现代建筑制图跃上了新的历史阶段与水准。作为中国营造学社成员之一的张镈所采取的建筑测绘制图法秉持了中国营造学社的学术规范。

到目前为止，国内外还没有一部以测绘图纸为主全面介绍紫禁城外朝和北京城中轴线上重要建筑的书籍，从而向世界传承北京城中轴线上经典建筑所蕴含的深厚的中国建筑文化。为中国古代建筑史研究做出重大贡献的中国营造学社的前辈们，从20世纪30年代开始就以新的理论和科学方法，开创了古代建筑需要从文献整理到实地考察、现场测绘的先河，自此之后，中国大学建筑系才设置了古建筑测绘的实习课程。通过对某个测量对象细致入微的观察，把测量的局部构件和细部尺寸徒手绘制，整合成一张相关建筑精确、完整的图纸，这是一次对古建筑从局部到整体、进行部件分解，而后再逐一合成复原的过程，是一次由此及彼、由表及里、从感性到理性的认识过程，因此，古建筑测绘是建筑学教程必不可少的环节。准确详细的测绘图是一份相关建筑的档案，它对于古建筑保护、修缮和复建是不可或缺的重要依据，有了对单体建筑的测绘后，还需要对由多个单体建筑构成的特定空间进行全面审视，而后做出综合立面图，还要从不同角度对这一特定的空间构成和环境得以全面的认识。实践证明，测绘是学习和研究传统建筑最直观、最有成效的方法，而且从中的受益将是终身的。在当前科学技术高速发展的今天，已经可以借助各种仪器测绘出任何复杂的古建筑，但是要想真正明白了解古建筑的精髓，真正把传统建筑的精华点点滴滴学到手，手工测绘仍不失为最好的学习途径和方法。北京中轴线古建筑测绘图绘制精密、数据完整，远远超过目前古建筑测绘图的精度，按照研究古代建筑的需要，测绘图纸除精密准确外，还应附有完整的数据，按照文物保护工作的要求，重要古建筑档案中的图纸，还应满足倘若遭不测可据以复建的更高要求，这套完成于70年前的明清紫禁城宫殿主体部分建筑精测图至今仍然是无可取代的。北京紫禁城建筑测绘的价值意义，诚如傅熹年所言："从这些大量的图纸和数据中，我们发现并归纳出紫禁城宫殿规划布置和建筑设计的某些共同点，例如运用模数网格以控制建筑群布局、置主体建筑于院落几何中心和立面、剖面设计以下檐柱高为模数等特点。在宫院布局上，通过对《三大殿总平面全图》《太和门总平面图》和《太庙总平面图》及对其数据的分析，发现三大殿、太和门一区和太庙及武英殿的总图是按建筑群的等级和规模分别采用方10丈（33.33米）、5丈（16.67米）、3丈（10米）的网格为基准来布置的；通过对《天安门正立面图》《西华门正立面图》《保和殿正立面图》等进行分析，也发现它们都是用下檐柱高为方格网来控制立面设计的；其中《天安门后立面图》反映得最为明确，包括墩台的总宽和高度在内，整个立面都是受以边宽为下檐柱高19尺（6.33米）的方格网控制的。循此线索，分析其他殿宇，也基本上得到相同的结果。由于它是有精确图纸和数据为依据的，且有多项相同实例，故基本上是可以成立的。因为紫禁城宫殿也是继承前代加以发展而来，故推而广之，把这些结果试在其他早期建筑群和建筑物上验证，也得到不同程度的证

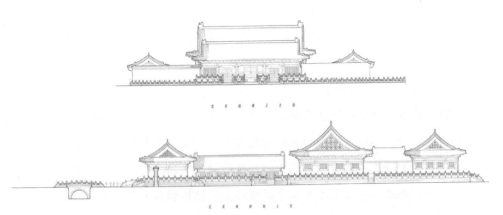

图6-11　故宫武英殿总立面图
(《北京中轴线古建筑测绘图集》，故宫出版社2016年版）

图6-12　故宫全景图
(《北京中轴线古建筑测绘图集》，故宫出版社2016年版）

实。同时，已知在其他古建筑上表现出来的某些共同特点，在紫禁城宫殿的这些测绘图上也可以找到某些反映。这表明，由于紫禁城宫殿所具有的典型性和历代建筑间的继承性，紫禁城宫殿这些精确的图纸和准确的数据，在一定程度上提供了探讨古代建筑规划设计特点和成就的切入点。这表明，除忠实的历史记录外，这套图纸还具有重要的科学价值。"①

历史地看，北京中轴线建筑测绘尽管较全面、系统地保存建筑及其所负载的历史信息，但由于主客观原因所致明显地存在着不足与缺陷。这套北京中轴线建筑测绘史料是有局限的，中轴线上的部分建筑已不存在，加之特殊形式下的特殊项目在仓促中实施，学生经验与知识储备不足，尚有诸多应该测绘的建筑图纸似乎没有最后完成，许多测绘与实际的情形不相符合，所以图纸表现并不完全统一。再者，当时由于受到测绘手段局限，采用法式测量而缺乏科学精确程度，不能准确反映建筑实际状态，图纸尺寸和后来的建筑实测的尺寸有一些出入，此外，因学生对古建筑的认识水平能力所限，图纸表现存在一些错误。1954—1956年期间，时任北京文物整理委员会资料室主任的杜仙洲发现箭楼测绘图与事实不相符，并协同练习生贾瑞广亲临箭楼进行实地考察、核实，并予以纠正，类似的情况在测绘图中多有出现。鉴于对建筑文化遗产保护与传承的历史责任感和使命感，若能利用现有的物力、人力、财力以及先进的现代科学技术手段，对北京中轴线古建筑予以重新全面测绘，那将是功德无量的。

（原载《北京城中轴线古建筑实测图集》，故宫出版社2016年版）

---

① 傅熹年：《一次记录和保存明清紫禁城宫殿资料的重要活动——记张镈先生主持测绘的明清紫禁城宫殿实测图》，北京市建筑设计研究院《建筑创作》杂志社主编：《北京中轴线建筑实测图典》，机械工业出版社2005年版。

从《威尼斯宪章》到《北京文件》的历史衍变

——兼论中国有机建筑论思想及其建筑遗产保护理论与实践特色

导 言

2014年5月31日是《威尼斯宪章》发表50周年纪念日，中外学界共同关注。就推进文化遗产保护的历史作用而言，《威尼斯宪章》无疑是功德无量的，但《威尼斯宪章》是有缺陷或曰是不全面的，砖石结构的西方建筑不能取代木结构的中国建筑。这是不同的建筑体系，一个是无机的，一个是有机的；一个是"破裂式"的文明形态，一个是"连续性"的文明形态。[1]这样不同的建筑体系决定不同的建筑遗产保护理念与实践方法。中国古代新陈代谢的东方木结构建筑不同于凝固的音乐的西方砖石结构建筑遗产的保护理念与方法。从《威尼斯宪章》到《北京文件》是东西方智慧相得益彰，《北京文件》是对《威尼斯宪章》的补充，其他的相关宪章的颁发均是对人类共同文化遗产的关注，以取得人类智慧的圆满。由此可以洞察莱特的新有机建筑论和中国古代建筑的有机论有何异同？莱特的有机建筑论源于中国的老庄哲学思想，但又不同于中国古代的有机建筑观念，他认为有机建筑是"从属于大

---

① 张光直：《中国青铜时代》，生活·读书·新知三联书店1999年版，第487页。

自然的"、按照"整体思想的价值和意义去建造房屋的"。^①莱特吸收老子有
无、虚实观，一改西方将建筑、雕塑、绘画作为造型艺术体型雕塑式传统，
重视建筑空间的对立统一，开始注意建筑的灵活性与空间协调关系，但发展
到后来的现代建筑将建筑作为居住的机器，用空间功能主义消解了建筑的空
间艺术性的极少主义建筑论，无视环境关系的协调，致使建筑成为突兀见此
屋的单体完整而忽视协调环境。中国建筑有机论在材料、空间设计以及风水
环境的堪舆等有机整体考虑，建成环境是物质与精神的双重效应场所。故中
国建筑的有机的本体决定建筑保护的理念与方法应以新陈代谢为原则，而不
能像西方建筑完全不可移动。莱特新有机建筑论仍然是注重建筑的体型本
色，中国的建筑有机论则重视空间环境意识。

　　造成这样的原因是长期以来西方学界受弗莱切尔《比较建筑史》^②的影
响，没有考虑中国建筑所代表的东方建筑体系的特质。《威尼斯宪章》以石
造的西方建筑体系为正统而忽视以中国为代表的东方木构体系建筑对于世
界的贡献。《威尼斯宪章》在1964年通过时，没有一位东方学者参加，它只
是对砖石建筑保护提出原则与规定，并非是对人类文化遗产的共识。2007
年，中国国家文物局和联合国教科文组织（UNESCO）、国际古迹遗址理事
会（ICOMOS）、国际保护与修复中心（ICCROM）等国际保护组织在北京
共同开会研究，经过对紫禁城大修现场的考察和现场讨论，终于通过了关于
以中国为代表的东方历史建筑保护问题的《北京文件》。我们不否认《威尼斯
宪章》的精神是正确的，它起到的历史作用毋庸置疑，它已经使世界上许多

---

　　①　[美]F·L·莱特：《建筑的未来》，翁致祥译，中国建筑工业出版社1992年版，第209—212页。
　　②　弗莱切尔1919年出版了《比较建筑史》。该书开卷便有一张展示世界建筑发展谱系的"建筑
树"。图中大主干从树根到树梢，所结的果实是古巴比伦、埃及、希腊、罗马乃至近代欧洲文艺复兴的建
筑和现代美国现代建筑，其他国家和地区的建筑都是与主干无关的旁门左道，而中国和日本的建筑则
仅仅是大树底下分叉上所结出的一个"非历史样式"的小果子。这是典型的"欧洲文化中心论"轻视东
方文化的倾向。

历史建筑得以保护。现在补充《北京文件》，弥补了世界建筑保护体系的局限性，诚望《威尼斯宪章》与《北京文件》共同成为使全人类所创造的优秀建筑遗产得以全面地保护的指导原则，以期使世界建筑遗产长久地保存并传承下去。故有必要重新认识中国有机建筑论。

中国有机建筑论思想概述

中国所谓的建筑不仅仅是盖房子的具体事物，而且注重空间环境的酝酿与营造，西方建筑将建筑视为雕刻品一样的造型艺术，注重建筑立面的造型精美与否，考虑比例、权衡以及韵律感等协调关系。崇尚永恒、坚固的西方建筑体系以凝固的无机石头作为主要的建筑材料，建造理念是无机的体形的塑造，以重要的社会标志性教堂建筑而言，其建造的精雕细刻无与伦比，施工时间甚至长达百年之久。中国建筑则以有机的木材为主要建筑材料，其营造观念则是有机的、仿生的，建筑不追求一劳永逸，而以新陈代谢的方式促使建筑的延年益寿的维修是正常的。中国建筑在体形与空间的对立统一中遵循老子"凿户牖以为室，当其无，有室之用""有之（形体）以为利，无之（空间）以为用"[①]的思想观念，即建筑的实用在于空间，空间是第一性的，所以中国古典建筑体系着重空间环境的经营，由此造成建筑是室内外空间的组合，建筑围合庭院空间也是建筑，而且在艺术（精神）与实用（物质）上，与建筑实体共同作用于身临其境的人们。中国古典主义的仿生有机建筑论形成了人为环境与自然环境相融合的营造理念，进而形成天、地、人一体的精神与物质统一功能场所效应以及风水理论。

中国古典建筑以有机的木头为主要的建筑材料，推崇有机的木材是和仿生的有机营造观念相关的——以木构架为骨干，版筑、土墼、土坯、陶砖或

---

① （先秦）老子：《道德经》，《诸子集成》第三卷，上海书店1986年版。

编篱笆墙体为皮肉，造成"墙倒屋不倒"的建筑。中国古典建筑的木构架采用结构学铰接的榫卯节点与斗栱的组合形成整体超静定结构，显示出有机效能，具备弹性、伸缩性、抗震性等功能，不同于现代钢结构和钢筋混凝土之框架结构的衔接。榫卯遇到水平荷载的风力，特别是地震横波甚至纵波的荷载时，由于铰接节点有松动的余地，可以使应力衰减，从而起到减震、抗震的作用。日本现代结构学专家们钻研现代深加工材料的框架结构按照榫卯交接的铰接原理，并创造了种种铰接节点的构造方式，从而提高了现代高楼的抗震性能。"这种有机性还表现在建筑组群之间的内外空间的流动以及建筑与其所在环境的有机联系上。"①这是中国建筑成就对世界建筑的贡献。

在地球环境遭遇污染的现代，中国"人为环境与自然环境相融合"的有机建筑论是人类创造可持续发展生活环境的根本指导思想。中国园林作为造园手段，不论是地表形势的塑造、植物配置、动物点缀，还是建筑经营以及诗文的写作，都是按照顺应自然的自然美法则，融入充满生活情趣的人文精神的审美情愫。这正是根据天时与地理状况进行人类居住环境建设所要求的天、地、人一体的整体规划、设计思想。人为环境与自然也就是生态化与人性化环境的融合，这是"天人合一"思想在建筑学的体现。中国园林规划设计原理是人居环境规划设计的大空间环境原则，现代景观学即是汲取中国园林人为环境与自然环境融合思想而形成。

西方强调的是人的力量，人与自然的关系是对立的，人类要征服自然。中国则认为人是自然的产物，强调客观自然界与人的统一，在顺应自然的前提下利用自然，而决不与自然相抗衡，传统生存空间建设考虑的是与自然协调。中国建筑（广义的建筑包括城市与建筑及园林）与园林遗产中最为宝贵的科学核心——人为环境与自然环境相融合的环境设计思想以及居住环境存在物质与精神统一功能场的理论是我们先民们的思想智慧有益于人居环境建

---

① 杨鸿勋：《木之魂　石之体——东西文化的融合构成人为环境的圆满》，《华中建筑》2005年第1期。

设，中国建筑注重建筑的情态与形态及生态有机结构的文化审美意识对实现适宜居住不乏启迪，这对应于人类面临的物质文明、精神文明、生态文明建设持续和谐的发展也不乏启示。

中国建筑遗产保护理论与实践

回顾中国建筑遗产保护的历程可归结为三个阶段：第一个阶段是20世纪的二三十年代，首次把古建筑列入文物保护的范畴。[①]中国营造学社作为专门的中国古建筑研究与保护机构采纳西方引进的测绘技术与传统文献考证以及田野考察相结合的现代科学方法，对中国古代建筑的艺术、历史、科学价值进行鉴定，并以修旧如旧保护历史原貌的原则实施古建筑保护修缮，考证并保护了各种类型的大量的古建筑，开创了中国古建筑保护与研究的先河。第二个阶段是自20世纪80年代开始的历史文化名城的确定和公布，使大批正濒危的古代历史文化名城得以保护与正名，先后公布七批历史文化名城名单。从广义上讲，中国古代的城市与建筑及园林属于大建筑的范畴，一座城市就是一处整体建筑构建。中国古代城市的规划、设计、格局以及建筑历史风貌与特色是中国历史文化的见证，保护历史文化名城也就是保护历史文明与文化命脉，当将此纳入现代化城市建设的总体格局中，一些历史街道与片区有其存在的历史渊源。[②]第三个阶段是20世纪末期快速的现代城乡建设，在保护历史文化名城的同时，还要进一步加强对历史文化名村、名镇的保护，先后公布了三次历史文化名村、名镇名单。保护历史文化名城与历史文化名村、

---

① 1928年，国民政府成立中央古物保管委员会，并于1930年公布《古物保存法》，第一次把文物建筑保护列入国家保护古物的事业之中。

② 罗哲文：《中国文物保护的三个阶段》，《罗哲文建筑文集》，外文出版社1999年版，第339—342页。

名镇是中国现代化发展过程中的文化悖论，^①也即是在中国现代化发展的历程中现代科学技术科学发展观与保守文化传统特色并致是一个相互矛盾的二律背反问题与现象，何以在实现文化拯救与图存冲突中明智抉择是必需的历史答复。否则，在快速的现代化发展形势下，随着千城一律的出现，随之而来将是千村一面不期而至。

在这三个阶段中，中国建筑遗产保护理论与实践逐渐显示出自身的特色并形成科学体系。众所周知国际古迹遗址理事会中国国家委员会2000年颁发的《中国文物古迹保护准则》中规定："保护是指为保存文物古迹实物遗存及其历史环境进行的全部活动，保护的目的是真实、全面地保存并延续其历史信息及全部价值，保护的任务是通过技术的和管理的措施，修缮自然力和人为造成的损伤，制止新的破坏，所有保护措施都必须遵守不改变文物原状的原则。"

在这一总的原则前提下，中国建筑遗产保护理论与实践有着不同于西方建筑遗产保护的特色。在管理上实行"四有"的保管方式，即"一、划定保护范围。根据该建筑的情况，可划出重点保护范围、一般保护范围和建设控制地带。二、设立保护标志和说明。三、建立保护管理机构。根据该单位的范围大小和建筑情况，设立文物保管所、研究所、研究院、博物馆或委托专门机构、专人管理，把保管的责任落到实处。四、建立科学记录档案。将该文物建筑保护单位的历史沿革、文物价值、建筑的形制、结构、艺术特点等等，详细用文字记录、测绘图纸、照片和电影、录像以及模型等记录下来。要求达到这一建筑如果受到万一不可抗拒灾害毁掉时，可以照原样恢复起

---

① 司马云杰：《文化悖论：关于文化价值悖谬的认识论研究》，山东人民出版社1990年版。司马云杰对文化悖论概念的解释是：这里所讲的文化悖论概念，不是形式逻辑所讲的一般的思维方式的悖论问题，也不是一般哲学所讲的异化问题，而是讲的文化世界价值、功能上自我相关的矛盾性和不合理性及其运动变化法则所建构的人的价值思想方式、行为方式的悖谬。

来。"①在修缮过程中坚持四个基本准则，即是"保存原来的建筑性质、保存原来的建筑结构、保存原来的建筑材料、保存原来的工艺技术"。在古建筑修缮工程中新材料和新技术的使用遵循以下规则："一、新材料的使用不是替换原材料，而仅仅是为了补强或加固原材料、原结构；二、新技术的应用要有利于保持原状，有利于施工，有利于维修加固的效果；三、基本上采用按照原状做旧的办法。"②在理论与实践中形成特色。

从《威尼斯宪章》到《北京文件》显示了东西方智慧的圆满

季羡林曾说过："东方的思维方式、东方文化的特点是综合，西方的思维方式、西方文化的特点是分析。西方形而上学的分析已经快走到穷途末路了，它的对立面东方的寻求整体的综合，将取而代之。以分析为基础的西方文化也将随之衰微，代之而起的必然是以综合为基础的东方文化。这种取代在21世纪中就将看出分晓，这是不以人们的主观愿望为转移的社会发展的客观规律。"③世界文化保护的历史进展也是这样，从《威尼斯宪章》到《北京文件》，这当中历经了《保护世界文化和自然遗产公约》（1972年）、《关于在国家一级保护文化和自然遗产的建议》（1972年）、《关于历史性小城镇保护的国际研讨会的决议》（1975年）、《关于历史地区的保护及其当代作用的建议（内华罗建议）》（1976年）、《马丘比丘宪章》（1977年）、《佛罗伦萨宪章》（1982年）、《保护历史城镇与城区宪章（华盛顿宪章）》（1987年）、《保护传统文化和民俗的建议》（1989年）、《奈良真实性文件》（1994年）、《古迹、建筑群和

---

① 罗哲文：《关于建立有东方建筑特色的文物建筑保护维修理论与实践科学体系的意见》，《罗哲文历史文化名城与古建筑保护文集》，中国建筑工业出版社2003年版，第205页。

② 罗哲文：《古建筑的维修原则及新材料、新技术的应用问题》，《罗哲文历史文化名城与古建筑保护文集》，中国建筑工业出版社2003年版，第196—200页。

③ 季羡林：《三十年河东，三十年河西：东方文化》，《读书·治学·写作》，国际文化出版公司2009年版。

意志的记录准则》（1996年）、《保护和发展历史城市合作的苏州宣言》（1998年）、《巴拉宪章》（1999年）、《关于乡土建筑遗产的宪章》（1999年）、《木结构遗产保护准则》（1999年）、《中国文物古迹保护准则》（2000年）、《世界文化多样化宣言》（2001年）、国际古迹遗址理事会《建筑遗产分析、保护和结构修复原则》、《实施保护世界文化和自然遗产公约的操作指南》（2005年）、《保护具有历史意义的城市景观宣言》（2005年）等有关世界文化遗产保护文献的颁布不仅显示了国际社会共同关注的通识和历史责任，也显示了东西智慧的圆满。

　　塞缪尔·亨廷顿阐明世界文明曾经冲突将趋向世界文明秩序重建时所言：
"20世纪，文明之间的关系从一个文明对所有其他文明单方向影响所支配的阶段，走向所有文明之间强烈的、持续的和多方面的相互作用的阶段。前一时期文明间关系的主要特征都开始消失，文明间的关系是相互作用并形成多文明体系。"[①]世界的文化只存在差异，不应存在差别与歧视。东西方不只是一个地理的概念，更重要的是文化的概念。以亚洲为代表的东方文化和以欧洲为代表的西方文化是构成人类文明的两大体系，两者之间犹如太极图所显示的阴阳正负两极，相辅相成共同构成人类智慧的圆满。东西方建筑理论及其建筑遗产保护理念于互补中共进。

附录：《国际性文化遗产保护宪章发表年代编目》

　　文化遗产是人类共同的财富，也是人类继承与创新发展的重要基础。保护好文化遗产，挖掘、阐释它们的内涵，研究其历史、艺术、科学价值，是国际社会共同的通识和责任。

---

　　① ［美］塞缪尔·亨廷顿：《文明的冲突与世界秩序的重建》，周琪、刘绯、张立平、王圆明等译，新华出版社2010年版，第32页。

1959年以前

第一届历史纪念建筑师技师国际会议《关于历史性纪念建筑物修复的雅典宪章》(1931年)

国际现代建筑会《雅典宪章》(1933年)

联合国教科文组织《武装冲突情况下保护文化财物公约（海牙公约）》(1954年)

联合国教科文组织《关于适用于考古发掘的国际原则的建议》(1956年)

1960—1969年

联合国教科文组织《关于保护景观和遗址的风貌与特性的建议》(1962年)

国际文化财产保护与修复研究中心《国际文化财产保护与修复研究中心章程》(1963年)

第二届历史古迹建筑师级技师国际会议《关于古迹保护与修复的国际宪章（威尼斯宪章）》(1964年)

联合国教科文组织《关于保护受公共或私人工程危害的文化财产的建议》(1968年)

1970—1979年

联合国教科文组织《关于禁止核防止非法进出口文化财产和非法转让其所有权的方法公约》(1970年)

联合国教科文组织《保护世界文化和自然遗产公约》(1972年)

联合国教科文组织《关于在国家一级保护文化和自然遗产的建议》(1972年)

国际古迹遗址理事会《关于历史性小城镇保护的国际研讨会的决议》(1975年)

联合国教科文组织《关于历史地区的保护及其当代作用的建议（内华罗建议）》(1976年)

国际建协《马丘比丘宪章》(1977年)

联合国教科文组织《关于保护可移动文化财产的建议》（1978年）

国际古迹遗址理事会《国际古迹遗址理事会章程》（1978年）

1980—1989年

国际古迹遗址理事会—国际历史园林委员会《佛罗伦萨宪章》（1982年）

国际古迹遗址理事会《保护历史城镇与城区宪章（华盛顿宪章）》（1987年）

联合国教科文组织《保护传统文化和民俗的建议》（1989年）

1990—1999年

国际古迹遗址理事会《考古遗产与管理宪章》（1990年）

与世界遗产公约相关的奈良真实性会议《奈良真实性文件》（1994年）

国际统一私法协会《关于被盗或非法出口文物公约》（1995年）

新都市主义协会《新都市主义宪章》（1996年）

国际古迹遗址理事会《古迹、建筑群和意志的记录准则》（1996年）

中国—欧洲历史城市市长会议《保护和发展历史城市合作的苏州宣言》（1998年）

国际古迹遗址理事会澳大利亚国家委员会《巴拉宪章》（1999年）

国际古迹遗址理事会《关于乡土建筑遗产的宪章》（1999年）

国际古迹遗址理事会《国家文化旅游宪章（重要文化古迹遗址旅游管理原则和指南）》（1999年）

国际建筑师协会《木结构遗产保护准则》（1999年）

2000—2004年

中国文化遗产保护和城市发展国际会议《北京共识》（2000年）

国际古迹遗址理事会中国国家委员会《中国文物古迹保护准则》（2000年）

联合国教科文组织《保护水下文化遗产公约》（2001年）

联合国教科文组织《世界文化多样化宣言》（2001年）

联合国教科文组织《关于世界遗产的布达佩斯宣言》（2002年）

联合国教科文组织《保护非物质文化遗产公约》（2003年）

联合国教科文组织《关于蓄意破坏文化遗产问题的宣言》（2003年）

国际古迹遗址理事会《建筑遗产分析、保护和结构修复原则》（2003年）

国际古迹遗址理事会《壁画保护、修复和保存原则》（2003年）

国际工业遗产保护联合会《关于工业遗产的下塔吉尔宪章》（2003年）

2005年以后

联合国教科文组织《实施保护世界文化与自然遗产公约的操作指南》（2005年）

世界遗产与当代建筑国家会议《维也纳保护具有历史意义的城市景观备忘录》（2005年）

联合国教科文组织《保护具有历史意义的城市景观宣言》（2005年）

国际文物保护与修复中心《国际文物保护与修复中心章程》（2005年）

国际古迹遗址理事会《西安宣言》（2005年）

联合国教科文组织《会安草案——亚洲最佳保护范例》（2006年）

第二届文化遗产保护与可持续发展国际会议《绍兴宣言》（2006年）

东亚地区文物建筑保护理念与实际的国际研讨会《北京文件》（2007年）

城市文化国际研讨会《城市文化北京宣言》（2007年）

此外，2005年10月30日，中国当代古建筑学人第八届兰亭叙谈会和《古建筑园林技术》杂志第五届二次编委会在山东曲阜召开期间，就中国木构建筑为主体的文物古建筑的保护理论和实践问题进行深入讨论，达成共识，并发表非官方学术团体颁发的《关于中国特色文物古建筑保护维修理论与实践的共识——曲阜宣言》，以作为古建筑保护工作的重要保证。

（原载《中国建筑文化遗产》第十五辑，天津大学出版社2015年版）

第七编　世界佛教建筑艺术概述

世界佛教建筑艺术概述

绪　论

　　任何一个崇佛的国度，其佛教建筑在等级上虽然不及宫殿建筑，但在建筑规模和建筑艺术上则有过之而无不及，不仅数量、规模和材料可与宫殿建筑媲美，而且综合了多种造型艺术手段，较之宫殿建筑具有更加广泛、深厚的文化内涵和更加珍贵的审美价值。历代帝王之所以崇佛礼佛并举国家之力大兴佛教建筑，原因就在于佛教与政治从来密不可分。佛教的因果报应、生死轮回理论以及救苦救难、普度众生、利他才能利己的教化，融合了古代哲学智慧，不仅让生活在社会底层的劳苦大众对未来充满了希望，形成广泛的社会基础，而且对于处在统治地位的帝王和士大夫安定社会秩序、维护政治利益也极为有利。建筑是文化的载体，在漫长的历史岁月里，随着佛教文化的弘扬与传布，佛教建筑艺术异彩纷呈，彪炳千秋。

　　世界各国的佛教建筑因地域文化的不同而有别，但像中国佛教建筑一样将信仰寓于佛寺、佛塔、经幢、石窟等建筑形制，借助多种艺术形式表达宗教感情的文化特征是共性的。

　　佛寺作为僧侣供奉佛像、舍利进行宗教活动和日常居住的处所，是佛教文化的载体和传媒。印度佛寺的形制是以四方式宫塔供奉佛骨和遗物的舍利塔为中心，四周建房舍，且均系砖石结构。佛寺传到中国后受到营造法式和礼制规范的影响，宫塔式逐渐被楼阁式所取代并演化成以供奉佛像的殿宇为中心，同时结合中国木构建筑的特殊性，出现了廊院佛寺，形成殿塔楼阁族群多元化，佛教文化完全适应了中国僧侣和礼佛者的心理需要。

印度式佛塔称为窣堵波，由台座、覆钵、宝匣、相轮构成。窣堵波演化为中国的佛塔不仅表现在形式的演变，而且反映在内容的延伸。中国佛塔一改印度佛塔形制成为楼阁式、密檐式、亭阁式、金刚塔、喇嘛塔、花塔、燃灯塔、祖师塔、双塔、三塔、塔林等，并将窣堵波演化改作塔刹置于塔顶之上，使中国的佛塔既有宗教功能，又有观赏视觉功能。按照结构和材质划分，中国佛塔可分为石塔、砖塔、木塔、铜塔、琉璃塔等。塔的平面也由印度原有的四角形发展为六角形、八角形、十二角形、十六角形等多种形式，可谓千姿百态。

佛教建筑艺术像其他艺术门类一样，除外在的造型与建构之外，均孕育着审美价值。

佛教建筑艺术形象地展示了佛教的文化内涵和发展历史。佛教教义贯穿的信仰属于抽象意识，佛教建筑艺术将这种抽象意识具象化，通过对苦海无边的现实人生和观念中的极乐世界以及佛界众生相的描绘，把佛的悲愿智慧、佛法的真理和佛教经纶形象地展示出来，引导礼佛者在感受佛教内容的渐进过程中领悟佛教的真谛。在佛教建构的宇宙世界里，佛和菩萨、罗汉、诸天神组成一个庞大的造像阵容，诸佛和菩萨及龙天护法普度众生的宏愿和降魔赐福也都借助佛寺建筑空间的组合与烘托得到充分展示。如中国的四大佛教圣地的寺群分别供奉文殊、普贤、观音、地藏，正是体现了大乘佛教"智""行""悲""愿"的理想。佛教建筑如同一座座生动形象的艺术宝库，为研究文化审美意识提供参考。

佛教建筑大都坐落在廓大的高台上，由梁架、立柱承重，宽厚墙体围合，墙呈收分之势，开间主次分明，外观形象严谨对称、端庄典雅。立柱与梁枋之间以斗栱承托，层层叠叠，其上冠以飞檐翘角的琉璃瓦大屋顶，整座建筑雄伟壮丽、气势辉煌。这些佛教建筑不仅拥有大量的殿、堂、楼、阁、廊、庑等建筑类型，而且屋顶造型也有硬山、悬山、歇山、庑殿、攒尖、卷棚等多种样式。中国明清以前地面上的绝大部分古代建筑随着岁月的流逝早已化为烟尘，唯有佛教建筑至今还保存着魏晋南北朝以来的遗构，可资研究建筑美学。

从美学的角度审视佛教建筑，欣赏到的不单纯是其个体外观形象，而且包括内部空间和建筑群体构成的外部空间形象以及由这些空间艺术形象所表现的文化意味。无论是佛寺、佛塔，还是经幢、石窟，尽管它们的外观形象各自有鲜明的特征和耐人寻味的韵律，却一律采用中轴对称的均衡造型，同时巧妙地运用适当的比例关系和强烈的对比手法，使得整个建筑形体典雅庄重、和谐统一，形成特定的视觉美感。佛教建筑单体内部空间和建筑群体构成的外部空间形象的美学特征，是运用连续空间分隔组合的艺术手法，在空间序列展开中创造曲折变化以形成跌宕起伏的优美韵律。佛教建筑艺术追求的不仅仅是建筑形式的美，而且形神兼备，并以直观的形式显示社会物质文明、精神文明的水平，借以达到传神与传心的艺术效果。这正是佛教建筑艺术的审美意义之所在。佛教建筑艺术的职能就是运用人们所能普遍接受到的空间造型感之以美，动之以情，最终引导人们进入信仰境界。

一、佛教建筑源流及流传

追根溯源，佛教建筑最早的形制是石刻法敕。主要有三类：一是摩崖法敕，即刻在崖壁上；另一类是石柱法敕，即刻好后埋在土地里；再一类是精舍。摩崖法敕所刻敕文也称为十四章法敕，内容是提倡佛法，推行佛教，劝导行善布施，没有佛法的哲理说教，仅是行善的伦理道德。主要内容是宣扬不杀生。十四章法敕分布在阿育王时代的边境地区，使用当地的文字，共有吉纳尔、卡西尔、沙巴兹加希、曼塞拉、道利、乔加达、索帕拉等地。石柱法敕，又称阿育王柱。现存完整的阿育王柱在劳里亚南丹加尔，石柱没有台基或础石，直接埋在土中。柱面刻有敕文，柱身断面为圆形，下粗上细，上端有柱头。柱头分为三段，下为钟形覆莲，上托一圆形平盘，盘上是一个圆雕蹲狮，柱高达12米，底部直径0.9米。阿育王柱通常用的是贝纳勒斯附近产的灰黄色岩石，石柱雕成后表面全部打磨得光洁发亮。柱头下部钟形莲花的花瓣圆润饱满，有弹性和力度感，圆平盘侧面浮雕植物、动物以及法轮，相互交替。顶部圆雕动物有狮子、瘤牛、象、马等。动物的形象写实，有活力、有生命感。阿育王石柱所刻法敕有七章法敕和普通法敕两种。石柱都分布在印度佛教流行地或佛教四大圣地，即佛陀诞生、成道、初转法轮以及涅槃的地点，分别是蓝毗尼、佛陀伽耶、鹿野苑和拘尸城。其中鹿野苑的阿育王柱大约最为盛名。鹿野苑所在地古代名为波罗奈（现在称为萨尔纳特），位于瓦拉纳西。阿育王柱柱身表面刻有敕文，石柱根部埋在原地。柱头最高处是有32根辐条的法轮，法轮由四头背合的狮子承托，狮子神态威严。圆平盘侧面浮雕狮子、瘤牛、象和马四神兽，象征大地的四个方向，其间各以一个法轮隔开。四只神兽都是动态的，马在奔腾，前腿抬高悬空，后腿用力后蹬。象的肢体浑圆，正蹒跚前行。瘤牛正向前走，前后腿错开。狮子头部硕大，胸部饱满，两腿粗壮，双爪粗大有力。四只神兽的体表全都打磨光滑。平盘之下是钟形覆莲，莲瓣也全部光洁明净。鹿野苑阿育王柱刻有面向四方的雄狮和法轮，象征佛法威震四方。

佛教建筑最早的形制除摩崖法敕和石柱法敕外，另一重要的形制是佛塔，即覆钵塔。塔在古代印度是坟墓，塔下埋有死者的遗骨，也是礼拜的对象，旨在"由塔威德，庄严世间"。考古发掘印度现存最早的覆钵塔是孔雀王朝时期的桑志的第一塔、塔克西拉的达摩吉卡塔以及土瓦特的布卡拉塔等历史遗构。这种覆钵塔的中心是覆钵丘，周围有环道、栏楯和双柱石门，在栏楯和石门上刻有大量的浮雕以及相关的纹饰。南印度东海岸克里斯纳河下游阿玛拉瓦提塔和克里斯纳河上游那迦留纳昆达塔久负盛名。最为著名的当属巴尔胡特塔和桑志大塔。

巴尔胡特塔位于中印度的科沙姆西南190公里处的拘睒弥，大约建于公元前150年至公元前100年。巴尔胡特塔覆钵丘是用砖砌筑的，平面直径约为22

米，环道宽2.5米，圆环形栏楯总长85米，栏楯柱共有80多个，栏楯东西南北四方均开口，并安有双柱石门。栏楯由三部分组成，栏楯柱下端埋入地中。栏楯柱之间是横放的贯石，它的横断面是梭形，两端插入栏楯柱侧面的卯孔中。栏楯柱顶端架着横放的笠石，笠石十分粗大。栏楯各部分的主要外露面都有浮雕。每个塔门有两个粗门柱，门柱柱身是四个八角柱合并的样式，柱身向上是莲花柱头，再向上是顶板，板上是两只圆雕蹲狮，再向上依次有三根粗大的横梁在两根门柱上，上梁之上立有石刻法轮和三宝标。石门的形状仿民间木刻围栏门。在栏楯和塔门上刻有200多条记事铭文，在东门门柱上刻有施主用印度古代北方方言表明的发源文。巴尔胡特塔浮雕题材涉及夜叉、天王、人物、莲花与蔓草纹饰、当地信仰的神像以及佛传、本生故事等内容。佛雕中有关佛教的内容大致分为三种：第一种是礼拜对象，有塔、菩提树、佛坐、法轮、佛足迹和三宝标，其中塔表示佛涅槃，菩提树表示佛成道，法轮表示佛法或转法轮，三宝标表示佛、法、僧三宝。第二种是本生，这是释迦牟尼在印度降生前世世代代的故事，意在宣扬佛的善行。巴尔胡特塔佛的故事浮雕是后来大量故事浮雕的开创，表明佛教弟子对佛陀人格的推崇。佛教认为人和一切生灵都处于轮回之中。本生故事表现的就是人的轮回的图景。第三种是象征性地表现佛传故事的多种情节，有托胎灵梦、帝释窟说法、祇园布施、佛发供养、佛祖成道、龙王礼佛、佛自忉利天下等等。布局采用透视法的一图一景或一图多景。

桑志塔位于中印度比尔萨附近，建于公元前271年至公元前235年的阿育王朝时期。桑志的覆钵塔主要有三个，其中第一塔最大。现存的第一塔的覆钵塔台基直径为36.6米，覆钵顶高16.5米，覆钵顶有平头和伞盖。地面栏楯高3.1米，栏楯四面有直角钩形门道，栏楯表面有浮雕。覆钵台基四周建有低矮的栏楯，栏楯表面的浮雕是简单的动物与莲花纹饰。栏楯采用榫卯的方法连接，明显是木构件的连接方法，表明原来的栏楯是木质的。外栏楯的四个塔门体形高大，建筑结构与巴尔胡特塔相近，石材表面都有浮雕。石材表面刻有施主的姓名，总计有900多人。第二塔在第一塔西面，覆钵塔丘较第一塔小，台基直径为14.3米。第三塔在第一塔北面，规模与第二塔相同，不同的是塔丘中心有一个放置舍利的地宫有舍利罐。桑志三塔的浮雕第一、二塔栏楯为最早，作于公元前2世纪末的巽加时期。栏楯柱中心的圆幅面和上下两端的半圆幅面以纹饰为主。纹饰的题材有莲花、花蕾、蔓草、满瓶以及象、牛、马、鹿、狮、孔雀、摩羯鱼、龙等动物，同时也涉及佛塔、法轮、三宝标、圣树、法轮柱等礼拜对象，此外也有佛传和本生故事。第二塔浮雕浅，表面较平，形状与木版画接近，所雕出的人体简单，这是印度早期覆钵塔浮雕的特点。古代印度的造塔技术和浮雕工艺经过孔雀王朝时期和巽加王朝时期的发展到沙多婆珂那时期已经达到很高水平，在这个过程中吸收了希腊和西亚的技艺以及相关的题材。桑志第一塔的塔门浮雕题材主要有四类。第一类是纹饰，以莲花纹为主，也有摩羯鱼、水鸭、蕉叶、狮子、独角兽、法轮及法轮柱等。第二类是守护神，它来源于民间信仰的夜叉女圆雕像。守护神的雕塑技法比巴尔胡特塔有进步，浮雕上表面不再是平整的，而是随形体的变化高低错落，显得更为生动、逼真，动态静态的姿势都比较自然，肢体丰满圆润。第三类是佛陀的象征物，有象征佛法僧的三宝、象征佛法的法轮以及象征佛传四象的二象灌水莲花女、菩提树、法轮、塔等，分别表示佛之诞生、成道、初转法轮以及涅槃等情境。第四类是佛教故事，采用象征的表达方法表现，以示对佛的敬畏。

石窟是早期印度佛教建筑又一个重要类型，后来发展成石窟寺。按照开凿的年代，印度石窟分为早晚两期。早期石窟从公元前2世纪到公元2世纪，相当于沙多婆珂那时期；晚期石窟从公元5世纪到公元8世纪，相当于笈多朝及其以后的一段时期。沙多婆珂那和笈多朝时期国力强盛而支持造窟。这些石窟大半集中在西印度德干高原山中坚硬的岩石里，只有少量石窟在比哈尔邦以及东海岸的奥利萨邦和安德拉邦。具有代表意义的石窟地点有巴雅、贝德萨、昆达诺、皮塔尔阔拉、郡纳尔、纳西克、卡尔拉、坎黑里、奥兰伽巴德的阿旃陀等处。

印度佛教石窟按照性质和用途分为两大类：一类是有礼拜塔的塔堂窟，

音译为支提或支提窟；一类是僧人居住的僧房窟，音译为毗诃罗或毗诃罗窟。原始的塔堂窟和僧房窟都是在自然岩石中凿出简单的纳身的空间，后来的石窟寺院则是这两类窟的组成。印度的许多石窟通常是成群地排布在中西部拥有大片岩石的偏僻的高原地段，石窟所在地石质坚硬，所以能够精雕细刻而得以完整长期保存下来，流传至今。一个石窟的凿成要耗费100—200年的时间，而当时印度人的平均寿命仅有30—40岁，因此印度的石窟寺建造要前后几代人承接完成。

塔堂窟是仿木结构建筑的样式与结构建造的。标准形制的塔堂窟平面形状是里端为半圆形，向前是圆塔，再向前是长方形的厅，平面呈马蹄形，侧壁与后壁前均有列柱。标准的塔堂窟形制前部为列柱分割而成的正厅与两侧廊，后部为半圆形后殿，后殿中心有塔，圆形塔堂与长方形的礼拜堂以及长条形的侧廊组合成一整体，石窟内在的正厅与后殿联结为一体。

巴雅石窟第12窟是最早的标准的塔窟堂。窟内最宽处7.9米，进深18米，入口处是大拱门，上方是大的尖顶拱楣，拱楣两侧垂直向下，拱券顶是仿木结构将岩石雕造成檩和椽的形状。塔的台基仅有一层，覆钵丘是低矮的半球形。正门两侧是高浮雕门神，前室正壁的上半部的中心部位是一个大明窗，明窗外沿为拱楣形，上方中心有尖头，拱楣两侧翼下端向内微弯曲，整个拱楣外沿向前方突出，明窗外两侧有浮雕列柱，柱面有繁缛的纹饰。柱头雕刻有动物，柱与柱之间有浮雕小塔。前室正壁最上方有一列拱楣明窗浮雕，明窗中部雕以仿木结构的放射状支架。窟内正厅两侧各有一列素面的八角柱，柱身直立，下有壶形柱础。

早期僧房窟可以分为前后两个阶段，前段的多在巴雅，典型的形制是窟中心有方形的中厅，中厅入口的一壁开门，其他三壁开居室，中厅和居室的面积都比较小，形状也不规则。以巴雅第19窟为例，中厅两壁共开居室四个，居室门上有尖拱楣，各门之间有龛。中厅是平顶，地坪为不规则的方形。前廊平面为横长方形，在一端壁开一个居室，这个居室的门外两侧分别有浮雕的帝释天与日的故事，采用粗犷的表现手法。前廊顶是半拱券以及仿木椽。前期后端的僧房窟的中厅面积扩大，前壁以外的三壁各开相同数目的居室，位置和形状都比以前的整齐。阿旃陀第12窟和皮塔尔阔拉第7窟可为印度早期僧房窟后段的典型代表实例。较之早期前段的僧房窟，早期后段的僧房窟具有华丽繁复的浮雕纹饰，追求富丽堂皇的气派。

印度5—8世纪又开启了后期石窟建造的高潮。后期仍然继续建造塔堂窟和僧房窟两类洞窟，但形制及相互数量对比却有很大的变化。由于寺院房屋类别组合制度的变化，带来塔堂的比例减少的新情状。僧房的形制也有较大变化，在中厅的正壁开佛堂，并供奉佛像。僧房不再像以前那样仅仅是僧尼的居住地，同时也具有了礼拜佛像的功能。在窟内装饰方面，前期僧房因为注重实用而装饰比较朴素，后期僧房则装饰与实用并重，因而僧房内浮雕与壁画增多，越往后越富丽堂皇。后期塔堂窟也是同样的追求富丽堂皇的装饰效果的趋势。

后期洞窟开凿最早、规模最大的当属阿旃陀石窟，开凿时期大约在4—5世纪。以阿旃陀石窟第29窟为例，窟的平面形状与前期相似，仍然是马蹄形以及两侧有列柱，但前廊面积扩大成前庭，并增设露台门，在前庭的正壁正厅的柱间和两侧壁雕处或画出许多单身佛像或三尊佛像。塔基大为升高，以便在正面开大龛，龛内刻有主尊大佛像，主尊佛像和塔身连为一体，佛像占去正面大部分面积。这种在塔正面设龛像的做法是从中亚犍陀罗传入的，前期是没有的。窟内仿木结构的做法已经大为减少，这是后期明显的特点。塔堂窟内前后期最重要的变化是主要礼拜对象由以往的覆钵塔改变为现在的主尊佛像和所依附的覆钵塔。后期的阿旃陀洞窟僧房窟形制的突出变化是在中厅正壁的正中增开一间佛堂。佛堂通常为前后两进，里间有庞大的石刻佛三尊像，即佛两侧各有一个胁侍像，佛像居中而占据里间大部分面积。两侧壁有浮雕的伎乐和飞天人像。中厅四面有列柱，柱外是回廊，再向外是在三壁开居室。大部分僧房都有许多装饰，中厅的顶部和回廊的外侧布满了壁画，正门里外和回廊列柱都有浮雕。阿旃陀洞窟雕刻题材不外乎造像和故事浮雕、纹饰浮雕两类，分布在门厅、列柱上。

最为注目的是阿旃陀石窟的壁画有印度古代绘画艺术宝库之盛誉。阿旃陀石窟保存着壁画的洞窟有13个，即第1、2、4、6、7、9、10、11、16、17、19、22、26洞窟。洞窟中壁画的题材主要是本生故事，如睒子本生、六牙象本生等。壁画分布在前廊正壁和廊柱以及中厅四壁、天花、列柱等处。壁画题材分布通常是前廊正壁和列柱画佛像和菩萨像，中厅四壁主要画佛传和本生故事，天花布满各种纹饰。纹饰的主题有人物、动物、植物以及几何图形，各种主题形象多变，显示出画工丰富的想象力。这些纹饰画在中心圆环和周围的方形藻井中。藻井方幅中所画的动物有象、水牛、鹅，其间穿插多种花卉和蔓草，陪衬的题材有侏儒、伎乐和飞天。这些纷繁的纹饰显示出生气勃勃的景象，增加了洞窟中厅的华丽气氛。

印度贵霜帝国时期（1—3世纪），由于举国笃信佛教而使得佛教倡行，大量兴建寺院，以往塔、佛堂、僧房各自独立的建构从此而聚合为一体，这是佛教建筑由单体走向综合的明显标志，以至于到处都有可以礼拜的佛教寺院。这时期的寺院按照所在的位置和地形不同主要有平原寺院和山地寺院两种类型。平原寺院多在城镇居民集中的地区，大多是为传教方面而建造的。山地寺院大多位于远离村镇和城市的山区而建构在丛林中，环境幽静而便于修习。塔夫提拜寺院在高处建塔院，向下建中庭，再向下设僧院，僧院与塔院隔中庭而相对。自此之后，寺院室内空间布置的壁画、佛塑像以及伎乐浮雕等佛教造像艺术逐渐定型。

二、中国佛教建筑艺术概述

中国佛寺缘起

寺，又名寺刹、僧寺、精舍、道场、佛刹、梵刹、净刹、伽蓝、兰若、丛林、檀林、绀园、旃檀林、净住舍、法同舍、出世间舍、金刚净刹、寂灭道场、远离恶处、亲近善处、清净无极园等。寺本义是古代官署。《汉书·元帝纪》注云："凡府廷所在，皆谓之寺。"《大宋僧史略》云："寺者，《尔雅·释名》曰：'寺，嗣也。'治事者相嗣续于其内也。本是司名。西僧乍来，权止公司。移入别居，不忘其本，还标寺号。僧寺之名始于此也。"由上述可知，寺原为中央与地方的政事机关，如太常寺、鸿胪寺（招待诸侯及四方边民之所）。由于西域僧侣东来，多先住鸿胪寺，以后移居他处时，其所住处仍标寺号，从此称僧侣的居所为寺。在佛教建筑中，起初将佛教建筑称为"浮图"者，后来渐渐变为专指高塔而言，也有称之为"刹"者，因一般均有于佛堂前立"刹"的风俗，故又称寺院为寺刹、佛刹、梵刹、金刹或名刹。实际上佛教寺刹，是指安置佛像、经卷，且供僧众居住以便修行、弘法的场所。

佛寺东传

佛教建筑起源于印度，但中国的佛教建筑却在印度的基础上走过了不同的道路，有显著的中国化特质。佛教东传之后，随着印度佛教的衰微，中国成了世界佛教的中心，佛教徒遍及东方世界城乡。佛教是崇尚自然的宗教，修行人大多淡泊物欲，喜与自然为伍，尤其佛住世时，弟子们往往茅屋二三椽便能安度终生，就是山林水边、岩洞树下，到处都能随缘安住。佛教最早的寺院建筑，肇始于印度佛陀时代。由于频婆娑罗王与须达长者分别建造竹林精舍及祇园精舍，成为寺院建筑的嚆矢。此后，世界各地美轮美奂的寺院，即纷纷于都城、市郊、深山兴设。到了中国东汉明帝时，摄摩腾、竺法兰两位法师由西域驮经到洛阳，起初住在鸿胪寺，后来明帝敕令于洛阳城西雍门（西阳门）外为他们创建"精舍"，称为白马寺。寺，原为汉代中央部门一种办事衙门的通称，如鸿胪寺、光禄寺等。白马寺即为此类机构，有如特设的外宾招待所。可是，这样一来，后世便相沿以"寺"为佛教寺院建筑的通称了。

佛寺兴衰

《魏书·释老志》载："自洛中构白马寺，盛饰佛图，画迹甚妙，为四方式。凡宫塔制度，犹依天竺旧状而重构之，从一级至三、五、七、九，世信相承，谓之浮图，或云佛图。"这是中国最早的建寺塔记录。早期汉传佛寺以塔为中心，四周以堂、阁、廊等围绕，成为方形庭院，内供佛像或舍利，为拜佛诵经之所。南北朝时，许多王侯贵族第宅改建为佛寺。改建时一般不大改动原布局，而以原前厅为佛殿，后堂为讲堂，原有的廊庑环绕，成为以后汉传佛寺建筑的主流。作为实物存留的则有石窟寺。石窟建筑明显受到汉化建筑庭院布局影响。隋唐五代时期，佛寺建筑有新的发展。其特点是：第一，主体建筑居中，有明显的纵中轴线。由三门开始，纵列几重殿阁。中间以回廊连成几进院落。第二，在主体建筑两侧仿宫廷第宅廊院式布局，排列若干小院落，各有特殊用途，如净土院、经院、库院等。第三，塔的位置由全寺中心逐渐变为独立。大殿前则常用点缀式的左右并立不太大的实心双塔，或于殿前、殿后、中轴线外置塔院。第四，石窟寺窟檐大量出现，且由石质仿木转向真正的木质结构。这些都表现了中国寺庙更加民族化的演变过程。现存宋、辽、金、元时期建筑的佛寺，基本沿用唐五代的寺院四合院院落布局形制。只是由于契丹族有"朝日"的习俗，北方有许多寺院面向东方。寺院前有的还出现永久性的戏台。宋代以后寺院内钟、鼓二楼对设。藏经阁则设于后进院落中。转轮藏开始流行，多为之单设二至三层高阁。宋代禅宗大盛，寺院明确划分为禅寺、讲寺。从元代起，北方内地出现了佛寺的新类型喇嘛寺。按成熟期的喇嘛教教观，大型寺院实行"四学"制，设四"扎仓"（经学院），分别修习显宗、密宗、历算和医药。

中国佛寺的形式

宫塔式佛寺是以象征"天宫千佛"的巨型"宫塔"为主体，塔后建佛堂，周围是僧舍的佛教寺院形制。这种形制所体现的佛寺功能旨在强调突出"宫塔"的宗教意义，按此制度构筑的宝塔每层外壁布满佛龛，从一级至三、五、七、九，世人相承，称之为"佛图"或"浮图"，象征"天宫千佛"，故称"宫塔"。宫塔建筑的典型特征是以砖石砌筑，基座平面为四方式，塔身断面有方形与圆形两种，塔体自下而上收分，塔层成单，层龛与柱龛内供奉佛像。

楼阁式佛寺是中国化佛寺的早期形制。这种形制借助于中国古代建筑固有的楼阁艺术造型，将砖石宫塔演变为木构方式的重楼，并以宝刹作顶，使其既有楼的外观，又有塔的特征，是谓"楼塔"。楼塔与宫塔的主要区别在于将遍布塔外壁的千层佛龛改为内置佛像，堂阁环楼而设，从而使原来绕塔瞻礼膜拜变为供佛诵经。于是廊院式佛寺形制应运而生。

官署式佛寺是北方佛教寺院造型的一种重要的形式。在官署式佛寺中所有的宗教建筑都被赋予了社会属性，划定了等级，以示高低贵贱，并仿照宫殿和官府建筑的样式与排列，尊卑有序，各司其位。建筑与建筑之间的相互从属关系十分明确，供奉殿堂所有的规模、体量、尺度、建筑形式，甚至台基的高度、屋顶的式样、天花藻井等局部构件、彩画、雕饰也都明显地体现出一种只有世俗社会的官场才有的君臣僚属关系，成为官署建筑形制的缩影与翻版。民居式佛寺虽然也恪守以殿为中心的建筑布局格式，采取方形平面和中轴对称，力求构成均衡稳定、和谐统一的建筑组群，但是支配这种思维定式的主要不是尊崇君臣僚属的等级观念，而是崇尚天人合一与致中和的生存哲学观念以及对称、稳定的审美心理。这种佛寺的院落布局非常紧凑，基本上由山门、天王殿、大雄宝殿、藏经楼组成，并排在中轴线上。

石窟寺

石窟是将山崖石壁开凿为寺龛的特殊佛教建筑类别，故称石窟寺。石窟寺因山崖与寺龛浑然一体，于大拙中见精巧，其宏伟壮观的形象和精湛辉煌的艺术相互映照烘托，构成了鲜明的佛教建筑景观特征，产生出强烈的艺术感染力和影响力。佛教从印度传入中国后，公元3世纪中国北方就已经出现了仿照印度石窟建筑的石窟寺。隋唐时期，随着佛教文化的广泛传播和佛寺群系的蓬勃兴起，劈山开凿造佛像之风盛行，北方云冈龙门地区形成著名石窟寺。

中国的石窟寺有僧房窟、塔庙窟、佛殿窟、大像窟四种。僧房窟酷似印度的毗诃罗，窟中央为大厅，大厅四壁下部开设僧人居住的石室，厅后部设一佛堂，僧房窟是僧人居住、修禅和集会之所在。塔庙窟犹如印度的支提形制，在僧人礼拜的殿堂内竖立中心柱，并将其雕琢为塔形，通常又称为中心塔柱窟。佛殿窟为奉佛礼佛的活动场所，一般在窟中雕出佛的形象，或在窟中壁上开龛，内置雕像。大像窟则是设置大型佛像的洞窟，即所谓摩崖龛像石窟。

各类石窟在同一石窟群系中数量不等，依山势自然走向而高低错落，各窟互不相通，石窟形制颇多变化，一些洞窟前尚有多层木构楼阁建筑，整个

石窟群系景观似是鬼斧神工造
就，气势磅礴壮美。窟内形态各
异的石室、佛像以及壁画构成丰
富的窟内艺术空间。中国石窟艺
术及至唐代达到顶峰，凿窟地区
由华北扩展到四川盆地和新疆。
主持者由帝王贵族到一般庶民，
艺术上与民族文化、地域风俗

图7-1 龙门石窟 崔勇拍摄

融合，创造出成熟的中国佛教艺术，著名的有龟兹石窟、凉州石窟、敦煌石
窟、麦积山石窟、云冈石窟、天龙山石窟、龙门石窟、向堂山石窟等。

塔庙

因受印度影响，早期中国北方佛教建筑形制因循了古代印度式样，基本
特征是砖石结构的宫塔式，传至中国的北方以后，同以木构架为主要结构方
式、以殿堂楼阁为主要内容的中国古代建筑遇合，开始逐步适应中国的社会

心理，吸收中国本土的技术与文化，无可
逆转地发生了中国化的嬗变。宫塔式佛寺
是以象征"天宫千佛"的巨型"宫塔"为
主体，塔后建佛堂，周围是僧舍的佛教寺
院形制。这种形制所体现的佛寺功能旨在
强调突出"宫塔"的宗教意义，按此制度
构筑的宝塔每层外壁布满佛龛，从一级至
三、五、七、九，世人相承，称之为"佛
图"或"浮图"，象征"天宫千佛"，故称
"宫塔"。宫塔建筑的典型特征是以砖石砌
筑，基座平面为四方式，塔身断面有方形
与圆形两种，塔体自下而上收分，塔层成
单，层龛与柱龛内供奉佛像。佛塔按样式

图7-2 大雁塔 中国文化遗产研究
院王元林研究员拍摄

分，有楼阁式塔、密檐式塔、亭阁式塔、墓塔等。

汉式寺庙

楼阁式佛寺是中国汉化佛寺的早期形制。这种形制借助于中国古代建筑固有的楼阁艺术造型将砖石宫塔演变为木构方式的重楼，并以宝刹作顶，使其既有楼的外观，又有塔的特征，是谓"楼塔"。楼塔与宫塔的主要区别在于将遍布塔外壁的千层佛龛改为内置佛像，堂阁环楼而设，从而使原来绕塔瞻礼膜拜变为供佛诵经。由于楼塔式佛寺符合中国的特点，因此一开始就显示出旺盛的生命力，自三国、两晋、南北朝时就已从北到南在各地相继兴建起来。

在中国，随着佛教精神崇拜形式的发展变化，殿堂变得越来越神圣，于是廊院式佛寺形制应运而生。由于佛教多元化与世俗化带来了佛教功能的多样化，同时对释祖的崇拜也演化为对诸神的崇拜，故而更加需要通过多种佛教建筑进行礼佛活动和佛教传布活动，使得单一的楼塔式佛寺形制终于被多元的廊院式佛寺形制所取代。廊院式佛寺巧妙地调动各种艺术要素组合建筑群体和空间序列，不仅能够满足佛教功能多样化的需求，而且可以创造出奇妙的艺术景观，较之楼塔式佛寺形制具有更强大的生命力。廊院式佛寺无论单院式还是多院式，均以大殿为主体建筑，周围依次建殿、堂、楼、阁等配殿建筑，大大丰富了佛教文化与建筑。

汉式佛寺中轴线分明，左右配殿对称，由层层庭院组成规模大小不同、布局严谨有序的一组一组建筑群。这样的建筑群同中国古代的皇宫、王府、官衙、祠庙等一样，充分体现了中国古代老幼、尊卑、主仆等严格分明的等级观念。另外，汉族佛寺中还有一种汉族寺庙建筑形式与藏传佛教寺庙建筑形式相结合而建造的寺庙，比如河北承德的普宁寺、普乐寺。寺庙的前部中轴线分明、左右建筑对称，是由层层庭院组成的汉族佛寺建筑形式，而后部却建于一个高大坛台上，是中间安置主体建筑、四面安置配殿或次要建筑的曼陀罗式建筑。

伽蓝七堂制禅院

北方佛教寺院里的殿堂楼舍以殿最为尊贵。殿是供奉佛像、佛界诸神，瞻仰礼拜、诵经祈祷的处所；堂和楼舍是僧尼修行说法和生活起居的地方。殿堂因供奉的佛神不同分为大雄宝殿、释迦殿、七佛殿、三圣殿、无量寿佛殿、药师殿、弥勒殿、毗卢殿、伽蓝殿、文殊殿、普贤殿、观音殿、地藏殿、罗汉堂等；因用途的不同又分为舍利殿、藏经阁、转轮藏殿、戒台殿、洗心殿、禅堂、法堂（又称讲堂）、斋堂等。自从"伽蓝七堂"成为佛教寺院建筑的规范之后，山门、佛殿、法堂、方丈、斋堂、浴室、东司（厕所）等建构被列为必不可少的形制。

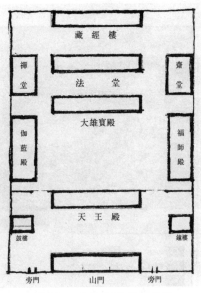

图7-3　伽蓝七堂制示意图

在以殿为中心的佛寺布局中，殿堂楼舍有前殿、正殿、后殿、配殿之分。前殿包括山门、天王殿、钟楼与鼓楼一组建筑；正殿由建在中轴线上的大雄宝殿、法堂、藏经阁（楼）等建筑组成；后殿由三佛殿、毗卢殿等建筑组成；配殿则是指位于中轴线两侧的伽蓝殿、祖师殿、观音殿、地藏殿等殿堂。由于佛教宗派供奉的佛和菩萨不尽相同，因此各个佛教寺院在前殿、正殿、后殿、配殿的种类配置上也是千变万化的，但万变不离其宗。

喇嘛寺

藏传佛教寺院（又称喇嘛寺）由于是一个独立的政治、经济集团式组织，其建筑内容非常丰富。藏传佛教寺院由佛事活动用房和僧居生活用房两大部分组成。佛事活动部分有供奉佛像、灵塔、信徒朝拜用的佛殿、塔殿等；有供僧人在室内聚会习经的经堂，在室外习经、辩经的夏经院；有供信徒朝拜的佛塔与塔院。此外还有为宗教服务的雕刻及印制佛经的印经院、藏经室、制作香烟品的作坊，以及供奉寺院管理机构使用的办公房、库房、厨房、马厩、招待香客房等。藏传佛教建筑一般的大寺院总体布局为自由式和

图7-4 西藏布达拉宫 崔勇拍摄

沿轴线布局两种形式。西藏地区很多大寺院建在半山区，经数十年甚至数百年逐渐扩建而成，它们有的根据地形在一定时期建成一组建筑群，或将高大的主体建筑有意建在山脚较高的地势上，这是藏传传统建筑的重要手法。沿轴线布局的方式用在广大的蒙藏地区及内地，有的在前面设置钟鼓楼，往往完全采取汉族佛寺建构制度，不同的是寺院内左右均建有喇嘛式踏踏，说明它是喇嘛寺院。

藏传佛殿的特点是由于佛塔的高大而致使殿堂相应增大，于是出现四五层甚至更高的楼层，殿堂内部空间从底层直通顶层，以容纳大佛、高塔。佛殿的典型平面布局是以高大的镏金屋面歇山屋顶的佛殿为主体，早期在佛殿外有一条可以环行的转经道，殿前有一个天井，天井周围有廊屋而形成一个封闭的院落，外观宏伟华丽，内部的佛像、佛塔或灵塔几乎占了整个内部空间，宗教的威严和神秘气氛很浓。和集会殿组合在一起的佛殿位置在集会殿的后部或两侧，这种佛殿内部只有两层建筑，下部不开窗，殿内光线昏暗，在上部高出前面经堂的部分开窗，光线正好投射到佛像的头部和上半身，这种光影效果创造出一种神秘的气氛。

佛寺的建筑布局

北方佛教寺院的建筑布局与其形制的演化息息相关。在宫塔式、楼塔式向廊院式渐进的过程中，以塔为中心的布局也随之朝着以殿为中心的布局发展，并日臻成熟，直到形成"伽蓝七堂"的稳定形式。佛寺以塔为中心缘起于佛塔所具有的特殊宗教意义，因为佛塔是佛祖释迦牟尼的舍利与遗物及精神象征所在，故拜塔与绕塔念佛诵经是崇佛礼佛的主要形式。

在佛塔一元独尊的地位消失后，以殿为中心的佛寺布局开始出现。佛教建筑形制从宫塔式到楼塔式的变化，意味着造像奉祀的形式逐渐取代瞻礼象征性的建筑形式，供佛诵经的精神崇拜开始由建筑的外部空间转向内部空间。由于佛教影响迅速扩大，崇佛礼佛者与日俱增，楼塔内部狭小的空间难以适应规模越来越多的佛事活动需要，注定将寺院的中心地位让位于有宽阔室内空间的殿堂。选择殿堂作为佛寺中心还在于殿堂的政治属性，殿堂象征着至尊至贵与神圣威严，在中国古代建筑体系中拥有无与伦比的崇高品味，礼佛诵经享受礼国的殊荣。

佛教建筑中国化以后，虽然在建筑细节上仍然保留了许多古印度式样的痕迹与特征，但在整体上已经渗透了中国的传统思想文化和审美观念。以殿为中心的佛寺是一组或多组布局严谨的建筑群，强调寺院的中轴线明确，沿中轴线设置重重庭院与建筑，大殿居中而立，左右对称布置配殿，佛寺无论大小、规格无论高低，均照此形式建造，即便是比较复杂的多院式佛寺也均以殿为中心或横向扩展，或纵向延伸。以殿为中心的佛寺布局形式由简单而复杂并不断发展完善，既紧凑严谨，又灵活多变，进一步丰富了佛教建筑的艺术表现力。

山门

位于佛寺中轴线始端的大门是山门。山门一般呈现三门并立的形式，象征佛教中的"三解脱"，门为券拱状，分别称作空门、无相门、无作门。山门因常建成殿堂式又称山门殿。山门的规模不大但很重要，因为它是划分佛国与凡尘的界限，又是从凡尘通往佛国的过渡。

佛寺大门称"山门"。通常寺院为了避开市井尘俗而建于山林之间，因此称山号、设山门。后世造于平地、市井中之寺院，亦泛称山门。山门一般有三个门，常盖成殿堂式，或至少是把中间的一座盖成殿堂，叫"山门殿"或"三门殿"。殿内塑两大金刚力士（属护法神"天龙八部"）像。金刚力士是手执金刚杵守护佛法的护法神，其形象一般都是形体雄伟，做愤怒相，头戴宝冠，上半身裸露，手执金刚杵，两脚张开。所不同者是：左像怒颜张口，以金刚杵做打击之势；右像愤颜闭口，平托金刚杵，怒目睁视。

钟楼、钟鼓

钟楼、鼓楼在中国古代是主要用于宫廷或城市中心地带报时的建筑，自唐宋时期开始在寺庙内设置钟、鼓，至明清时期，寺庙内也开始建构钟楼、鼓楼，供佛事之用。钟楼、鼓楼属于以殿为中心的佛寺布局中与山门、天王殿一道组成的前殿部分，多为两层建筑，建筑形式与城市中心和宫廷中的钟鼓楼基本相同，只是规模稍小一些。钟楼、鼓楼左右对称地分置在高台上，东侧为钟楼，西侧为鼓楼，在晨钟暮鼓声中营造了一种清新圣洁的氛围。

钟楼在左，鼓楼在右，即所谓"左钟右鼓"。由于佛寺大多是坐北朝南，则钟楼在东，鼓楼在西，应"晨钟暮鼓"之规矩。钟鼓楼的建筑形式多采用正方形平面，尺度一般不大，上覆盖两重檐或三重檐歇山屋顶。

天王殿

山门后面的天王殿通常规模也不大，殿堂内空间布置紧凑，前后门相对，迎门处供奉弥勒佛，弥勒佛背后供奉护法神韦驮。弥勒佛与韦驮塑像两侧分列四大天王像，这是佛教的四个重要的护法神。在建筑功能上，天王殿属于过殿，承接着从山门到大雄宝殿的空间过渡变化，进一步加强着佛国圣境的宗教气氛，引导着礼佛香客的情绪和精神升华。天王殿、山门、钟楼与鼓楼围合成一进院，钟楼与鼓楼置于高台上，在晨钟暮鼓中营造了肃穆的氛围。

我国汉传佛寺一般寺庙供奉的弥勒像为五代时的布袋和尚，因传说为弥勒化身，故后人塑像供奉之。据《高僧传》记载，布袋和尚为五代梁时僧，明州（浙江）奉化人，或谓四明人，姓氏、生卒年均不详。自称契此，又号长汀子。世传为弥勒菩萨之化身。常以杖荷一布袋，见物则乞，故人称布袋和尚。《景德传灯录》卷二十七载，布袋和尚身材肥胖，眉皱而腹大，出语无定，随处寝卧；常用杖荷一布囊，凡供身之具，均贮于囊中，时人称为长汀子布袋师。师能示人吉凶，颇能预知时雨。梁贞明二年（916）三月，师将示寂，于岳林寺东廊下端坐磐石，而说偈曰："弥勒真弥勒，分身千百亿；时时示时人，时人自不识。"

大雄宝殿

佛教寺院内紧连天王殿的第二重是大雄宝殿。大雄宝殿主要供奉佛祖释迦牟尼像。所谓"大雄"，是指佛教对释迦牟尼的尊称，寓意佛祖超人的大智力，因此供奉"大雄"释迦牟尼的殿也就被尊称为"宝殿"，民间俗称"大殿"。大雄宝殿与天王殿、东西配殿围合成二进院，殿前正中设大香鼎，两旁各有石幢一座。大殿四周常立有功德碑。东配殿多为伽蓝殿，供奉波斯匿王、祇陀太子、给孤独长者三尊像；西配殿一般为祖师殿，供奉其开山祖师。主尊两侧，常有"胁侍"，即左右近侍。释迦佛的近侍，一般为老"迦叶"、少"阿难"两大弟子。殿内东西两侧，近世多塑十八罗汉像。佛坛背后常供一堂"海岛观音"，或仅供一尊观音菩萨像。迦叶，亦称摩诃迦叶，为佛陀十大弟子之一，以头陀第一著称，身有金光，映蔽余光使不现，亦名饮光。阿难，为佛陀十大弟子之一，全称阿难陀，意译为欢喜、庆喜、无染。

观音殿

观音殿是佛寺建筑的配殿，供奉观音菩萨。因为观世音是西方极乐世界的上首菩萨，表现一切佛的慈悲心、大悲心，是救世最切者，所以观音殿也称为"大悲坛"。通常观世音菩萨的形象是端庄高雅的女性形象，而在观世音菩萨刚传入中国时，却是一位聪慧英俊的白马王子，由于他具有仁爱、慈悲、怜悯的品质，性情近乎女性，因而在北朝以后中国的观世音菩萨尊像就逐渐女性化了。由于女性化的观世音菩萨变化身段很多，各地佛寺供奉多有不同。除作为主尊供奉的观音菩萨像之外，有些观音殿两侧靠墙环侍"三十二应"或"三十三身"观音。为求方位的对称，依照《摄无碍经》，观音殿常塑成三十二尊对应的尊像。

法堂

寺院建筑中的法堂也称为讲堂，是演说佛法、皈戒集会之所，平时常用作佛事活动，在佛寺中是仅次于大雄宝殿的主要建筑，因此设置在寺院的中轴线上，排列在大殿之后。法堂在佛寺中是仅次于大殿的主要建筑。法堂的特点是：除一般性的安置佛像外，在堂中设法座、钟鼓。法座（曲录）供演说佛法之用。钟在左，鼓在右，供上堂说法前击钟鸣鼓所用。法座后面一般挂释迦佛传道的图像。法座之前设置讲台，台上供小佛坐像以象征听法诸佛，下设香案。法座两侧列置听席，以备僧俗听闻大德说法说禅。法堂的建筑式样，法堂南、北各开一门，法堂之内应有佛像、法座、罘思法被或板屏及钟鼓等。现在的设置与过去差不多。

我国自古就开设有讲堂，如《后汉书》记载，孔子宅有讲堂。至于佛教的讲堂，据记载，北魏普泰元年（531），在洛阳建中寺设立讲堂。在堂内安置本尊，讲师面向本尊，坐于礼盘（法座）上说法，大众分左右听闻。现在还有唐招提寺讲堂、法隆寺东院传法堂、广隆寺讲堂等古迹。后来，禅寺的法堂更是成为寺院的中心。《禅苑清规》上说："不立佛殿，唯构法堂者，表佛祖亲受当代为尊也。"可见此时的禅院都未立佛殿，只建有法堂。

藏经楼

佛寺中轴线最后一进是珍藏佛经的藏经阁（楼），其建筑形式通常分为两层，下层供千佛，象征众佛集结诵经，上层沿壁立柜橱安置藏经。另有一种是安置转轮藏的殿阁，称为转轮藏殿，殿阁常为三层高，地下设一个可移动的大转轴，轴上安置龛，龛内安置抽屉储藏佛经。

藏经阁，也称经库、经堂、经房、经橱、一切经藏、经阁、藏阁、藏殿、法宝殿、修多罗藏、大藏经楼、经藏，一般都是堂楼结合、具有两种功能的宏伟建筑。藏有佛教经、律、论三藏典籍及其他法宝、法器，此楼除了特许"阅藏"者外，一般僧人是不得随意上去的。藏经阁有两种样式：一是转轮藏殿，二是万佛阁或毗卢阁。转轮藏殿简称轮藏殿。经藏浩渺，普通信众毕其一生也难于通读，况且还有文盲不能读经，南北朝时的梁代佛教信士傅翕便创造"转轮藏"解决了这一问题。唐代时，于转轮藏上又安佛龛彩画悬镜，并环藏敷座，形制更为精美。毗卢阁是明代及以后更通行的佛寺殿堂。此种为两层佛阁，下层设有佛像，一般以毗卢遮那佛为主尊，沿壁立小龛设千佛乃至万佛像，象征众佛集会诵经；也有于下层殿堂设三世佛的。佛阁上层沿壁立柜橱安置藏经，中间设条桌供读经用，这种安排建置称为"壁藏"。也有沿壁建成楼阁式小木结构以贮放藏经的，称为"天宫藏"。据佛经说，佛灭后，法经藏于两处，一为龙宫海藏，一为天宫宝藏。由于阁上设有万佛之像及庋置大藏，故也被称为万佛阁或藏经阁，山西大同华严寺就是其中的古代遗存之一。现今的佛寺普遍采用这一形式设置藏经阁。有些寺院也将藏经楼多用，一是藏经，二是供奉主供的佛菩萨，三是僧众学习佛经的场所，四是接待贵宾。

戒堂

戒堂，傣语称为"窝苏"，藏经楼傣语为"宾洛坦木"，亦称"哄坦"，都是寺院达到中心佛寺（"瓦拉扎坦"）级别的重要标志。所以，除了各勐所在地城子佛寺"瓦龙"和一个片的中心佛寺外，其余一般村寨的佛寺是没有戒堂和藏经楼的。戒堂是高僧议经、商讨宗教事务、忏悔赎罪的地方。每月的望、朔二日，凡中心佛寺管辖范围内的村寺佛爷都要沐浴更衣，集中到戒堂内议经、忏悔赎罪。每年的傣历五月十五日，除在堂内诵经、商讨宗教事务外，还要推算出傣历新年和关门节、开门节的日子。此外，戒堂还是举行佛爷晋升仪式的地方，达不到佛爷等级的僧侣一般不许入内。而藏经楼是保管收藏傣文贝叶经和棉纸经书的地方。傣族的经书古籍文献甚多，号称84,000部。藏经楼就是保管这些珍贵文献的重地。

僧舍和茶堂

僧舍又叫寝堂，是指僧徒在佛寺中居住的处所，也是住持接见来客、接受住僧参拜的地方，一般位于方丈室的前方，与方丈室相接。僧舍的建筑形制一般都是低矮的长方形平房，内部起居设施简朴、干净利索，便于习行。茶堂（又称接待室）一般在法堂后，寝堂前。本是住持行礼之所，但与寝堂不同。茶堂人员来往较杂，相当于众僧与来往宾客的休憩处所。茶堂的建筑形制通常简朴，多半设置在中轴线的东面。佛寺以殿堂最为尊贵，因为殿堂是供奉佛像、佛界诸神和瞻仰、礼拜、诵经祈祷的处所，而僧舍和茶堂则是僧尼修行说法和生活起居的地方，属于佛寺形制中的附属建筑，等级规模远不如中轴线上的主体殿堂建筑。

寺院园林

佛教园林是中国园林的重要组成部分，它与皇家园林、私家园林共同组成了独具特色的中国园林体系。佛教园林与皇家园林和私家园林既有相同之处，也有其自身的特点。皇家园林往往地域宽广，是经过人工改造的自然风景区；私家园林以江南的苏州园林最为典型，它与私家住宅毗邻，规模大者数十亩，小者不足一亩。佛教园林也是如此，就大范围而言，佛教园林可指整个佛教圣地，甚至是整座佛教名山，就一座寺庙而言则仅指其建筑庭院。

佛教圣地大多地处风景绝佳的名山大川，那里清幽恬静的自然环境是创建佛教"净土"的背景条件。历代精心选址巧择地形建造起来的寺庙建筑群与自然环境融为一体成为优美山林不可分割的组成部分。在这里，除了佛寺之外，还包括了山峦林木、奇岩异石、井泉溪流等自然景观，摩崖造像、题刻碑碣、经幢佛塔等名胜古迹以及佛教圣地的传说故事、诗词歌赋形胜等人文景观，诸多因素的有机结合，共同营造了一处浓郁的佛教圣地。这便是一种地域扩大的佛教自然园林，其人为与自然环境构成特征扩展了寺庙的有限空间而引人入胜。

南方佛寺内部庭院的园林化布置是佛教园林特色的另一个重要的方面。无论北方还是南方，世俗的居住建筑几乎离不开庭院式格局的布置。庭院不仅是采光、通风与交通空间所必需，也是室内空间的外化，它的用途是综合性的。面积宽敞的庭院多有精心配置的花草竹木，不仅显得清幽雅致，而且在模山范水的介壶天地中收四时之灿烂，尽显自然天成之美。此外，城镇郊区由于丘陵小山、风景秀美，且与距离人口集中的城镇近邻，是建造寺庙园林的佳境。

佛寺与中国山林哲学

作为儒道释三教之一的佛学是中国哲学的重要组成部分，与佛寺有一种天然的密切关系。佛寺是佛国精神的象征和净土的缩影，因此贯穿于佛寺建筑活动中的宗教哲学理念对于形成佛寺建筑的形态特征有决定性的作用，并在一定的宗教哲理的支配下建构佛寺的基本形制、营造佛教仪式空间环境。

图7-5　承德须弥福寺全景　《中国建筑文化遗产》副主编殷力欣拍摄

佛寺通常本着"结庐在人境"的哲学理念立寺择址，突出地体现在佛教理念和意境创造中融入了"天人合一"的自然观。这种自然观认为天地与人同质异构，因而强调天人互为感应、互为依存，因此而强调人与自然的统一和谐、顺乎自然，自然环境也即修行禅境。在佛寺建筑活动中提倡天然造化与人工意匠融合，借助天然造化构筑佛寺意境，从而使抽象化的宗教哲学理念在形象化的意境创造中得到生动的体现。因此中国佛寺建筑不崇尚西方宗教建筑傲然物外的美学特质，而是崇尚自然，并通过平面展开的建筑序列，以对称、协调、错落有致的建筑群体气势求得与自然环境的和谐共处。佛寺意境的创造将寺宇之美和礼佛修行之情融为一体，体现出中国佛寺建筑艺术与中国哲学交融的特色。

佛寺与中国传统审美观

佛寺的兴建多选择山林胜地，取其寂静秀美的自然环境，追求虚空、出世的意境，以便清静潜修，诵经事佛。北方宽阔的平远的空间以及大漠孤烟的境界也是禅定礼佛的独有洞天。石窟的形成与佛教审美观照相关。南方多青山秀水而少广阔的平原，寺庙庵堂更是建于山林风景绝佳处。四大佛教名山的出现便是中国传统审美观照的结果。这四大名山各居风景绝佳的山林胜地，除供奉文殊菩萨的五台山在空旷的北方，普陀山、峨眉山、九华山均在景色秀丽的江南。佛教建筑极其成功的规划布局与建造，与自然山川融为一体，为端庄典雅的佛教建筑铺展了赖以存在的环境背景，二者相得益彰，从而创造出空色之佛教境界。

佛寺艺术

中国佛教建筑艺术并非是印度佛教建筑艺术的翻版，而是佛教文化与中国传统思想文化和建筑艺术的结晶。在佛教建筑中，被作为表现和崇拜偶像的主体建筑艺术是佛寺、佛塔、石窟。佛教将理想化的崇拜仪式寓于佛寺、佛塔、石窟等建筑艺术之中，借助雕塑、壁画、石刻碑铭、佛画、诗文等多种艺术形式与仪式表达宗教感情。佛寺作为僧侣供奉佛像、舍利（佛骨和遗物）进行宗教活动和日常居住的处所，是佛教文化的载体和传媒。印度佛寺的形制是以四方式宫塔供奉佛骨和遗物的舍利塔为中心，四周建房舍，且均系砖石结构。佛寺传到中国后受到营造法式和礼制规范的影响，宫塔式逐渐被楼阁式所取代并演化成以供奉佛祖的殿宇为中心，同时结合中国木构建筑的特殊性，出现了廊院佛寺，形成殿塔楼阁族群多元化，佛教文化完全适应了中国僧侣和礼佛者的心理需要。中国佛塔一改印度佛塔形制成为楼阁式、密檐式、亭阁式、金刚塔、喇嘛塔、花塔、燃灯塔、祖师塔、双塔、三塔、塔林等，并将窣堵波演化改作塔刹置于塔顶之上，使中国的佛塔既有宗教功能，又有千姿百态的观赏视觉功能。源于印度的石窟形制多取方形平面，或设前后二室，或在石窟中央设一塔柱，其平面均为中轴对称，窟内佛像位次及大小均宾主分明、尊卑有序。这些处理手法典型地体现了礼制规范和伦理观念。不仅如此，石窟洞窟内顶部的藻井多半用宽边分格，并饰以飞仙、莲花、蛟龙等纹样。中国式的塔柱已经没有印度石窟中的那种圆形覆钵体，而是改为汉阙发展起来的多层楼阁式，每一层小楼阁都有雕刻的斗栱、梁枋、檐柱和拱门，佛像端坐在拱门里。石窟前多开凿成排的列柱的前廊，使整个石窟的外貌呈现出木构殿廊样式的文化特征。

佛寺雕塑

佛教雕塑是广泛传播佛教、实现佛门慈悲普度众生理想的重要方式。三国时，笮融大起浮屠祠内有一尊金铜佛像，这是中国正史中首次明确的雕造佛像记载。东晋十六国和南北朝初期，中国佛教造像迎来了它的兴盛期。佛教雕塑艺术在中国内地的深入是沿着云冈、龙门和响堂山三条路线发展的。云冈巨大的佛主像从岩石上直接雕出来，这种手法完全是印度式的，衣饰的旋状纹和巴米扬佛像一致，且带有犍陀罗风格的刚硬。但到达河南的龙门石窟后，中国的艺术家已经具有完全吸收印度和中亚风格的能力，造像更富于东方民族气质。响堂山石窟则是另一种富于特色的形式：柱状的人物显示出一种建筑学品格，也增加了一些宝珠的装饰。这三种类型进一步融合，便发展出伟大的中国式佛寺雕塑风格。

印度佛像传入中国后，早期云冈石窟佛教造像面相丰圆，肢体肥壮，神态温静。后来受到南朝以戴逵为代表的"秀骨清像"理念的影响，出现了以龙门石窟为代表的面容清瘦、褒衣博带、性格爽朗、风神飘逸的佛教造像，标志着隋唐时期是我国雕塑艺术史上灿烂辉煌的时代，佛教雕塑亦达到高潮。佛像雕塑属于宗教的偶像崇拜，一旦偶像以实体形态形成和出现，人们的意念崇拜意识便物化、对象化，即成为形同人体而超越人体（即经过具象而抽象、写实而夸张）的景仰对象和膜拜实体。偶像崇拜，在心理学上依然是想象力的膨胀，佛的伟大，法力无穷，焕发出无尽的精神可能性，便由观念的崇拜臆想出形体硕大，典型地体现为意念向形体塑造的转化。这便是佛寺雕塑造像的艺术魅力。

佛寺壁画

汉代，随着佛教传入中国，塑像及壁画随之出现，并渐趋茁壮蓬勃。大致南方以寺庙壁画发展为主，北方则多石窟造像。著名之佛教艺术圣地，除敦煌千佛洞因山壁无法凿刻而为泥塑及壁画外，北方的云冈、龙门、麦积山、天龙山、巩县石窟寺皆先后开凿。我国内地所存佛寺壁画已不多，唯甘肃敦煌之南、鸣沙山莫高窟遗存不少六朝以后的壁画。隋唐的壁画，今存于麦积山石窟与敦煌的莫高窟，敦煌所存唐代壁画，尤为富美，色彩鲜丽，人物造型端庄华贵，男女的形貌都非常靓丽。敦煌莫高窟有唐代壁画与彩塑的洞窟共207个，可分初、盛、中、晚四期。其重要的洞窟，如初唐的第220窟造于贞观十六年（642）；盛唐的第335窟造于垂拱二年（686），第130窟和第172窟造于开元、天宝年间（8世纪前半叶）；中唐的第112窟；晚唐的第156窟（此窟为张议潮建，窟外北壁上有咸通六年即856年所写的莫高画记）等，都存有辉煌灿烂的作品，可为唐代佛教美术的代表。五代十国时，寺庙壁画未衰，从五代迄宋，壁画受绘画发展之影响，佛教之内容渐行衰退。如唐宋二代均奉道教，释道之画并行于世。而殿庭壁室花卉走兽，四时风景之普遍，多少使壁画内容发生变动。辽、金、元寺观壁画尚有保存者，如大同华严寺，稷山青龙寺、兴化寺，洪赵广胜寺、水神庙，芮城永乐寺等。明清以降，士大夫作品见于寺壁者如凤毛麟角，匠人绘画一则投世俗之所好，二则沿用民间传说，除释迦、观音、罗汉、药王外，另有关羽、张飞等人物以及《西游记》《封神榜》《施公案》等小说中故事人物角色之壁画。

佛寺石刻碑铭

佛寺与石刻碑铭的关系主要表现在以下两方面：其一，佛家弟子即是书法大家，他们的作品借以碑刻或帖石传世；其二，有关佛教的石刻，主要是石刻佛经、造像题记和佛寺碑铭。这些石刻作品的碑帖拓片不仅对于弘扬佛法，而且对书法的影响，都有举足轻重的作用。

佛寺石刻碑铭以其精神意蕴与艺术意味为一体的文化形式成为弘法的重要方式之一。根据《房山石经》记载，中国佛寺石刻自隋代静琬法师发愿创刻之后，历经唐、辽、金、元、明，延续一千余年，是世界文化史上罕见的壮举。特别是通过历代不同书法风格的石经，可以看到自唐迄明这一千多年的书风变迁史。《泰山经石峪》是现存摩崖刻石中形制和规模最大的，被尊为"大字鼻祖""榜书之宗"。佛寺石刻以《金刚般若经》与《匡喆刻经颂》最为有名。

《龙藏寺碑》上承汉魏六朝，下开唐楷，有隋碑第一之美誉。隋代在这一过渡中具有典型性的是《龙藏寺碑》，瘦劲宽博，平正冲和，既有隶书的含蓄、魏碑的雄健，又有唐楷的谨严。康有为对此碑评价很高，认为《龙藏寺碑》统合分隶，为六朝集成之碑，结构朴拙，用笔沉挚，有一种高穆典雅的风神。唐代欧阳询的《比度寺碑》书法平正清穆，丰腴悦泽。"初唐四家"之一的褚遂良继承王羲之的传统，外柔内刚，笔致圆通，最能代表他独特风格的是《雁塔圣教序》。明万历中于陕西终南山出土的砖铭盛行于汉魏、两晋南北朝，隋唐以后逐渐减少。铭文以刻画为多，书法也少变化，铭刻之工亦颇见功力，表现逼真而精细。

佛寺诗文

自佛经传入中国以后，中国文学的内容、形式和思想理念便受到了深远的影响，主要表现为以下几个方面：1.促进了文学理论的成熟，佛教对文学评论的影响也颇深远。推其原始，移沙门僧佑居处的刘勰《文心雕龙》实肇其端。其后如唐代司空图的《诗二十四品》、宋朝严羽的《沧浪诗话》、清代袁枚之"性灵"说无不受佛教禅宗的影响。2.促进音韵学的推动。中国字是方块文字，无法从外形上看出字的发音，佛教传入之后，为了便于翻译佛典，魏晋时代就有僧人在音韵上从事研究，导致后来四声、字母、反切、等韵图表的发明。一则促进了音韵学的发展；二则推动了格律诗的形成，让中国的诗歌更增添音韵之美。3.促进文体形式的改良。由于受到印刷术、民众文化水平等方面的制约，佛教的弘传最初仅限于贵族社会或少数知识分子中间。为了使佛法普及，一种浅显而活泼的弘法方式——"唱导"应运而生。这种方法到了唐代更发展为"俗讲"，而变文就是俗讲之话本。以通俗文字显示佛经中神通变化之事，即称"变文"。蕴含佛教哲理的诗文创作也应运而生。4.在诗歌方面，汉语四声被发现及诗歌格律上"八病"的规定，受佛教五明之一声明的影响。到唐代，诗人受禅宗的影响，开始追求高远的意境，以情入景的诗风开始流行，所作的诗将山水与佛法义理结合。唐代以降，禅风大行，许多硕学之士多舍儒归佛，因常与禅师往来论道，在潜移默化之下，吟作之诗富含禅趣。唐以后中国文学作品出现的多元化趋势，不能不说受佛经的影响。更为重要的是佛教苦空无常和因果轮回的思想贯穿于宋以后许多诗词、戏曲、小说之中。

佛寺的价值

历代帝王之所以崇佛礼佛并举国家之力大兴佛教建筑，甚至将佛教定为国教，原因就在于佛教与政治从来密不可分。就精神价值而言，佛教的因果报应、生死轮回理论以及救苦救难、普度众生、利他才能利己的教化，融合了古代哲学理念与生存智慧，不仅对于生活在社会底层的劳苦大众的心灵慰藉具有很强的诱惑力，形成了广泛的社会文化心理基础，而且对于处在统治地位的帝王和士大夫安邦定国、保障社会秩序、维护政治利益也极为有利。就物质价值而言，建筑是文化的载体，在漫长的历史岁月里，随着佛教文化的弘扬与传布，佛教建筑作为特殊形态的文化遗产所蕴含的历史价值、科学技术价值、文化艺术价值是不容置疑的，对于本民族乃至国际性的社会科学、自然科学、工程技术科学的研究具有重要的参考价值。

1. 精神憩息之所

在中国古代社会，儒家思想一直处在精神主宰地位，佛教传入中国后，其因果报应的轮回理论指出了一条只有礼佛修行、克服欲望、积善积德才能摆脱苦难，终成正果，实现生命人格升华的人生道路。佛教的五戒、十善以及扬善惩恶的主张具有普遍社会价值。一些佛教义理和儒家思想也多有相通之处。佛教建筑艺术反映中国古代传统思想文化的最显著特征，就是佛教文化与儒家文化礼制相融合而导致的中国佛寺的官署化、等级化的精神场所。在佛寺建构的宇宙世界里，佛和菩萨、罗汉、诸天神组成一个庞大的神祇阵容，这些佛界神祇降魔赐福、普度众生的职责和法力也都是借助佛寺的建筑空间的组合与烘托得到充分展示。中国四大佛教圣地的寺群分别供奉文殊、普贤、观音、地藏四大菩萨，正是佛教"智、行、悲、愿"的理想诉诸人的精神世界慰藉，希望由此一世界到达彼一世界的信善之径。

2．稳定团结社会

佛教建筑在中国古代建筑中形成特殊的地位、可以起到稳定社会团结的作用绝非偶然。所以历代帝王之所以崇佛礼佛，并举国家之力大兴佛教建筑，原因在于佛教及其建筑与政治密不可分。佛教的因果报应、生死轮回理论，以及救苦救难、普度众生、利他才能利己的教化，融合了中国古代哲学思想，不仅对于生活在社会底层的劳苦大众具有很强的诱惑力，形成了广泛的社会基础，而且对于处在统治地位的帝王和士大夫安定社会秩序、维护政治利益也极为有利。因此，这种社会政治环境为佛教提供了宽松的生存发展空间，使其成为中国古代建筑仅次于宫殿的重要建筑。古代帝王给一些重要佛寺钦定主持，赐给寺名、匾额与诗词，对于民众的礼佛信仰与社会安定，同时对佛教建筑艺术的成熟和发展起到了推动作用。

3．记载历史发展

佛寺是仅次于宫殿的高标准、高水平的建筑形制。自印度佛教从汉代东传中国以来，历代统治阶级和民间佛教机构均非常重视佛寺的建构，佛教建筑往往以物化的形式凝聚着一定历史时期的社会思潮和文化审美特征。佛教建筑大都坐落在廓大的高台上，由梁架、立柱承重，宽厚墙体围合，墙呈收分之势，开间主次分明，外观形象严谨对称、端庄典雅。立柱与梁枋之间以斗栱承托，层层叠叠，其上冠以飞檐翘角的琉璃瓦大屋顶，整座建筑雄伟壮丽、气势辉煌。这些佛教建筑不仅拥有大量的殿、堂、楼、阁、廊、庑等建筑类型，而且屋顶造型也有硬山、悬山、歇山、庑殿、攒尖、重檐、卷棚等多种样式。中国传统建筑的技艺在佛教建筑中得以不断地传习，当中国明清以前地面上的绝大部分古代建筑随着岁月的流逝早已化为烟尘的时候，唯有佛教建筑至今还保存着魏晋南北朝以来的遗构并成为历史发展的见证。佛教建筑艺术形象地展示了佛教的文化内涵和发展历史，显示了社会物质文明、精神文明的水平。

4．文化艺术价值

佛教贯穿的崇拜意识属于抽象意识，佛教建筑艺术将这种抽象意识具象化，通过对苦海无边的现实人生和虚幻缥缈的极乐世界以及佛界众生相的描绘、渲染、夸张与烘托，把佛的尊严、佛法的威力和佛教经纶形象地展示出来，引导礼佛者在感受佛教内容的渐进过程中领悟佛教的真谛。佛教建筑艺术像其他艺术门类一样，除外在的造型与建构技艺要求之外，还孕育着文化审美价值。从美学的角度审视佛教建筑，欣赏到的不单纯是其个体外观形象，还包括内部空间和建筑群体构成的外部空间形象以及由这些空间艺术形象所表现的文化意味。无论是佛寺、佛塔，还是经幢、石窟，尽管其外观形象各自有鲜明的特征和耐人寻味的韵律，却都采用中轴对称的均衡造型，同时巧妙地运用适当的比例关系和强烈的对比手法，使得整个建筑形体典雅庄重、和谐统一，形成特定的视觉美感。佛教建筑单体内部空间和建筑群体构成的外部空间形象的美学特征是运用连续空间分隔组合的艺术手法，在空间序列展开中创造曲折变化以形成跌宕起伏的优美韵律。佛教建筑艺术追求的不仅仅是建筑形式的美，而且是形神兼备，借以达到传神与传心的艺术效果。佛教建筑艺术的职能就是运用人们所能普遍接受到的空间造型感之以美、动之以情，最终引导人们进入信仰境界。

5. 有助弘法事业

佛教建筑艺术是佛教建筑功能的外在表现形式，旨在为宣传佛教的教义服务。佛教教义贯穿的崇拜意识属于抽象意识，佛教建筑艺术将这种抽象意识具象化，通过对苦海无边的现实人生和虚幻缥缈的极乐世界以及佛界众生相的描绘、渲染、夸张与烘托，把佛的尊严、佛法的威力和佛教经纶形象地展示出来，引导礼佛者在感受佛教内容的渐进过程中领悟佛教的真谛。在这种意义上，佛寺的外在建筑形式是有意味的形式。礼佛者由此领会佛教崇尚身清气洁、超脱尘缘的净化意识，从佛寺建筑布局中可以神悟佛教追求的均衡统一、庄严肃穆的净国秩序，从殿堂楼舍可以体察佛教修行果位和通过修行方能涅槃成佛的终极目标，从晨钟暮鼓中可以感知佛法消除烦恼的灵性，塔刹对佛域净土的顶礼膜拜之情油然而生。随着佛教的弘扬与传播，古代人民创造出的独具特色的中国佛教建筑艺术也因此异彩纷呈、彪炳史册。

三、中国佛教建筑的审美特征

中国的寺院建筑样式与宫殿相似，更多地融会了中国宫殿建筑的美学特征，在时间进程和空间形式上都具有共同的特征：屋顶的形状和装饰占重要地位，屋顶的曲线和微翘的飞檐呈现着向上、向外的张力。配以宽厚的正身、廓大的台基，主次分明，升降有致，加上严谨对称的结构布局使整个建筑群显得庄严浑厚，行观其间，不难体验到强烈的节奏感和鲜明的流动美。基座，分为普通基座与高级基座，以显示建筑寺庙的等级和风格。普通基座一般用在天王殿，随着院落的进深，基座逐渐升高。大雄宝殿的基座，人们常称为须弥座，须弥是佛教中"位于世界中心的最高之山"，把大雄宝殿置于须弥座上，借助于台基高隆的地势，周围建筑群体的烘托，以显示佛殿的宏伟庄严。开间，平面组合中的佛寺院落大多数开间都是单数，这也是中国古代以单数为吉祥。开间越多，等级越高，如大雄宝殿用九、五开间，以象征"帝王之尊"。其余大殿一般为三间。开间的纵深为进深，开间与进深形成一定的比例关系，使整体建筑取得和谐统一的效果。屋顶，寺院建筑的体身部分，体型都显得庞大笨拙，但在屋顶上却利用木结构的特点把屋顶做成曲面形。寺院屋顶造型有庑殿顶、歇山顶、悬山顶、硬山顶、攒尖顶等，庑殿、歇山屋顶又有单檐和重檐两种。

飞檐又使屋顶独具风韵，那弯曲的屋面，向外和向上探伸起翘的屋角，使十分庞大高耸的屋顶显得格外生动而轻巧，除了屋面是凹曲外，屋檐、屋角和屋顶的飞脊都是弯曲的，彼此相形相映，构成中国古典别具一格的屋顶造型。琉璃瓦饰，建筑屋顶的正脊、垂脊、檐角上置有多种琉璃瓦饰，如正脊与垂脊相交处的大吻，因它有张牙舞爪欲将正脊吞下之势，故又称"吞脊兽"。大吻产生于汉代，称鸱尾。最早的鸱尾呈鱼尾形，鸱是大海中的鲸，佛经上说它是雨神的座物，能灭火，故造鱼形以厌胜。檐角上常排列一队有趣的小兽，小兽的大小多少视寺庙宫殿的等级而定。最高等级共有十个，其顺序是：由一个骑凤的仙人领头，后为龙凤、狮子、天马、海马、狻猊、狎鱼、獬豸、斗牛、行什。这些排列的小兽，或象征吉祥安定，能灭火消灾，或是正义公道的化身，能剪除邪恶。这些造型精美、神态各异的小兽，具有很强的装饰性，使本来极无趣笨拙的实际部分，成为整个建筑物美丽的冠冕。

（一）北方佛教建筑艺术

1. 北方佛教建筑的主要形制

佛教自东汉初传中国，广泛流布在长江以北地区，尤以黄河流域为集中。印度佛教嬗变为中国佛教，由形成而至鼎盛，赖于长期作为中国政治、经济中心的北方所特有的皇权推动力和深厚历史文化的积淀。因此，在佛教发展的渐进过程中，北方佛教建筑最早接收中国古代建筑思想及其营造法式，为确立完整的佛教建筑形制布局与中国化演变奠定了文化基础。

（1）北方佛教建筑的主要形制

早期北方佛教建筑形制因循了古代印度式样，基本特征是砖石结构的宫塔式，传至中国的北方以后，同以木构架为主要结构方式、以殿堂楼阁为主要内容的中国古代建筑遇合，开始逐步适应中国的社会心理，吸收中国本土的技术与文化，无可逆转地发生了中国化的嬗变。

宫塔式佛寺是以象征"天宫千佛"的巨型"宫塔"为主体，塔后建佛堂，周围是僧舍的佛教寺院形制。这种形制所体现的佛寺功能旨在强调突出"宫塔"的宗教意义，按此制度构筑的宝塔每层外壁布满佛龛，从一级至三、五、七、九，世人相承，称之为"佛图"或"浮屠"，象征"天宫千佛"，故称"宫塔"。宫塔建筑的典型特征是以砖石砌筑，基座平面为四方式，塔身断面有方形与圆形两种，塔体自下而上收分，塔层成单，层龛与柱龛内供奉佛像。

楼阁式佛寺是中国化佛寺的早期形制。这种形制借助于中国古代建筑固有的楼阁艺术造型，将砖石宫塔演变为木构方式的重楼，并以宝刹作顶，使

图7-6 天津独乐寺 崔勇拍摄

其既有楼的外观，又有塔的特征，是谓"楼塔"。楼塔与宫塔的主要区别在于将遍布塔外壁的千层佛龛改为内置佛像，堂阁环楼而设，从而使原来绕塔瞻礼变为供佛礼拜。由于楼塔式佛寺符合中国的特点，因此一开始就显示出旺盛的生命力，自三国、两晋、南北朝时就已从北到南在各地相继兴建起来。

在中国，随着佛教信仰形式的变化，殿堂变得越来越神圣，于是廊院式佛寺形制应运而生。由于佛教多元化与世俗化带来了佛教功能的多样化，同时对释迦牟尼佛的信仰也演化为对诸佛、菩萨、护法的信仰，故而更加需要通过多种佛教建筑进行礼拜活动和佛教传布活动，使得单一的楼塔式佛寺形制终于被多元的廊院式佛寺形制所取代。廊院式佛寺巧妙地调动各种艺术要素组合建筑群体和空间序列，不仅能够满足佛教功能多样化的需求，而且可以创造出奇妙的艺术景观，较之楼塔式佛寺形制具有更强大的生命力。无论单院式，还是多院式，廊院式佛寺均以大殿为主体建筑，周围依次建殿、堂、楼、阁等配殿建筑，大大丰富了佛教文化与建筑。

（2）北方佛教寺院的布局

北方佛教寺院的建筑布局与其形制的演化息息相关。在宫塔式、楼塔式向廊院式渐进的过程中，以塔为中心的布局也随之朝着以殿为中心的布局发展，并日臻成熟，直到形成"伽蓝七堂"的稳定形式。佛寺以塔为中心缘起于佛塔所具有的特殊宗教意义，因为佛塔之所在，就是佛陀教化的所在，也是正法常住的体现，更表达了佛弟子对佛陀的崇仰和怀念。故《长阿含经》称："于四衢道起立塔庙，表刹悬缯，使诸行人皆见佛塔，思慕如来法王道化。"

在佛塔一元独尊的地位消失后，以殿为中心的佛寺布局开始出现。佛教建筑形制从宫塔式到楼塔式的变化，意味着造像奉祀的形式逐渐取代瞻礼象征性的建筑形式，供佛礼拜的宗教仪式开始由建筑的外部空间转向内部空间。由于佛教影响迅速扩大，崇佛礼佛者与日俱增，楼塔内部狭小的空间难以适应规模越来越多的佛事活动需要，注定将寺院的中心地位让位于有宽阔室内空间的殿堂。选择殿堂作为佛寺中心还在于殿堂的政治属性，殿堂象征着至尊至贵与神圣威严，在中国古代建筑体系中拥有无与伦比的崇高地位，礼佛诵经即是享有国礼的殊荣。

佛教建筑中国化以后，虽然在建筑细部仍然保留了许多古印度式样的痕迹与特征，但在整体上已经渗透了中国的传统思想文化和审美观念。以殿为中心的佛寺是一组或多组布局严谨的建筑群，强调寺院的纵轴线（即中轴线）明确，沿中轴线设置重重庭院与建筑，大殿居中而立，左右对称布置配殿。佛寺无论大小、规格无论高低，均照此形式建造，即便是比较复杂的多院式佛寺也均以殿为中心或横向扩展，或纵向延伸。以殿为中心的佛寺布局形式由简单而复杂并不断发展完善，既紧凑严谨，又灵活多变，进一步丰富了佛教建筑的艺术表现力。

（3）北方佛教寺院造型的两种基本形式

纵观佛教建筑形制，北方佛教寺院造型主要有官署式佛寺和民居式佛寺两种基本形式。

官署式佛寺是北方佛教寺院造型的一种重要的形式。在官署式佛寺中所有的宗教建筑都被赋予了社会属性，划定了不同的等级，并仿照宫殿和官府建筑的样式与排列，尊卑有序，各司其位。建筑与建筑之间的相互从属关系十分明确，供奉殿堂所有的规模、体量、尺度、建筑形式，甚至台基的高度、屋顶的式样、天花藻井等局部构件、彩画、雕饰也都主次分明；从某种意义上说，官署式佛寺成为官署建筑形制的缩影与翻版。官署式佛寺在各地都能见到，它们除了保持以殿为中心的中轴对称布局和单体建筑造型沉稳肃穆的基本形式外，却又能因地制宜而各有细微的局部变化。

民居式佛寺是北方寺院造型的民间形式。佛教在中国的传播早已深入社会下层，影响着平民百姓，于是或消灾祛病，或憩隐山林，或皈依寄终，出于各种心理需要和精神希冀拜佛。中国古代以宅舍为寺的社会现象相当普遍，民间造寺兴盛于晚唐时期（846—907），此后蔚然成风。民居式佛寺虽然也恪守以殿为中心的建筑布局格式，采取方形平面和中轴对称，力求构成均衡稳定、和谐统一的建筑组群，但是支配这种思维定式的主要不是尊崇君臣僚属的等级观念，而是崇尚天人合一与致中和的生存哲学观念，以及对称、稳定的审美心理。这种佛寺的院落布局非常紧凑，基本上由山门、天王殿、大雄宝殿、藏经楼组成，一字排开建在中轴线上，大雄宝殿居中，左右两厢为配殿、禅房、僧舍，建筑风格雄浑古朴，没有官署式佛寺那般雄伟和华贵。大殿规格多为三开间或五开间，台基构件也十分简约。其他的建筑形制犹如民居。

（4）北方佛教建筑立寺择址的理念与境界

佛教寺院是佛国精神的象征和净土的缩影，因此对环境的要求与宗教净化意识直接相关，既要利于出家人修行，又要利于传布佛教。佛教寺院多半选择在清旷绝尘处立寺，礼佛者到此进香拜佛，更容易感悟生命的真谛和佛的神圣。"梵境幽玄，义归清旷，伽蓝净土，理绝嚣尘"，成为佛教寺院立寺择址的定律，因而风景秀丽却交通不便、人迹罕至却绝尘清旷的名山大川倒成为佛教建筑立寺择址的理想场所，五台山、峨眉山、普陀山、九华山因之成为中国四大佛教圣地。可见山不在名而在灵，立寺择址的关键是体现佛教理念、寻觅清幽的环境。

贯穿于宗教建筑活动中，宗教理念对于形成宗教的建筑形态特征有着决定性作用。佛教寺院立寺择址思想突出地体现在宗教理念和境界创造中，融入了"天人合一"的自然观。这种自然观认为天地与人有着同样的结构，天人互为感应，互为依存，因而强调人与自然的和谐统一，自然环境也即修行禅境。在佛教建筑活动中，提倡天然造化美与人工意匠美的融合，借助天然造化之美构筑佛寺意境，从而使抽象化的宗教理念在形象化的意境创造中得到生动体现。因此佛教建筑崇尚自然，通过向平面展开的建筑序列，以对称、协调、错落有致的建筑群体气势求得与自然环境和谐共处，而绝对没有西方宗教建筑直插苍穹而傲然物外的秉性。

2. 北方佛教寺院中殿堂楼舍的配置与建筑造型

北方佛教寺院中殿堂楼舍的配置造型具有典型的代表性，基本上保留了各个历史时期的传统佛教寺院建筑风貌。北方佛教建筑在汉代开始出现，此后完全承袭了中国古代建筑的传统技术和艺术，为适应传布佛教文化不同功能的需要，按照中国古代建筑的营造法式，不断创新发展，以丰富多彩的艺术形象和独特的韵味展现在中国古代建筑艺术的殿堂。

（1）北方佛教寺院中殿堂楼舍的建筑配置

北方佛教寺院里的殿堂楼舍以殿最为尊贵。殿是供奉佛菩萨及护法，瞻仰礼拜、诵经祈愿的处所；堂和楼舍是僧尼修行说法和生活起居的地方。殿堂因供奉的佛菩萨不同分为大雄宝殿、释迦殿、七佛殿、三圣殿、无量寿佛殿、药师殿、弥勒殿、毗卢殿、文殊殿、普贤殿、观音殿、地藏殿、罗汉堂、伽蓝殿等；因用途的不同又分为舍利殿、藏经阁、转轮藏殿、戒台殿、洗心殿、禅堂、法堂（又称讲堂）、斋堂等。自从"伽蓝七堂"成为佛教寺院建筑的规范之后，山门、佛殿、法堂、方丈、斋堂、浴室、东司（厕所）等建构被列为必不可少的形制。

在以殿为中心的佛寺布局中，殿堂楼舍有前殿、正殿、后殿、配殿之分。前殿包括山门、天王殿、钟楼与鼓楼一组建筑；正殿由建在中轴线上的大雄宝殿、法堂、藏经阁（楼）等建筑组成；后殿由三佛殿、毗卢殿等建筑组成；配殿则是指位于中轴线两侧的伽蓝殿、祖师殿、观音殿、地藏殿等殿堂。由于佛教宗派供奉的佛和菩萨不尽相同，因此各个寺院在前殿、正殿、后殿、配殿的种类配置上也是千变万化，但万变不离其宗。天王殿、大雄宝殿、法堂、藏经阁作为一种殿堂组合的定式始终设在佛寺的中轴线上。轴不仅在中国古代世俗观念中被认为是宇宙万物的主宰，起着稳定宇宙秩序的重要作用，而且被佛教认为是生命无休止轮回的极轴，连接着融融乐土和冥冥地狱。东西配殿则依中轴线在位置、体量、装饰、排列上保持均衡对称。通常东配殿为伽蓝殿，西配殿为祖师殿。

位于佛寺中轴线始端的大门是山门。山门一般呈现三门并立的形式，表示佛教的三种解脱门，分别称作空门、无相门、无作门。山门因常建成殿堂式又称山门殿。山门的规模不大但很重要，因为它是划分佛国与凡尘的界限，又是从凡尘通往佛国的过渡。

山门后面的天王殿通常规模也不大，殿堂内空间布置紧凑，前后门相对，迎门处供奉弥勒佛，弥勒佛背后供奉护法韦驮。弥勒佛与韦驮塑像两侧分列四大天王像，这是佛教的四个重要的护法。在建筑功能上，天王殿属于过殿，承接着从山门到大雄宝殿的空间过渡变化，进一步加强着佛国圣境的宗教气氛，引导着礼佛香客的情绪和精神升华。天王殿、山门、钟楼与鼓楼围合成一进院，钟楼与鼓楼置于高台上，在晨钟暮鼓中营造了肃穆的氛围。

佛教寺院内紧连天王殿的第二重是大雄宝殿。大雄宝殿主要供奉释迦牟尼佛像。所谓"大雄"，是对释迦牟尼佛的尊称，寓意佛祖超人的大智力，因此供奉"大雄"释迦牟尼的殿也就被尊称为"宝殿"，民间俗称"大殿"。大雄宝殿与天王殿、东西配殿围合成二进院，殿前正中设大香鼎，两旁各有石幢一座。大殿四周常立有功德碑。东配殿多为伽蓝殿，供奉波斯匿王、祇陀太子、给孤独长者三尊像；西配殿一般为祖师殿，供奉该寺开山祖师。

寺院建筑中的法堂相当于讲堂，而"讲"通于"讲教"，为别于他宗，且示其教外别传之宗旨，故于禅宗特称为法堂。在佛寺中法堂是仅次于大雄宝殿的主要建筑,因此设置在寺院的中轴线上,排列在大殿之后。依据《历代三宝纪》卷十二、《景德传灯录》卷四等所载,中国自古除佛殿外,亦建有法堂。

佛寺中轴线最后一进是珍藏佛经的藏经阁(楼),其建筑形式通常分为两层,下层供千佛,象征众佛集结诵经,上层沿壁立柜橱安置藏经。另有一种是安置转轮藏的殿阁,称为转轮藏殿,殿阁常为三层高,地下设一个可移动的大转轴,轴上安置龛,龛内安置抽屉储藏佛经。

(2)北方佛教寺院中殿堂楼舍的建筑造型

中国古代建筑因等级制度限制而有大式与小式之分,北方佛教寺院中的殿堂楼舍和宫殿、陵墓、城楼、官署等高级建筑一样,同属于大式建筑,其单体形态的三维空间由横向(面阔)、纵向(进深)、竖向(高度)构成。其中面阔开间通常取三、五、七、九奇数;进深以三、四、五檩架较为常见,最多不过七架。建筑立面自上而下分为屋顶、屋身、台基三层。台基朴实沉稳,屋身端庄规整,屋顶出檐伸展自如,整座建筑造型展示一种雄浑稳健、气势恢宏的艺术形象,以其深厚的历史积淀和纯熟的建筑技法创造了特有的风范。

殿堂是北方佛教寺院里最具有代表性的建筑造型,其中的台基象征佛国圣境中心最高的须弥山,分须弥座和普通台基两大等次。有些大殿的殿身为了取得宏大气势的艺术效果,常常在台基的基座部分特意增加月台。北方佛教寺院在殿堂的台基上一般都设置石栏,并非安全防护需要,而是为了增强表现力。

殿堂屋身的显著特点是由柱列、梁枋、斗栱等大木作构件组成建筑的承重结构,而以山墙、檐墙、栏墙与廊墙作为围护,外檐装修主要是门窗格扇。殿堂的面阔、进深和出廊形式取决于柱列和梁枋的组合。在佛寺殿堂中,屋身立面的开间通常是位于正中的当心间最宽,其余各间相等。佛寺殿堂屋身正立面样式也不拘一格,除当心间为木板门或门格扇之外,两侧各间或为实体墙,或为门格扇,或为窗格扇与栏墙,或稍间为实体墙、次间为门窗格扇。

　　殿堂的屋顶造型在佛寺建筑中最富于表现力与感染力，典型地体现了中国古代建筑的特征。屋面凹曲，造型多变，出檐深远，翼角腾飞，塑造了动势极强的艺术形象。北方佛教建筑的屋顶基本形式有庑殿、歇山、悬山、硬山、攒尖五种。在使用功能上，屋顶原本通过陡峭凹曲的屋面和反宇飞檐的出檐起到排泄雨水、改善日照通风、保护屋身木构的作用，但是为了表现屋顶审美的创意，常通过屋脊和屋面的灵活变化以及单檐、重檐、三重檐多重组合，带来屋顶形体乃至整座殿宇造型的无穷变幻，构成了优美丰富的艺术造型，而且扩大了屋身与屋顶的体量，增添了屋顶的高度和层次，增强了建筑的宏伟感、庄严感。其中的庑殿式为四坡屋顶，尺度宏大，形态稳定，轮廓完整，翼角起翘，舒张高扬，表现出宏伟的气势、严肃的神情、强劲的力度，具有突出的雄壮之美，故而在佛寺中用于品位最高的大雄宝殿等建筑，意在表现佛的神圣伟大和法力无边，从而激起礼佛者崇尚仰慕之情。歇山式屋顶呈"厦两头"的四面坡，形态构成复杂，翼角舒展，轮廓丰美，屋脊构件多，装饰丰富，既有宏大、豪迈的气势，又有华丽、多姿的韵味，壮丽之美兼而有之，在由严格的均衡对称构图创造的静态美中巧妙地透出动态的美感，达到了和谐统一。这种形式的屋顶虽然等级品位次于庑殿式，但是却营造出琼楼玉阁的意境，其形式意味更适合对佛国理想境界的追求。

　　佛教寺院的楼阁式由殿堂建筑演进而成，因为在重檐的基础上建置重楼，或者在单檐之上建构重檐式的重楼，所以建筑造型有了更大的灵活性，变得更加挺拔轩昂、华美瑰丽。多种多样的楼阁点缀在寺院空间中，大大丰富了佛寺建筑组群轮廓，更增强了空间感染力。

　　（3）北方佛教寺院中殿堂楼舍的建筑装饰

　　北方佛教寺院中殿堂楼舍的建筑装饰呈现着多样性风致。主要表现在装饰性很强的轻灵通透的小木作装饰和琳琅满目的屋顶修饰，通过外檐、内檐与天花藻井装饰的棂格、线条、纹样、雕饰、色彩、材质、饰件和屋脊兽吻等丰富建筑的外观形象与室内空间。精致的装饰与大片的屋面、厚重的墙体、规则的列柱、平实的台基之间形成虚实、刚柔、轻重、粗细等构图对比，使得佛教寺院的殿堂楼舍处处透着灵气，增添了空间流变的意趣和佛教文化底蕴。

宋辽之前佛寺的殿堂楼舍列柱和斗栱一般用材粗犷硕大，不加修饰，以其朴实无华的自然形体与材质表现雄浑、疏朗的结构活力。外檐门窗也多用实木门板或者直棂式、柳条式门格扇和窗格扇。此后列柱和斗栱逐渐趋于华丽，特别是斗栱渐渐由承重构件变为装饰构件，明清建造的佛寺更是极尽华丽之美，突出表现在殿堂楼舍的外檐翼角斗栱层叠多变，重彩描绘。门窗格扇的格心也都由直棂、柳条、方格、斜格向着烦琐雕镂发展。北方殿堂楼舍室内空间为了取得高爽、深幽神秘的气氛，通常采用彻上露明的做法，将内部的梁、枋、檩、椽等构件暴露在外面而不做顶棚，使室内空间显得高敞。这种装饰手法在宋代之前颇为流行，以后建造的殿堂楼舍在室内空间处理上大量采用天花藻井，以调整空间高度，区别主次。

殿堂楼舍屋脊装饰在佛教寺院的建筑装饰中不可或缺。正脊与垂脊上的琉璃色彩和鸱尾瓦兽、山花悬鱼等饰物的数量、大小、式样无不表现着诸佛菩萨的主从次序、佛教寺院的规格、佛教建筑的品位和文化情感的象征。鸱尾又称鸱吻、龙吻，一般均置于佛寺主要建筑的正脊和垂脊上，以其生动流畅的形象将殿堂楼舍装点得格外富丽堂皇。屋脊上的仙人走兽均按照奇数设置，栩栩如生的造型为佛教寺院这片圣地平添了许多生机。僧舍及辅助建筑装饰则简单。

中国佛教建筑装饰缘于弘传佛教和护卫佛法，其艺术构思赖于装饰的题材与手法。雕塑、壁画、彩绘等造像艺术是常见的形式。造像是传布佛教文化的基本方式，弥漫于殿堂内的造像渲染佛国世界的神秘意蕴，礼佛者置身于其中，自然会受到佛教文化的感染。北方佛教寺院建筑装饰中的造像题材有三：一是描绘佛教故事；二是阐释佛教义理；三是反映社会生活。

雕塑是表现佛教文化的主要造像艺术，它与佛教建筑相互依存，浑然一体，共同承担着弘传佛教的功能。佛寺中常见的雕塑有石雕、砖雕、木雕、铜雕、泥塑等，装饰手法有圆雕、高浮雕、浅浮雕、彩雕等。佛与菩萨的形象分为坐、立、卧三种姿势，并以不同的手势表现出不同的神态。罗汉形象颇似现实生活中的僧人率性而出，护法诸神大多为立像造型，形象显得勇武威猛。在北方佛寺殿堂楼舍的檐廊柱础和雀替、挂落上随处可见莲花、狮子、象、宝珠、金刚杵、佛教八宝物和世俗民风的雕刻，富有形象美感。

壁画的装饰效果同样在于营造"佛国净土"的意蕴，所不同的是壁画借助殿堂楼舍的内壁着墨润色，以鸟瞰或散点透视法把每座殿宇装饰得堂堂有画，满壁生辉。壁画较之雕塑能够给人以更加丰富的空间想象和意蕴感受。北方佛寺壁画的主要内容有佛和菩萨的尊像画、佛本生与佛本行故事、各种经变画、传统神话、中国佛教史迹画和装饰图案、世俗社会生活等。表现形式基本上是采用凹凸晕染和丰富多变、动感极强的墨线勾描技法，达到了栩栩如生、呼之欲出的艺术效果，使其内在的生命力活灵活现，并与殿堂有限空间内的佛像雕塑相互辉映、烘托，造成礼佛者对于佛国极乐世界的联想，产生对诸佛菩萨顶礼膜拜之情。

此外，以匾额、楹联、诗文、碑刻等艺术形式装饰寺院殿堂楼舍，是中国佛教建筑有别于其他国家和地区宗教建筑艺术的独到之处。匾额、楹联、诗文分别悬挂于殿堂的外檐、立柱等处，不仅对于弘扬佛教文化起着画龙点睛的作用，而且增添了宗教意识与文化品位。

3．北方佛塔、燃灯塔与经幢建筑艺术

佛塔、燃灯塔、经幢在中国是一类形态独特的佛教建筑，它们的主要特征是以竖向轴线为基准进行均衡对称的立体构成，其挺拔崇高之美同佛寺殿堂楼舍端庄舒展之美形成鲜明的对照。佛塔、燃灯塔及经幢原本不是土生土长的中国古代建筑，东汉之前中国没有塔的建筑造型，只是随着佛教传入舍

图7-7　山西应县木塔　崔勇拍摄

利塔才在中国广为建造，而且独自构成完整的体系。燃灯塔由舍利塔演进而成，经幢如同舍利塔一样，它们同属宗教寓意极强的建筑，以高雅的艺术格调烘托佛寺殿宇的神圣。

（1）佛塔的起源、构成及种类

塔起源于印度。塔的称谓来自梵语和巴利语音译的窣堵波、塔楼、兜婆、偷婆、浮屠、佛图等名称。古代印度造塔用于供奉佛骨、佛牙、舍利等遗物，故又称舍利宝塔。由于舍利数量有限，于是出现他物替代舍利的做法。最初的印度塔造型如覆钵，塔刹层层收分递进，向神秘苍穹延伸，寓意佛陀崇高伟大，为天地至尊至上。于是舍利宝塔作为纯粹意义上的宗教象征受世代僧尼和崇佛者所顶礼膜拜，形成佛教最重要的建筑，位居佛寺的中心，统领全寺建筑群。当佛教东传时，塔也随之传入中国，在中国古代建筑高层楼阁的影响下，不仅保留了珍藏舍利、供奉佛像和佛经的宗教功能，还增加了登临远眺的文化功能。塔的造型也由原来的石柱式演进为高耸挺拔的建筑形体，从而取代了古老的覆钵塔。古印度的佛塔称窣堵波，由台基、覆钵、宝匣（平头）、相轮四部分构成，形体极为古朴。中国的佛塔则由塔基、塔身、塔刹三个基本部分构成，而且在台基以下增加了珍藏舍利以及随葬品的地宫，是墓室的缩影。窣堵波的台基在中国佛塔中发展为塔基和塔身。

图7-8　山西广胜寺飞虹琉璃塔　中国文化　图7-9　广慧寺华塔　中国文化遗产研究
遗产研究院杨树森拍摄　　　　　　　院杨树森拍摄

图7-10 开封铁塔 中国文化遗产研究院
杨树森拍摄

图7-11 砖石塔 中国文化
遗产研究院杨树森拍摄

塔基是塔的基础，分为台基和基座两部分，表示对佛的尊崇，基座多为须弥座，以寓示稳固与神圣，同时增添了塔的壮美风姿。塔身是佛塔的主体，塔身的形式构造因建筑材料差异而各有不同，常见的有木构、砖构、砖木混合、砖石混合等式样，而且塔身尚有实心与空心之别。塔刹也如塔一样分为刹座、刹身、刹顶，形式多样，艺术精美。塔刹作为佛教精神崇拜的象征，其四周用金属相轮框匝，尖顶置宝瓶。中国化的佛塔形象丰富，具有多种功能的文化价值，除登临远眺之塔，尚有灯塔、风水塔、文笔塔、文昌塔等不同的文化功能的塔。

中国佛塔的风格独特，种类繁多，至今保存完好的佛塔尚有数千多座，大多建于唐、宋、辽、金、元等不同的历史时期。塔的分类有多种方法：按照平面式样分为四方形、六角形、八角形、十二边形、圆形等；按照竖向层次分为单层、三层、五层、七层、九层、十一层、十三层等多层塔；按照组合形式分为孤塔、排列有序的双塔、三塔、塔林等；按照空间造型分为楼阁式、密檐式、亭阁式、喇嘛式、金刚宝座式、花塔、过街塔、傣式塔、九顶塔等；按照材料分为木塔、砖塔、石塔（华塔）、铜塔、铁塔、琉璃塔、陶塔、金银塔等；按照佛教意义分为珍藏舍利佛宝的佛塔与高僧的墓塔；按照佛教流派分为汉式、藏式、南式（巴利）等。

（2）佛塔空间造型的景观特征

楼阁式塔是中国最重要的古塔形式，具有中国古代建筑营造方法的显著特征，各层层高较大，均设门、窗、柱、枋、斗栱，塔檐挑起，反翘如飞，呈现向上挺举飞升之态势，以舒展轻快的韵律表达了佛教所追求的崇高境界。楼阁式塔一般塔内中空，设有楼梯、楼板以供登临眺览。北方的楼阁式以刚健著称，形象巍峨挺拔，展示了粗放豪迈的空间景观艺术效果。

密檐式塔第一层塔身通常格外高大，且在外壁多雕刻佛龛、佛像、门窗、柱枋、斗栱，其他各层层高渐小，塔身上下形成强烈的对比。密檐式塔大多是实心建筑，没有仿木构件，塔檐出挑短，不能登临眺望，但形态轮廓圆润、刚中带柔、简洁古朴。

亭阁式塔是印度窣堵波与中国古代建筑相结合的一种建筑造型，其空间景观特征表现为单层方形、六角形、八角形或圆形的亭阁，下建台基，顶冠塔刹。这种塔常常用作高僧墓塔，造型简洁、古朴庄严。唐宋之后，亭阁式塔向喇嘛塔和花塔发展而演化为另外的类型。

金刚宝座塔属于佛教密宗佛塔，以五方佛为主要内容，象征须弥山。金刚宝座塔借助了中国高台建筑的特点，并吸收了密檐式塔的建造方法，以砖石砌筑而成。金刚宝座塔的空间景观特征是下为高大的金刚宝座方台，上立五座密檐式佛塔，加高了金刚宝座。五塔分别代表金刚界五佛：中为大日如来，东为阿閦佛，南为宝生佛，西为阿弥陀佛，北为不空成就佛。五佛的宝座分别是狮、象、马、孔雀、迦楼罗（金翅鸟），作为识别五方佛的标志。

花塔的空间景观特征是在塔的上半部装饰有巨大的莲花瓣，或是密布佛龛，狮子、象、蛙等动物形象，整座佛塔形如一束巨大的花，因此被称为花塔。花塔是从亭阁式塔与楼阁式塔中嬗变而来的，下层塔身一般比较大，通常雕刻有门窗、柱枋、佛像、菩萨、斗栱、塔檐。

(3) 燃灯塔与经幢的建筑造型艺术

燃灯塔和经幢是从舍利塔演变而来的。燃灯塔从南北朝开始兴起，最初为中国佛教寺院中的一种装饰性构件，置于佛寺广庭之中，借以夜间点燃灯火照明，同时寓意佛法如明灯那样照亮世间的一切冥暗，表达佛法永存，于是燃灯塔又有长明台之称。燃灯塔多取仿木石灯状，由基座、灯室、宝顶三部分组成，塔的尺度与人体尺度相宜，塔高一般仅有数米。燃灯塔在中国遗存的实物已经极少见，但其精湛的建筑艺术和独特形象实属瑰宝。

经幢是密宗兴起后在佛教建筑中增加的一种新类型，属于祈福的佛教供物，通常以供奉弥勒佛为主的佛寺仅在殿前建经幢一座，供奉阿弥陀佛和药师佛的寺院以两座经幢或四座经幢位于殿前。经幢流行之初是在细长的木质经幢身上刻写经文，后改为石质。在漫长的历史过程中，佛教中国化终于使原本以刻经为主的经幢逐步演化成以雕饰为主的装饰性和观赏性很强的佛教建筑，经文在经幢上所占的位置却变得很小。经幢建筑造型后来不但逐渐采用凹凸的檐盖与托座，并在其上精雕细刻许多佛教装饰，经五代至宋代，经幢发展到顶峰阶段。

(二) 南方佛教建筑艺术

1. 南方佛教圣地环境意境

纵观中国佛教建筑的历程，以东汉初年洛阳白马寺为中国佛寺之伊始，到魏晋南北朝已是鼎盛时期。其时国家分裂，佛教也分为南北两个地区。洛阳、长安（今陕西西安）、敦煌、大同等为北方地区佛教中心。南方地区佛寺以三国孙吴所建建业（今南京）建初寺为端点，之后的佛寺兴建遍及江苏、浙江、江西、四川等地。汉族地区的佛教建筑无论是南方还是北方均一脉相承，但由于自然地理条件的差异和地方建筑风格的影响，南、北方佛教圣地和佛寺建筑在环境意境、布局方法、建筑形制、装饰格调等方面形成不同的特征，呈现出地域性建筑文化特性。

佛寺的兴建多选择山林胜地，取其寂静秀美的自然环境，追求虚灵、出世的意境，以便清静潜修、诵经事佛。南方多青山秀水而少广阔的平原，寺庙庵堂更是建于山林风景绝佳处。东晋以来，南方经济活跃，佛教文化相应发展，许多高僧南来选择名山创建佛寺，所谓天下名山僧占多，就出于此意，四大佛教名山的出现便是这种思想的结果。这四大名山各居风景绝佳的山林胜地，除供奉文殊菩萨的五台山在北方，普陀山、峨眉山、九华山均在景色秀丽的江南。佛教建筑极其成功的规划布局与建造，使秀美的山川更加秀丽，为端庄典雅的佛教建筑铺展了赖以存在的环境背景，二者相得益彰，从而创造出佛国世界。

（1）供奉观音菩萨的普陀山佛教圣地

普陀山在浙江省以东的海域中，是舟山群岛东部的一座面积仅有12.9平方千米的小岛。岛上丘陵起伏，山峰不高，但地形奇异，植被繁茂，环境清幽郁秀。小岛的东面是太平洋，无垠的海天碧波浩渺。自唐代开始，千余年来岛上建造了大量的佛教建筑，其中普济寺、法雨寺、慧济寺三大寺观规模宏大，另有众多的庵堂禅林、佛教茅棚散落在幽静的丛林之中，计有殿堂屋宇四千七百余间，建筑面积18万平方米，僧尼三千余人，俨然"海天佛国"之境界。

普陀山之所以成为著名的观音菩萨道场，追溯普陀山开山之始确与传说中观音菩萨示现于南海的故事有关。救苦救难大慈大悲的观音菩萨在中国人的心目中具有崇高的地位，佛经中说观音菩萨安于南海之中，于是优美秀丽的普陀山便成为南海观世音菩萨的处所了。普陀山作为佛教圣地历经千年而经久不衰，它的建筑布局和环境意境并非一蹴而就，众多的寺庙庵堂是在漫长的历史过程中逐步建成的，而且始终以"朝山面圣，祈福进香"为主题，成为一条潜在的宗教文化脉络，使普陀山的寺院布局在自然衍生基础上具有秩序性与延续性，即以普济寺作为前寺，法雨寺作为后寺，而后是慧济寺，因之创造出"海天佛国"的境地。

普济寺在普陀海岛南部、灵鹫峰的南部山麓。这一带有宽阔的平地，是法雨寺、慧济寺必经之地，诸多庵院建造于此。普济寺是普陀山最大的佛寺，其主殿是圆通宝殿，是专奉观音菩萨的大殿。圆通宝殿之后为藏经楼，楼上为藏经楼，楼下为法堂，内奉三尊尺寸较小的佛像。

法雨寺在海岛中部、锦屏山南面的山腰和坡底一带，起伏的地貌上覆盖茂盛的林木，坡地延伸到海边并与开阔的沙滩相连。法雨寺的大雄宝殿内供奉释迦牟尼、药师、弥陀三尊佛，殿堂不及普济寺宏敞，但殿堂的位置高踞圆通宝殿之上，反觉得雄奇可观，佛教气氛浓郁。

慧济寺位于佛顶山巅，作为主殿的大雄宝殿供奉释迦牟尼佛，两侧陪衬二十诸天；观音菩萨供奉在大悲阁内。慧济寺周围古木参天，翠黛满谷，石级迂回，泉水淙淙，"云扶石"凌空若举，其上刻有"海天佛国"字样，引人进入绝尘的佛境。

（2）供奉普贤菩萨的峨眉山佛教圣地

峨眉山又称光明山，位于四川盆地西南缘，因两山形似蛾眉而得名。峨眉山主峰万佛顶海拔3,000多米，山势雄伟，峰峦挺秀，林木繁茂。山中气候变化甚大，山麓与顶峰温度差约15℃，上有高寒层，中有温带层，下有四季如春的亚热带层。不同的层带植被种类达三千余种。在峨眉山方圆110平方公里的范围内，分布着近百处以山取势、各具风姿的寺院，汇聚众僧数千人，因历代皇帝大力支持，至明清之际达到鼎盛。与"海天佛国"得天独厚的普陀山自然地理环境不同，地处内陆的峨眉山之所以成为佛教名山则因其以山势巍峨秀丽著称。自峨眉山麓的报国寺为起点，至顶峰万佛顶，行程60余公里，沿途四季分明、景色变幻无穷，大大小小佛寺庵堂结合不同的自然景观与起伏的地势，错落有致地散落其间而连绵不绝。

相传净土宗祖师慧远之弟慧持于东晋隆安四年（400）来峨眉山，并建成山中第一座正式寺院——普贤寺（即今万年寺的前身），慧持由此成为峨眉山佛教开山祖师，从而确立佛教圣地声誉。

报国寺作为入山门户建在峨眉山麓，出报国寺往右前行1公里处即到伏虎寺，寺周围楠木茂密成林，古树参天，遮蔽殿宇。出伏虎寺后经解脱桥与解脱坡到解脱庵，为普贤菩萨习静之所。由此北行至普贤登山歇息之处的纯阳殿，如此峰回路转终至顶峰一览众山之境地。另一条朝拜之道是经黑龙江栈道、洪椿坪、遇仙寺至洗象池，又经雷洞坪、接引殿达金顶。登临峨眉山的万佛顶，环顾四周，群山起伏，峰峦叠嶂，岷江、青衣江、大渡河如玉带般银光闪烁，大雪山、贡嘎山连绵不绝，白雪皑皑，好一派绝尘祛欲、清静纯洁的佛国风光。

（3）供奉地藏菩萨的九华山佛教圣地

九华山位于安徽省青阳县西南20公里处，面积百余平方公里。据《重修九华山化城寺碑记》载，九华山开山建寺始于东晋隆安五年（401）。另据《宋高僧传》卷二十等载，唐开元年间（713—741），新罗国王族金乔觉至此修行，至德（756—758）初年，青阳诸葛节等为之构筑寺宇。建中（780—783）初，德宗赐名化城寺，为九华山第一座寺院。贞元十年（794，一说贞元十九年）七月金乔觉示寂而肉身不坏，以全身入塔安奉于月（肉）身宝殿中。金乔觉法名地藏，信徒认为他是地藏菩萨化身，九华山遂以地藏显灵说法道场而闻名于世。

九华山有九十九峰，其中以天台、莲花、天柱、十王等峰峦最为雄伟。据史料记载，九华山庙宇和佛像唐代时最多，有大小庙宇八百余座，佛像万余尊。现今尚存寺院八十二座，佛像六千多尊，居四大佛教圣地之首。其中祇园寺、百岁宫（万年寺）、东严寺（已毁）、甘露寺等合称九华山四大丛林。作为佛教圣地，九华山朝拜线路分为东、南、西、北四路分段登临。第一条路从二望圣殿至九华街；第二条路由九华街至神光岭；第三条路由九华街至小天台；第四条路自九华街至天台。天台即地藏丛林天台寺，天台石崖刻有"中天世界"。

顺便提及的是：四大佛教名山之一的五台山位于山西的五台县，是中国佛教四大名山之首，属文殊菩萨的道场，亦为一处汉藏并存的佛教圣地。其寺院的布局和佛教环境意境与南方佛教建筑有明显的区别。五台山呈东北、西南走向，面积达5,000平方千米，有五座山峰高耸入云，但又平整如台，即所谓的五台。自北魏至明清时期，历代皇帝均曾敕建寺院。五台山确立为文殊道场之后，一时僧人达万众之多，顿时高僧云集，寺院林立，香火不绝。现今五台山仍有青庙九十九处、黄庙二十五处。五台山有东、西、南、北四门。

2. 南方佛教建筑意境构成特征

南方佛教建筑注重以"外师造化，中得心源"的建造理念来营造环境意境，其特征表现为：

（1）因山布寺 融于山林

南方的佛寺大多以山林秀色作为特有的环境背景，借助广袤无垠的自然山水，因山布寺，将佛教建筑融于青山绿水之中，创造了佛家追求幽深空静的环境意境。千百年来，佛家历代僧人依照山势巧择地形，极其成功地规划建造了无数佛寺，形成了一个又一个佛教圣地。这些佛教圣地形成历经漫长的岁月，建筑的布局经过周密策划，与自然环境的结合恰到好处，疏密相间，集散相宜，天赐地设的自然景观又因佛教建筑的介入更增添了无穷的魅力。因山布寺是山林佛寺总体布局的特点，也是佛教圣地的布局经验与方法。佛教圣地的形成和发展都有上千年的历史，它并不可能有事先的总体规划，然而佛教文化为其潜在的脉络，地理环境为其规划建设的背景和基础。因此佛教圣地中的众多佛寺庵堂虽然是由一代又一代的僧人逐个择地而建，历时久远，但脉络清晰，风格统一，最终形成山林佛教圣地的总体环境。依照地形地貌特征将山域划分成几个区，是寺院建筑因山布寺原则的又一体现。这种划分区域的布局方法形成了寺院的秩序感，增加了环境结构的节奏韵律感，并与佛教组织、隶属协调。

（2）依山利势 连峰接峦

在山林佛寺中，寺在山中的位置，或居山麓，或居山腰，或居山巅。位于山巅者，又有雄踞峰顶气势显赫者与居峰侧半藏半露者之别。一般而言，山顶佛寺均有控制全山的势态。故普陀山高居山顶的慧济寺形成礼佛过程中的高潮，成了海天佛国的中心，是佛教徒朝拜的重点处。峨眉山以华藏寺为主体的金顶建筑群规模宏大，气势非凡，颇具有统领全山的气势。

南方寺院多掩映在山水丛林之中，风景佳丽的诸多峰顶均建有各自的寺院。那种群峰竞秀的山势地貌决定了佛寺布局不以一峰一寺为终极高潮，而以各条香道所到达的秀丽山巅为终点，在那里精心布局建造形式各异的寺院。这种以峰峦为景区单位的山顶佛寺在总体布局上具有多中心的特点，在每个景区单位的主峰上建造庙宇殿堂，画龙点睛般地突出了景区主题，起到了控制峰峦的作用。九华山神光岭上的肉身宝殿建筑形体峻高如塔，耸立在岭巅，藏而不露，超然于世。一路仰望神光岭上的肉身宝殿，巍峨壮观，成为攀山礼佛的最终目标。

当山峰不高、体量不大而寺院颇具规模时，将寺院殿宇、僧房、庭院、塔幢的布局利用山体形状最大限度地与山峰地势结合，形成以寺裹山的效果，是佛寺布局又一成功的形式。

（3）半藏半露　超然于世

由于自然条件的优越，南方山林植被丰郁，林泉秀美，地形复杂，为佛家所需要的幽静隐蔽的意境提供了天然的环境背景。山林寺庵的兴建，为了更充分地利用山林的优越地理环境，强化环境"清"与"幽"的特征，往往向深山密林发展，将寺庵建筑建造在山坡或山麓低凹处，隐没于参天林木、巨岩异石之间，以半藏半露的布局方式取得幽静隐蔽的效果。

南方寺院建筑无论大小，所选择的位置多半在观景览胜的最佳处，而建筑本身由于精巧雅致并与自然景观相协调，成为景中之景，为大自然景色增辉。在建筑形体的创造上，这些寺院建筑群于青山碧水间若隐若现，体量不大的殿堂楼阁或素雅或堂皇，于崇山峻岭中呈现半藏半露的状态，看似遥远却又徒步可及，似乎是佛国仙境的所在，引人入胜而顶礼膜拜。

（4）香道相系　佛寺绵延

南方佛教名山大川大多广阔连绵，寺院繁多。这些佛教名山无论地域之广狭、佛寺分布之疏密，其中必不可少的是将各个寺院联系起来的道路系统，这些以"朝山进香"为目的的道路俗称"香道"。香道的分布是佛教圣地又一有效手法。香道一般从入山起始，沿途经过一座座大小不一的寺庵，或近或远，并伴随有佛教寓意的景点形胜，宗教气氛逐渐浓郁，意境一步步加深，最后达到佛山最高处或佛山的中心地带，这里有全山最大的佛寺，是朝山进香的高潮。有的又以中心地带为各条香道的起点，再向各路延伸出去，构成放射状香道网络，将众多寺院禅林无一遗漏地连成整体，朝山进香者方便到达各个寺院，山林胜景连成一体。

由于香道相连的作用，在南方佛教圣地中心地带常常形成寺庙群聚的小镇。无论从佛寺等级还是礼佛者心理上，建造一个佛教圣地的中心地带是很重要的。这个中心地带相对集中地布局建造了大小不同的寺庵建筑，构成以佛教为主题的集镇。千里迢迢来朝山进香的虔诚香客在镇上歇脚、购买香烛，逐个庙堂一一拜谒。这种寺庙群聚的中心集镇是目的地，又是通向另一寺院的起点，使漫长的朝山旅途具有明显的节奏性、秩序性，气氛浓郁，香火鼎盛。

(5) 巧于因借　天人合一

"因借"的技法原则在于因地制宜而巧妙地结合环境，利用建筑手法揽景于怀，以增情趣。明代计成在造园名著《园冶》中说园林构造之美在于"巧于因借，精在体宜"。南方佛教圣地本身包括了自然山水景色与人工建造的佛教建筑两个方面内容，两者的融合则是佛教圣地环境创造的常规，因借便是其中的一种主要手法。自然风景区内的名胜、古迹、观赏点，古人称之为"景胜"或"形胜"的地方，诸如浙江宁波的"天童十景"、普陀山的"普陀十景"、天台山的"天台八景"、杭州的"西湖十景"、江苏的"云台山三十六景"、山东的"泰山八景"、安徽的"九华山十景"、北岳的"恒山十八景"等，皆为佛教圣地总体环境创造的因借对象。

南方佛教除了精于对自然景观的因借之外，还在于对富于佛教含义的人文景观的因借。这种双重层次的因借，实为佛教建筑艺术的创造。山泉井池、奇岩异石本是大自然的瑰丽景观，佛教信徒赋予佛家的名称，或形似，或神似，再加上生动的故事传说，遂择地兴建寺庵禅院，自然景观与人文景观兼而得之，物境与心境融合为一体，自然与人为环境合一。

3. 南方寺院建筑几种常见的布局形式

中国佛教建筑是以中国传统建筑为基础的，最初的佛寺来自中国汉代的官署，这就决定了它的基本布局形式。但是佛教毕竟来自印度，在大约两千年的历史长河中，佛教经历了一个中国化的过程；如同中国佛教文化的发展一样，中国佛教建筑作为佛教文化的一部分，也经历了吸取融合的过程，并发展了中国佛教建筑体系。南方佛教寺院建筑的布局基本上采用了传统的世俗建筑布局方法，即以殿堂为主的院落式布局，根据实际情形有不同的手法。

南方官署式佛寺、民居式佛寺与北方大同小异，此处从略，仅介绍南方寺院园林与傣式佛寺。

（1）寺院园林

佛教园林是中国园林的重要组成部分，它与皇家园林、私家园林共同组成了独具特色的中国园林体系。佛教园林与皇家园林、私家园林既有相同之处，也有其自身的特点。皇家园林往往地域宽广，是经过人工改造的自然风景区；私家园林以江南的苏州园林最为典型，它与私家住宅毗邻，规模大者数公顷，小者不足0.06公顷。佛教园林也是如此，就大范围而言，佛教园林可指整个佛教圣地，甚至是整座佛教名山，就一座寺院而言则仅指其建筑庭院。

佛教圣地大多地处风景绝佳的名山大川，那里清幽恬静的自然环境是创建佛教"净土"的背景条件。历代精心选址巧择地形建造起来的寺院建筑群与自然环境融为一体，成为优美山林不可分割的组成部分。在这里，除了佛寺之外，还包括了山峦林木、奇岩异石、井泉溪流等自然景观，摩崖造像、题刻碑碣、经幢佛塔等名胜古迹以及佛教圣地的传说故事、诗词歌赋形胜等人文景观，诸多因素的有机结合，共同营造了一处浓郁的佛教圣地。这便是一种地域扩大的佛教自然园林，其人为与自然环境构成特征扩展了寺院的有限空间而引人入胜。

南方佛寺内部庭院的园林化布置是佛教园林特色的另一个重要的方面。无论北方还是南方，世俗的居住建筑几乎离不开庭院式格局的布置。庭院不

图7-12 景洪景真寺庙佛殿 昆明理工大学杨毅教授拍摄

仅是采光、通风与交通空间所必需，也是室内空间的外化，它的用途是综合性的。面积宽敞的庭院多有精心配置的花草竹木，不仅显得清幽雅致，而且在模山范水的介壶天地中收四时之灿烂，尽显自然天成之美。此外，城镇郊区由于丘陵小山、风景秀美，且与距离人口集中的城镇近邻，是建造寺院园林的佳境。

（2）傣式佛寺

傣式佛寺主要分布在云南西双版纳到德宏的滇南、滇西南一带。西双版纳地区上座部佛教分两个派别，一称"摆坝"（山林习禅），此派分布在山区，戒律精严，类似苦行僧。他们的寺院简朴窄小，多为单体建筑。另一派称"摆孙"（城镇说派），分布在广大富裕的坝区，信徒占当地居民的百分之九十以上。他们的佛寺星罗棋布，建筑独具一格，在布局上与汉族地区的佛寺有明显的不同：一是选址不在远离人群的深山密林，而是在村寨内外，因此与居民十分贴近，更富于人情味；二是不按照中国传统的中轴线对称式格局布置建筑，也不是四合院式格局，而是随地形变化而灵活分布，没有固定的格

图7-13　西双版纳曼飞龙佛塔　昆明理工大学杨毅教授拍摄

式；三是建筑群的朝向为坐西面东。

　　傣式佛寺建筑群大体由佛殿、经堂、僧舍、佛塔四个部分组成，各组成部分之间常用走廊相连。傣式佛寺虽然属于与自然衍生的村落相似的自然式，但也显示出明显的等级区分。这是因为过去傣族地区全民信教、政教合一，封建领主和佛教首领同为一个阶级或等级的人，其寺院规模格局与封建领主行政级别相一致，一般民众的寺院规模不仅小而且简朴。

　　4．南方寺院中的殿堂楼舍及佛塔、经幢形制

　　中国南方寺院殿堂楼舍中的山门、大殿、中轴线配殿、藏经阁、钟鼓楼、佛塔、经幢等建筑形制与前述北方佛寺建筑形制相类似，此处不赘述，

以下仅介绍南方寺院中特殊的形制。

(1) 戒坛

戒坛是指在高坛上建造的受戒场所，即梵语所谓的曼荼罗，中国南北方都有。旧有的戒坛佛寺有三处，即北京的戒台寺、杭州的昭庆寺及泉州的开元寺。其中戒台寺规模又居三座戒坛之首，有"天下第一坛"之称。戒台寺现存戒坛殿始建于辽代咸雍五年（1069），明代改建，平面呈正方形，为重檐琉璃盝顶建筑。顶部安有明代成化十三年（1477）的铜质镀金宝顶，宝顶呈五塔形分布，中间高约5米，周围四个较小，具有藏传佛教的风格。殿内戒坛为明代遗物，以白石砌筑。戒坛为三层，层层收缩，在每层的束腰处排列有佛龛，共计113个。每龛内供戒神一尊。戒坛最上层中央有释迦牟尼佛像，殿顶设藻井。南方杭州的昭庆寺戒坛已毁，泉州开元寺戒坛成为南方仅存的一座。开元寺戒坛为中轴线上的主体建筑之一，位于大雄宝殿之北，是寺内等级仅次于大雄宝殿的建筑单体。戒坛以"甘露"命名，"甘露法门"譬如最上之法。开元寺戒坛自元至明代历有修缮，现存主体为明代建造。

(2) 傣式佛殿

傣式佛殿由基座、梁架、屋面三部分组成，但屋顶造型十分丰富，变化多端，屋角起翘甚高，曲线优美，形成庞大而华丽的独特风格。云南西双版纳勐海景真寺经堂，俗称景真八角亭，是傣式佛殿的佳例。景真寺经堂，建于1701年，通高20米，宽8.6米，由座、柱、顶三部分组成。基座为"亚"字形须弥座，共十六个角。梁柱间砌砖墙，也成十六个角，并开四门。墙内外镶嵌彩色玻璃，且用金银粉印绘各种花卉、人物、吉禽瑞兽，光彩夺目。大屋顶按照八个方向做八组十层悬山式屋面，逐层递升、收缩，形成攒尖。宝顶为木构，刹杆长且尖，翼角陡翘，曲线优美，整座建筑玲珑而华丽。西双版纳的宣慰寺（一称"洼龙寺"）、苏曼满佛寺等亦如此。

(3) 宝箧印经塔

宝箧印经塔是一种特殊的小型单体塔，因塔形似宝箧，内藏印经，故称宝箧印经塔。唐宋时期，一般南方佛寺将这种塔放置在殿内或塔基地宫内，内藏舍利。宋元以后，一些寺院按照此形式修建露天石塔，尺度仍然不大，但形式有所发展。这种小巧的经塔有方、圆两种。

（4）傣式佛塔

自上座部佛教传入云南傣族等地区后，便出现了由傣族佛教徒修建的风格近似泰国、缅甸的傣式佛塔，俗称"缅塔"。这种塔全为砖砌，小巧玲珑，一般高度仅数米，最高者也不过十余米，这样的尺度与人相宜。傣式佛塔分为单塔与群塔两种类型。单体造型都有一个锥形塔身和极尖的塔刹，傣语称塔为"诺"，即竹笋的意思，道出了傣式佛塔的形体特征。曼飞龙塔，又称曼飞龙群塔，是傣式佛塔中年代最早、规模最大的一组塔群，位于云南景洪市大勐龙乡曼飞龙村后山。该塔群由一座大塔和周围八个小塔组成。塔群建筑在三层莲花须弥座上，平面呈圆形，上面砌出八角，内含八个佛龛，龛上有莲花装饰。大小九座塔均为砖砌，圆形实心，外饰以植物胶砂浆，通体雪白，塔身均覆钵式，塔刹由莲花、相轮、宝瓶组成，且贴金。

图7-14　西藏大昭寺　崔勇拍摄

（三）藏传佛教建筑艺术

1. 藏传佛教建筑发展的历史分期

西藏佛教各教派中以最后兴起的格鲁派寺院组织最为严密、完善，其中最为典型的是拉萨三大寺。三大寺是原掌管西藏地方政权的格鲁派寺院集团的根本寺院，它在政治上起着举足轻重的作用，经济上也是西藏最重要的寺院领土。三大寺的组织机构分为三级：措钦、扎仓、康村。措钦一级的组织是全寺最高管理委员会。扎仓是一个僧众的集团组织，有自己独立的经济、行政及宗教事务管理机构。康村是扎仓下面按照僧人来源之地域划分的一级组织。在藏传佛教建筑中，寺院虽然是僧人学经的经学院，但在政教合一的制度下，其内部的等级分明，僧人中分有活佛、学经、杂务、武装僧人等级别，是一个社会的缩影。

纵观藏传佛教建筑艺术的发展，大致可以分为发展初期、发展期、繁荣期三个阶段。

（1）藏传佛教建筑发展的初期

这个时期是指萨迦集团统治西藏的两个半世纪（10世纪—1247）的时间。西藏地区在吐蕃王朝（7—9世纪）覆亡以后，境内各地方割据势力形成互不统属的局面，宗教与这些地方势力结合而形成各种派别。寺院和城市成为各个地方割据势力的中心。此时寺院已经在前弘时期的基础上形成一定规模，寺院的佛殿、经堂结合在一起，殿堂单层，但净空高大。佛殿两侧及背后有一条环形的转经道。很多寺院有一定数量的固定僧人，所以有相当大面积供僧人聚会习经的经堂，也有一定数量与当地民居形式相同的僧舍。吐蕃王朝崩溃后，赞普王室的一支后裔逃逸到西藏西部的阿里地区建立封建割据地方政权，同时建造了很多寺院，其中规模最大、最有名的是托林寺（mtho lding dgon）。托林寺的建筑虽然也和卫藏地区的一样是土木混合平顶结构，但其屋架细部做法、装饰以及檐口的材料、做法，甚至壁画的风格等，都和卫藏地区有明显区别，而且融入印度、尼泊尔的风格。

（2）藏传佛教建筑发展的发展期

藏传佛教建筑的发展期指的是13世纪萨迦派得到元朝支持到15世纪初期格鲁派创立的时期。这时的西藏结束了长期互不相属的混乱局面，由一个强大的领主统属若干小领主而形成一个拥有经济、政治实力的僧俗集团，从而取代了萨迦在西藏的统治地位。这时期新兴的贵族世家和各派寺院集团紧密结合，各地方首领均以宗教的身份取得中央的承认和支持。这时期的寺院建筑总体规模很大，其中既有宗教性的建筑，也有地方行政管理机构的建筑。寺院的经堂面积比前期扩大了相当规模。如萨迦寺（sa skya dgon pa）南寺主体建筑围成一个大院落，其中有佛殿、经堂、灵塔殿、藏经室等，经堂内可容纳数百人习经聚会，其中拉章（宫殿）建筑就是一座世俗贵族的大院，而僧舍仅像平民小院落，整座寺院俨然一处城堡。夏鲁寺（zhwa lu dgon pa）由院落和主殿组成，四面佛殿均为木构歇山顶，上施绿琉璃瓦，完全是一座汉式院落。这种在藏式平顶建筑上面建汉式歇山顶建筑的组合形式突破了以往藏族传统形式，是藏汉建筑文化交流的结果。

（3）藏传佛教建筑发展的繁荣期

繁荣期是指格鲁派创立的15世纪初到19世纪末英帝国侵略西藏的时期。这一时期各教派纷纷改宗格鲁派，格鲁派势力越出藏族地区传到土族、蒙古族以及内地汉族地区，信徒遍及广大藏、蒙、汉族地域，在内地形成北京、承德、山西三个藏传佛教中心，使藏传佛教从繁荣发展到顶峰。这时期的寺院数量众多，形制多样，分布广泛，在藏族地区几乎每个村落都建有寺院，而且有不少规模较大的寺院，甚至创造出多层高大的楼房和面积达数千平方米的聚会大殿。在蒙古族地区的佛寺建筑形制有纯藏式、纯汉式、混合式三种。汉族地区的藏传佛教寺院建筑往往采用汉族佛寺传统的轴线对称布局方式，后部建一组庞大的主体建筑。随着格鲁派集团实力与势力的日益强大，即建布达拉宫（lha sa po ta la）作为全藏的政治、宗教首府，也是达赖喇嘛的宫室。布达拉宫由山前的白宫与红宫、山顶的宫室以及后山的湖水园林组成。宏伟壮丽的布达拉宫集多种藏族建筑类型于一体，运用多种技术与艺术

图7-15　西藏白居寺措钦大殿大菩提塔寺　崔勇拍摄

手段，是藏族建筑的典范。

2. 藏传佛教建筑的基本内容与布局

藏传佛教寺院由于是一个独立的政治、经济集团式组织，其建筑内容非常丰富。藏传佛教寺院由佛事活动用房和僧居生活用房两大部分组成。佛事活动部分有供奉佛像、灵塔、信徒朝拜用的佛殿、塔殿等；有供僧人在室内聚会习经的经堂，在室外习经、辩经的夏经院；有供信徒朝拜的佛塔与塔院。此外还有为宗教服务的雕刻及印制佛经的印经院、藏经室、制作香烟品的作坊，以及供寺院管理机构使用的办公房、库房、厨房、马厩、招待香客房等。

（1）藏传佛教寺院建筑布置

佛教在吐蕃时期从外地传入西藏，寺院建筑是在本土民族传统基础上融进了佛教艺术而创造出来的一种新的建筑形式。最早的大昭寺（lha ldan gtsug lag khang）是两层平顶建筑的院落式；至8世纪兴起的寺院桑耶寺（bsam yas gtsug lag khang）是用外来形式布局，将主体建筑建在中心，中心主殿内第一层佛像用藏式、第二层用汉式、第三层用印度式的不同做法，四周是次要建筑，说明内外宗教文化的相互交流与影响。藏传佛教建筑后期由于受到当地自然环境、民族传统习惯的影响，并不断吸收外来文化，丰富并发展了藏族建筑文化。当藏传佛教进入繁荣期，其建筑结合当地的民族传统而得以发展。

藏传佛教建筑一般的大寺院总体布局为自由式和沿轴线布局两种形式。西藏地区很多大寺院建在半山区，经数十年甚至数百年逐渐扩建而成，它们有的根据地形在一定时期建成一组建筑群，或将高大的主体建筑有意建在山脚较高的地势上，这是藏传传统建筑的重要手法。沿轴线布局的方式用在广大的蒙藏地区及内地，有的在前面设置钟鼓楼，往往完全采取汉族佛寺建构制度，所不同的是，寺院内左右均建有喇嘛塔，说明它是藏传佛教寺院。

（2）藏传佛教寺院的殿堂建筑风格

藏传佛教寺院最主要的宗教活动场所是佛殿和集会殿，它们体量高大，是寺内的主要建筑。

佛殿内供奉佛像，是信徒朝拜礼佛的场所，也有供佛塔或高僧的灵塔的，被称为塔殿或灵塔殿。佛殿、塔殿有独立式的，也有和集会殿组合在一起的，位置在集会殿之后或两侧。藏传佛殿的特点是由于佛塔的高大而致使殿堂相应增大，于是出现四五层甚至更高的楼层，殿堂内部空间从底层直通顶层，以容纳大佛、高塔。佛殿的典型平面布局是以高大的鎏金屋面歇山屋顶的佛殿为主体，早期在佛殿外有一条可以环行的转经道，殿前有一个天井，天井周围有廊屋而形成一个封闭的院落，外观宏伟华丽，内部的佛像、佛塔或灵塔几乎占了整个内部空间。和集会殿组合在一起的佛殿位置在集会殿的后部或两侧，这种佛殿内部只有两层建筑的高度，下部不开窗，殿内光线昏暗，在上部高出前面经堂的部分开窗，光线正好投射到佛像的头部和上半身，这种光影效果营造出一种神秘的气氛。

集会殿又称经堂，是僧人集会习经的场所。经堂的面积一般很大，外墙不用窗，为了解决采光、通风问题，一般在经堂的中部稍靠前方部位用几根长柱使得这一部分空间升高，在升起的正面及两侧开高侧窗。二层左右房间向外开窗，正面房间开大窗，以便采光、通风。

此外，蒙藏地区的藏汉混合式佛殿多半在藏式平顶建筑上建一个歇山式或三面坡屋顶。

（3）藏传佛教佛塔建构

西藏佛塔在印度塔的基础上发展而成，俗称喇嘛塔，基本都是由四部分组成，从下向上分别是基座、塔身、相轮、塔刹。基座有圆形、方形、八角形、多角形，其中圆形很少见，最多见的为方形，采须弥座式形式。塔身形如倒扣的钵，因此也称覆钵式塔。相轮最多有十三层，所以也叫"十三天"。塔刹由伞盖和宝刹组成。西藏佛塔数量上有单座设置的，也有数座甚至数十座、上百座排列的。西藏佛塔有大有小，小的仅有数十厘米甚至几厘米高，多供奉在室内；大塔有超过20—30米高的，均在室外，其特点是在巨大的内部有活动的空间，内供佛像，壁面上有壁画。西藏佛塔根据不同地区的自然环境和气候特征及材质性能采用土、石、木、金属等不同材料。最为华丽的灵塔是内部用木质骨架，外包金、银皮，并在上面饰以宝石、珍珠等贵重物品。

（4）藏传佛教活佛公署与僧舍

活佛公署与僧舍的建筑尺度及装饰程度不及佛殿、经堂等建筑，但数量大，而且等级分明。活佛公署是一个活佛的私人宗教经济事务管理机构，有系列的管理、服务人员及用房。活佛公署的建筑包括活佛私人使用的佛殿、经堂、生活居住、管理人员办公室与生活用房及各种库房、马厩等。这种建筑的布局多为主楼前带院落的形式，佛殿、经堂、活佛住房及重要的库房等组合在一幢三四层的主楼内，楼前天井周围建二层建筑为办事人员用房，另外建有马厩、厨房等附属建筑。建筑规模及形制与当地贵族庄园、住宅相同。西藏地区早期的僧舍和一般的民居相似，是一些平房小院，明清以来由于学院集团迅速扩张，有的大寺僧人成百上千，所以僧人住处建设成二三层甚至四五层的楼房，楼前有院，院周围是一二层附属建筑。

图7-16　西藏甘丹寺远景　中国文化遗产研究院郭宏研究员拍摄

3．藏传佛教建筑的结构与做法

由于高原特殊的自然气候及物产的影响，藏族人民具有自己的生产、生活习惯、风俗文化和审美情趣。平顶建筑是藏族地区建筑固有的传统形式，在此基础上发展起来的藏传佛教建筑是藏族建筑的代表，在用材、结构、做法及技术表现手法上均有自己鲜明的特点。藏族建筑自成体系，屹立于中华民族建筑之林，其独树一帜的建筑法式使华夏建筑文化更丰富。

（1）藏传佛教建筑结构用材

藏族建筑是土（石）木混合结构，墙体和柱梁同时承重，其特点是梁和建筑的横轴平行，即梁柱组成纵向排架，在梁上平铺椽子，椽上置楼层或屋层，即成为楼房或平屋顶。藏族建筑的基础和墙体一般用石块，墙体视地区不同而有土、石之分，而且石墙外壁均有较明显的收分，一般为高度的百分之十二左右，所以有些高大建筑石墙底部很厚。石墙的砌筑方法是分层砌筑，石块之间不用泥浆，因而不怕雨水冲刷，石墙的表面多用红、黄、白等色粉饰。

藏族建筑的柱、梁、椽等构架均为木材，其结构方式是柱上放梁，柱头有斗，柱梁之间有两层过渡的替木，在梁上平铺椽子，柱梁之间的接头是平接和上下搭接而不用榫卯，但在上下构件之间有暗销。梁、椽伸入墙内，梁端入墙深度一般较大，有的在梁下垫一块木板。此外，藏族建筑楼层的柱网与底层相同，具体做法是在下层柱头处的卵石层上放石块作柱础。

（2）藏传佛教建筑檐墙

在藏式平顶建筑外墙顶部都有1米多高的女儿墙，在女儿墙外面及下室窗口上部的外墙面简称檐墙，因用材及色彩不同而区别建筑的等级。按照传统的规定，只有具有佛教三宝（佛、法、僧）的建筑才能做便玛檐墙，这是最高等级的建筑。其次的建筑只能在檐墙部位施以色彩（红、棕、黑色）与墙体区别。一般建筑檐部不施色彩，与墙体一致。便玛檐墙的做法是：用直径约0.5厘米、长20余厘米的圣柳枝捆扎成直径约6—7厘米的小捆，砌筑时外墙面就用一捆捆的圣柳枝束缚大头朝外砌筑，上下用竹签穿钉而成一个整体，石墙与树枝墙成为一整体；其色彩感与下面的土石墙面迥然不同，深沉中带有轻柔感，勾勒出建筑顶部轮廓线。

在藏族建筑中比便玛檐墙低一等的做法是在建筑顶部做出一条深棕色横带，但不用圣柳枝，做法是在顶层的窗上端及女儿墙顶部用片石各挑出一条深色横线，和墙面色彩相区别。

（3）藏传佛教建筑门窗

藏族寺院的门窗有独特的特点。殿堂大门用厚重的红漆双开木板门，门上有鎏金的角叶、铺首；门口左右有一两层莲花纹的雕饰，门口上有一排木雕狮子，装饰极其华丽。在墙上开门的门口上均做雨篷，方法是在门口上边左右各挑出一华栱，上置大斗，斗上有两三层下短上长的横栱，横栱之间有小斗。挑檐既可以避雨，又突出了入口。藏族寺院建筑的窗户很有特点。殿堂入口上面的第二层中间，一般开大于一个开间的一排大窗，窗口层层加大，窗外左右及下面涂上小下大的梯形黑色窗套，窗口上出两重短椽挑出的小檐，外观十分特殊醒目。窗口的特点是长方形，高宽比是二比一以上。排列

图7-17　西藏札什伦布寺全景　崔勇拍摄

特点是下层窗面积小，外形细长，往上窗口逐层加宽，底层不开窗，或开不及10厘米的细长口。窗内有可以开启的木板窗扇，中间的大窗内有黄布窗帘。向内院窗的面积较大，僧舍窗内有两块镶有蓝边的白布窗布以通风采光。

（4）藏传佛教建筑室内装修与陈设

藏传佛教寺院的殿堂是从事宗教活动的场所，室内的装饰陈设是为宗教活动及烘托宗教环境气氛而设置的。往往通过对木结构构架及构件进行精心的装修设计，用雕刻或彩绘的装饰手段以及各种陈设，营造华丽多彩及神秘的气氛。前廊和殿的梁柱木构用料硕大，制作精细，柱子的断面为多折角方形，柱头与斗栱及上面的元宝木、弓木、梁等都有雕刻彩绘。为营造殿堂内的宗教气氛，殿内除设置佛像佛座外，还设有供桌、供品、曼扎、佛灯，供桌上放很多的小佛像。殿堂内四壁满绘壁画，或在四壁与梁下挂唐卡，殿后壁设置经书架。经堂内的柱子均施红色，有的柱子前面挂有彩缎制成的经幢。所有这些色彩强烈的陈设、装饰，在摇曳昏暗的酥油灯照射下，产生一种神秘的光彩效果，加上香火缭绕的气氛，使殿堂充满一种特殊的宗教氛围。殿内高大的空间充满了体型庞大的佛像，使人感到渺小，四周昏暗，唯有高处侧窗照在佛像头上，闪着佛光。

4．藏传佛教建筑的艺术特点

藏传佛教建筑的艺术特征很突出，首先是它的艺术形象直接和它的功能要求联系；寺院的功能是为宗教服务，是一处供佛、参佛的场所。其次是藏传佛教建筑以巨大的建筑形象反映宗教生活的主题；宏伟、巨大的宗教性建筑成了寺院的主题，而这些建筑外观体型、色彩均绚丽而神秘。再次是用统一、均衡、比例、韵律等多种艺术手法创造建筑形象，营造象征、寓意的场景。

（1）藏传佛教建筑的构造与形体简洁粗犷

由于建筑材料及运输条件的制约，藏族建筑的柱网开间、进深及高度都不大，而且大体相等。一幢建筑无论是高耸的佛殿还是宏大的集会殿，都是面阔、进深若干间与高若干层，其形体均为相同形状的小立方体组成不同高、深、宽的大立方体。寺院重要建筑屋顶檐部都使用便玛檐墙，次要建筑檐部也涂棕色、绛红色或黑色，远、近、上、下的建筑都有一条色带，清晰地勾勒出建筑的轮廓线。横线条增强了建筑的构图，也以此统一了全寺的建筑群。

以藏族建筑为基础的藏传佛教寺院的主要建筑总的构图为横方体，土石的外墙均有收分，外观上取得稳定向上的效果。简单的形体、横线条、小窗而形成简洁的墙面，具有浑厚粗犷的艺术效果。外墙用简单而对比性强烈的色彩，极富热烈奔放的情感。这些使得藏族建筑具有立体雕塑的壮美，与汉族建筑的点、线、面的柔美异曲同工。

（2）藏传佛教建筑的宏大神圣

青藏高原的自然面貌是境内高山大川，高山上白雪皑皑，藏北高原草原坦荡，河谷盘地，群山环抱，中有奔腾的河流。寺院多选择在地势较高的台地上用大体量且色彩对比强烈的成片建筑显示它的存在，体现佛菩萨的庄严。由于社会历史的原因，藏传佛教长期在藏族地区流传，与政治结合在一起，宗教文化成为藏族文化的重要组成部分，且融入人们的生活中，而宗教团体就依文化的演变将寺院建设得突出、醒目，以规模宏大的寺院、高大雄伟的殿堂来体现宗教神圣。藏传佛教建筑的总体占地、主题殿堂占地面积与建筑体量的庞大是汉族佛寺建筑皆不能望其项背的。所以藏传佛教建筑用体量来表现佛、菩萨的至高无上的威德。

（3）藏传佛教建筑构图均衡、对比、对称的特点

藏传佛教建筑都是结合不同的地形而构建的，它们的一个重要的手法是以某一个重要建筑为主体，在其周围建一些附属建筑而形成一个有主次的群体。当有条件扩建时，在附近又以某一主要建筑为主体，围绕着建一些附属建筑，形成另一组群。如此发展，寺院内就有两三组甚至更多的建筑群，用道路、绿化、围墙把它们联成一个整体。各建筑群之间是采用均衡的手法使高耸或成片的建筑群取得均衡之势，而形成布局自由、统一协调的整体格局。

藏族佛教建筑常将体量高大、色彩鲜艳、装饰华丽的佛殿、经堂等建筑集中在高处，而将体量小、外观朴素无华的僧舍等附属性建筑建设在地势较低处，使之从体量、色彩、装饰方面产生对比、烘托，从而达到突出主体的目的；或者以高大的主题建筑为中心，在纵轴线对称地布置次要建筑，而形成以主体为中心，四周向主体内聚的布局形式，从而突出中心。

（4）藏传佛教建筑的壁画、造像、玛尼堆意味

藏传佛教寺院殿堂内的壁画及佛像是一种渲染、烘托宗教气氛，扩大影响的宣传工具与手法。分布在交通要道、朝圣的山顶、路边、神山圣湖及寺院周围的玛尼堆是表示神灵的地方，同时也可以起到路标的作用，行人经此绕行一周添几块石头表示对神灵的由衷敬意。

藏传佛教寺院内满布壁画与用金属、泥、木等材料雕刻的佛教造像，其内容涉及尊像图、坛城图、佛经故事、历史人物与故事等几大类，以供人瞻礼。野外人为的带有宗教含义的玛尼堆被认为是有神灵的地方，上面插有木杆，并有彩色布、纸等印有佛像与经文的旗、幡，彰显神性与灵气。玛尼堆由无数石块组成，一些石块刻有佛尊、菩萨、天女、金刚、护法神、佛塔、六字真言、高僧、动物等形象。这种玛尼堆的宗教崇拜方式与藏族万物有灵观念有关。

四、各国佛教建筑艺术纵览

(一) 各国佛教建筑艺术概况

宗教在人类的精神生活中占有重要地位，在中世纪对于西方和伊斯兰世界，宗教几乎是人们精神生活的全部。宗教思想的物化就是宗教建筑，西方和伊斯兰世界的建筑史在很大程度上就是一部耶稣教和伊斯兰教的宗教建筑史，东方世界的建筑史在某种程度上则是佛寺、佛塔、石窟寺等组成的有宗教意味的建筑史。佛教与东方世界各国很有因缘，因此佛教主要流行在东方各国，包括东亚、南亚次大陆以及东南亚等地区。西方各国的佛教建筑则是点缀。

佛教产生于公元前6世纪与公元前5世纪之交的古代印度，由释迦牟尼佛创立，随之产生佛教建筑，主要包括称之为窣堵波的佛塔、称呼为毗诃罗（vihara）和支提（caitya）的两种佛寺或石窟。大约到1世纪，东汉明帝（57—75在位）时，佛教经西域和南海分两路传入中国，开始了佛教的中国化过程。6世纪即中国南北朝时期，佛教又自中国传入朝鲜半岛，并以之为媒介传入日本。印度佛教除东传中国之外，还南传到斯里兰卡，又经斯里兰卡传到东南亚。

佛教有不同的派系，佛教建筑也随所属派系的不同而有所区别。如中国、朝鲜半岛和日本主要流行大乘佛教；中国的西藏和内蒙古以及蒙古国则主要流行藏传佛教（俗称喇嘛教）；斯里兰卡和东南亚各国以及中国云南西南部西双版纳傣族聚居区则主要流行南传佛教。

(二) 各国佛教建筑的艺术特色

1. 印度早期的佛教建筑

公元前5世纪之前，释迦牟尼佛于印度恒河一带创立佛教，以合乎理智之教说，示导人类转迷开悟；其目的在于实现净化社会之理想，以超越阶级、种族为特色。佛教大盛于孔雀王朝阿育王（约前269—前232在位）时期。阿育王在公元前3世纪中叶几乎统一了整个印度，并且重视佛教，为保护佛教最有力之统治者。据传阿育王于其国内建八万四千僧伽蓝，造八万四千佛塔，因此遗留给后人一些佛教建筑遗址。印度早期佛教建筑形制主要是安奉佛陀舍利的窣堵波和僧院。帕瑞克纽金斯（Patrick Nuttgens）在《世界建筑艺术史》中说：印度佛教对于宇宙的基本概念是，宇宙像是茫茫的海洋，世界则漂泊在这个茫茫海洋的中心。这个世界的中央是一个由五六个不断升高的台地组成的大山。人类占据着底层，中间层供着守护神，顶层是众神的二十七个天国。使人惊奇的是，我们在探寻建筑艺术形式和细节时往往会返回到这个基本概念上来。首先确定无疑的是，印度人相信神是住在山上和岩洞里的。这一信念驱使他们要在大地上为神灵建造一个临时的住所，我们可以称其为山丘和洞窟建筑艺术。所有的印度庙宇都是庙山，佛教传统的古典结构是窣堵波，但它根本不是一座建筑物，而是一个巨大密实而不得进的土山丘。

（1）印度窣堵波

印度窣堵波是半球形（覆钵形）的建筑物，和世界各地许多早期的坟墓形制类似，它脱胎于印度北方古代竹编抹泥近乎半球形的住宅形制。桑奇一号塔是印度早期佛教建筑的典范。

桑奇一号塔建于公元前3世纪阿育王时期，为供奉佛陀舍利而建，初仅为大塔中心的覆钵形塔身，体积仅及现存大小之一半。巽伽王朝（约前187—前75）于塔身外砌石，并于顶上增建一方形平头及三层伞盖，底部构筑台基、阶梯和栏楯。萨塔瓦哈纳王朝（Satavahana，约前200—250）于栏楯四方依次陆续建造南、北、东、西四座塔门。塔高约16.5米，直径36.6米。台基圆形，上建覆钵形塔身，塔身顶部砌一方形平头围栏，平头中央立一伞柱，柱上安三重伞盖。塔身素朴，无任何雕饰。台基上有石砌栏楯围护塔身，南面两侧设阶梯可供登临，栏楯与塔身之间形成绕塔礼佛的步道。台基底部周围亦有一圆形石砌栏楯，与台基之间形成第二重步道，栏楯的东、南、西、北四个入口设塔门；栏楯平素无饰，塔门饰大量精美的雕刻。四座塔门均为砂石所筑，高约10米，由三道中间微拱的横梁和两根方形立柱以插榫法构成，梁、柱布满浮雕、高浮雕与圆雕。浮雕题材主要是本生故事和佛传故事，图中不

图7-18　印度窣堵波
（《世界佛教美术图说大典·佛教建筑》，湖南美术出版社2017年版）

立佛身相，只用菩提树、法轮、金刚座、佛足等图案象征佛陀。阿育王选择桑奇为隐修地建构窣堵波，并以窣堵波为中心建造了一些僧舍、殿堂等，形成一组佛教建筑群。

窣堵波的半球体象征天宇，顶上相轮华盖的轴便是天宇的轴。印度佛教以窣堵波作为佛的象征，这样的构想概括了人们可能看得到的最伟岸的形象特征，单纯浑朴，完整统一，尺度宏大，加之砖石的稳定感和重量感，所以窣堵波具有肃穆的纪念性。

（2）印度正觉大塔

在古印度释迦牟尼佛悟道的地方，公元前3世纪阿育王建了一座佛塔，历经笈多王朝（约320—550）、波罗王朝（Pala，约8—12世纪）及后世多次修复与重建。塔是金刚宝座式，在高高的台基上立五座修高的方锥体，中央一座主塔通高55米，四角的四座小得多。它们布置得比较密集，以佛陀悟道时所坐的地方为宇宙的中心，下与地极相连，叫金刚界，又叫须弥山或妙高山。

它有一个主峰和四个小峰，代表金刚界的五部，各有一佛；中央是大日如来或毗卢遮那佛，东部是阿閦佛，南部是宝生佛，西部是阿弥陀佛，北部是不空成就佛，金刚宝座塔便是须弥山的模型。佛塔表面虽然覆满雕刻，但仍然保持整体轮廓的几何明确性，有水平划分而不很显著，塔的形象单纯挺拔，庄重有力。四个小塔同中央主塔对比，不仅反衬了主塔的高大，而且加强了它的动势，使它仿佛从小塔中冲出，腾空而去。

印度早期佛教建筑窣堵波、石窟、佛塔的造型成为典范以后传至东南亚以及中国。

2.东南亚及南亚国家的佛教建筑

东南亚大多数国家和尼泊尔等南亚国家的中世纪文化受到印度的强烈影响，随着佛教和印度教的传播而建造起大量的庙宇。起初它们大致和印度的建筑形制相似，后来逐渐形成特色并有创意。

（1）尼泊尔的佛教建筑

尼泊尔是一个多民族的国家，但深受印度文化影响，并且与中国的西藏之间有密切的文化交流活动。尼泊尔是宗教很发达的国家，到处可以目及宗教建筑。阿育王将佛教及佛教建筑传入尼泊尔，尼泊尔有佛陀的故乡之称。所谓"寺庙和住宅一样多，僧侣和俗人一样多"，描述的就是这样的历史情状。尼泊尔佛教建筑主要有印度的楼阁式庙宇与窣堵波两种形制。

尼泊尔的楼阁式庙宇多半是木构的方形样式，上有二至四层的重屋檐，每层檐子出檐深远，并用雕花的斜撑支承，楼阁的顶上是四坡的攒尖，中央高举精巧的鎏金覆钟和相轮，庙宇的下面有几层台基。这种楼阁式庙宇又称尼瓦尔（Newar）式佛教建筑形制。

尼泊尔式的窣堵波源于印度，但与印度窣堵波的形制有所不同。它在覆钵形塔身之上有一个方形的刹座，四面画着佛眼，而且双眉之间的第三只小眼睛代表佛陀至高无上的智慧。方形刹座上面方锥形或圆锥形砖砌抹灰的十三重相轮，代表"十三天"高高耸起，顶上的华盖用铜铸并且镂空，显得极其华丽。十三天寓意十三个修行阶位，华盖象征涅槃的至高境界。由下而上从圆形平台、覆钵形塔身、方形刹座、相轮与刹顶，大小一共五层，分别代表地、风、水、火和空，覆钵形塔身的四面均安置重檐的佛龛。加德满都附近帕坦（Patan）的一座史瓦扬布佛塔（Swayambhunath Stupa）便是典范。

此外，尼泊尔佛教建筑明显受中国西藏佛教建筑影响，木构架的砖石外墙碉楼随处可见。

（2）斯里兰卡的佛教建筑

印度阿育王时期派遣王子在锡兰（今斯里兰卡）弘传佛教，因此早期上座部派佛教成为当地人人信仰的正统宗教信仰，一直沿袭传承至今。印度窣堵波式佛塔在斯里兰卡称为达高巴（dagoba），其中大塔（Mahathupa）是斯里兰卡人极端敬仰崇拜的建筑，建于第一个王国首都阿努拉德普勒（Anuradhapura），屡经修筑，最终高度达到91.5米。各朝君王纷纷致力于超越前人，佛塔的建筑规模代代扩展，至4世纪阿努拉德普勒另一座佛塔已经达到122米高。斯里兰卡兴建佛塔的热潮从未止息，简约朴素之美象征上座部佛教教义之纯净，试图从爱欲中获得解脱。斯里兰卡的佛塔建筑形制与印度佛塔形制区别仅仅在圆顶上稍作改变——从覆钵形塔身到泡状或钟形，圆顶下有三环式基座，圆顶上塔刹自方形刹座上耸起。某些佛塔原先有以独块巨石雕成的石柱环立，石柱上有木质屋顶，虔诚的信徒在柱子下巡礼绕行。到8世纪，斯里兰卡的佛塔演变成一种大型的塔寺建筑，环形的平台上有三圈塔柱围绕小型佛塔而立，塔上四面雕塑佛陀禅定坐像。斯里兰卡最壮观的塔寺是建于11世纪的美德吉立亚佛殿（Medirigiriya Vatadage）。

（3）缅甸的佛教建筑

缅甸宗教只畅行单一的佛教及佛教建筑。七八世纪，缅甸的寺院与印度婆罗门教的建筑形制相仿，即方形的主体或方锥形的顶子分为许多水平层，墙面比较简洁、平整，在许多地方建有僧院和宫殿。11世纪的缅甸得到统一并开始了光辉的建设时期。缅甸当时的首都蒲甘曾经拥有一万三千座窣堵波和寺院，其中保存得较好的有那伽永塔寺（Nagayon Temple）和明迦拉泽迪塔（Mingalar Zedi Pagoda）。这两处建筑物形制基本相同，显然受到斯里兰卡和印度的影响。

明迦拉泽迪塔有四层台基，上三层有明显的水平划分，台基周围女儿墙上有葫芦形的装饰物；塔分为基座、钟形塔身、圆锥形塔刹三层，近似一座窣堵波，但有很大的不同，细高的锥形塔刹、钟形塔身以及逐层的基座把它和印度窣堵波明显区别开来。明迦拉泽迪塔的塔身和台基一起构成稳定的锥形，层次分明，比例和谐，从底层到顶层一气呵成。圆的塔身和方的台基对比使构图丰富，而台基角上的四座小塔把圆塔和方台基座联系起来以显庄严。

缅甸佛塔是在印度传入的窣堵波基础上发展而成的，仰光大金塔（瑞德宫塔，Shwedagon Pagoda）是代表作。仰光大金塔为砖砌，表面抹灰后满贴金箔，历次修葺中在上面又镶嵌红、蓝、绿等色宝石，灿烂夺目。塔的轮廓为覆钵形，塔身由宽大的基底向上收缩成攒尖式顶，并逐渐形成柔和的曲线；

图7-19　缅甸佛塔
（《世界佛教美术图说大典·佛教建筑》，湖南美术出版社2017年版）

塔身虽为多层，但水平划分并不明显，因而具有强烈向上的动势。塔基四角各有一座半人半狮雕像。塔脚下有六十四座同样形式的小塔簇拥着，使得仰光大金塔显得十分宏伟挺拔。

缅甸还有一种方形有多层划分的方锥形塔刹的窣堵波，体型像一座山，只有很小的内部空间。这种建筑最大也最辉煌的作品是蒲甘的阿难陀塔寺（Ananda Temple）。阿难陀塔寺主体平面呈等臂"十"字形，正中有个实心子支撑着上面的窣堵波塔刹，外形丰富，比例协调。

（4）泰国的佛教建筑

泰国于14世纪打败高棉（今柬埔寨）统一全国建立王权国家，王族控制重大的文化和社会活动，国王深受印度佛教建筑艺术影响并笃信佛教，因而大量建造佛寺、雕塑佛像，港口城市大城（Ayutthaya）成为当时的佛教艺术

图7-20　泰国佛教建筑
（《世界佛教美术图说大典·佛教建筑》，湖南美术出版社2017年版）

圣地之一。泰国的佛教建筑明显受到印度、高棉的影响。

泰国的窣堵波比较陡峭挺拔，台基、塔身、圣骸（舍利）堂、锥形塔刹等各组成部分和缅甸的塔基本相同，但各部分形体完整，区别清楚，交代明确，几何性很强，显得富有变化。大城故宫南侧的王室宗庙规模很大，东西长400米，南北宽120米，有许多殿堂、佛塔和佛像，并依照东西轴线对称布局。轴线上排列着三座建造于16世纪的窣堵波作为国王的陵墓。塔身四面朝正方位有门廊，门廊上的小圆锥体同中央呼应，整体构图活泼而统一。塔体和锥顶之间有一段不大的圆柱体，是圣骸堂，外面有一圈柱廊，柱廊的垂直线条很突出，光影对比强烈，形体空灵。这些窣堵波是砖砌的，刷成白色，同色彩浓重的木构相互辉映。

泰国的寺院殿堂虽然多用石柱，却模仿木构。屋顶受高棉建筑的影响，两坡顶好用在山墙前，檐口重复几层，博风板和山花板用华丽的木雕刻装饰。一些石砌寺院类似柬埔寨吴哥（Angkor）建筑。

（5）爪哇的佛教建筑

七八世纪，爪哇（今印度尼西亚）流行佛教和婆罗门教，上层社会信仰佛教，而下层社会信仰印度婆罗门教。上层社会领导着大型宗教建筑，寺院大多只有一个外观呈立方体、下面有高台基的方形殿堂。这样的殿堂的顶部也是一个立方体，连细节都和殿堂的立方体一模一样。殿堂正面有一个很突出的门廊，其他三面则由壁柱和壁龛装饰，边框厚重并有浮雕饰样，顶部是方锥式的，轮廓略呈弧线。这种寺院多半建在丁格高原（Dieng Plateau），高原上只有崇佛的僧人而没有俗人。

爪哇佛教建筑中最独特的是建造于8世纪的婆罗浮屠（Borobudur）。婆罗浮屠是山丘上的佛塔的意思，建造在一座大山脚下的石岗上，是全印度尼西亚的佛教中心，香火兴盛了几百年。全塔石砌，包括二层方形台基、五层方形平台、三层圆形平台及第三层圆台中央升起的一座覆钵形主塔。方形台基有160面浮雕，内容取材自《大业分别经》中惩恶扬善等教义。五层方形平台面积依次递减，每层的边沿均筑有石墙，石墙与上层方台之间形成宽约2米的回廊。石墙外侧辟432座佛龛，龛内置一坐佛，共432尊。三层圆形平台面积依次递减，台上建有72座镂空钟形舍利塔，塔内均置一尊佛坐像，按照东西南北中五方做触地、禅定、与愿、无畏、转法轮五种手印。第三层圆形平台正中央有一个较大高约9米的窣堵波，里面坐着一尊佛像。

爪哇佛教建筑形制一般体量不大，因而每每是大寺院群中套小寺院群地成群簇拥建造。

（6）柬埔寨的佛教建筑

早在1世纪，印度的佛教就已经传到柬埔寨，因此受印度影响，柬埔寨的佛教建筑也基本上属于印度一脉，但也有自己强烈的地域性特色，并建成了世界上最宏伟的佛教建筑群。

9世纪初，真腊王国国势强大并建立了吴哥王朝（约9—15世纪），竭力倡导佛教，实行政教合一的统治。在这种情形下，吴哥王朝的都城按照须弥山的模式布局，以须弥山为宇宙中心，下通地轴，四角分别为东胜身洲、西牛货洲、南赡部洲、北俱卢洲等四大洲，每洲有一位佛，四大洲之外是咸海。这时的柬埔寨大兴土木，前后花三十余年的时间建造了吴哥窟（又称吴哥寺或小吴哥），不少国王生前造神殿，死后作为陵墓。因此国都吴哥城内外200平

图7-21　柬埔寨佛教建筑
（《世界佛教美术图说大典·佛教建筑》，湖南美术出版社2017年版）

方公里范围内，几百年间建造了大小神殿和大型的佛雕像600余座。吴哥窟后因外人入侵被迫迁都金边而荒废在热带雨林中。

　　柬埔寨寺院多为金刚宝座式。一般在三层或五层台基上建造五座塔，中央一座大的是须弥山，四角各一小塔，是四大洲，它们形成寺山，寺山周边有水池，象征咸海。其中最重要的是吴哥窟。吴哥窟的中央金刚宝座台基75米见方，正中的主塔高65米，四角略低，塔的轮廓线柔和、饱满而富有生气，有廊子和过厅把五座塔连接起来，形成一个"田"字形的布局，纵横两条轴线锁定了中央大塔的位置。金刚宝座塔有两层宽阔的平台，上面一层南北宽100米，东西长115米；下面一层平台南北宽184米，东西长211米；两层平台西侧各有三座门和三道台阶，它们之间由回廊连缀成一个"田"字形布局。吴哥窟的台基和两层平台总高达到65米，它的周边有一南北宽1,280米、

图7-22　朝鲜佛教建筑
（《世界佛教美术图说大典·佛教建筑》，湖南美术出版社2017年版）

东西长1,480米、水深80米的护城河，河水倒映金刚宝座塔和层层叠叠的廊子，宛如仙山楼宇浮现在咸海中。

吴哥窟装饰浮雕丰富多彩，艺术水平很高，主要刻在廊壁、廊柱、门楣、栏杆、基座上。

吴哥窟在中世纪的世界建筑史上占有重要的地位，它的纪念性建筑形制是富有独创性的，水平的从属部分承托着高耸的主体建筑，使得纪念物崇高而又稳重，其规模之大也是举世罕见的。

3．朝鲜半岛和日本的佛教建筑

朝鲜半岛和日本自古就同中国有亲密的文化交流关系，尤其在唐朝盛世之际，这种影响最为显著。它们的佛教建筑和佛教建筑群在平面布局、结构、造型、装饰等方面均与中国有着相类似的特点。在后来的漫长岁月中，朝鲜半岛和日本佛教建筑也逐渐形成自己的民族特色。

（1）朝鲜半岛的佛教建筑

7世纪，新罗国统一了整个朝鲜半岛，并建都于庆州，佛教兴盛起来，各地建造了许多佛寺。庆州附近吐含山上建成于统一新罗惠恭王十年（774）的佛国寺坐落在高高的台地上，有两个并列院落都是围廊式，东边的院落正中是大雄殿，堂前左右有对塔，后沿正中是无说殿，山门在前沿正中，无说殿左右的转角处分别有观音殿和毗卢殿。这样的建筑平面布局与中国唐代佛寺相同。佛国寺的山门又叫紫霞门，立在高台的边缘。高台分两层用大块毛石砌筑坝墙，山门下面有两个券洞以宣泄山洪，分别得名为青云桥和白云桥。山门面阔三间，进深两间，歇山式样，斗栱很大，出檐宽阔，角柱生起，四面檐口呈完整的曲线状，正脊也微微弯曲，形式风格同中国唐代建筑极其相似。歇山式的钟楼又叫泛影楼，同山门一样雄健而飘洒，奕奕有神。

新罗时期（前57—935）的一些石塔的建筑形制也同中国唐代塔相似，方形、叠层、密檐。

10世纪上半叶高丽国重新统一朝鲜半岛并定都松岳（今开城），国家大力提倡佛教，给僧侣以种种特权，一时间萧寺梵塔遍布全国，尤其以金刚山地

图7-23 日本佛教建筑
（《世界佛教美术图说大典·佛教建筑》，
湖南美术出版社2017年版）

区为多。这时期的朝鲜佛教建筑在中国晚唐、五代至北宋建筑演变的影响下，渐趋端丽而略减豪放。比较典型的例子是荣州的浮石寺无量寿殿。它面阔五间，进深三间，歇山顶，斗栱只有柱头铺作，五铺作出双抄，偷心造，全部柱子都是棱柱，四椽栿都用月梁，角柱显著生起，做法精致而又柔和。

（2）日本的佛教建筑

佛教在6世纪中叶传到日本，到7世纪，中国的佛教建筑技术经朝鲜传入日本，开始按照朝鲜半岛百济国的建筑模式建造佛寺。因此日本的佛教建筑从用材、结构方式、造型、空间安排等方面都基本上是中国式的翻版。其中难波（今大阪）的四天王寺和奈良的法隆寺最显著。

四天王寺和法隆寺主体部分都是进了南大门之后的一个回廊围成的方形院子，南面回廊正中是中门，院子里有金堂和塔。四天王寺的塔和金堂前后排列在中轴线上，北面回廊正中还有一座大讲堂，讲堂之后东、西为鼓楼和钟楼。法隆寺的金堂和塔分别在中轴线的东西两侧，讲堂原来在北回廊之外，钟楼和经藏殿在其前侧。这两种建筑布局方式叫"百济式"。7世纪建造的奈良药师寺也是面南，金堂在院落中央，前面东西侧各有一对塔，讲堂在北回廊正中，这种建筑布局后来叫"唐式"。"唐式""百济式"均来自中国。

法隆寺初建部分后来叫西院，主要建筑有大门、中门、回廊、金堂、五重塔、经藏殿、钟楼、大讲堂等，它们或历经毁损后重建，或系增建，年代不一，是日本现存最古老的木构建筑。其中的法隆寺塔共有五层，底层至四层平面三间见方，第五层两间，塔内的中心柱由地平面直贯宝顶，塔高30余米，相轮高约9米，各层面阔不大，层高也低，但出檐很大。法隆寺塔仿佛就是几层屋檐的重叠，形体显得非常轻盈透剔、轻快俊逸，诉诸人以优雅的美感。

日本早期佛寺建筑除法隆寺之外，唐招提寺也非常著名。唐招提寺是由中国高僧鉴真和尚于奈良天平宝字三年（759）亲自带着工匠主持建造的。唐招提寺金堂面阔七间，进深四间，前檐有廊，正面开间由中央向两侧递减并略显主次，柱头斗栱为六铺作，双抄单下昂，单栱，偷心造，栱眼壁与垫板均粉白，乳栿与四椽栿均用虹梁而不用棱柱，也不见生起与侧脚，结构显得特别清晰。唐招提寺金堂代表着中国唐代纪念性建筑，雍容大方，端庄平和，为后世楷模。

10世纪以后，日本的佛教建筑随着世俗生活化的变化，加之善用材质的秉性，逐渐形成其自身的民族特色，并显示出制作工艺的高超水平，于是寝殿造的阿弥陀堂风靡一时。

平安天喜元年（1053）建造的京都府平等院凤凰堂是阿弥陀堂中的杰出作品，也是日本建筑的代表之一。凤凰堂采用典型寝殿造方式建构，其形制一正两厢，以廊相连，三面环水，一面朝东。正殿面阔三间，进深二间，歇山顶，四周有围廊，正面五间，侧面四间，因此而成腰檐，腰檐中央一间升高以突出正门，造成形体变化。正殿内部空间向后扩大，把后廊囊括进来，中央供奉阿弥陀佛，顶上有藻井，斗栱六铺作，单栱，偷心造。两翼廊子为两层并展开四间，然后折而向前伸出两间，前端是悬山式，在转角的一间之上造有平座攒尖顶的楼，正殿之后向西连缀七间廊子。凤凰堂的整个建筑平面像一只展翅的凤鸟，因此而得名为凤凰堂。凤凰堂的建筑设计思想是要在现实世界中仿造极乐净土，所以其装饰与色彩都极尽富丽堂皇。

13至14世纪的日本佛教建筑主要有"和式"（和样建筑）、"唐式"（禅宗样）、"天竺式"（大佛样）、"折衷式"等流派，这些流派一反阿弥陀堂式的富丽堂皇而趋向质素刚健，既反映出武士阶层的粗豪性格，也显示出平民生活的艰辛。14至16世纪中叶，因战乱频繁而导致佛教建筑规模锐减，比较重

要的建筑仅有京都的金阁寺和银阁寺。16世纪末，日本重新得以统一，随着
建筑文化再度高涨，佛教建筑又一次繁荣起来，京都西本愿寺、清水寺等宏
壮华丽的建筑应运而出。日本最后的一幢大型佛教建筑是奈良的东大寺大佛
殿，重建于18世纪，结构全用天竺式，壮健简洁。

4. 其他国家的佛教建筑

佛教主要流行于东亚与东南亚地区的国家，西方国家则主要流行耶稣和
伊斯兰教，因此在西方国家出现的佛教建筑仅仅是一些佛教信徒捐资而建的
礼佛场所，而不是主导。

在欧美国家，为了因应西方耶稣教文化，许多佛教教派将寺院改称为
"教会"，分区设立弘法机构，以现代化的方式与设备举办各类弘法活动，兼
具商业社交与文化娱乐之功能。因此，西方佛教寺院之建筑，多数配合既有
之西洋建筑而改造，或于大楼之中辟建佛堂、禅堂，注重的是现代弘法所需
的功能与设备。少数具有传统佛寺特色之建筑，也都融合现代审美与建材之
设计，于外观与内部装潢做局部之创新。

（1）欧洲的佛教建筑

19世纪时，由于欧美国家将许多亚洲国家纳入殖民地的范围，佛教因而
传入西方国家。20世纪初，佛教以教会、协会等组织在西方逐渐发展，以研
究佛学、出版刊物、演说讲座等方式弘传佛法，各宗各派法师也开始进驻，
渐渐开始建寺。

佛教宗派在欧洲各国之发展以藏传佛教、禅宗、南传上座部佛教最具影
响力。始建于1924年的德国柏林佛教之家（Das Buddhistische Haus），是欧
洲年代最早的佛教机构，建筑属于南传佛教斯里兰卡寺院风格，有山门、佛
殿、图书馆、闭关房及佛教塑像；其山门仿桑奇佛塔塔门，颇具特色。英国
苏格兰的噶举派三昧耶林（Kagyu Samye Ling Monastery）始建于1976年，是
欧洲最大、最早的藏传佛教寺院。德国杜塞尔道夫的惠光寺（EKO-Haus der
Japanischen Kultur），属于日本净土真宗，始建于1988年，是欧洲第一座日本
寺院。该寺建筑以日本东京净土真宗本愿寺为典范，有单檐歇山顶之大殿与

典型日式枯山水庭园。

1990年起，台湾高雄佛光山寺星云大师赴欧洲弘法，陆续于英国、德国、瑞士、法国、瑞典、西班牙、葡萄牙、奥地利、荷兰、比利时等地成立国际佛光会并建设寺院，举办各种社教联谊、文化艺术等多元化的弘法活动，受到当地社会的重视与肯定。其中，荷兰阿姆斯特丹之佛光山荷华寺，是欧洲目前最大的中国传统宫殿式寺院，有传统山门，内设有玉佛殿、圆通宝殿、图书馆、禅堂、讲堂、客堂、僧房、客房等。其传统宫殿式建筑为当地独树一帜的宗教风格，被当地建筑协会甄选为最具特色的建筑之一。

（2）美洲的佛教建筑

随着19世纪中叶华人到美的淘金热潮，佛教传入了美国。19世纪末日本的移民风，使得日本的日莲宗、净土真宗、临济宗、曹洞宗皆派出传教士并建立寺院。到了20世纪50年代，日本禅宗与日莲正宗（创价学会）已成为美国佛教信仰之主流。中国大乘佛教也因华侨在夏威夷兴建虚云寺、檀华寺逐渐传入美国本土。60年代后，藏传佛教、南传上座部佛教相继在美国传教建寺，发挥影响力。1978年，星云大师在美国筹建西来寺，历时十年，是为西半球第一大寺，尔后在美洲陆续发展，今在加拿大、北美、中美、南美共有30余座大乘佛教寺院。

在美洲，较具佛教建筑特色之代表寺院有1972年由泰国僧王主持安基的洛杉矶泰国寺（Wat Thai of Los Angeles），为美国首座且最大的泰国佛教寺院，殿顶铺红、绿琉璃瓦，人字披向前，山墙饰法轮浮雕，大殿入口处立两尊巨大的护法神像。同位于洛杉矶的东本愿寺，隶属日本净土真宗大谷派，庑殿顶的屋脊两端饰有金色鸱尾。纽约的庄严寺有大佛殿、观音殿、印光楼、千莲台、太虚斋、钟鼓楼、七宝池、和如纪念图书馆等建筑。大佛殿高25.6米，采悬臂梁无支柱设计，可容纳两千人左右。

1974年，宣化法师于加州设立了万佛城（City of Ten Thousand Buddhas），城内设有各种不同功能之建筑，主要有万佛宝殿、如来寺、大悲院、喜舍院、妙语堂、戒坛、图书馆、福居楼、君康素食馆，另有育良小学、培德中学、法界佛教大学、僧伽居士训练班、体育馆、消防局、游泳池等设施，共达70余座大型建筑物，系一国际性多方位的佛教道场。1988年落成的洛杉矶佛光山西来寺，采用中国宫殿式建筑，布局形似菩提叶，建筑采用左右对称格局，中轴线上依序为山门、五圣殿、大雄宝殿、禅堂、怀恩堂，两侧有法堂、会堂（国际会议厅）、美术馆等。山门为牌坊式，四柱三间，为西来寺明显地标，正面上方横书"佛光山西来寺"，为星云大师所题；背面书"佛日增辉""四弘誓愿"，四柱书"众生无边誓愿度""烦恼无尽誓愿断""法门无量誓愿学""佛道无上誓愿成"。

1993年纽约州锡兰寺（New York Buddhist Vihara）仿照公元前3世纪摩哂陀与僧伽蜜多抵达锡兰（今斯里兰卡）所驻之行馆而创建。单栋双层之外观，屋顶嵌有七朵彩色玻璃莲花，采自然光，其上矗立三座白塔，象征佛法僧三宝。1995年落成的纽约州噶玛三乘法轮中心（Karma Triyana Dharmachakra Monastery），为美国东岸最大寺院之一；有大殿、放生池、舍利塔、图书馆、个人关房等；外观以绛红、白色为对比，展现藏传建筑之特色。2003年完工的巴西圣保罗佛光山如来寺，为南美最大佛寺，建筑风格与北美佛光山西来寺一致。

（3）大洋洲及非洲的佛教建筑

19世纪澳大利亚建国早期已有亚洲人将佛教带入，然仅局限在华裔族群，并未传扬开来。20世纪80年代，随着亚洲移民人口的增加，建寺弘法活动蓬勃，各宗派始有一席之地，使得佛教成为澳洲发展最快的宗教。1992年，台湾高雄佛光山寺在卧龙岗市的全力支持下，启建南天寺，是为南半球第一大寺；并快速发展，在雪梨、布里斯班、墨尔本、西澳建立十余座大乘佛教寺院。

佛光山南天寺依山而建，采用中国宫殿式建筑，顶覆黄色琉璃瓦；建筑群之配置东、西对称，相连成一四合院。新西兰南岛佛光山建于1992年，为新西兰南岛的第一座佛教寺院，建筑外观设计的创意来自中国龙门石窟，将佛、菩萨像安置在建筑的外墙上，融合了东方艺术与西方建筑的文化。新西兰北岛佛光山建于1996年，是新西兰最大的佛教寺院。始建于1990年的雪梨福慧寺，主要建筑有山门、大殿、祖师堂、七层塔、智慧钟塔及西方三圣殿等。

非洲佛教的真正开展，始于1992年佛光山在南非兴建佛光山南华寺，面对种种困难，依然在开普敦、布鲁芳登、德本等地建立近十所寺院道场，并开办非洲佛学院，福泽当地。佛光山南华寺为非洲第一座佛教寺院，属中国宫殿式建筑，建筑主要有山门、大雄宝殿、观音殿、地藏殿及普贤殿、信徒会馆等。

随着佛教的国际化，在西方的佛教信徒日益增多，传统佛教寺院建筑在欧洲、美洲、大洋洲和非洲日渐受到重视，具有心灵启迪、社会教化、文化交流等重要价值。

五、佛教建筑的当代发展

随着全球经济高速发展以及西方文化冲击造成的价值混乱与目标迷失的同时，佛教复兴，信徒增长，相关旅游观光活动繁荣，是当代佛寺建设非常迫切而实际的建筑问题。毋庸置疑的是当前世界各地佛寺建设普遍存在过度追求豪华宏大、过度复古、缺少特色、空间景观单调、不适应现代佛教功能需要等诸多问题。在一定程度上，可以说当代的佛教建筑已经进入了程式化的模仿时代，一味继续仿古建造而不变化发展的做法导致了其创新发展的停滞不前。如何适应当代建设需要，探讨伴随着佛教组织和信仰的现代化、佛寺建筑规划设计如何适应僧团使用和社会、时代、地域文化的要求，进而探讨现代建筑创新、发掘佛教文化内涵，结合现代建筑理论针对城市、山林、乡村三种基本类型的不同情况探讨不同的规划策略以及佛寺功能组织和修行活动等新问题，这应当是当代佛教建筑发展面临的新的文化课题和历史使命。

（一）当代佛教建筑与传统佛教建筑的差异

千姿百态的当代佛教建筑明显地有了不同于明清之前的传统佛教建筑的新的风貌，这里就建筑物的名称、建材、布局、外形、装饰等察看传统佛教建筑和当代佛教建筑的差异。

　　首先从佛教建筑物的命名来看差异：明清以下，中国传统的佛寺，主要佛教建筑物的名称依序是山门、天王殿、大雄宝殿、大悲殿（或称观音殿）、罗汉堂、戒坛、讲堂、藏经楼、禅堂、祖师堂、斋堂、寮房、佛塔等等。而现当代世界各地所兴建的诸多佛寺建筑，其命名上已趋多样化，并不完全因袭传统名称，除了大雄宝殿之外。以台湾佛光山为例，整个道场建筑物林立，其名曰：东禅楼、西净楼、大智楼、金佛楼、玉佛楼、檀信楼、朝山会馆、栖霞禅苑等，与传统佛寺命名已明显不同。正在兴建中的法鼓山，其建筑物名称曰：演讲所、接待大厅、国际会议厅、教育行政大楼等，俨然已超出传统佛寺所具备的建筑物。就小型精舍特例而言，坐落于凤山市汉庆街的紫竹林精舍，其主体的三栋建筑物，其名曰：法宝楼、佛宝楼、僧宝楼，以三宝为名，用意相当贴切。佛寺殿堂的名称，除了显示佛寺建筑物在使用上的功能之外，也反映了主事者弘法的方针及其寺院的新建筑特色。

　　其次从佛教建筑布局来看差别：明清以降，传统佛寺基本上都采取中轴式的布局。中轴式布局原则是主体建筑依次排列在一条主轴线上。副体建筑物位于主体建筑物的左右两侧，形成左右对称的格局。建筑物的高低大小采取前低后高，前小后大的布局，除了钟鼓楼小型建筑可在大雄宝殿左右前侧稍高出大雄宝殿的屋基之外，大雄宝殿前不可能有大型建筑物，大雄宝殿是体积最大的建筑，大雄宝殿之后的建筑不必大于它。整座佛寺在山门之前，往往有很长的前导部分，此种特质愈是位于深山的名刹愈明显。而台湾当代的佛寺，在最近一二十年来所兴建者，已逐渐脱离这种传统原则。台湾地狭人稠，佛教道场的取得往往不是一次而成，而是累积多年的岁月逐渐扩大形成，因此在规划上便只能部分渐进式，而非整体一次式。有很多道场首次规划是中轴式的布局，但再次扩建便往往偏离了主轴。尤其近年新兴的道场，其中轴线的布局已经不明显了。左右对称是儒家思想彰显统治威权的表征之一，新的佛寺也逐渐不依此原则，如台湾高雄紫竹林精舍，在大雄宝殿前，只有左护龙，而无右护龙，多宝塔位于左后侧，单独建构一塔，打破了左右对称的格局，但丝毫不减其和谐静谧之美。台湾当代的诸多佛教新建筑无中轴线，自然也就无前低后高的问题，很多佛寺新建的馆舍，就位在大雄宝殿之旁侧，砌起了比大雄宝殿高出三四倍的建筑物，如台北的善导寺大雄宝殿旁的高层建筑历史文物馆，台北法光寺大雄宝殿旁的高层佛学研究所等。传统的佛寺的前导部分，原是空间转换的一个重要组成部分，当人们从嘈杂的喧嚣的俗世转换至一处静谧的洁净的庄严伽蓝胜境时，如有一段长长的走道，或爬坡，或涉水，或阶梯等作为前导，在心灵的调适上是需要的。因此传统佛寺在山门之前，总是有相当距离的导线。但是当代的佛寺若是处于都市闹区中，此种前导部分几乎都省略了，甚至连山门也没有，大殿楼层直接面街，如位于台北市济南路的华严莲社、位于台北市南昌街的十普寺便是如此。但若是处于山林深处，则前导部分便能维持佛寺应有的氛围。

再从佛教建筑的外形来看差别：传统的佛寺外形不外乎佛殿、楼阁、佛塔等几个不同的造型。就屋顶而言，也有庑殿、歇山、悬山、硬山、攒尖、盝顶等差异。就殿宇而言，沿袭着皇居的建筑规格，其高度、开间数、进深数、屋檐的层数等均有定制。由于以木材为材料，因此斗栱、雀替、梁楣、藻井等是为必备。而台湾当代的佛教建筑建材已经改为钢筋水泥混凝土，但在外形上却仍旧模仿木造的宫殿式样，斜坡的庑殿顶或歇山顶，上覆琉璃瓦，屋顶下层仍做成一根根的椽木模样，斗栱、雀替也样样不少。这样的仿宫殿式的现代建筑比比皆是。但是近年来的新佛寺便不再墨守成规，人们考虑到实用性和宗教的内涵，又在新的审美观念影响下，屋脊翘角、龙凤人物繁缛的闽南式佛教建筑以及庄重宏伟的仿北方宫殿式佛教建筑，都逐渐被简洁的直线所构成的当代建筑所取代。椽木、斗栱在木结构的建筑物中是挑大梁的角色，可是在钢筋混凝土建材中，那只是装饰品。台湾新竹北埔金刚寺的新殿宇、林口双林寺、阳明山永明寺、高雄紫竹林精舍等，大型殿宇几乎都没有斗栱，椽木也尽量减少，栏杆没有雕花，大柱没有蟠龙，屋脊没有飞禽走兽。外形由简单的纵横线、圆弧线所构合而成，这是明显的现代建筑的新风貌，意味着这是一个讲求高效实际的新生态时代。

最后从佛教建筑的层次来看差别：在传统佛教建筑中多半是单层建筑，多层或高层建筑仅见于钟鼓楼、藏经阁、普贤阁、观音阁等。除了佛塔是层数最多、高度最高的佛教建筑，其他佛教建筑一般来说仅有大雄宝殿有多层。在当代台湾的新式佛教建筑中，楼层式的大殿已是普遍常见的，尤其是位于都市内的佛教建筑，在寸土寸金、有限的土地必做最大的有效利用原则下，不允许有中轴式院落配置以及一定土地面积上的佛教建筑，唯有向高空发展。最常见的配置是建筑的底层或最下层供奉地藏菩萨称地藏殿，地上的第一层为大雄宝殿，供奉释迦世尊，第二层称三圣殿，供奉西方三圣像，也有在第三层称大悲殿供观音菩萨的，或此层省略，第三或第四层则为祖师殿或其他。这也算是缩短了简化了的中轴式布局，但已经不可能有山门的存在。最近几年来，不少的教团纷纷购置高层建筑为佛寺，在十几二十层、一二百平方米或更宽的面积的楼层中，买下一、二层或三、四层作为弘法的场所，且命之以寺名，或某文教基金会等处所。这样的大型建筑大楼层内，也设置有大雄宝殿、文殊殿、观音殿、讲堂、禅堂、会议厅、五观堂、厨房、寮房等等，在名称上是尽量同于传统佛寺，但各殿宇厅堂等分散在楼层的各方四处，已经谈不上丝毫的中轴线布局、左右对称，连最起码的方位上的统一性都无法做到。位于台北市民权东路的普门寺、位于松山火车站的松隆寺以及位于南京东路的灵鹫山台北道场等都是如此。这可说是都会文化高度发展下的佛寺新态势。

（二）佛教建筑当代发展审美意识

佛教建筑从纯纪念到纪念与实用并存已经走过了漫长的岁月。从现存的传统寺庙来看，无论南传的华丽尖屋、藏传的粗犷城堡，还是北传的对称殿堂，虽然形态各异，呈现当时特征，但总的来说，从以塔为中心到以堂为中心的变化过程十分缓慢。虽然近代佛教文化有很大的发展，建筑技术也日益现代化，然而超越上述传统模式反映时代精神的佛教建筑却很少见。这里有一个继承和创新的问题，往往继承容易创新难。拿北传来说，人们在地面上能看到的，大多是清朝留下来的寺庙。现在要重建，就不能离开这个模式，尤其是那个宫殿式的大屋顶绝不可少。尽管现在已经没有大型的木材可以架构传统的结构，但也会用钢筋水泥去硬仿。且不说清朝建筑的浓艳和繁复能否代表佛教建筑的传统，光大殿内常设的四根大柱对于现代建筑技术来说也并非必要。这种一股劲地模仿过去是否就算继承了传统？台湾不仅在佛教理念上丰富了人间佛教的内涵，在佛教建筑的现代化方面也做了不少新的尝试。佛光山在台湾城市里建了许多共修场所，设有现代的多媒体教室、佛教艺术图书馆、斋堂及视讯会议厅等，布局合理、装饰新颖，特别是进门必有的滴水房给人一种温馨回家的感觉。法鼓山在圣严法师建筑与环境相融的思想主导下，整个法鼓山的建筑与山地融为一体，环境幽静，尤其是宽敞的禅堂，自然光线柔和，顶部采用环保的草竹装饰，围廊一端玻璃墙与周边绿化景观交融，方便户外禅修及行经。其间小参室、寮房、斋堂一应俱全，氛围十分安宁。中台禅寺的型体一直有争议，但是它的佛像雕塑艺术是现代上乘的，它的灯光色调、装饰工艺都是精致一流的。花莲慈济的厅堂布置典雅，尤其是观音殿的彩砖地面犹如身入荷花池中。这种用现代的材质、现代的技术、现代的方式来弘扬佛法，符合现代人的学佛需求。又譬如，以南传小乘佛教为主的泰国，历来在佛教建筑上比较传统。近二十年来，位于曼谷郊外的法身寺，在佛教建筑的现代化方面进行了大胆的探索。始建于1995年的大法身舍利塔占地1平方公里，高32.4米，建筑面积3.9万平方米，塔身直径194米，塔内外共供奉了100万尊法身佛像，外形像个飞碟，浑身金光灿灿，能容纳100万人举办法会和静坐，是一座代表和平智慧、佛光普照的现代化佛塔。建筑面积为32万平方米的双层国际法身堂，采用钢结构架设，可容纳30万人一起静修，是目前世界上最大的禅堂。用一吨纯金塑造的蒙昆贴牟尼祖师像供奉在祖师纪念堂里。该纪念堂对外开放，供大众瞻仰膜拜。在纪念堂内设有博物馆，馆内展出法身法门祖师的生平事迹。法身寺的大雄宝殿不大，供一尊佛像，造型简洁精巧，是采用现代建筑技术建造传统南传佛殿的创举。除主体建筑外，散布其间的现代化佛教艺术景观也是法身寺的一大特色。无论是宝瓶甘露、烛光高敬还是鹰网舍利，都是十分精湛的艺术精品。建筑和绘画一样都属于艺术范畴，是具有灵性的，佛教建筑更是如此，只有具有灵气的道场才具有生命力。现存世界各地的著名寺庙，之所以吸引人、魅力不断就在于此。它们像一幅幅生动的三维变经图，应用各自抽象的建筑符号诠释佛教的精神，反映时代的建筑艺术与佛陀经义的融合。它们的特殊氛围始终给人启示、给人遐想，甚至震撼人心。如今应该如何继承它们的传统又不拘古照抄，适应时代的需要勇于创新，已是摆在现代人面前一个很难回避的问题。首先，只有真正感悟才能用现代的空间、意境、造型等手法紧扣佛教的现代理念，正确诠释佛陀的精神。设计寺庙与设计一般的民用建筑不同，一般的民用建筑比较注重某建筑师的风格，而寺庙必须展现该寺庙所代表的佛教精神的内涵。建筑师必须与该寺的师父和信众互相学习、紧密合作，才能让佛教的精神内涵与建筑的形象符号融合在一起。所以参与现代寺庙设计的建筑师光有建筑方面的专业知识还不够，还需要学习佛学方面的知识。如今学佛的文化层次越来越高，已经出现博士法师、硕士法师，在台湾更有既是法师又是建筑师的情况，所以未来佛教建筑的创新会越来越多。然而，传统佛教建筑由于受砖、木、石材质及营造工艺的限制，较难适应造型与空间的创新。近代无论是建筑材料，还是建筑技术均日新月异，这给佛教建筑的现代化开创了条件。就拿结构跨度来说，从钢砼、钢架到网架，可以从几十米到上百米，中间不用一根柱子。自动控制的电光源能够模拟七彩的自然佛光替代佛像的背光。不断更新的环保材料可以将现代的佛教场所装饰得更加符合人们的需求。通常木石是比较理想的环保建材，然而在地球环保意识日益增强的今天，木材尤其是大型的木材，作为商品是越来越奇缺。现在采用中小型木材装饰建筑的内部尚可，但为了重建传统的寺庙去砍伐大片的原始森林就不符合佛法了。石头是一种古老的建材，人类的许多原始文化全靠它的坚硬才存世，佛文化也一样，世界各地现存的佛塔都是用石头建起来的。世界上的石材含量十分丰富，现代加工石材的技术几乎与加工木材一样先进。所以石材仍然是现代佛教建筑喜欢用的材料。从拜舍利到礼佛，传统的寺庙大多将佛像安在殿堂的中间。随着佛教的发展，佛教教化社会的功能日益多样化。为了适应现代弘法的需要，佛像安放的位置开始从中间到周边，让学佛的人拥有更多活动空间。佛像的大小也从高大到与人相仿，使人感觉佛菩萨的平和与亲近。佛像的塑造材料一般采用铜、木、石、泥，由于木材的紧缺，现在仍用铜、石、泥及拼木，在室外用合金铸造的还是少数。历来佛像的精品都成为一个时代的艺术瑰宝。为了适应佛教的现代化，佛像的雕塑水准应该有所突破。如今粗俗的、商品化的情况比较普遍，艺术水平高的、有创意的不多。佛像的塑造与其他雕塑不一样，在比例、法相上有它的特殊要求。可以创新，但不能太离谱，否则信众不接受。佛雕作为艺术不在于体量的大小、用材的珍贵，而在于它的创意和灵性。只有这样才具有生命力，才能使人们为它而感到震撼。国际化是佛教发展的必然，现代化是佛教进步的表现。佛教建筑和佛教艺术如何顺应时代、面临挑战，完成从传统到现代的转变，又不失佛教精神的内涵，已成为世界佛教界关注的问题，佛教建筑发展的现代化是势所必然的。

（三）当代佛教建筑发展的新功能与社会效应

过去佛寺建筑大略可以分为两大部分，一为修道区，一为生活区。具体而言，修道区又分为两类：供养佛、菩萨像和祖师像的大雄宝殿、弥勒殿、药师殿、观音殿、祖师殿等；供讲经集会及修道用的禅堂、念佛堂、云水堂等。生活区的建筑有斋堂、香积厨（厨房）、客堂、寝堂、茶堂（接待室）、延寿堂（养老堂）以及库房、浴室等。

随着时代的进步发展，弘法方式的日新月异，佛教建筑的硬件设备也应配合弘法的需求而增设，在建筑上除了一般性的问题要注意外，更为重视空间的有效利用、活动的动态配合、设施的适当配置、需要的人性设计、里外的合理考虑、安全的完善考虑等。例如佛光山除了上述的建筑外，并有会议厅、讲堂、抄经堂、礼忏堂、谈话堂、视听中心、文物陈列馆、文物展览馆、净土洞窟、美术馆、滴水坊、法物流通中心、邮政局、停车场等设施。佛光山是一个集文化、教育、弘法、慈善、朝圣为一体的七众道场，硬件建筑是依照开山四大宗旨而规划，在朝圣方面仿效大陆四大名山而建设，除了主殿大雄宝殿外，另有大悲殿、大智殿、大愿殿、大行殿，分别供奉观音、文殊、普贤、地藏四大菩萨，阐扬悲智愿行的精神。在培养弘法人才的教育方面，僧众、信众教育院一应俱全。在文化方面，除了文化大楼外，并有文物展览馆、文物陈列馆、美术馆等。在慈善方面，设有佛光精舍、大慈育幼院、网寿堂、佛光诊所、云水医院等，全面照顾到人一生的生老病死。从以上各项建筑可以看出，佛光山是一个现代化多元化的道场。所谓现代化就是一切建筑设备要能够配合时代及社会大众的需要，例如过去部分最初建在偏僻的山野林间，随着时代发展，现代已经由山林走向都市。从最初的以佛殿为主，渐渐地发展到讲堂、教室、课堂、会议室等。尤其当代寺院已经从过去出家人专属到今天四众共有，从传统佛堂到今日高楼讲堂，从过去简陋的茅棚到今天庄严的殿宇。未来的佛教建筑希望能具有学校、讲堂、会议室等功能，而不是停留在过去吃斋拜佛的信仰上。今后的寺院能从建筑上发挥以下功能作用：成为一个四众融合共有的道场、一所具有教育功能的学校、注重研究交流的会议中心、具有交谊功能的活动场所。佛教建筑的现代化并不是要标新立异，也不是哗众取宠。现代化的佛教建筑乃是本着佛陀慈悲为怀、普化众生的心愿，使得佛教能够顺应时代的需要并将佛陀慈悲的精神普及。

（四）当代佛教建筑发展态势典范实例

1. 台湾佛陀纪念馆

佛陀纪念馆兴建缘起于1998年西藏贡噶多杰仁波切赠送星云大师接受一颗护藏多年的佛牙舍利，大师于是发愿建塔供奉。大师十分重视这个功在千秋万代的工程，光是外观设计图就经过上百次修改。佛馆有别于一般寺院以大雄宝殿为主殿，而是以纪念馆形式来宣扬佛陀的精神。而符合当代宗教建筑的条件——信仰象征性是不可缺少的，否则与其他建筑无异，且要运用现代技术与美感打造新式的宗教建筑，能带给人们感动，提供他们与相信力量沟通的场域，佛陀纪念馆"足以表达现代人的宗教精神，才堪称现代宗教建筑"。佛陀纪念馆占地面积100公顷，依山傍水，坐西向东。早晨的阳光洒在佛陀金身上，108米高的世界最大铜铸坐佛巍巍耸立，庄严而慈悲；夕照余晖将

图7-24　台湾佛光山
（《世界佛教美术图说大典·佛教建筑》，湖南美术出版社2017年版）

八座中国式宝塔缀于极乐世界的功德海之中，除了主体建筑正馆之外，有所谓"前八塔，后大佛，南灵山，北祇园"的宏伟气势，与经典所记载之"先塔后院"格局相当吻合。在佛教文物收藏上，神秘的48所地官内收藏有恒河金沙、转法轮塔石块、涅槃塔的五谷砖等与佛陀有关的圣物。一百年、一千年之后，后代所见将是一个宗教走向融和、人间佛教遍行的大千世界。一进入佛馆本馆，首先映入眼帘的是"三殿"之"普陀洛伽山观音殿"。高3.88米的千手千眼观世音菩萨化现万千慈悲身影，两旁玻璃帷幕的三十三观音层层变化，示现出周遍含容、重重无尽的"华严世界"。星云大师说"华严世界"的设计是根据《华严经》中"须弥藏芥子、芥子纳须弥"的理念构想而成。"金佛殿"的金佛是泰国僧王所赠送，象征南北传佛教的交流与融和；"玉佛殿"以缅甸珍奇白玉雕成的卧佛庄严殊胜，稀世之珍佛牙舍利就供奉在此，两旁有东方琉璃世界与西方极乐世界的彩色玉雕；左右两面墙则是来自世界各国以各种香木雕刻而成的宝塔，蔚为塔林，是佛陀度众的圣地。展馆构思

图7-25　台湾佛光山塔林　崔勇拍摄

与时俱进，以多维动画科技介绍佛一生的故事、佛教节庆等等，参观者戴上
3D眼镜观看影片，身历其境，还有360度环形布幕，很受新世代年轻人喜爱。
一扫过去青灯伴古佛的寺院印象，佛陀纪念馆被喻为是佛教中的"迪士尼乐
园"，佛馆内有星巴克咖啡、汉来饭店有机食品以及全世界第一个供应全素食
的7-11便利商店。在星云大师的心中，佛陀是最伟大的教育家，因此大师以
"一座学校"为概念，把佛陀纪念馆设计成一个大教室。例如，南北廊道的
外墙上有八十六幅彩画，选自丰子恺先生《护生画集》，星云大师推崇丰子
恺是倡导"环保生态"的先驱，家长可以带孩子来欣赏，学校老师可以带学
生来开展生命教育，增长他们的慈悲心，对他们的成长会有很好的影响。佛
陀纪念馆建筑本身就是一部佛教史、生态史和文化史。星云大师说当今世界
有泰姬玛哈陵、比塞塔等七大奇景，而佛陀纪念馆将有可能成为世界第八奇
景，台湾也会因为佛馆而被全世界看到。

2. 灵山梵宫

灵山梵宫是无锡灵山胜境中的景点之一，坐落于烟波浩渺的无锡太湖之

图7-26　无锡灵山梵宫全景
（《世界佛教美术图说大典·佛教建筑》，湖南美术出版社2017年版）

滨，钟灵毓秀的灵山脚下，气势恢宏的建筑与宝相庄严的灵山大佛比邻而立，瑰丽璀璨的艺术和独特深厚的佛教文化交相辉映。灵山梵宫建筑气势磅礴，布局庄严和谐，总建筑面积达7万余平方米，高三层的梵宫采用退台式建筑布局，以南北为轴线，东西呈对称分布，建筑面宽150米，进深180米，顶部为错落有致的五座华塔，后侧为曼陀罗形态的圣坛。灵山梵宫的建筑形式突破传统，以石材等坚固耐久材料为主，大量运用高大的廊柱、大跨度的梁柱、高耸的穹顶、超大面积的厅堂等，既体现佛教的博大精深与崇高，又将传统文化元素与鲜明时代特征相融合。整个建筑依山而建，集成了世界佛教三大语系的建筑精华，以其之"特"与灵山之"大"、九龙灌浴之"奇"构成全新灵山胜境的三大奇观。梵宫汲取了中华传统木雕、石雕、玉雕等装饰精粹，步入梵宫，浓郁的文化气息扑面而来。东阳木雕、敦煌技师的手工壁画、琉璃巨制、扬州漆器、油画组图、景泰蓝须弥灯、景德镇青花粉彩缸、瓯塑浮雕壁画，这些艺术珍品在灵山梵宫各区域演绎着优秀的传统文化。作为东方佛教艺术荟萃载体的灵山梵宫堪称是东方的"罗浮宫"。梵宫内珍宝荟萃，光彩四溢，大块的石板建筑，金色的攒尖屋顶，精美的佛像浮雕，充满着博大精深的佛教艺术气息。进入宫门，首先映入眼帘的是佛教中的白象，展现在我们面前的这对白象产于缅甸，典型的汉白玉大象，白象在佛教中代表了神的圣物。灵山梵宫建筑群中有一个鲜为人知的"亮点"，那就是梵宫中所运用的灯光技术是"见光不见灯"。梵宫的建筑同灯光设计融为一体，把灯源做得很隐蔽。"见光不见灯"的奥秘在于建筑顶部的巨型凿井。这个凿井是一层一层不同木构件的组合，通过木雕构件，背后透上灯光，步入梵宫大厅，游客会感受到灯光带来的庄严和神秘，那就是照明设计师的匠心独运——"见光不见灯"。梵宫廊厅大型系列油画将以时间为序列，以佛教的传播、交流和当代佛教发展为主题，勾画出一组鲜明而壮阔的佛教历史图景。此次灵山梵宫廊厅通过选用油画的绘画技法来表现立意高远、篇幅宏伟、内涵丰富的大型佛教艺术作品，既是佛教史上"前无古人"的创举，也将是中国美术史上浓墨重彩的一笔，将成为中国佛教文化和艺术史上的传世之作。中国佛教中，琉璃的地位也非常特殊。追根溯源，作为佛家七宝之冠，它吸纳华彩却又纯净透明，美艳惊世却又来去无踪，化身万象却又亘古宁静，琉璃澄明的特质契合佛教的"明心见性"，几乎在所有经典中，"形神如琉璃"都被视为佛家修养的最高境界。"华藏世界"大型琉璃作品的表现内容和艺术价值，在中国琉璃工艺史上从未出现，即使在世界琉璃的历史中，亦极为罕见。因为它诞生的理由只有一个，就是"成为佛教艺术品的传世之作和灵山梵宫的镇馆之宝"。《天象图》由敦煌美术研究所所长侯黎明主创。灵山梵宫穹顶装饰画是他们迄今承担的体量最大的绘图任务，绘制过程几乎汇集了代表当前敦煌壁画创作最高水平的数十名画家。灵山梵宫穹顶的壁画《天象图》，结合穹顶的独特建筑形态，依据唐代不空法师所译《佛说炽盛光大威德消灾吉祥陀罗尼经》，以炽盛光佛、九曜星全图、十二宫等为主要元素构成。圆心是祈福消灾的炽盛光佛，内圈是九曜星，外圈是十二宫，分三个层次一次排布于整个穹顶之中。二十八宿的图案散布其间，并将佛教文化特有的飞天、莲花、葡萄纹等图形与整个画面有机结合，每个穹顶四角各有一飞天，守护四方。整幅作品呈现出四方天宇、高朗明丽、飞天腾跃、云气缥缈、天花旋转的图景，突出了天象图的动感意向，展现了佛教曼陀罗意味的天象幻境。考虑到壁画在灵山梵宫整体的装饰作用，以及所要展现的文化内涵，天象图不过分强调天文学的意义，而是注重佛教意味和艺术表现，利用圆阔的

图7-27　无锡灵山梵宫正面
（《世界佛教美术图说大典·佛教建筑》，湖南美术出版社2017年版）

画面空间，在稳定中追求动势，形成一幅凝固而不滞重、流动而不散漫的画面。为了展现丰富多彩的艺术形式，并与周边环境色调相呼应，壁画选取了唐代为主的风格，画面以金黄褐色为主调，运用了宝像花、绕枝莲花等元素。为了更好地把佛国的空灵与天象的幻境完美地融合，天象图的创作在继承发扬敦煌壁画特色的同时，又从图案、色彩上做了相应简化，令各图形之间既独立又有联系，使穹顶富有起伏变化的建筑美感，营造出庄严华贵、圆融明丽、舒展大气的佛教艺术气息，以彰显东方佛教文

图7-28　无锡灵山梵宫内殿
（《世界佛教美术图说大典·佛教建筑》，
湖南美术出版社2017年版）

化之魅力。就风格的选择，是因为敦煌唐代艺术代表了中国佛教艺术最灿烂的时代，也是中西文化艺术水乳交融的重要时代。经继承、发扬、创新后的唐代壁画艺术可谓艺苑中的一朵奇葩，结合这个时期的艺术风格创作《天象图》，才能够体现出华贵圆满、和谐大气的完美风格，最终呈现出一部精美绝伦的传世之作。

　　3. 法门寺塔

　　法门寺两千年历显佛教中国化。佛塔源于印度，虽传说周秦时代中国已有佛塔，但塔的可靠传入时间应是汉明帝时。最初的佛寺是以塔为中心，四周用堂、阁围成方形的庭院。高耸突兀、直插云天的佛塔，特别是向上挑起、呈飞檐翘角状的塔檐，成为中国建筑中独特的艺术形象。著名佛教学者黄卓越说："中国的佛教建筑虽渊源于印度，但佛教建筑在中国的发展如同佛教的儒家化一样，其古印度原型逐渐汉化，在汉地发展为殿宇式建筑，并用了表示官署名称的寺宇。"法门寺在当今世界引起巨大轰动效应，除佛指舍利

图7-29　陕西法门寺
（《世界佛教美术图说大典·佛教建筑》，湖南美术出版社2017年版）

千年后面世，还因大唐皇室宝物出土，进入新千年之后，法门寺则因佛塔再闻名世界，把当代中国推到继唐代后中国佛教发展鼎盛的新时代。法门寺新千年辉煌紧系华夏民族命运，随着人们对佛的日益尊崇，象征着佛的塔也日益与中国特有的楼阁、阙观等建筑形式相结合。多层的佛塔渐次取替单檐佛塔，建得更加高耸入云。法门寺安奉佛陀指骨舍利的合十舍利塔，塔身高达148米。舍利塔恢宏的气势不仅传承佛教建筑的特色，更以现代施工技术融合了古今中外建筑之精华。明代万历年间法门寺重修8棱13层的砖塔，高60余米，历时30年之久。气势恢宏的合十舍利塔，建设时间仅3年。法门寺合十舍利塔工程规模宏大、设计新颖、结构复杂、科技含量高，而且工程规模大、梁、柱、墙的高度、跨度大，仅钢结构用量就达1.6万吨，建筑面积就达76,690平方米。其中地上为60,225平方米，地下约为16,465平方米，其恢宏的气势不仅传承佛教建筑的特色，更以现代化的技术融合古今中外建筑之精华。台湾建筑师李祖原说："例如玻璃帷幕是现代科技的结晶，摩尼珠与莲花台蕴含印度传统佛教建筑的风格与精神等，为佛教建筑注入新的生命力，展现了新的风貌。"法门寺博物馆馆长姜捷认为："规划和建设成功的法门寺文化景区，其文化标签就在于佛教文化，它继承了兼收并蓄、有容乃大的大唐风范，结合了悠久、淳朴厚重的关中文化，融汇了慈悲智慧、平等宽容的佛教文化。它是盛唐佛教文化的一把标尺。"法门寺文化景区从建筑风格和建筑规模来讲，是非常高雅而精湛的。法门寺在全国的旅游市场中它是最美、最宏大、最壮观的。有着整个中国，甚至是大中华地区最大规模的单体佛教建筑合十舍利塔，它庄严肃穆、气势恢宏、建筑精致。宗教建筑开心灵之门，竖佛文化里程碑。法门，意为修行者必入之门。梵语Dharma-paryāya，即佛法、教法。佛所说，而为世之准则者，谓之法；此法既为众圣人道之通处，复为如来圣者游历之处，故称为门。"合十舍利"取义合十行礼，合十行礼是佛教徒间最熟悉、最常见的一种招呼方式，以双手合十的造型来营建舍利塔，既体现了佛文化的丰富内涵，又象征着世界的和平与和谐。双手合十，内含唐代造型宝塔，实现了时间与空间的圆满融合。塔高148米也有别样含义，一是佛祖，一即一切，一切即一的代表；四八是夏历四月初八，为佛诞日。台湾佛光山丛林学院院长慧冕法师说："从实证科学角度来讲，佛指舍利是释迦牟尼佛遗骨，但它蕴含力量却是超凡的。这自然是佛法之妙，但追根究底更是中华文化之妙，它开启了和谐中国文化法门。"合十舍利塔设计建筑师李祖原说："宗教建筑就是心灵之门，而人类透过心灵之门去体悟宗教。"超越中国传统木结构佛塔，他将中国元素抽理出来就像DNA一样放在新的组合上。法门寺文化景区是一项非常伟大的佛教建筑建造工程，是东方佛教文化发展史上的里程碑。1997年，前来考察灵山胜境的中国政协副主席、佛教协会会长赵朴初欣然提笔写下《小灵山》曰："昔游天竺访灵鹫，叹息空荒忆法华。不意鹫峰飞到此，天花烂漫散吾家。"赵朴初字里行间处处可见其对中国成为新千年佛教圣地、世界佛教文化中心的殷切期望。

（原载《世界佛教美术图说大典·建筑卷》(修订本)，湖南美术出版社2017年版）

后　记

　　2017年10月秋高气爽的美好时节，我从国家文物局中国文化遗产研究院调任中国艺术研究院建筑艺术研究所任职时，就想将自1998年进入同济大学建筑系攻读建筑历史与理论博士学位以来20年间先后发表在国内学术期刊上的有关建筑艺术历史与理论及建筑文化与审美的百余篇文章遴选结集出版，适逢中国艺术研究院学术文库征集正高以上专家学者可以论文集或专著的形式出版个人代表性的学术论著，要求论文和专著均为已经正式发表过的作品。无意识的合规律合目的性到达完美的统一，这真是无巧不成书的美事。于是便有了《建筑文化与审美论集》这本汇集了在国内《建筑学报》《建筑师》《华中建筑》《古建园林技术》《建筑历史与理论》《建筑史》《中国文化遗产》《中国建筑文化遗产》《建筑与文化》《建筑评论》等学术期刊或学术会议论文集中已发表过的20余篇文章的论文集书稿，共计约有30万字，涉及建筑历史与理论、建筑评论、建筑美学、建筑文化、建筑艺术、建筑遗产保护与研究、世界佛教建筑艺术等方面内容，基本上体现了本人学术思想观点——建筑历史与理论观念、史学、史识、史评、史法。古人曰"学无止境"。这本有关建筑历史与理论及建筑文化与审美的学术论文集既是我由人文转入理工学术界学习与思考阶段研究建筑历史与理论及建筑文化与美学的历史小结，同时又是新的探索与思考的零的起点。客观地说，此前的这些论著只是我对建筑历史与理论及建筑文化与审美有了一个基本认识，并结合自身的知识体系与结构及特长而制定了一个学术研究思维向度与框架，所有的有关建筑历史与理论及建筑文化与审美的认识与理解及其成果水准都还是停留在很肤浅的初级表象阶段。所发表的所谓学术研究成果仅仅作为工作业绩、学位获得、职称晋级的必备材料。作为万世一系的中国建筑究天人之际崇尚"天人合一"生存哲理，注重人为环境与自然环境有机结合和谐共生的营造智慧，讲究建筑的生态、形态、情态三位一体有机结合的空间建构技艺，有机材料与有机空间构成所形成的内外空间交融的有机建筑原理，以及建筑结构力学与律历通融法天象地天人感应的内在机理等方面内容有待深究，研究的深广度不能止于建筑风格与类型的辨析境域，知其然还须知其所以然。建筑历史与理论蕴藉博大精深，如何由表及里尚需努力。

我曾经先后做过教师、编辑、文物保护管理等工作，以一个专职研究人员的身份在中国最高的艺术科研院所从事经国之大业不朽之盛事的研究工作这还是破天荒的第一次。故我虽已年届知天命的年轮，但学术研究似乎才真正开始。诚如北京大学王岳川教授在《二十世纪西方哲诗学序言》中所言："每一个思考者都在路途上，写作只不过是心灵追问和迹化的过程而已。"学术研究就是基于一个基本问题而终于一个又一个更高深问题的不断追寻的过程。写在这里的文字是后记同时又是新的征程的序言。有道是："路漫漫其修远兮，吾将上下而求索"（屈原语）、"雄关漫道真如铁，而今迈步从头越"（毛泽东诗语）。

中国艺术研究院原常务副院长王能宪研究员、中国艺术研究院建筑艺术研究所原所长刘托研究员审阅本论文集的编目与书名后，一致认为原书名《建筑历史与理论及建筑文化与审美论集》过长，且建筑文化包括建筑历史与理论、建筑艺术与评论、建筑遗产保护与研究等内容，建议书名更换为简明扼要的《建筑文化与审美论集》。在此对两位师长深表由衷谢忱。

感谢中国艺术研究院学术文库编辑委员会与出版委员会及科研处对学术研究的鼎力支持！同时对北京时代华文书局责任编辑陈冬梅女士的悉心编校亦深表谢忱！

中国艺术研究院建筑艺术研究所 崔 勇

2018年7月23日